目录

第一章

别认夙，优不优秀你说了算

别认㞞，优不优秀你说了算

朋友张寒在一所重点高中任教。他昨天来我家做客，进门就直奔冰箱，拿了两罐啤酒，一屁股坐在床上，打开一瓶猛灌几口，一边喝一边抱怨：“‘别人家的孩子’太难超越了。”

我听完，心想：“什么鬼?”我问他怎么回事。张寒语速很快，噼里啪啦说了一通。不过好在我总算知道是怎么回事了。原来是张寒亲戚家的姐姐考上了公务员，下周就要去政府机关单位上班了。张寒的父母知道后，回家就一直跟他说亲戚家的姐姐有多厉害、多出息。我本想安慰张寒几句，但他突然躺在床上，有点儿埋怨地嘟囔道：“他们都不是‘别人家的父母’，怎么能老是要求我成为‘别人家的孩子’呢?”

张寒爸妈打张寒小的时候就望子成龙，或许因为张寒是家里唯一的孩子吧，张寒爸妈一直以“别人家的孩子”给他做榜样。最可怕的是，不管是哪个年龄段，张寒爸妈总能找到榜样作为张寒的参照物，昨天是数学竞赛得了第一名的某某哥哥，今天就变成了考上重点大学的某某姐姐。

他特别无奈地跟我说：“我在‘别人家孩子’面前一直认㞞，不是我想认，是不得不认，我赢得了这个，赢不了那个。而且你知道吗？我觉得我这辈子就没比谁厉害过、优秀过。”

我知道他现在是有些在赌气了，便告诉他：“谁规定说你一定要跟这个人比，跟那个人比的？人生又不是一场竞赛，没人规定你必须要比赢多少人你才是优秀的。确实，张叔他们可能有些着急，话语上可能会让你觉得自己哪里都比不上别人似的，但是你自己别认㞞啊。其实他们的本意不过就是想激励你，在你迷茫的时候，给你几个可以选择的目标，给你指几个努力的方向。至于往哪里走，是你自己决定的。咱们就拿这次公务员的事情说吧，你不妨这么想：你在学校做老师的时候，不是一直说学校的事情特别多，比较累吗？张叔他们看在眼里，肯定会担心。他们给你提亲戚家姐姐考上公务员的事情，并不是要你去考公务员，而是给你一种选择，而选择权从来都是掌握在你的手里的。”

张寒低下头，不知道在想些什么。突然他抬起头，定定地看着我，特别认真地说：“其实，小的时候你也是我爸妈口中‘别人家的孩子’。”

我扑哧一笑：“你又何尝不是呢？”

是啊，不管是小时候还是长大了，无论我们优秀成什么样子，我们都比不过“别人家的孩子”。而且，你我有时候在不知情的瞬间就成了“别人家的孩子”。其实根本就没有必要去比，因为父母总是拿别人优秀的地方来跟自己的短处或自己并不擅长的地方做比较。很多时候父母们常常忘记一个事实，那就是每个孩子都是不一样且独一无二的个体。

无可厚非，“别人家的孩子”是优秀的，但是自家孩子的闪光点也不容忽视。或许父母不知道，一句别人家孩子有多好、多优秀，会让自家孩子一次次在“别人家孩子”面前抬不起头来，在世界面前抬不起头来。

不必害怕比较，也别轻易认㞞。人就像水一样，把他放到什么形状的器皿里面就会变成什么样子，你想在未来变成什么样子，是由你自己说了算的。

好友周南给我打电话，说自己失恋了，语气里满是失落。

我有些惊讶，周南和他女朋友大学时就在一起，已经四年了，而且感情一直都很好。我问他分手原因，周南用一副无奈的口吻告诉我："或许是我还不够优秀吧！"

"或许是我还不够优秀吧！"周南的这句话萦绕在我心头好久。爱情要是能比较着来，谁优秀跟谁在一起，那还是爱情吗？爱情里有身不由己，有言不由衷，在不想说出真相的时候，人们避免不了会把原因归结在自己身上：我是不是不够优秀，所以他/她才会离开我？其实不然，因为优秀与否不是由离开的那个人说了算的。

后来我有些担心周南，便给他打过两回电话。

第一次周南依旧沉溺于女友离他而去的悲伤里，在电话里一直问我："是不是我不够好啊？一定是这样，一定是我不够优秀，她才会离开我，跟别的男人走了。"我安慰他："不要想太多，分一次手不代表你就彻彻底底输了，生活还是要继续往前看的。"

第二次周南的态度有所改变，他说："我还是忍不住去找了她，想让她给我一个明确的理由。结果她告诉我当时分手的理由是她觉得那个男人更适合自己。"这是一个特别烂而恰如其分的借口。适合，但是没有爱情，这一下子伤害了两个男人。我以为周南又要开始陷入自我批评的深渊里，不料他深呼一口气说："别担心我，分手没什么，不是每一场分手都是因为眼前的人没有那么美好或者遇到了更优秀的人。我是不会在爱情里认㞞的，放心。”

爱情里有很多说不清道不明的东西。很多人说：“爱情来的时候没有理由，那么，爱情走的时候又怎么会有理由呢?”如果非要有的话，我相信任何一对用心爱过的人，一方分手时的理由都不会是：“你不够优秀，所以我离开你去找另一个足够优秀的人。”很多时候，没必要妄自菲薄，优不优秀是你自己说了算的。

人是群居的生物，没有人是一座孤岛。所以也就意味着谁都避免不了要在别人的眼睛里看到自己，多多少少会看到几次意想不到的一面。但是无须恐惧、无须慌张，因为让别人看到什么样的自己是由你说了算的。别人说你不行没有用，你自己要证明自己到底行不行。

最后，送给你这句话共勉：做一个明媚的女子，不倾城，不倾国，以优雅之姿，去摸爬滚打；做一个丰盈的男子，不虚华，不浮躁，以先锋之姿，去奋斗拼搏。

只有你优秀，才有说“不”的权利

晚上七点半，好不容易今天不用加班，我早早就吃完饭，也不着急收拾，想着下楼走一走，溜溜食。

空山新雨后，天气晚来秋。凉风袭来，令人不由得紧了紧外衣。

走得有些累了，打算在小区的长椅上歇一歇，隐约看到长椅上坐着一位姑娘，凑近一看，这不是公司企划部的宣染嘛。

宣染来公司的时间不长，性格有些内向。其实，公司人那么多，想记住一个人不容易，再加上我这个人是个典型的脸盲，常常出现名字和脸对不上的情况，不过宣染我倒是听说过。与其说我听说过她，不如说我是先听说过“便利贴小姐”的称呼。

第一次听到“便利贴小姐”这个名号是从企划部老大嘴里。听他说每每大家忙得不可开交的时候，就会有人找“便利贴小姐”帮忙，她基本都会答应，后来团队的人熟了之后，渐渐都来找她帮忙，有的时候事情多了，她怕记不住，就写在便利贴上。时间一长，宣染的工位上便贴满了花花绿绿的便利贴，之后就有了这个外号——便利贴小姐。很多时候明明自己的事情一大堆，还需要加班完成，结果还要帮别人干一些有的没的事情，例如端茶倒水、打印复印等。

我跟她打了声招呼，便坐下了。看她手里还拿着咬了几口的面包，长椅旁还有已经打开的牛奶，说：“这么晚吃饭？怎么坐这儿吃？”

宣染不好意思地笑笑说：“加班来着，没顾得上吃东西，实在是累了，就坐这儿歇会儿。”

“够拼的呀，也是，前些天公司接了个大案子，各个部门都忙起来了。尤其是你们部门，肯定抓得特别严。”

“嗯嗯，是挺紧张的，大家都忙着写策划案呢，我今天桌子上的便利贴都是要打印、复印的企划案，要得都很急呢。”

“便利贴？怎么，你现在桌子上还有便利贴啊？不是都转正了吗？”

“是转正了，但是，我没办法融入大家，企划案我还不能独立完成，现在大家都忙着做方案，我只能帮着打打下手。同事们给我在桌子上贴的便利贴，我没法撕下来不管啊！”

……

我看着宣染，脑海里突然蹦出了些想法。“便利贴小姐”其实就是不优秀，不会承担很重要的事务，从来就不是什么Somebody，也不期待变成一个Somebody，不懂得拒绝别人，或者说没有能力和别人说“No”的人。

在一家公司或一个团队里，如果你是新成员，那肯定是需要进行磨合的。刚开始还没有找到自己定位的时候，由于没有足够的能力，不能够优秀地完成很多的事情，那么就避免不了会帮着团队中的一些老员工做一些打打下手的事情。但是要是你一直甘于这样做，不尽快吸收养分，只是继续干一些没有营养的工作。那么你很快就会发现，即便是过了试用期，你也依然无法跟上团队的节奏，找不到自己的定位，还是无法独立地做好一件事情。没有办法在别人让你买咖啡的时候，说一声“不”；没有办法在别人让你打印文案的时候，说一声“不”；没有办法在晚上要求你加班的时候，说一声“不”。

宣染吃完剩下的面包，喝了几口牛奶。把垃圾扔进一个袋子里后，她对我说：“你觉不觉得，敢对别人说‘不’的人特别酷？”

“嗯嗯，特别酷！”

优秀到可以说“不”的人怎么会不酷呢？或许在人生的起

跑线上，你有些落后了，但是这不妨碍你变得优秀，只要你想变得优秀，什么时候都来得及。很多人一开始或许没有说“不”的机会，但是总有一天会有的。

几天前，一个读博士的朋友老纪打电话给我，他有些心烦地问我，明明是自己的劳动成果为什么要带上别人的名字？原来朋友在准备论文期间，有一部分晦涩的知识点是在导师的帮助之下解答的，因此按照规定是需要填写上导师的姓名的。

听朋友说完之后，我有些哑然，等了一会儿，问：“为什么不可以加上导师的名字？”

“论文的百分之九十九是我自己完成的，只有一个章节是在老师的指导下完成的。我并不是漠视老师的帮助，也不是介意加上老师的名字，只是担心大家看到结果就会磨灭我那百分之九十九的努力。”

“可是要是没有导师的帮助，论文你现在也完不成，不是吗？”

老纪不再说话。

老实说，我非常理解他的心情。明明优秀到了百分之九十九，但是只差百分之一，也是没有勇气说出“不”的。因为你的能力不足以支撑起灵魂的重量，那么在答卷落款的时候，荣誉又怎么会完全属于你。但是在否定一切之前，可以先静下心来，给自己能量，给自己养分，让自己茁壮，让自己成长。因为，命运不会因为一个人走得慢就薄待他。请相信，不断进步，经过一点点努力变得优秀的人，迟早是会发光发热的。

之后很长的一段时间里，老纪都没有联系过我，以我对他的了解，他不会生我的气。通过看他的朋友圈动态，我知道他又开始准备另一篇关于生物医学的论文，每天都很忙，偶尔我会点个赞。

几个月之后，我收到一份来自老纪的快递。里面是一本杂志，上面登载了一篇论文，最后落款处是一个人的名字。我笑了，给老纪发了微信。

“祝贺你，这次是属于你一个人的荣誉。”

其实不管是已经转正的“便利贴小姐”，还是朋友老纪，他们都有想要说“不”的事情，或大或小。其实每个人都有说“不”的权利，只不过有的人可以说得毫无顾忌，有的人却选择“让步”。前者是足够优秀的人，而后者却是没得选。

人生最大的魅力就在于有选择，要是每每有岔路，就选择往一个方向走，那么人生还有什么意思呢？而且，选择要是背离自己的内心，之后的路肯定也不会好过。明明有选择，却被莫名的不够努力变成了没得选。我知道，人生中还是会出现“便利贴小姐”的。当然，像朋友老纪一样的人肯定也在慢慢努力地成为可以优秀到说“不”的人，并最后变成很酷的人。

全世界都可以轻视你，只有你自己不可以

“老弟最近忙啥呢？我回国办点儿事情，明天下午回伦敦。咱们今天晚上聚一下，喝一杯？”

“好啊，喝几杯都行，对了，叫上慧言一起吧，地址发给我。”

与我通话的是直系学姐柳溪。我俩是在一场设计竞赛上认识的，她第一，我第二，算得上是英雄惜英雄吧。毕业以后，她就选择去英国留学深造了，之后就一直在伦敦的一家上市公司做设计，是个典型的女强人。

慧言是我大学时在一个摄影社团认识的学妹。毕业之后，慧言放弃了原本的建筑专业，毅然选择了做一名摄影师，因为刚刚起步，水平和能力还未得到认可，前期就仅能接一些婚礼上的录影之类的工作。

上学那会儿，我们三人都喜欢摄影，爱好一致，自然能聊得来，没课的时候就一起出去摄影。毕业后，为了追求各自的生活和梦想，同学们各奔东西，时间一长，联系少了，便也没了交集。庆幸的是，我们三人虽平常不怎么联系，但每次学姐回国，我们都会聚一下。

晚上，我换了身轻便的衣服，到了地儿，看见学姐坐在一个靠窗的位置。我跟她一边聊着这些年学姐在国外的所见所闻，一边等慧言。

一个小时后，慧言才过来。

她满脸歉意，一边坐下一边说："不好意思，久等了吧，这次我请客。"慧言不是一个喜欢迟到的人，我知道她肯定是被什么事情给绊住了，看她满头大汗，我问："你这是从哪来的啊？出这么多汗？"

慧言喘了口气说："刚从一个婚礼上过来，这次婚礼的步骤特别多，录了十多个小时呢。"

我看她实在是累得够呛，便不再多说。学姐倒是不愿意就这么“放过”慧言，酸酸地说：“你说你，好好的建筑设计不干，偏偏选择干摄影，摄影就摄影吧，总是去赶婚礼算怎么回事啊？”

学姐是个直爽的性格，想到什么就说什么。慧言许是听惯了这样的话，也没生气，反而笑着说：“我们家是建筑世家，家里多的是干建筑的，不缺我一个。学姐，你是不知道，其实录婚礼的视频特别锻炼人，我现在的摄影技术进步神速呢。”

学姐听完也笑了起来，接着说：“行啊，你倒是挺会自我安慰的。好，就算你的摄影技术进步了，你现在也没个正经工作，一直这么东跑西颠的，什么时候是个头啊？我都不知道跟你说过多少回了，让你来我在国内的工作室上班，就是不来，自己单打独斗就那么好？”

“学姐，我知道你的意思，感谢你的好意，但是我对现在的生活很满意。”慧言喝了口茶，接着说，“其实，刚开始也有很多的朋友和同学想让我跟他们一起干，也给我介绍了很多不错的工作。但是吧，我还是不喜欢。就比如学姐你的工作室主要是做设计的，我去上班顶多就是做个模特摄影师。而我主攻的是风景和动态记录，设计完全就不是我喜欢和擅长的。学姐，我跟你说实话，我要是去了肯定会特别不自在。”

学姐还是不以为然，不过也不再坚持，只是不说话摇了摇头。我看着慧言，她脸上尽是享受，很是满足当下。在学姐眼里浪费时间且没什么意义的事情，于她却是幸福的。

命运是会垂青努力又坚持的人的。三年后，慧言成功地成立了自己的工作室，还说等学姐结婚的时候，要亲自帮她录影，不收钱。

几天后，我在公司码字的时候，肩膀有些难受，就想着去茶水间休息，刚到门口，就听见两个同事的对话。

同事小李：“整个公司就属咱们的工作最没技术含量了，谁都觉得咱们的工作不重要，咱们也不在核心部门，太没劲了，就像个机器上的小齿轮似的，特别不起眼。”

同事小张：“小齿轮怎么了？虽然是有些不起眼，但是哪个机器离了小齿轮能转呀？咱们干的是基础工作，虽然在最底层，不像别的人那么高高在上，但是你想想，房子要想盖得好，不还是要打好地基嘛。底盘够稳，大楼才不容易倒。谁说咱们不起眼了，咱们可重要着呢！”

在生活中，我们都曾评价过别人也被别人评价过。只要还在世界穿行，少不了会有和世界面对面的时候。那个时候，世界会对你肆无忌惮地从头到脚打量。你会受到质疑的眼光、轻视的对待，无论是你的工作还是生活，但是无须畏惧，无须逃避，因为这是再正常不过的了。你大可和世界对立，大可告诉它，我的工作和生活有多了不起。

想起在毕业之前，在XXX公司有一段实习的日子。那个时候，我特别喜欢跟一位东北的大哥聊天。他是销售部门的老大，很多的销售好手都是被他提拔起来的，那个时候大家都开玩笑说他撑起了公司的“半壁江山”。

一次闲聊，我忍不住问他：“在组建销售团队的时候，有没有什么秘诀？”

他笑了笑说：“谈不上什么秘诀，我干了这么多年，也见了不少人，所以在选择人的时候会有点儿感悟吧。我在挑徒弟的时候，不会只关注那些能言善道的，还会更加注重一个人身上的一种特质，叫作认同感。比如说在推销一种产品的时候，有这种认同感的人，会更容易且快速地抓住产品的特性，让自己从内心认同这件产品，并且会根据产品的特性，找到并扩大产品的受众群。这样的人会特别好带，在以后的工作里也很好合作，而且离职率也会下降不少。”

的确，如果连自己都不能产生共鸣，又怎么指望别人跟你有一样的感受呢？自己打心眼儿里就没觉得这个产品有什么可购买的，如果你连说服自己的底气都没有，别人又怎么会在你这儿买东西呢？不只是商品，还有人。我们需要对自己和自己的作品有着坚定的认同感。

在爱情里这个也一样适用，换句话讲，如果你自己都不爱自己，你又怎么让别人来爱你，让别人相信你很优秀，值得被人捧在手心里呵护？即便是王子拿着水晶鞋来找你，你都不觉得自己是值得被爱的姑娘，那么就算鞋子是你的，你也不敢试穿。那么之后，王子会依旧寻找，你会一直错过，一直以灰姑娘的面貌示人。

很多时候，我们都困在一个圈里，觉得头顶的天是黑的。但是其实你不知道你以为的黑只是别人告诉你的黑。而天空是黑还是白，这个需要你自己去看。记住只有你自己站在光里，别人看你才会觉得你那边的天空是亮的。

即便是世界都轻视你，你也不可以随随便便就认输，随随便便就妥协。以前在朋友圈看到了这样一句话：懂得坚持的人很多，坚持相信自己的人很少，因为站在对立面的人太多了。即便要与全世界作对，你也要永远相信会有两个伙伴在你身后，它们就是你骨子里的骄傲和勇气。

别被安逸套路了

有时候安逸的生活就像是个甜蜜的套路，让人们不自觉地就中招了，当你后知后觉时，才会拍着脑门大喊后悔。

上周末，我跟老哥去吃饭，老哥去洗手间的时候，电话响了。我看是肖严，就帮着接了。肖严，他是我老哥的大学学长，因为之前有几次去老哥的宿舍送东西，老哥没在就托他帮忙转交。一来二回就熟了，我平时都叫他肖哥。

“喂，肖哥，老哥去洗手间了，有什么事吗？等老哥回来，我帮你转告吧。”

“哦，不用了，等你哥回来，你让他第一时间给我回个电话吧，我这有点儿急事，谢谢了。”

老哥回来之后，我告诉他肖哥的话。老哥听后一脸愁容，叹了口气说“知道了”，拿起手机给肖哥转了一些钱。我有些意外，就问：“老哥，你转钱干吗呢？你不回肖哥电话吗？肖哥说有急事呢。”

老哥：“我回他电话，估计他就开不了口借钱了。”

肖哥打电话的目的居然是借钱？认识肖哥的人都知道，肖哥在四年前创业成功，有一家发展很不错的公司，公司养着几百号人呢，朋友们都羡慕地在背后叫他“肖大老板”。

“老哥，别逗了，肖大老板哪还需要跟你借钱。”

老哥一脸一言难尽的样子，说：“唉，别提了，肖大老板是今时不同往日了。说起来就糟心啊，他公司前些时候碰上点儿事，现在合作的两家企业都要撤资，我问了问我的一个朋友，看看能不能帮他再拉一条资金链，早上才跟肖哥打电话来着，问问情况。听那哥们的语气，怕是连吃饭的钱都没了，都快不想活了。”

听老哥说，肖哥在大学的时候就特别有才华，不仅常常在学校拿到奖学金，有的时候利用自己的专业也能在校外的一些技术比赛里拿到名次获得奖金，甚至还在有关部门申请了专利技术。因此大学还没毕业，肖哥就毅然用自己在大学积累的资金进行创业。因为肖哥学的专业是互联网，在二线城市发展机会相对受限，所以起步的时候特别困难。经过一番思索，大学毕业之后，肖哥就孑然一身地来到了一线城市，想要大展拳脚，闯一番事业。

从一开始的居民房（由在二手市场扛回来的几张办公桌椅和二手电脑拼凑成的小房间），到后来的写字楼的三楼小办公室，再到承包了上下三层楼，到最后引进资金，终于有了三栋楼的规模。不只是办公范围，手底下的人也是从三个人到三十人再到三百人，企业不断做大。

在肖哥的朋友圈里随处可见浓浓的“鸡汤”。看他发的那些图，常常能看到他的办公桌上放着三台电脑，桌子上满满的都是报表，有的会堆积成跟桌前打开的苹果电脑一般高。在他朋友圈里常常可以看到凌晨四五点发的动态，凌晨一两点才刚刚吃饭，日常睡办公室。

老哥告诉我，他到现在都记得，有一天晚上夜里失眠，无聊打发时间的时候翻开朋友圈，看到肖哥凌晨三点发的动态：你见过凌晨三点的北京吗？

朋友圈里也会有人在肖哥的动态下评论：哥，你这样不累呀？

肖哥每次都会回复：累，但是不想睡。

安逸的生活，谁不想要？可以按时睡觉，不必烦恼明天的报告、后天的策划。有的人不是不能睡，而是不想睡。为了心中所想，只能用一杯又一杯的咖啡提着神。现在很多人都是“熬夜党”“夜猫子”，晚上不想睡的理由有很多：会因为这部剧还没有追完，好奇下一集的剧情，忍不到第二天才看；会因为想和喜欢的人多聊一会儿，舍不得挂电话；会因为生活里鸡毛蒜皮的事情心烦、失眠……但是，真正会因为工作没有做完或者努力想要把工作做得尽善尽美的人却是没几个。

所以，每次看到肖哥那些动态显示的时间和地点，就会不由自主地在脑子里蹦出这些想法：果然每个成功的人都经历了千百次的磨砺。这样的人“活该”他优秀，“活该”他成功。

慢慢地，公司开始进入正轨，肖哥的朋友圈动态也开始变得有些不一样。时间不再是以前凌晨几点的时间，地点也不再是单一的公司办公室，晒出的食物也不再是外卖、咖啡。

时间换成了轻松享受的下午茶时间，地点换成了安逸慢节奏的法国巴黎、欧洲瑞士，外卖换成了美味大餐和有年头的红酒。

朋友 A 评论：终于肯出来“见光”了？不错，不错。

朋友 B 评论：肖大老板挺浪漫呀，带嫂子去巴黎 Shopping。

朋友 C 评论：肖哥，你这生活水平直线提高了呀？

肖哥一一回复：刚起，我最近爱上了睡懒觉，一睁眼就这个点儿了；不能总是窝在办公室，要享受享受才行；老子以后再也不吃外卖了。

在很短的时间内，肖哥的生活发生了三百六十度的转变，他的动态不再围绕密密麻麻的工作数据和厚厚的报表，不再天天坐在办公室做码农，常常全世界各地到处飞，像个十足的“旅行家”。

但是这样的日子维持的时间并不长，最近半年都没有看到过他的动态更新，先前大家还以为是公司有了新的项目，需要进行处理呢。后来听老哥说我才知道，原来就在几个月前，有一家合作公司的老总在给肖哥一个合作案的时候，反复要求肖哥亲自操刀，肖哥虽然答应得很爽快，却考虑到项目涉及很多方面，要是自己做起来会需要很多的时间和精力，加上自己也已经订好了去北极的行程，就转手交给了自己的手下去完成。

谁知等到验收的日子，合作公司说希望肖哥进行讲解，并且亲自进行演示。但是在此之前，肖哥才结束北极的行程，下了飞机在家睡了一觉，到了公司就直接接待了合作公司的老总。策划案一眼都没有看，甚至自己以前宝贝到不行的电脑都落在了家里。肖哥在演示过程中，频频出错，合作公司的负责人脸色很是不好，一言不发，场面异常尴尬。

演示结束以后，合作公司不仅没有签署合作方案，而且明确表示之后不会再进行合作。好事不出门，坏事传千里。业内开始纷纷怀疑肖哥公司的运营能力，便都开始相继撤资，短短几个月，公司就一落千丈。

古时候有圣人说过："创业难，守业更难。"想起小时候爸爸给我讲的一个故事：战无不胜的将军在辅佐君王一统天下、加官晋爵之后，在自己的封地享受宁静无争的生活。虽然将军并未老，但是那柄宝刀再也提不起来了，上面早就积满了灰尘。几年后，当遇到叛乱，将军战败，自觉无颜面对身后的城中百姓，愧疚自刎。在寥寥几年里，将军不再每天天还没亮就起来练功，不再每天看兵书，不再对着沙盘排兵布阵，不再亲自喂养自己的战马。安逸的生活已经磨平了将军身上的戾气和骇人的杀伐手段，就算是小小的战役，也无法取胜了。

安逸是好，人人都向往，但是安逸的生活往往会磨掉人的志向，会让人渐渐地忘记了最初的梦想和坚持。

你还要在群租房住多久

因工作关系需到北京出差，这次时间比较充裕，可以跟发小阿正好好叙叙旧。

毕业之后，我们俩各自忙碌地为生活打拼着，没有什么特别需要或为难的事情，一般很少联系。不知现在他过得怎么样，是否已经脱离出租房，在北京打拼出一片天地呢？

电话打过去，告诉他我到北京确切的时间，约定了见面相聚的地点。末了，我特意要求他把住址发来，我想去他的家里看看，我想知道这些年他生活得怎么样。

一开始他支支吾吾，委婉地拒绝我。但我执意要地址，他也就不好再坚持。一会儿工夫，他把地址发到了我手机上。

地址是电子厂的一排职工宿舍，看来阿正应该还是住在群租房。地图上显示，位置都在郊区了，交通的确不是很便利。

六年前，我也是在北京“漂”过一阵的，也见识过北京群租房的样子。任何一个北漂对于北京最初的记忆，我相信都离不开群租房。为什么？因为便宜。要在北京立足很难，第一件事情，就是解决住哪儿，白天漂了那么久了，晚上回哪儿。

来北京的第二天，忙完上午的会议，我根据阿正发来的地址，一连换乘了三趟地铁才到了他住址的附近。地图上没有标示阿正住址的准确位置。

站在路边，环顾周边，全部都是些已经破败不堪的建筑了，很多发旧的石墙上都写着大大的红色“拆”字。这附近会有职工宿舍？我本想打听一下路人，问问该怎么走，可是连个人影也没有。一阵风吹过，地上的蓝色塑料袋被刮得老远。面对这样的景象，别看我是个大老爷们儿，心里也慢慢地开始打鼓了。那个时候也顾不上会不会麻烦阿正了，还是给阿正打了个电话，让他来接我。

阿正让我在原地等着他，二十分钟后，我就看到一个骑着电车的人远远地驶来。

等近了之后，阿正很是不好意思地说：“哥，让您久等了吧？”

我笑着说：“没事，我也是刚下车。本想不麻烦你来接的，但地图导航不显示准确位置，怕找来找去浪费时间。想了一下还是你来接我更靠谱啊。”

我们穿过一条条细长狭窄的胡同，七拐八拐之后，阿正用钥匙打开了一间房门，随手打开了灯，领着我进屋。我知道他是个爱干净的人，屋子里收拾得很好。不过空间真的就像阿正说的，房子很小。我进门之后就觉得哪里有些不对劲，我知道了，没有窗户，所以才会一进屋就开灯。我怎么忘了，对群租房来说，有窗户是一件多么奢侈的事情。在没有光的空间里，想知道现在是白天还是黑夜，就只能依赖钟表。

我看见屋子里有两张床，随口一问：“你小子这是‘金屋藏娇’呢，两人住？”

阿正说：“哥，这可不是金屋，再说哪个姑娘肯跟我啊。这是我之前同事的床，前两天刚走，在北京混不下去了。”

我没有再细问阿正的同事离开的原因，说：“阿正，你来北京几年了？”

阿正说：“这是第五个年头了吧。”

时间过得可真快。

本来我还想再说些什么，突然，阿正说：“哥，你先歇一会儿，等会儿咱们去吃饭，我请你。”

我们点了很多菜，边吃边聊，也喝了不少酒。估计是喝得有点儿醉了，阿正开始话多起来。

我说：“你真的很有勇气啊，大学一毕业就来北京闯荡了。”

阿正突然抬起头，眼睛有些湿润，直直地看着我说："其实，我大学根本就没有毕业。"说完这句话，阿正又灌了自己半瓶酒。

我一直没有说话，因为我知道现在的阿正无比迫切地想要倾诉，想要一个单纯的倾听者。

阿正打了个酒嗝，接着说："哥，你们是不是都忘了，我根本就没有拿到毕业证，大三退学之后，我就来北京了。一开始我以为北京什么都有，后来发现我在北京什么都没有，在刚刚那间房子里一住就是四年。我不是没有'金屋藏娇'过，但是她哭着跟我说她等不起。哥，你来的时候，看见那栋红色别墅楼了吧？我以前路过的时候，总是忍不住停下来多看两眼，打心眼儿里觉得真是好看啊。我开始也想过换个有前途的工作，但是我怕，我怕从这儿到高楼的距离就算是爬我也爬不到；我怕要是我在中途坚持不下去了，最后连群租房都没法收留我；我怕我会像那个跟我一起住了两年的哥们儿一样，夹着尾巴灰溜溜地离开这里，彻底离开北京。我怕，哥，我实在是怕……"

那天阿正喝得很醉，我把他背回家，把他放在床上的时候，他的同事来给他送落在厂子里的东西。通过他的同事我知道他是请假来陪我的，并不是之前他告诉我的连休三天那样。

阿正曾经也有过像高楼大厦一样高的梦想，在现实中，阿正却觉得自己无能为力去向梦想靠近，渐渐地把梦想丢弃了，甚至连奋斗的勇气也抛得一干二净。留下的除了无奈，就是小心翼翼地得过且过。

亲爱的北漂一族，你还要在群租房住多久？仰望半空中的高楼大厦，想想你想要哪一间？

请努力一把吧！愿你早日脱离群租房，拥有属于自己的一方小天地。

“时运不济”不是借口

“请问，您是用微信还是支付宝？”收银员小姐姐惯例地问了一遍，见我前面的男生没有回答，便又高声问了一遍。

“啊？哦，不好意思，不好意思，微信。”前面的男生总算是有了回应，但付完款，他居然没有拿自己买的东西就要往外走。我注意到之后，急忙叫住他，把东西递给他：“先生，你东西忘拿了。”那个男生停下，接过东西，说了声“谢谢”，转身就要走，眼皮连抬都没抬一下。

我一看，这不是市场部的郭雨嘛。昨天，我就听说郭雨提交了离职申请。在公司总会上，颜茴代替市场部进行报告展示发言，台上颜茴向公司的同事展示自己部门的成就和对接下来的畅想规划，那种自信的样子仿佛颜茴整个人都在发光一样。我不经意地瞥见在台下看手机的郭雨，心里不自觉地想：郭雨会离职多多少少也受了颜茴的影响吧。

郭雨和颜茴都是在北京本地上的大学，学校还都挺有名气的。毕业后又同时进入同一家公司实习，培训期同一天结束，同时进入市场部，并且进入了同一组。

说来也巧，我在郭雨办离职手续的时候见过他，跟他聊过几句。在聊到为什么颜茴可以晋升而他得不到晋升的时候，郭雨抽了抽嘴角说：“不知道，可能时运不济吧。”

“时运不济”，直白一点儿就是：命不好。坦白讲，在公司待了这么久了，我深谙没有无故加薪和升职的道理。因此，我对升职加薪为什么没有落到郭雨头上这件事产生了很浓烈的兴趣。

晚上下班，去地下车库取车之后，我特意去等了一下云姐(市场部的组长，因为怀孕，在之后的一段日子，会由颜茴暂代职位)。

我把自己的困惑告知云姐之后，云姐笑了，调整了一下座椅，身子向后靠了靠，说：“其实，依我看啊，郭雨有些冲动了，本来这回我是想着等颜茴接任我的公告发到群里之后，我就找他谈一次的，结果没想到他提前申请了离职。郭雨虽然在工作中没有犯过什么错误，也一直规规矩矩，不过恰恰是他太过于守规矩了，一点儿心思也不多用于工作，这就让他的工作一点儿新意也没有。你也是知道咱们优秀员工评选和涨薪有哪几项原则的。”

“我是了解，不过，颜茴又有哪些出众的地方呢？”

“颜茴很自信，当然了，一开始的时候郭雨也是很自信的。但是颜茴是个心思很细腻，也很会工作的人。你知道吗？颜茴会把自己做过的所有报表进行备份，无论是修改前的还是修改后的。每次敲定报表后，她都会在最初的报表下面写上很多方面的缺失，比如：哪一项数据是自己忽略的，或者数据报表的走向显示了哪些问题与隐患。而且每一次下发下去的策划案，颜茴都会提前做出很多套方案并且亲自演习，一一分析每一套方案试行起来有可能会遇到的问题，并且计算出最低预算和最大收益。所以交给颜茴去做的策划方案就越来越多，相对地，颜茴的策划经验也提高得特别快。”云姐突然问我，“其实，公司一开始让我提供建议，在郭雨和颜茴中间选择一个人来接替我的工作。我选择颜茴还有一个重要的因素。我那时候问了郭雨和颜茴同一个问题：如果现在你没有加薪，你觉得是因为什么呢？”

颜茴说是因为自己在上次的报告中算错了一个数据。

郭雨说是因为“时运不济”。

“时运不济”，多么轻飘飘的一句话，多么万能的一个理由。

或许郭雨压根儿就没有想过不曾升职加薪的原因何在。同样是新人，都想在自己的工作岗位上大展身手，但是你要知道，规矩做事不是不对，但是规矩办事不是要你原地踏步，等着别人来告诉你下一步该怎么做，你应该有目标、有方法地前进。

上司不会告诉你已经完成的资料最好备份，不会告诉你把报表里的各项数据最好用不同的颜色标记，不会告诉你下午的会议很重要，最好记录在笔记本里……很多时候，你不去主动想，不去主动看，又怎么能获得眼前的机会，又怎么能怪别人没有给你施展的机会，又怎么能怪“命”。

不要一遇到不顺的事情就把自己困在原地。别张口闭口就怪“命”。因为这个“锅”，“命”不替你背。

别做生活的“群演”

那天好友托我给她的儿子指导作文，其中有一篇作文我很感兴趣。作文的题目很简单，就是按照图示的内容进行立意并且写文章。图片里的内容是：一个是戴着奖牌的冠军，一个是为冠军献花、鼓掌的人。

那个当下，我问好友的儿子：“这两个人，你想成为谁？”

他不假思索地说：“当然是冠军啦！”

我问：“为什么？”

他站起来说：“冠军有人给送花，还有奖牌，最重要的是，你看还有人为你鼓掌，要多威风有多威风啊！”

我一点儿都不奇怪，一个不到十四岁的孩子会不假思索地给出这样的回答。没有谁不想做“主角”和“冠军”，毕竟“群演”和“亚军”听起来，总是差了那么点儿意思。如果把这个问题丢给一个已经在社会上摸爬滚打了许久的人，我想他的回答不会这么干脆，他会想一会儿后再回答：冠军吧！毕竟成为冠军很累。

这个夏天，我在收藏的画展上认识了几个年轻的小朋友。因为他们，我开通了微博。最近我看他们发的几条动态常常带有两个词汇，很有意思：“pick”和“C 位”。

就其中一条动态更新：某某，我 pick 你，助你 C 位出道。

抱着不耻下问的态度，我在他的动态下评论：容我弱弱地问一下，什么是C位啊？

有几个热心的网友帮我解释：C位就是Center的位置，也就是中心。助你C位出道也就是说，帮助你成为中心，被更多人看到。

为什么非要是C位呢？台下十年功，台上一分钟，不是只要站在舞台上就是胜利吗？不是只要台下有人为你欢呼呐喊、鼓掌喝彩就是成功吗？的确，这肯定是很多人内心会有的心理活动。但是仔细想想，想要C位出道的人也没有什么过错。观众的视野有限，自然而然会被站在中心的人吸引，他们就像光透过凸透镜聚成的一个点一样，时间一长就会不自觉地发光发热。

前些天被几个90后朋友拉着去看了一场电影，叫作《爱情公寓》，且不论电影的好坏，但是电影里面有一个特别有意思的梗，叫作“主角光环”。这个梗几乎贯穿了整部电影，我不止一次听到。“主角光环”是什么呢？通过电影，可以看出来有了“主角光环”之后，会莫名产生很多种技能：每当遇到危险，马上就要下场“领盒饭”时，总有人出来帮你挡刀；每次遇到难以解决的问题时，总是会有一丝转机摆在你面前，让问题迎刃而解。当然了，打败最后的大Boss，被人们奉为英雄的肯定是拥有“主角光环”的人。

常言道：人生如戏。人人都想做“主演”，但是“主演”毕竟还是少数，占据生活大多数的是“群演”。做“主演”自然有很多的好处，那么反观“群演”又是如何呢？“群演”是更倾向于站在路边为英雄鼓掌的人。

我有个哥们叫尚北，他便是“群演”中的一个。他呢，平时工作朝九晚六，没什么爱好，就是喜欢上网。前几天他跟我聊天，说觉得身边的人都很成功，每天打开朋友圈的时候都看见一堆秀旅游、秀恩爱、晒幸福、晒成就的人。越来越觉得自己的生活特别没劲，一气之下把那些生活的“主角们”的朋友圈都给屏蔽了。

我觉得这个哥们儿很幼稚，没有回复他。

屏蔽朋友圈难道就能眼不见为净？别人的晒图不一定非要让你看到，即便你选择看不到，“主角们”的人生依旧精彩，你的人生也不会因为屏蔽朋友圈而有什么不一样的地方。

尚北还是“坚持不懈”、自顾自地跟我说一些生活中的“不得志”，后来给我发了一大段信息：“哥，我现在越来越觉得我的生活挺没劲的，一天天不知道在干什么。总是觉得，自己恐怕一开始就注定了是做一辈子的‘绿叶’，就是为了衬托别人、衬托‘红花’的。而且我老是觉得人外有人、山外有山，你不是这个人的‘绿叶’，也会成为那个人的‘绿叶’。”

我看到信息之后，觉得这个哥们儿现在有点儿钻进死胡同了。我得想办法把他拉出来，揣摩了一阵，给他回复说：“尚北，你说你这一天天瞎想什么呢？没有谁是注定要做‘绿叶’的。你的人生是你自己的，你可是当之无愧的‘主角’，当之无愧的‘红花’啊。是，人生那么长，总会有要做几次‘绿叶’的时候，但你要知道天下没有相同的两片叶子。人生的舞台那么大，大家都挤上去，有的人在角落，有的人在中央。短暂的不如意，不代表你一辈子都无法站在舞台的中间啊。尚北，是个爷们儿就打起精神，你才多大呀，这才哪儿到哪儿啊？是不是，咱们以后不做群演不就好了，咱们当主角，咱们当自己人生的主角。”

回完信息之后，尚北没有回复，我也没再继续联系他。我不联系不是说我已经失去耐心做一个给他指点迷津的大哥，而是我知道，在不做生活的“群演”这件事情上，只有自己可以帮助自己，其他人也就只是个催化剂。

的确，现在是信息化分享的时代，人们会把自己的经历放到公共的平台上，这没什么大不了的。之所以会引发不适，不完全是因为别人存在某种程度上的炫耀，而是因为你不能跟他们一样。说白了，人人都不想只做生活中的“群演”。其实就好比是平时追剧一样。大家往往关注的都是剧中的主角，只要主角还在，观众就会一直追剧，即便百八十集的长篇电视连续剧，即便会有很多不知名的“群演”上线或下线，也不会影响观众继续追剧的心，因为主演一直都在。

那么，如何让自己不做生活中的“群演”呢？其实不难，那就是努力争取，拼尽全力努力。很多事情，如果一开始就不进行争取，慢慢地就会变成无论什么事情都和你没有关系，都没有进行下去的意义。那么你的人生就会像温水煮青蛙一样，越到后面越是煎熬。

第二章

愿你倾付一生，
等那一场梦想花开

梦想谁都有，为什么你的夭折了

某天跟商映学长吃饭，到了地方，刚坐下还没点菜，他上来就说："老弟，你说世上要是有后悔药该有多好呀！"

我低头看着菜单，没多想，张口就说："要是有卖的，给我来两箱，多贵都买！"我点完几道平时我俩都比较喜欢吃的菜品，把菜单交给服务员。

我看出他的脸色有些不好，便又接着说："你这是怎么了？怎么突然问这个问题啊？"学长一开始有些难以启齿，后来慢慢地开始跟我聊起了事情的原委。

学长大学学的是法律，他一直都想考法律的研究生，因为自己实在是太爱法律了。但苦于家庭贫寒，家里并不支持他考研究生，希望他尽快工作赚钱。学长虽然答应家里毕业之后就工作，但还是不愿意放弃学业，打算一边工作一边准备考研。所以学长毕业之后直接进了北京一家律师事务所，当了一名实习的助理律师。入职之后，学长的表现很是出色，很受公司领导的赏识，加上为人谦和，和公司里的同事相处得也很好。

由于学长能力不错，交给学长的工作渐渐多了起来，当然了，工资也不断上涨。当家人看到学长给家里寄来的钱一次比一次多的时候，就常常说，现在的工作是多么好，生活是多么来之不易，还一直嘱咐学长好好工作。

事情就是这样，往往说者无心，听者有意。学长其实从内心是很向往这种生活的，工资待遇不错，自己又很受赏识，没必要辛辛苦苦地备考，而且往坏了说，考研不一定会成功。没准儿自己还会因为准备考研影响现在的工作，这样的话，岂不是得不偿失。就这样，这个还没有开始的“考研梦”没再发酵。

今年，学长的公司副总因为工作调动要去美国的分公司任职，所以副总一职将在公司的内部优秀员工中进行选拔。公司里面的同事私底下都在说，论资排辈估计是学长没错了。但是等到副总的委任书下发的时候，副总的职位是进公司才两年的同事。大家虽然有点儿吃惊，但也觉得是情理之中的事。毕竟一家公司按资排辈的时代早就过去了，现在都是能者居之，谁有本事谁上，再说这位同事的能力确实不次于学长。学长虽然知道结果已经定了，但是还是耐不住心中的好奇，想知道自己输在了哪里。

一个晚上，学长约了总经理喝咖啡，问出自己的疑问。谁知总经理并没有直接说出原因，而是问了学长几句话：“商映啊，我记得你刚来公司的时候不是说要考政法大学的研究生吗？这个梦想什么时候夭折的呢？”

学长一时语噎，不知道出于什么原因，没有再细问，自然也没能回答出总经理的问题。

后来总经理在微信里告诉学长，那位仅来了两年的同事，在一年的时间里考上了研究生。

那天饭后，我问学长：“学长，要是真有后悔药，是不是打死也不会放弃考研这个梦想？”

学长一笑：“不是，是我一定不会在工作以后放弃考研。”

我有点儿蒙："这有什么区别吗？"

学长一笑，说自己喝醉了，反复说着没区别。之后学长把啤酒瓶剩下的最后一口酒灌进肚里。

很长一段时间后，我开始理解学长所说的那句话了。对于学长来说，其实不管什么时候考研，都不再是他一直执着的事情，因为结果都是一样的，"梦想"已经夭折。就算有后悔药，也买不来自己当初对梦想的热情了。

时间不能倒退，谁都无法跳进时间的长河去找寻自己丢掉的梦想，因为你压根儿不知道梦想是什么时候夭折的，在哪里夭折的。

狗熊掰玉米的故事简单明了。狗熊在经过玉米地的时候，不管遇到什么样的玉米，都觉得是好的，就为眼前小小的利益放弃了之后很大的玉米，最后只能拿到一个不怎么满意的结果。或许等狗熊走出玉米地的时候，已经忘记了自己一开始在玉米地外面设想自己要找的那个玉米的样子了。

说起考研，我想这也是很多人的一个"痛点"。前些天有个学中文的弟弟，就想中途放弃考研，家里人都各执己见，弄得他有些头疼。弟弟就趁着周六日来我这儿串门，也让自己的耳朵清静清静。

我问他："为什么要考研，是爸爸妈妈让你考的？"

他摇摇头，说："才不是呢，是我自己的主意，我考研究生是因为我喜欢中文，我想去中国最好的中文系学习。"

我笑着说："所以想上北大中文系？"

他腼腆一笑，说："是。"

我又接着说：“你小子，看不出来志气很大嘛，准备多久了？”

他乐呵着说：“有一年多的时间了。”

准备了这么久，应该要好好考的。

第一年，弟弟考研失败了。他有些不甘心，毕竟为了考研他付出了太多。大部分时间都泡在图书馆，从不跟朋友出去娱乐，看着同寝室的室友，每周末与女朋友出双入对，内心也备感落寞。也会遇到试题卡壳的时候，总觉得自己差很远，还有很多需要学。自己打击自己的时候非常多，无数次想要放弃，但最终还是坚持下来了。

虽然考研失败了，但他还想再给自己一次机会。

再次备考研究生的事，他未事先告知家里人，家里人就擅自托亲戚帮弟弟找了一份并不对口但是薪资待遇丰厚的工作。在这个时候，家里人不是很赞同弟弟的选择，说：“既然已经失败了一次就没必要尝试第二次，况且考研也没什么用。再说考研不就是为了找到一个好的工作吗？现在就有一份好的工作摆在你面前，何必舍近求远呢？”

我理解弟弟家里人的看法，但并不认同，碍于亲戚身份，我便没有多说。我接着问弟弟：“那你妥协了？”

他说：“我暂时还没想好呢，所以今天先来你这儿躲躲，冷静一下。对了，哥，你有什么好的建议给我吗？”

我本来想说些什么，但是话到嘴边却不知道怎么开口了。后来，我把学长商映的经历告诉了他。我说：“人生很长，也很短。人这一辈子能有一个梦想是一件幸福的事，也是件不容易的事情。所以啊，当哥的只能告诉你，能坚持就坚持，选择自己真正想坚持的，别让来之不易的梦想轻易就这么夭折了，不然以后找都找不回来。”

弟弟听完我的话后，貌似有了一些想法，神情有些畅然，说：“哥，谢谢了，这一趟没白来，估计明天回去又要‘舌战群儒’了。”

我笑着说：“有信心赢吗？”

他也笑了，说：“哈哈，有信心，但是不敢保证能赢。”

第二天，他走的时候我去车站送他，我向他推荐了一首歌曲，让他在火车上听听，可以打发打发时间。那首歌就是《最初的梦想》。

最初的梦想，紧握在手上；最想要去的地方，怎么能在半路就返航；最初的梦想，绝对会到达；实现了真的渴望，才能够算到过了天堂。

不要不敢想，
一颗心足以装下整片星空

半个月前，我非常有幸受邀回母校参加一个公益性的讲座活动。这次活动的内容，简单来说就是让一些已经毕业多年，在社会上小有成就的学长学姐们跟学弟学妹们分享一下自己的成长故事。

在偌大的阶梯教室里，台上经管系的一位学长就财富和管理进行演说，内容浅显易懂，语言风趣幽默，我觉得很有意思，听得津津有味。

忽然，坐在我左手边的一位校友不无羡慕地自言自语道："我也想要像他那样创业，像他那样拥有那么多资产啊！"但是随后不到一分钟的时间，他就又摇摇头说："但是我这辈子肯定是做不到了。"

听完他的话，我觉得有点儿奇怪，可说不出哪里不对劲。在回程的车上，我也一直在想：当人们看到比自己优秀或者有想要拥有的东西摆在眼前的时候，不是应该说："我得更加努力才行，这样我才会变得特别有钱，得到我想要的东西。"后来我就特别留意这个想法，发现身边不少人都有着这类相同的思维。

跟同事聚餐的时候，同事小柯跟我抱怨部门同事升职一事："他刚来还没两年呢，就一路升得那么快，肯定是走后门了。我没有后台自然不能像他那样升得那么快了。"

在面试的时候，面试官问一个刚刚毕业的大学生有没有投资风险方面的经验，那个大学生回答说："不好意思，那个是理科生会的，我是文科生，怎么会有经验呢？"

亲戚家的孩子今年要高考了，让我帮忙辅导一下功课。就要高考的小侄女面对一直上不去的成绩，跟我说："叔叔，我又不是学霸，学霸智商都超过一百三十了，我就是一个普通人，怎么有资格跟学霸一较高下呢？"

很显然，很多人在遇到一个既定的目标或者梦想的时候，往往会从一开始就产生根本做不到的想法，觉得想多了也是浪费精力，更不会有通过慢慢努力去争取的想法。哲学上说："主观行为决定客观事实。"要是连想都不敢想，又怎么会有客观的事实呢？

同事小柯自认为同事因有后台而升职，所以直接不再多想用自己的努力和实力来获得升职的机会，就这样轻易放弃了努力后的可能性。大学生因为内心有明显的文理学科分化，觉得投资风险不是文科生需要了解的，所以从内心深处就觉得没有学习的必要，最后的结果肯定这辈子也只会心安理得地做一个"文科生"。小侄女可以轻松地承认自己的智商没有学霸高，自然就觉得成绩不如别人好是应当的，而从来不会去想，一直考试不及格的自己或许通过认真复习、努力备考，也可以成为智商一百三十的学霸。

人们之所以总是用各种各样的理由来安慰自己在某一领域的失败，其实不过就是害怕最终的结果不是自己所想的，他们怕的是现实和理想中间的落差，怕自己根本无法面对。所以从一开始就不想迈出第一步，不断地催眠自己"不开始就不会失败"，但是他们忘了另外一件事情：如果不开始，就永远也不会成功。

你知道吗，只要你敢想敢做，世界都会为你让路的。只有你敢去做，你的人生才会有所突破，才会遇到不一样的色彩。

顾千，我大学时的学弟，本来在学校并无交集的我们，在一次偶然的公司联谊年会上认识了。他在我眼里是一个特别有朝气的年轻人，常常会有很多新奇的小想法，顾千把那些想法都称为梦想，因此我给他的标签是——梦想家。

我特别喜欢跟他聊天，虽然顾千后来因为工作关系去南方的分公司任职，但是我们依然保持着联系。他很喜欢分享自己的事情和心情，所以他更新朋友圈动态的频率特别快，几乎每天都会发几条。

有一次，我看见顾千发了一条动态，说自己想去北极。我心里想，这小子又开始做梦了。但是后来我被他接下来的几条动态惊到了，他真的去了北极。我忍不住好奇，跟他私信。

我说："你真的去北极了？够有魄力的啊，我以为你小子就那么一说呢。"

顾千说："嘿嘿，我话都说出去了，跟泼出去的水似的。要是实现不了的话，你说哥们儿脸往哪儿摆啊。"

我说："好家伙，你这脸现在可大了呢，顾千，真厉害，不仅敢做梦，还敢造梦。"

我开始向顾千"讨教"从做梦到造梦的过程。我问他："顾千，你哪儿来那么多时间去干那么多事情啊，毕竟你每天在外企工作，那么忙。"

顾千说："我也不是一开始就这样的，之前行动力差得不行，不能说干什么就去干什么。你知道的，以前我总是做梦，有很多梦想想要实现。但是想一想自己经常出差，每天还要上班，总觉得自己没有时间，所以很多梦想就搁置了。但是偶然有一天我出差去澳门，我看到澳门塔上有类似蹦极的项目。我想起自己之前的梦想清单里有这些，我就一直看着澳门塔出神。那个时候，一个已经跳完的哥们儿走过来跟我说，去吧，上去，跳下来，特别简单。"

顾千说自己当时愣了一下，差点儿以为自己是幻听。后来顾千就真的上去了，考虑到三十分钟后还有一个会议，顾千没有多少犹豫的时间，上去之后，听完工作人员的说明，没有做多少心理建设，往前走了两步就跳下来了。顾千到现在都说，特别感谢那次的澳门塔之行，因为那算是他所有梦想清单的开始。顾千不再只是一个“梦想家”，更是一个“实践者”。

那天结束聊天的时候，我开玩笑地说：“顾千，你小子心可够大的，北极都去了，下次是不是要去外太空，跟外星人打招呼呢？”

顾千回复我说：“好主意，可以考虑。我觉得只要敢想敢做，心里才装得下整片星空。”

很喜欢周星驰电影里的一句台词：“人要是没有梦想，那和咸鱼还有什么区别。”梦想从来就不是可望而不可即的东西，是你自己的潜意识把梦想束之高阁。既然是做梦，为何不往大了做呢？如果做梦都要缩手缩脚的，那么对于现实中的我们而言，还有什么魅力可言呢。

梦想的实现其实不在于你有多优秀，而在于你有多少热情，又愿意付出多少努力。朋友们，请你带着梦想上路，坚定地走每一步，用足够的热情去面对今后的每一个梦想。

幸福会在抱怨中溜走

成人世界最普遍的现象是什么？是遍地可见的抱怨和不幸感。从不抱怨的人很少，只不过表现形式因人而异。

爱抱怨的人常常觉得自己是个“倒霉”的人，从不相信有什么幸运会降临到自己身上。

在面临同样的事情时，这类人通常会认为，别人都比自己幸运，总是比自己多一些上天的宠爱。

似乎，天空下的每一场雨都是针对自己的。而别人在下雨的时候都恰好带着伞，可以在雨中漫步。

发生在我朋友身上的一个小故事，颇具代表性。

我朋友在一家公司上班。同一个部门里，有一个同事和她年龄相仿，与她岗位分工类似。有段时间，她的上司总是额外给她分配工作。她每天都处在紧张的加班中，而那位同事却能准时下班。

那时，她几乎逮住机会就跟我抱怨，说自己实在倒霉，被领导盯上了，总是把出力不讨好的工作扔给她做。她每天累得在公交车上站着都能睡着。

她特意自拍了一张照片发给我，两个黑眼圈确实很明显。

她靠着抱怨，撑过了那段辛苦的日子。后来，她的领导不再额外给她派发任务，而是把工作分配给了那位同事。

她仍然会跟我抱怨，说她最近不受领导重视，有什么工作都不愿意派发给她。而那位同事却颇受器重，总是能够参与一些重要项目。

她那段时间因为这些鸡零狗碎的事情，又憔悴了不少。

终于有一天，她极其困惑地跟我说，那位同事居然在朋友圈里发信息抱怨，说自己累成一摊泥，净干些出力不讨好的活儿。

这状态跟她前段时间加班的心情一模一样。她很纳闷儿地问我，为什么同样的事情，我们总会觉得对方是幸运的，而自己却是那个倒霉的人。

这种心态并不少见，恰恰代表了大多数人的思维模式。在这种思维里，我们最擅长“换位思考”。

同样的事情，放在自己身上，总是被动和不幸的，而一旦放在别人身上，在我们眼里则又变成幸运和机遇。

不幸感已经成为成人世界最常见、最真实的存在感。

很多人都喜欢“越努力越幸运”这句话。

但是，实际上，在一件事情开始之初，很少有人抱着极大的幸运感前行。

甚至，在事情已经开花结果时，很多人的内心依然缺乏幸运感。似乎，承认幸运是一件很丢脸的事情，是对自己辛勤努力的一种否定。

曾因为一部电影，某女艺人备受瞩目。在大家眼里，她一夜成名，一炮走红。

有记者采访她：“十八岁就当选为星女郎，如此幸运，让人羡慕不已，你对此有什么想法？”

她回答说：“别人越羡慕，我付出的就越多，你有多羡慕我，我就付出了多少。”

她刻意回避幸运，只是着重强调自己的努力和付出。

很多人为她这样的回答拍手叫好。为她鼓掌的人认为，她的回答有深度、有力度。但是，这恰恰是不够成熟的回答。

成熟而理性的人，都懂得成功是必然和偶然的绝妙结合。很多人同样付出了很多，却并未引来同等的喝彩。

付出才能有所收获，付出是成功的必要条件。但是，成功的出现却是一种偶然的结果。这个偶然性其实就是我们不应该回避的幸运因素。

人生很多时候就像一场考试。

在同等智力条件和同等的付出下，大家的考试排名却会出现不同的结果。

也就是说，你能决定你的付出在考试中大体取得怎样的分数，但是你决定不了自己的排名。考试成绩的好坏有一定的必然性，但是排名的好坏却有一定的偶然性。

这乍一听起来，似乎有几分消极和宿命论的意味，但却恰恰是最积极的人生态度。

在人生中，对自己能把控的过程拼尽全力，对不能把控的结果随遇而安，这是一种诚实而成熟的人生态度。

唯有如此，无论面对什么样的结果，内心都能生出欢喜。

刚刚结束的奥运会中，红了一名运动小将傅园慧。

她的迅速走红，在很多人看来，是因为她没有套路。

她的回答没有套路可循，就像没有鼓点的音乐，让人踩不准节奏。只有让人觉得意外的东西，才会给人惊喜，进而让人心生喜欢。

其实，她的每个回答看似单纯无邪，实际上却足够真实且成熟。已经使出洪荒之力，这是她对自己付出的肯定。

拿到铜牌，她表示已经很满意了，对明天没有更多期待，这是她深深的幸运感的体现。

一个人永远只能知道自己有多努力，付出了多少。但是，你永远不可能知道对手有多高的天赋，又有多少付出。

所以，与自己比，你的成绩有迹可循；与别人比，你的幸运也同样值得肯定和赞美。回避幸运，才是不成熟的表现。

很多人有着天然的不幸感，这是因为他们误会了幸运，也不了解幸运感存在的意义。

他们误以为幸运就是毫无付出却遇到了天上掉馅饼的事，承认幸运，就像承认凭空捡了个大便宜一样。

更重要的是，他们低估了不幸感对自己人生的消极影响。这种不幸感使一个人在出发时的勇敢、做事的效率和结果上大打折扣。

从心理学的角度来讲，长久的不幸感，会使一个人产生习得性无助。——接连不断地受折，便会感到自己对一切都无能为力，丧失信心。

不幸感会让人在行动开始之前，早早地自我否定，产生习得性无助心理。

这种反应会使自身对行动生出抗拒。这就相当于在行动之前质问自己："世界上努力的人那么多，凭什么是我？"

这样自问的结果，内心会有一个声音很快回应自己："算了，我肯定成功不了，还不如不付出过得悠闲自在。"

因此，这会让很多人逃避付出，一旦被迫付出，他们就会生出诸多抱怨和排斥。

在出租车司机身上存在一种现象，值得每个人深思。

在上下班高峰期，你若打的去城市的繁华地带，往往会遭到拒载。每个拒载的司机都有一套一模一样的理由。

那个地段太堵，自己肯定会被堵在路上动弹不得，绝对不划算。

有一次，我外出打的，接连被拒。好不容易遇到一个不拒载的师傅，我对他心生感激，并承诺若是堵车严重，我会给他一定的补偿。

他笑着拒绝了，反而说自己很少因为堵车而有所损失。

收入不理想的往往都是那些爱拒载的师傅。他们一天中大部分时间都浪费在挑肥拣瘦上，却反而经常被堵在路上，或者空车而回。

而这个师傅从不拒载，一整天都在一个又一个的奔赴中。综合核算下来，他每天都收入不错。

果然，在我准备下车时，已有乘客在路边等候上车了。后来，我再打的时，特意留意了一下，不拒载的师傅确实很少有空白期，生意一个接一个。

这在一定程度上验证了“墨菲定律”：你如果担心某种情况发生，那么它就更有可能发生。

当然，这并不是说有幸运感的的士司机不会遭遇堵车，而是他们不会无限夸大堵车给自己带来的不良后果。

没有强烈的不幸感，他们的行动就不会堵在“心理的路上”，也不会凭空上演一出又一出不幸的戏码。所以，他们的行动往往更加积极主动。

因此，幸运感的存在对一个人的行动有着极其重要的牵引作用。它能够让你在对的时间生出正确的自我暗示。

在行动开始前，你能够告诉自己：“世界那么大，为什么不能是我？”

这样，你的行动就会变得冲劲十足。若结果并不如愿，你又能够坦然告诉自己："世界那么大，为什么非得是我？"

这犹如狄更斯在《双城记》中所说："这是最好的时代，这是最坏的时代。"充满不幸感的人，永远在抱怨这是别人最好的时代，是自己最坏的时代。

而充满幸运感的人，永远能在最坏的时代里找到属于自己的最好的机会。即使结果不尽如人意，他们也会坚信，那些走过的路一步都不会白费。

未来有一天，它们终会变成另外一个成功的必然积累，成就更好的自己。

冷静对待别人的指手画脚

前几天，同事闻宁红着眼睛上班，我问她出了什么事情，需不需要帮忙？

她淡淡地说没什么大事情，就是和家里人吵了一架。我没再追问。

后来下班的时候，我们一起加班，闻宁开口跟我说："你说，怎么才能让别人不对自己的人生指手画脚呢？"

我想了一下说："这恐怕不太可能，但是也不是完全没有办法。别人怎么说，是别人的事情，但是你怎么做，是你自己的事情，你的人生该怎么样还是得怎么样。"

她有些若有所思，等了一会儿说：“我觉得你说的很有道理。本来我不想说的，但是自己越想越觉得委屈，还是想说出来。昨天是我妈妈生日，我带我男朋友回家一起给妈妈过生日。谁知道妈妈不仅不高兴，还反对我们在一起，坚持让我跟男朋友分手。”

我说：“阿姨让你跟男朋友分手是什么原因呢？”

她有些无奈，说：“我和男朋友是大学时在一起的，男朋友是南方人，我妈不希望我嫁那么远。”

我安慰闻宁，可以慢慢来，想办法，尽量不要起冲突，毕竟家里人都是为她好，不会害她的。

谁知闻宁听完我的话，开始有些激动：“为什么大家都说妈妈是为我好，为什么都要用爱我的名义来强迫我做我不喜欢的事情。原本那天是妈妈的生日，我不想惹她生气，但是那天我妈的一句话，我也不知道为什么就是控制不住自己，就跟妈妈大吵一架，最后不欢而散。”

我问她，是什么话？闻宁苦笑着告诉我。

我吃的盐比你吃的饭都多，我走过的路比你走过的桥都多。

我不禁低头失笑，多么耳熟的一句话，想必大多数人耳边都充斥过类似的絮叨吧。

在闻宁眼里，母亲并不了解男友，仅仅是因为地域关系就反对，有些不合情理。或许闻宁不是要跟妈妈争吵，他们争吵的从来就不是是否可以远嫁，而是两代人的处事观念。在当今社会下，年轻人大都抱着这样的观点在生活：你从未经历过，不知道事情原委，就没有发言权。

其实我们可以先不用急着苦恼，可以换个思路想想：时间对于所有人来说都是公平的，谁的人生都是从生到死，从年轻到苍老。或许你走过一些弯路，拿着过来人的态度告诉后面的人这里有坑、那里有水。但是如果我们把什么困难都跳过，就会忽略了人生最精彩的部分在于两个字——经历。不经历，就不会获取；不经历，就不会得到。

在这个世界上，你要知道，谁的周围都不乏那些指指点点的人。但是你得清楚你自己想要什么样的生活。我们该把握的，还是要把握在自己手里，别人的评论、别人的建议、别人的想法，说白了都只是“别人的”，最后能不能成为“你的”，还得自己说了算。

伯伯家的小妹，今年刚刚结束高考，超出一本录取分数线二十多分，可以说考得非常不错了。有这样的说法：“考得好，不如报得好；报得好，不如专业选得好。”因此报什么大学、选什么专业成了伯伯一家最头疼的事情。

伯伯是搞建筑的，在他看来：小妹本身就是理科生，加上建筑市场很受欢迎，选建筑专业为最为适合，毕业参加工作压根儿不用担心就业的问题。

伯母是典型的家庭妇女，在她看来：小妹是一个女孩儿，搞建筑的还是男的多，随便选个不累的专业就行。毕竟家里也不指望着小妹赚钱养家，她从事什么样的工作根本不重要。

堂哥是计算机出身，在他看来：小妹最应该选择的就是计算机了，现在是数据化时代，是互联网的天下。如果不尽早投身互联网的市场，以后一定会被世界淘汰。

小妹找到我，询问我的意见，还告诉我一个特别有意思的事情：虽然家里人的看法不同，但是他们都说了同样一句话“我这都是为了你好”。这句话的杀伤力真是不小。

可以说，从小到大，我们常常与它过招。偶尔，它也会出自我们之口，想到这儿就觉得可怕。

我告诉她：“不用苦恼，伯伯他们能说出这句话，其实很正常。他们说得对，但也不全对。‘为你好’不代表就真的对你好，不代表真的适合你。其实不难发现，无论伯伯他们以什么样的身份出发，最后他们都是用自己的经验来跟你侃侃而谈。你要知道，亲生父母也好，手足同胞也罢，都没有办法真真切切地了解你自己的想法。不管是建筑还是计算机，只有你喜欢，才可以赋予它意义。”

后来，小妹选择了医科大学。家里人自然有些反对，时不时就会埋怨小妹的“不听话”。她从不反驳，只是在一个明媚的午后，发了一条信息在我们的家族微信群里，无人回复。

“我爱你们，所以我尊重你们。我也知道你们爱我，那你们能不能也尊重我。请不要用爱我的名义，左右我的生活。谁的人生都只有一次，凭什么你们就知道我的选择是错的。不能因为你们没有走过这条路，就说这条路不通，殊不知，世上本就没有路，是走的人多了，才变成了路。”

三分钟热度，哪里配谈梦想

一个下雪的深夜，我刚刚完成了我的一本随笔集，打算泡一杯红茶，喝下入睡。不料被手机“叮零”的响声打断了，是我前工作室的合伙人老林。

接通之后，我听见冷冽的风声，隔着手机我都能感觉到刺骨的寒冷：“喂，喂，老林，你现在在哪儿呢？”

“睡了吗？能陪哥们儿聊聊吗？哥们儿现在心里不好受。”

我听见老林在电话里打了个酒嗝。跟老林认识的这些年，我是知道老林的，要么不喝酒，一喝酒准喝多。跟他要了地址，忙赶过去。

第二天下午，老林睡醒了，问自己怎么会在我家。我递给他一杯蜂蜜水，故作嫌弃地说：“除了你兄弟我，谁还会跑那么远把你给捡回来啊。”

老林有些尴尬。我说：“大半夜的不回家，在外面喝成那样，还拎着行李箱，你是要出差还是刚出差回来啊？”

老林现在感觉头疼欲裂，在听完我的话后，头更痛了，不由得敲了敲头，声音略带沧桑地说：“不是什么出差，是……”老林低下头，我知道肯定是有什么难以启齿的事情，也没再继续追问，等着他自己整理好语言，整理好心情告诉我原委。

过了许久，老林抬头看着我说：“其实，是你嫂子要跟我离婚。我这在家待着实在是心里憋屈，就收拾了点儿东西，打算找个酒店待几天，清静清静，也好好想想之后该怎么办。”

老林要离婚的事情，我并不是特别意外。之前，老林跟我喝酒的时候说过，他妻子对他事业的不成功颇有微词，自从他决定自己起家做生意的时候，两个人就经常吵架。之前我还以为只是闹别扭，但是现在矛盾已经激化到不解决不行的地步。

说心里话，我虽是老林的兄弟，但还是理解老林的妻子的。老林自从三年前从公司离职之后，就开始打算自立门户，想要自己做老板，完成自己的梦想。事实上，在老林创业开始时就想要拉我入伙，我一开始有些拒绝，但我知道老林的性格，总是三天打鱼，两天晒网的，没个定性。老林最初想开广告公司，公司开业三个月以来，一直没有招到合适的广告策划。老林开始对我进行各种友情轰炸，三十六计天天在我们之间上演。我还是拒绝了他，不过我答应他会以股东的形式入股。但是在公司运营一年的时间里，由于老林没有管理好，导致公司的业绩一直不是很好，成交的客户无一不是用感情牌拉来的，而且还都是小单，没有多少收益。很显然，公司遇到了困难。一开始，老林和公司的中层领导经常开会，商量要怎么渡过这个难关。但是慢慢地，老林在公司会议的时候常常心不在焉，有的时候甚至找各种借口根本不出席会议。起初大家都以为老林是压力大，或者在别的地方想办法解决困难。事实证明不是这样的。

老林在一次周末，突然跟我聊起饭店经营和酒店管理的话题，还说自己最近看了很多有关这方面的书籍。我有些吃惊，说咱们公司是广告公司，看酒店管理的书又有什么用处呢？

结果老林告诉我，他觉得广告公司没有多少前途，收益不仅慢而且收效甚微，所以决定关掉广告公司。因为在网上偶然看到很多旅游景点都设有很多有特色的民宿，吸引了大量的民众去民宿入住。老林觉得民宿是一个很不错的选择，不需要大量投入就可以快速地得到收益。老林兴致勃勃地跟我描绘着他的民宿创业蓝图，还是一样的套路，想让我跟他一起干，一起完成梦想。这次我非常委婉地拒绝了，因为我觉得自己有些接受不了老林这想一出是一出的创业模式。

老林脱离了广告公司，自己开起了民宿。虽然民宿大受旅客的欢迎，但是老林的民宿却没有迎来它的春天。

老林的民宿仅仅依靠网络媒体信息来扩散，另外，地理位置也不是很优越，加之老林的民宿在装修时间上很是仓促，并没有什么深入创新，都是网上什么样的民宿受欢迎，就装成什么样子的，这就导致很多住宿的客人对民宿的评价并不高。在旅客的眼中，老林的民宿就是一个没有灵魂的场所。没有口口相传的口碑，也没有自己的特色，因此在不到九个月的时间里，老林的民宿就挂上了“停止营业，转让出租”的牌子。

再后来，老林向几个好友借了些钱，想要再次创业，看上去大有孤注一掷的势头。经过两次创业的失败，我劝老林，要是真的想创业，下一次可以慎重地考虑一下，不要每次开公司都三分钟热度。创业是没有捷径的，没那么简单，肯定会伴随很多困难，遇到困难就要坚持，不要一遇到困难就只想着脱身，只想着关门大吉。

老林从一个朋友那儿接手了一家服装店，想要开属于自己的潮牌店。但是由于定位不准、风格不鲜明，并不受消费群的欢迎，即便低价出售还是收益甚微。不到半年的时间就又关门了。

经过这三次创业，老林负了很多债，身心俱疲，现在更是家庭生活一团糟。我记得那天下午，他问过我一个问题，他说："兄弟，你说咱们当初要是坚持干广告公司，到了今天这个时候，咱们公司估计都快上市了吧？"

上没上市我不知道，也不敢保证。但是我知道一点，不管是后来的民宿还是潮牌店，还是一开始的广告公司，或许都不能称之为是老林的梦想。三分钟热度的坚持，在真正的梦想面前毫无意义。

愿你在逐梦的路上从未退却

很多人对 90 后有偏见，认为他们生下来就掉进了福堆里，父母又是百般呵护，在 80 后的眼里，90 后的孩子除了有点儿个性之外，是一点儿苦也吃不了的。

之前，我同很多人一样，对 90 后的孩子也是这种认识和看法。直到我认识了 96 年的静芝，让我完全改变了对 90 后的看法。原来，他们是一群有梦想、有抱负、能努力拼搏的新时代青年。

静芝是中文系大三的学生，原本是想着依照父母的计划走，为中国的教育事业献身的。但在毕业前，静芝不顾家长的反对选择做一名电台主持。我问过她原因，她特别严肃认真地告诉我，因为一本书——《从你的全世界路过》。她觉得每天从不同的人口中听到不同的世界特别有意思，可以帮别人开导心事会特别有成就感。

静芝知道想要说服固执的父母肯定是没有希望的，只有全身心地投入到工作上，拿出成绩给他们看，他们才会真正地认可自己的梦想。

距离毕业还有一年，静芝决定充分利用这段时间为自己的梦想加力。

在好友的帮助下，静芝拿到了学校新闻广播专业的课表，只要和自己的专业课表没有冲突的课，她都会定时去听。每周，她都通过做一些为影视动画配音的兼职工作，不断地锻炼和纠正自己的发音。虽然短短几分钟的音频，静芝在背后却偷偷地录了不知道多少次，花了不知道多少时间和精力。静芝每天早上都会比同寝室的舍友早起两个小时，去操场上跑步，一边跑，一边念着新一期准备录音的台词。等晚上宿舍熄灯之后，静芝总会对着电脑，看剧本、读文章、顺台词，为下一次录音做准备工作。每到假期，寝室的人都出去玩的时候，她就会独自留下反复检查自己的音频，剪辑补录。虽然很辛苦，但是静芝却很满足。

静芝知道自己只是躲起来练习无法得到实质性的进步，所以她想要加入校园电台。即便学校电台主要是为大一和大二的学生开放的，但静芝并未放弃，每天下课之后都会去电台室。静芝相信近朱者赤，耳濡目染之下肯定可以得到进步。她一直很积极地参加电台活动，而且会在每次晚间电台直播的时候提前进入电台室。

有人说，当你在逐梦的路上奋勇向前的时候，背后会有光芒，全世界都会为你让路。时间长了，电台的学弟学妹们都跟静芝熟稔了，他们常常会一起探讨电台播放和采访的一些事宜。有一次，一位学妹突发胃病，静芝被临时拉去救场。她临危不乱，侃侃而谈，表现得落落大方。

毕业以后，静芝被市里的电视台录用，在夜间电台节目做了一位电台主持。因为在学校积蓄的能量，静芝很快就适应了工作，表现很是抢眼。加之静芝的电台内容不拘泥于稿件，话题很是新鲜，受到很多听众的欢迎，慢慢地，电台开始小有名气，而静芝也有了很多忠实的粉丝。静芝还邀请自己的父母收听自己的电台节目，父母了解了女儿的梦想不是说说而已，对她理解又支持。有了父母的支持，静芝的事业更加风生水起。

在梦想的路上，从不缺乏不退却的筑梦人。

昨天，许久未见的好友陆先生给我发微信，询问近况。

“把你现在的详细地址发我吧，我有东西要寄给你。”陆先生有些神秘。我问是什么？他说是两本画册。

我一惊：“你出书了吗？”

陆先生有些不好意思地说：“没有，没有，是我自己托出版社的朋友印刷了几十本收藏的。”

陆先生在高中的时候就很喜欢画画，了解他的朋友都知道。还有一个事实大家也都知道，他的画技一般，很一般。

几天后我收到了他的快递，拆开快递，整个画册采用乳白色的油纸包装，封面很素雅。那种新书特有的墨香像是化不开似的，浓浓的，很好闻。翻开画册，我看着里面几十幅画，心想：

多少年了，这小子的画功都没进步，还是那么烂。

陆先生给我发微信：“收到了吗？”

“收到了。”

我开始有点儿害怕陆先生下一步会问我觉得怎么样了，因为我实在不知道该怎么回答他。我清楚地知道他在大学的时候时不时地就会去蹭美术系的课程；也知道他为了买颜料、买画稿，连吃饭的钱都没有；他曾为了看喜欢的画家的画展，坐了二十多个小时的火车硬座，去了离学校两千多公里的地方。他每次谈起画画时，都神采奕奕的。

“那个，画册质量不高。的确，画了这么多年了，我也没什么进步。你就将就着看吧。”很奇怪，我居然隐约听出了这句话里的轻松意味，没有刻意的客套，只是轻描淡写地陈述。

我知道他在自嘲，不过凭我对他的了解，他从未放弃画画这件事情，以后也不会放下。陆先生虽然现在并未从事和画画相关的工作，但是曾经的梦想并未放下，在逐梦路上从未退却。我不否认，世界上存在一些即便你奋斗终生、拼尽全力也不能实现的事情，存在怎么也到达不了的地方。

梦想其实有的时候就是需要“但行好事，莫问前程”的初心，只要肯开始，一切的坚持都会有意义。

十几岁的时候，你对自己说：“等我二十多岁的时候，我要有属于自己的事业，开一间属于自己的画室。”为了实现这个诺言，你也曾坚持去画室打卡，可兴致勃勃地学了几堂课之后，就有点儿厌了，提不起兴趣了：“算了，算了，有点儿累了，不差这一次，我还年轻呢，以后再去吧。”好久不见的闺蜜约你逛街时，你会说：“哎呀，以后又不是见不着了，我还是在家陪陪男朋友吧。”于是，你在家陪打游戏的男友一整天，即便你对游戏世界一点儿都提不起兴趣。好不容易一个国庆长假，原本计划去长城，你又说：“国庆大家都放假，现在去的话，肯定是人挤人。反正长城就在那里，以后我再去也不迟。”于是，在七天的假期里，每次你都用不同的理由说服自己赖在家里，哪里都没去。

有的时候，人就是这样，退步一旦开了头，就容易一步退，步步退。但愿你不要开这个头，因为每一次与梦想的邂逅都十分不易，一定要加倍珍惜。

请义无反顾地踏上征程吧，也许梦想之路常遇荆棘、常伴挫折，但愿你在逐梦的路上永不退缩。请相信梦想就是来自宙斯的礼物，只要坚持下去，即便很平凡的小举动，也会变得神圣起来。

梦，走着走着就近了

梦，一个令人憧憬的字，它是我们熟睡时做的梦，也是我们清醒时追求的梦。不论是哪一个，它都是我们内心深处的希冀。在不经意间，有的梦走着走着就散了，而有的梦走着走着就近了。

小曲是我之前在报社工作的同事。虽然他比我进报社的时间晚，但在报社工作的时间却比我长。跟他比，我总觉得自己像个逃兵一样。

一开始我们俩都是奔着做记者去的，先后进入了报社。但刚进报社的时候，报社成熟的记者已经有很多，显然，我们必须先在冷板凳上做一段时间的“后备队员”，每天干的都是些整理、查资料的琐碎工作。

在一次会议结束之后，我对会议上主编说的“新人要找准自己的位置”很介意，便耐不住性子，就在 QQ 上和小曲聊了起来。

“你说主编是什么意思啊，让我们找准位置，不就是让我们在冷板凳上继续老老实实地待着吗?”我脑袋里开始不停地设想。

“我不这么想，我觉得你有点儿悲观了，或许主编只不过是想激励一下我们，想让我们尽快融入团队呢。咱们刚来，业务不熟练，肯定有好多不足之处，的确得加快学习的脚步，不然跟不上大家的步伐啊。”小曲倒是很乐观。

后面有半年的时间，我们俩依旧坐“冷板凳”，做一些细碎的工作。之后的一段时间，我心情特别低落，辞职走人的想法时不时就会冒出来，尤其是当我看到前辈们在摄像机前，手握话筒进行报道时，辞职的想法就更加强烈。为什么看上去梦想很近很近，但又离我那么遥远呢?

终于，我把辞职信发到了主任的邮箱。

小曲知道我离职的消息后，第一时间联系我，询问突然离职的原因。我告诉他，其实并不突然，一直以来，自己都有这样的想法。

离开报社之后，我再找工作就不往记者方向找了，因为实在是不想再坐一回“冷板凳”了。我跟小曲因为工作没有了交集，联系也不像以前那样频繁了。

有一回，我开车带家人去郊游。突然，妻子把手机递到我眼前，惊讶地说：“老公，你看这人是不是小曲？”

我把车停在路边，看着视频里穿着蓝色雨衣，正在报道新闻的记者。新闻的内容我根本就没有心思看，全神贯注地集中在记者的脸上。是的，那是小曲，他成功了。

晚上回去之后，我给小曲打电话，祝贺他的成功。没想到那小子倒开始“谦逊”起来：“哥，我老早就开始做记者报道了，你今天才看到我报道的画面，看来我还得努力啊。”

我笑了，为小曲的成功感到高兴，也是对自己当初不够坚定的自嘲。每个人心中都有自己的梦，但人生并不是有梦就可以的，梦想的实现，需要一点一滴持之以恒的坚持，而失去了行动与坚持的梦想，将是永远不可能实现的，那就是白日做梦、是空想，自然，也是妄想。

还记得那个海贼王的动漫吗？一个夏天的海边，一艘海贼船停泊在沿海的小镇边。船长香客斯的到来，改变了还是毛头小孩儿的路飞对海贼的观点。小路飞和船长告别时，船长送给他一顶草帽，路飞哭了，他含着泪对海贼们喊出了自己稚嫩的梦想。

“总有一天我会成为海贼王，我所组的队伍一定不比你们的差。”

因为吃下恶魔果实而不能游泳的路飞，实现梦想的道路对于他来说无疑是布满荆棘的，甚至会葬身大海。但他并不畏惧，他告诉自己，要坚持自己的梦想。他知道，想要实现梦想就必须付出代价。面对一望无际的大海，年少的路飞毅然戴上了船长香客斯送给他的草帽，踏上了“伟大的航线”，去寻找传说中的宝藏。

“我要成为海贼王，是我自己决定的，就算为此付出生命也无所谓。”

“我不会航海，我不会剑术，我不会煮饭，我甚至不会吹牛！但我有一颗勇敢的心，有这一点就够了。”

草帽小子路飞终于组成了一支强大的海贼团伙，并当上了船长。

我很喜欢路飞，我敬佩他的真诚、率直、天真、自信……当然还有他的勇气，那种为实现梦想而竭尽全力、无所畏惧的勇气。“我要成为海贼王！”当因为受伤全身被绑得像个木乃伊时，当遇到暴风雨船都快散架时……他都这么说，凭着这种坚定的信念和毅力，带着火焰般的勇气，路飞最终找到了传说中的宝藏，成了海贼王。

有一首歌唱道：“在那不遥远的地方，埋着你的梦想，散发出微小的光芒，那是属于你的土壤，等着你去开掘宝藏。”是的，每个人都会有自己的梦想，如果能从小事做起，脚踏实地，持之以恒，奇迹就会从天而降，梦想终会成真！

若您有为梦想努力的劲头，还有一颗坚持的心，那么，梦想定会走着走着就近了。

第三章

现实扎心，唯有努力才不枉这年华

你不对自己下狠手，就别怪世界对你下狠手

那天去小舅家做客，见到了表妹斯诺，她今年刚刚考上大学。跟热情的小舅和小舅妈不一样，斯诺在面对亲戚们的时候总是显得有些木讷和拘谨。对大人们的询问，她也爱答不理的，就只是轻轻地“嗯”一声就回了自己的卧室，没了下文。我看得出来，已经成人的她不再像小孩子似的用可爱的笑脸讨好长辈，现在的她有自己的思想与个性，懒得与大人们交流。

小舅妈跟我寒暄几句后，让我开导一下斯诺，说自从上大学后，斯诺就跟变了个人似的，不像之前那么开朗，现在总是沉默寡言，也不爱与他们交流了。

我来到斯诺的房前，轻敲了两下门，斯诺开门，指着一旁的椅子说：“哥，你坐吧。”

我环顾了一下屋子，屋内的摆设特别简单，恍然抬头，就被天花板上的海报夺去了视线，是夜幕下的广州“小蛮腰”，五彩斑斓的光映得水面波光粼粼的，很好看，围绕着小蛮腰的幢幢建筑都很清晰，呼应着美丽的光。

“你这张海报挺好看的，是想以后去广州上学吗？”

“是的。”斯诺难得语气坚定，转过身看着我，但是很快脸色又开始变得落寞。

“那为什么不报考广州的学校呢?”

“我没考好，妈妈的态度很强硬，对于城市、学校和专业，我自己没得选，只能听妈妈的，无力辩驳。我现在的心情是一万个后悔在飞过，如果当初好好学习，对自己狠一点儿，努力拼一把，考个好成绩，是不是今天我面对的就是可以自己选择呢?”

进入一所并不是自己期许的大学，对斯诺的心情，我虽然做不到感同身受，但是我可以理解其中的无奈。

面对高考，有的人选择不顾一切地努力，虽然那种歇斯底里的努力不够雅观，但结局往往最可观，上天终究不会辜负这种拼了命的努力。有的人不想过于拼命，不忍心让自己受这份苦，所以选择听天由命，可是真的到了最后宣判的时候，又开始后悔为什么当初不咬一咬牙，跺一跺脚，再坚持一下。

可惜事实是世上没有后悔药可吃。事后再如何痛彻心扉也无济于事。愿你现在开始醒悟，至少还来得及，别让自己在未来继续后悔。

生活哪里有容易的，人活在世界上谁不苦不累呢？在学校拼搏的时候觉得苦和累，其实走出象牙塔以后，也是一样的苦和累。

一天，一直在码字的我有些累了，决定去公司楼下抽根烟，缓缓脑子。在吸烟的时候，我无意中听到两位同事的对话。

同事A：“你说咱们这一天天累得跟狗一样，生活如此艰难，什么时候才是个头啊?”

同事B：“就是啊，你看看咱们员工一天天做这个做那个的，做主管的就清闲多了。不说别人，我就跟你说我老大吧。他呢，每天上班都是卡着点来，准点下班。上班的八个小时里无非就是浏览网页、看看报表，工作轻松得很呢。”

同事 A：“可不是，他们的生活惬意得不行，对我们下狠手，想想都觉得心痛啊！”

说来真的是巧，我在等电梯的时候，还真碰上了同事口中的这位主管。他手里提着两杯咖啡，一只手抱着两个手机，胳膊里还夹着很多文件夹。

进了电梯之后，我问：“你几楼啊？”

“十八层，谢谢。”

“没事。”我随即按下了“18”和“23”的按钮。

电梯门刚刚关上，他的手机就响了起来。

我低声说：“那个，要不我帮你拿着咖啡和文件夹，你先接电话吧。”

他感激地笑着回应：“谢谢，太谢谢了。”

通过他接电话的语气，我估计是在跟领导汇报事情，突然他示意我打开文件夹。我按照他的指示打开，里面是各种花花绿绿的报表，还有用各种颜色的签字笔做的标注。我是文科生，天生对数字统计缺乏敏锐度，但是我还是看得出这份报表的优秀。

到了十八层，他的电话依然没有停止的迹象，电梯门开了之后，我把东西递到他的手里，他看着我，点头向我表示感谢，转身就又继续通话。

也许那两位同事仅仅看到这位主管清闲的一面吧。

就如冰心的文中说：“成功的花，人们只惊羡她现时的明艳！然而当初她的芽儿，浸透了奋斗的泪泉，洒遍了牺牲的血雨。”

我们总是会忍不住想，为什么别人可以生活得那么轻松，而自己看上去生活得特别狼狈。我想告诉你，这是因为你在闲庭信步、优哉游哉时，别人在你看不到的背后正偷偷地努力着。

为什么同时进公司的人，有的人升职做主管，而有的人只能继续做下属。这是因为你在抱怨上司比你轻松的时候，别人在用不知道多少杯咖啡提着神，用心工作。

很多时候，我都在想，如果我能对自己要求严格一点，如果能再努力一点，不那么懒惰，那么我现在肯定会过得好很多。但是，人生没有后悔药，一切也不会重来，即便自己想重新开始，以自己现在的年龄，上有老下有小的情况，已经不会再有那么多机会和选择的权利。

对自己狠一点，是时候努力了！

如果你曾经错过了什么，那么从现在开始努力也还不晚！

请相信，你当下拼搏的狠劲儿，终将会收获一个美好的未来！

学会从痛苦中跳脱出来

2016年的这个时候，我一个人去西藏旅行。出发之前，我在旅游论坛上找到一位同行的驴友，她是个活泼可爱的女生，我们一同坐上了开往拉萨的火车。在火车上，我发现我和这个女生脾气禀性、行为习惯差异非常大，所以，我们谈不到一块儿。两天的时间里，她不是在睡觉、吃零食，就是在拉着我侃侃而谈，而我只想安静地坐着，欣赏窗外的风景。我觉得她有些聒噪，估计她也觉得我这个人很无趣吧！

到了拉萨，我们同住一家青旅，共用一个房间。我们准备先在拉萨转转，适应一下高原的环境再去其他地方。我开始每天纠结要不要等她一起吃早饭，因为她要睡到九点钟才起床，而我又不好意思催她早起。等她吧，早起的我肚子已经饿得咕咕叫；不等她吧，我又觉得不太好，毕竟是同行同住的朋友，之前也约好要一起吃早饭。我想，那就忍忍吧，等等她。

她做事情比较随性，时间观念不强，约好十点出发去参观寺庙，她化妆、换衣服、收拾东西一直要到十一点半才出门。所以，我们一天的时间只能逛一个景点。而我这个人有强迫症倾向，做事情喜欢有计划，几点到几点要干什么都会有一个目标，希望每一天都过得很充实。凡事都要等她，迁就她，我感觉非常痛苦，一天比一天煎熬。我只好安慰自己：你看，你晚上睡觉打呼噜，人家也不嫌弃你；如果换一个房间，和陌生人住一起，也会有其他的问题；你一个人住的话，房费太贵，而且两个人在一起总比一个人更安全一些，好歹一路上彼此有个照应。这样安慰之后，我选择继续忍耐。

与她结伴旅行的第五天。一早醒来，想到还要和这个朋友在一起，我就感到非常沮丧和痛苦，压抑、委屈的感觉全部涌上心头，我问自己：在剩下的半个月旅行中，你难道每天都要这样过吗？你为了这次旅行准备了这么长时间，难道要以这种方式浪费掉吗？你是不是真的没得选择？你可以为你自己做些什么？

认真思考了这些问题后，我告诉她，我不待在拉萨了，我打算一个人去别的地方。她也没有说什么。于是，我迅速地开始找人拼车，出发去了林芝。从那以后，我每天都按照自己的心意安排行程，去了圣湖纳木错，去了珠峰大本营，我的每一天旅行都非常美好，在路上也认识了很多有趣的朋友。

这个经历让我看见自己是一个多么害怕与别人起冲突、害怕拒绝别人的人，让我看见自己在遇到矛盾和问题时不敢面对，而是选择逃避或者默默忍受，也让我看到自己原来一直习惯于委曲求全。

在火车上我就已经很清楚自己跟这位驴友合不来，但我却一直不愿意面对，下车后继续选择和她同行。对于她一直让我等她的事情，我不敢说，也不敢离开，害怕破坏自己与她看起来表面和谐的关系（这样的关系并不值得我小心维护）。还好我后来清醒过来，虽没有做到当机立断，但好在及时止损，重新做出选择，也不算太晚。

后来，我注意到，像我一样在错误的选择上一错再错的人不在少数。

两年前，那时每个月有一天我会去接公益性心理热线。有一个咨询者让我印象深刻，我就叫他小 A 吧。

小 A 在高考填志愿的时候，因为父母说念金融专业大学毕业后好找工作，挣钱也多，于是他听从了父母的选择，放弃了自己喜欢的法律专业。大学时，他不喜欢金融专业的课程，但是因为父母付了学费，他认为自己应该做一个好学生，于是勉强自己好好学习，所以学习成绩还算不错。好不容易毕业了，他选择了金融行业。他每天干着自己不喜欢的工作，虽然温饱不愁，但是内心非常煎熬，生活得很不开心，每天上班的感觉就像上坟。

然后小A觉得要考研才能摆脱自己工作上的困境。于是他开始准备考研，但是问题来了：是考金融专业？还是重新选择一个专业？他认为跨专业考研很困难，之前学的是金融，也干过金融行业，如果选择金融专业，考研成功的概率会更大一些，于是他选择报读金融专业的研究生。经过努力，他考研成功，可是读研的时候，他感到很痛苦，因为不喜欢这个专业。毕业以后，他的薪水翻了几倍，但内心却越来越痛苦，因为他真心不喜欢目前的工作，但因为年纪越来越大，他又没有转行的勇气。

小A打电话来，主要咨询他要不要选择出国读书。此时，他的年纪已经三十三岁了，结婚几年，孩子刚满一岁。他纠结的问题是：1. 要不要选择出国读书？2. 是读金融专业，还是读一个新的专业？3. 这个年纪开始学习一个新专业会不会太晚了？4. 如果出国读书，老婆、孩子怎么办？5. 留学回来能不能找到工作……

当咨询结束后，我心想：唉，这个人怎么一直让自己受苦啊？怎么一直对自己讨厌的专业不离不弃呢？花了这么多年，折腾了这么久怎么还没有认识到自己一直在重复当年的错误选择？他为什么一直没有勇气选择另一个专业呢？

这些年，我遇到过不少人一直在重复自己当年的错误，明明知道自己选择错了，但就是没有勇气纠正自己的错误选择。

我还遇到过一个咨询者，年轻女性，和男友恋爱八年，也痛苦了八年。恋爱初期她就发现男友有赌博的恶习，两个人经常为此争吵，她无法改变对方，也不愿意放手。然后两人开始同居生活，为了男友赌博的事情，为了生活上的琐事，两人吵个没完没了，甚至发展到动手。可是她不去直面这些问题，反而为了准备结婚事宜定下了两人一起买房的目标。在这个过程中又发生了一系列的问题，两个人继续吵啊、打啊。就这样过了三四年，房子也没买成，因为工作挣到的钱都被男友拿去赌博输光了。这个女性从刚开始的愤怒不满，到现在情绪崩溃，再到后来的抑郁想死，她的情绪问题在这八年里越来越严重。这个女生无数次想要分手，但始终都没有勇气真正离开男友、结束关系。

还遇到一些女性在二十五六岁时被父母逼婚，一直相亲，最后在害怕当剩女的压力下草率嫁人。怎么个草率法呢？与一个相亲对象见了两三次面，相处时间合计不到二十个小时就领证办婚礼了。婚后发现没有爱的婚姻实在难以凑合，两个人的关系连普通室友都不如，对彼此都不信任，半年才过一次性生活，两个人完全是为了父母想要的婚姻框架而结婚的。她们很痛苦，知道自己的选择错了，内心很恐惧，不知道婚姻该如何继续下去，也不敢离婚，于是，他们选择生一个孩子来解决问题。生了孩子，发现问题更糟糕，没有爱的婚姻，再加上孩子的出生，夫妻矛盾、婆媳矛盾，无数矛盾大爆发。面对这些问题，她们无力解决，又开始逃避，不久后便陷入婚外情的旋涡中。

那些被家暴的已婚女性也是如此，明明一开始就知道与充满暴力的男人在一起自己会很痛苦，却无法离开，恐惧离婚，反而会选择生个孩子，让孩子同自己一样活在暴力中，让孩子跟着一起受苦。而在这样的环境下成长起来的孩子可能要用自己的一生来摆脱家暴的阴影。

为什么这些人都没有勇气离开让自己痛苦的人、痛苦的事、痛苦的环境、痛苦的工作？

为什么当他们意识到自己当初做错选择时，不是去修正错误，反而让自己不停地做出一个又一个错误的选择，在错误的路上越走越远，直至让自己置身深渊？

一是习惯。我们在一个地方待久了就会习惯。即便是置身痛苦中，时间久了，也会习惯，然后被这股习惯的可怕力量控制住了。

二是恐惧。对失去的恐惧，对未知的恐惧。选择离开熟悉的道路，需要我们放弃一些东西；走上一条陌生的道路，也会让我们因没有安全感而感到恐惧，然后我们被自己的恐惧困住了，无法动弹。

三是逃避。不去直面问题，不敢面对自己的错误选择。我们很多人不仅简单地逃避问题，还用一系列错误的选择继续掩盖问题的根源，企图转移自己的注意力，结果只是恶性循环，让问题越来越严重。

四是不自信。不相信自己能够摆脱痛苦，不相信自己能够过上快乐、幸福的新生活。我们被这种不自信紧紧抓住，无法行动。

很多时候，生活的真相是我们自己在让自己受苦，是我们让自己活在自己制造的痛苦中不愿离开。

你在一次又一次的选择中，是让自己受苦，还是让自己快乐？

你敢不敢让自己从习惯的痛苦中离开？你敢不敢去纠正自己曾经的错误选择？你有勇气让自己快乐吗？你有勇气做到即便是恐惧和未知，也要为自己的幸福快乐负责吗？

现实扎心，唯有努力才不枉这年华

四年前的沈诚也是一个朝气蓬勃、积极向上，对这个世界充满幻想的青年。在学校，他是学生会的干部，且一直在班里担任班长。虽然他家境不富裕，但好在他的成绩很优异，每个学期都能拿到奖学金，在大学的生活还算不错。他第一次感觉到现实的打击是大四那一年。大四上学期，他和其他三位同学获得了去悉尼大学做一学期交换生的资格，看着一学期将近六万的费用，他退缩了，不得不放弃那次机会。不过，他在那个时候还很乐观。

毕业之后，他和寝室的一个兄弟来到了北京发展，通过一个朋友的介绍，在北京昌平沙河附近租了两个床位，没错就是床位。不到四十平米的房间里，歪七扭八愣是放下了十张床，一人占一个床位。他知道人穷志短的道理，但看着居住环境，还是忍不住骂出了脏话。没想到正好被房东大叔听到了，房东用纯正的京腔说："你就知足吧，多少人都没你这待遇。住呢，今儿就把钱交了，不住赶紧走人。这里可是北京，寸土寸金，不愁租不出去。"

没办法，沈诚和朋友还是选择住下来。没有什么背景的人在哪里奋斗都是很不容易的，尤其是在北京。他安慰自己，既然来了，就不能轻易离开。所以每天他都早早地起床，不断地投简历。接下来的几天，他不停地接听预约面试的电话，把面试公司的地址一一记下来，把在一个区域内的公司标记清楚，逐一去面试，生怕错过任何一个好的机会。起初，他也很在意工作待遇。管吃住的地方，一般员工工资不会高到哪里去；薪水略微高一些的，上班时间很不固定，加班是常事。一个月眼看就要过完了，他身上的钱也越来越少，心情变得更加急迫焦躁，考虑再三，他决定去一家金融理财公司做销售。

为了增加订单，他常常去写字楼里发传单，最后导致楼层里的保安都认识他了，为了写字楼的治安，禁止他进入，还把他辛苦印刷的产品介绍列为“小广告”，没收之后全部丢进了垃圾桶。和沈诚一起进入公司的还有一个年轻人小高，小高和他不一样，小高每天并不出门，只是坐在工位上打电话、聊天。不过一天，小高却一下子拿下了一个三十万的大单子，提前转正了。他很是羡慕，原本想着去跟小高讨教几招。后来在洗手间，听到同事们说小高家里是开房地产公司的，爸爸是上市公司的董事长之后，他终究没有问出口。他暗暗下定决心，一定要努力，争取拿个大单子，早日转正。不过现实还是那么残酷。一天下午，销售经理把他单独叫到了办公室，看似语重心长地说了很多，实则就一句话：“如果再拿不出业绩，就可以走人了。”

虽然他靠着不怎么出色的业绩勉强留在了公司，但是接下来发生的事情让他备受打击。在年终总结会上，优秀员工的头衔发给了刚进公司不到半年的同事小马，小马的业绩他是知道的，远远赶不上自己。他有些不甘心，想去找领导问个清楚，虽然自己拿优秀员工不够格，但是怎么也轮不到小马。其他同事看出来他的不平，跟他说：“你还不知道吧？小马的爸爸是XXX局长，优秀员工奖不给他，给谁？”

他感觉自己的后脑勺被人狠狠地打了一棒子，脑子很蒙。这个世界原来是这么残酷的吗？那么努力生活、拼命工作的自己还是比不上家里有钱、有权的人。

他接受不了这样的事实便辞职了。他买来一大堆酒，想让人陪他一起喝，但是出租房里的人都太忙了，谁也顾不上给他一些安慰。但他还是我行我素，见人就跟人抱怨这个社会有多么不公，有多么残酷。就这样浑浑噩噩度日，直到身上没有钱了，他靠着斑驳的墙壁无力地坐在地上。他思虑良久。的确，别人比自己有钱，但是这不代表自己永远身无分文；别人是比自己有权势，但是自己也有实力，有实力的人总有一天会得到上天的厚待。他想通之后，决心振作。虽然还是销售工作，不过他变得更加有热情了。他变得投入，经常加班以至于错过地铁运营的时间，最后不得不打车回家。后来他的工作走上了正轨，也有了自己的团队，他也受到了领导的认可，当上了区域总经理。

有时候提起自己初到北京的经历，他还是颇有感触地说：“那个时候，我虽然觉得现实很扎心，心很疼，对这个社会有很多责怪，但是很庆幸自己走出来了，自己没有抛弃自己。”

不只沈诚，人生在世，人人都不同程度地遇到过梦想很“丰满”，现实很“骨感”的尴尬。仔细想想，人生就是存在不公平，你无法否认，无从辩驳。世界上存在太多一碗水端不平的事情了，不要经历一次不平等的事情，就只是幼稚地责怪世界对你不公，而无所作为。事实上，在你看不见的角落，很多人遭遇的痛苦比你更加强烈，但他们聪明地选择站起来，选择一步步使自己的内心强大起来，让自己的身体披上坚硬的盔甲，不惧不怕。

这好比在行走江湖，有的人就是天赋异禀，身怀绝世武功，有的人生来就是某个大门派的后人。而你如果前两样都没有，那你就需要努力修行，慢慢磨炼。当你的同事因为溜须拍马而升职加薪的时候，无须责怪世界的不平，抱怨现实扎心。此时你要做的是平和心态，努力提升自己的技能，多学习一门外语，多看工具书，多学习一些才艺，唱歌、舞蹈都行，这些在以后肯定会发挥它们的价值。当你变得强大，变得无可替代，变得谁都不能压制住你的光芒的时候，你就会发现你的人生简直像开了挂。

别人的成功跟你没半毛钱关系

在英国留学读博士的一位好友叶新跟我打电话诉苦，隔着电话我都能知道他现在的脸色有多黑。

事情是这样的，前几天有个陌生人添加他为好友，叶新本来以为是骚扰就直接选择了忽略。谁知一连几天，那个人一直在添加，叶新便通过了请求。还没等朋友问对方是谁？对方上来便问："知道我是谁吗？我是你初中同学，我姓张，还记得我吗？"叶新一点儿头绪都没有。对方一直在提示初中有的没的一些事情，期间说起好几个初中同学的名字，叶新这才慢慢地有了一些模糊的印象，但对方的名字就是想不起来，只好回复了一句："是你啊，真的是好多年没见了。"对方说："听某某说你在英国读博士啊，听说还是全额奖学金呢，你真厉害。"叶新说："哪有什么厉害不厉害的，运气好而已。"

对方继续说着叶新初中学习的种种事迹，总是时不时就夸赞叶新几句，说什么学习好，性格乐于助人等。其中好多事情，叶新都不确定是不是发生过，只能客气地说着："没有那么夸张，你实在是过奖了"。

都说无事不登三宝殿。果然，怎么可能有人会费那么大劲儿加上初中同学的 QQ，然后就是为了缅怀青春、夸赞别人的优秀呢？

叶新看对方一直没有说什么重要的事情，又正好到中午吃饭的时间了，便说："我要去吃饭了，咱们下次有机会再聊吧。"谁知对方也不再客气了，连忙发了好几条消息，让叶新等一下，中间还发了很多文件。见叶新没有接收，对方直接就说："这个是我亲戚家的朋友要出国留学的一些文件，你帮忙给看看吧，尤其是那个学校申请的文件，你帮着给润色润色。"

叶新一下子就愣住，怎么画风一下子转得这么快。叶新只接收了申请表，查看了申请的学校和专业，并不是自己了解的行业。叶新深知隔行如隔山，知道自己并不是十分了解，便实话实说，自己不一定能帮上什么忙。但经不住对方一再坚持，没办法，叶新只好说自己尽力而为。叶新一直在研究室帮导师一起做研究和报告，时间本来就很赶，现在一想到自己只能牺牲晚上休息的时间去查阅资料，头就大了。叶新刚想着跟对方最后说一声再见就去吃饭的，没想到对方又发来一段话，让他顿时没了食欲。

“你那么厉害，你帮着给介绍一个比较靠谱的教授呗？我听别人说，有教授的介绍信，留学申请的通过率会高很多呢。”

叶新扶额，专业都不同，自己去哪儿联系教授啊，又用什么立场请求人家教授写推荐信呢？叶新这次不再委婉，说明情况，直接拒绝了对方的要求。谁料对方反倒有点儿不高兴起来：“我又不是让你找一个特别厉害的，随便一个靠谱的就行，这么点儿小忙你都不愿意帮我啊，咱们怎么说也是同学一场呢，你这么办事不合适吧？”

听到这里我也是啼笑皆非，没错，叶新是厉害，是成功，但是人家也不是平白无故得来的。叶新当初为了出国留学的机会辛苦学习的时候，也没有请以前的同学帮过忙。别人的成功始终都是别人的私有资本，不是你的，你想借用，那么你要清楚的是，别人愿意帮你或许是因为情分，但是不帮你也是本分。

为了让叶新释怀一些，我安慰叶新说，你也不至于为了他大动肝火，这样的人很常见。于是，我又给叶新讲了个故事。

小白是公司新来的实习生，目前还在念大学。这几天有些安静的编辑讨论群，因为小白发的一张照片一下子就炸开了锅。照片是 TEM-8（英语专业八级）的资格证书，里面写有小白的名字。起初大家都在群里为小白祝贺，小白也特别愿意和同事们分享快乐。年假结束后，小白突然在群里大吐苦水，称自己以后打死也不会回老家发展。群里有人问，什么原因？

小白说，自己这次回老家，家里人都知道自己考下了证书，亲戚们都去找小白了，围住小白一会儿让补习英语，一会儿让帮着改一下英语简历。小白也不是不愿意帮忙，只是家里亲戚朋友实在是不少，帮了这个不帮那个也不合适。要是都不帮，家里亲戚难免会觉得没有面子，也会伤了亲戚之间的情感。但要是都帮忙，自己还真的没有那个时间，这件事搞得她特别苦恼，心理负担特别重。

我的身边不乏成功人士，而他们身边的确会围绕着寻求帮助的人。我渐渐发现那些人的开头语都很格式化，比如：你会XXX吗？好厉害啊！可以教我吗？每次听到这样的提问，我都觉得特别有意思。先不说我们没有多深的交情，即便是有，不是不能教，但是凭什么我会我就必须要教？或许别人是在某个领域比你成功，但是别人并不欠你的。别人不教你，是别人的权利。

退一步说，就算别人愿意教你，那你也不该完全什么也不做，专等着别人喂食。一次，一个读者问我怎么拍出高大上的照片？我噼里啪啦说完一堆，没想到他突然问我，摄像机的快门键在哪里？我真的想问，你真的不是来搞笑的吗？

我教你并不意味着我要从说明书上写的开始。如果你连最基础的都不愿意去学习，一味依靠别人的力量，只是为了省一些力气的话，那你就大错特错了。请记住，每一个你请求的对象，他并不是一天二十四小时只围着你转，别人也会有自己的事情需要处理，所以不要自私地把成功的希望全部押在别人的身上。其实很多的东西没必要非要跟别人学，现在网络很发达，很多公共的学习资源都可以自学。在人生的道路上，别人最多能帮你一时，不可能做你一辈子的拐杖。如果想要劳力士或者香奈儿，请自己买！

上天待你不薄，不要假装看不见

嘟嘟——

“喂，刚子，怎么啦？怎么突然想起来给我打电话了？”

“怎么，没事就不能给你打电话啦。你最近都忙什么呢，游戏也不上线了。”听到好友久违的声音，霍骁的脸上不自觉地浮现出了笑容。最近事情太多了，考上研究生，来到H大已经快一年了，整个人又陷入了一种迷茫的状态，感觉和以前的朋友都有点儿生疏，跟社会脱轨了似的。霍骁现在都开始有点儿怀疑当时选择考研是否正确了。

“还能忙什么呀，我一个上班族能忙什么，忙着上班挣钱呗。”

“挣钱什么时候都能挣，着什么急啊？”霍骁笑着说道。

“不着急不行，我得挣钱买房娶媳妇啊。我计划在B市买房子，离云云家和我家都比较近，以后回两个家都方便点儿，而且这边的发展机会也更多一些，以后孩子上学的学校资源和设施一类的也比较完善。但是现在B市房价太高了，不赶紧挣钱，我连近郊的房子都买不起了。我还想着要买辆车，这样以后回家就直接开车了，到时候就不用再抢火车票了……”

电话另一边的朋友似是而非地抱怨着，絮絮叨叨地说着自己未来的计划。霍骁却不禁陷入了沉思，毕业一年，以前学校要好的同学、朋友，该订婚的订婚，该结婚的结婚，工作也都定得差不多了，大家好像都已经有了自己要努力的方向。霍骁突然想：要是当时我没选择考研，或者没有考上会怎么样？

“行了啊，可别虐我这个单身狗了。听你这么说，你已经把自己的未来规划好了啊。大家也都收心了，就我一个人不仅单着，还漂着。你不知道我整个人又回到了大四时候的状态，天天逃课不学习。我和你说，这边学校老师上课都没什么内容，就是照着PPT给你念的，一点儿也不深入，什么东西都只涉及一点儿，再深的就没有了。我现在都有点儿后悔自己是不是应该继续上学了，看我现在的状态以后也不知道能干什么，大家现在都混得比我好。”霍骁苦着脸和电话另一端的朋友诉苦。

“怎么会，你不要这样想，你现在读的书，都是资本。研究生两年的时间里，你现在每天除了上课，有大把的时间学习一些技能，你可以充分利用起来，充实自己。我就不一样了，白天工作八个小时，有的时候虽然也想学习一下，但就是抽不出时间学习，我现在的生活，学习和生活根本分不开。”

霍骁有点儿茅塞顿开。确实，自己一直在抱怨自己的生活不够精彩，其实一直都没有发现，造成这种结果的始作俑者正是自己：觉得老师上课讲解的知识点不够深刻，可以自己去图书馆自学；觉得生活无趣，可以丰富自己。不管是研究生还是已经毕业的年轻人，每个人都有自己需要努力的方向。不必一直羡慕别人的成功和努力，自己也有很多的闪光点。找到自己真正想要的，找回自己最初努力的信念，向自己选择的方向前进。

任何事情都是有两面性的，你看到的一面或许并不是事情的全部。我们总能看到别人身上的幸福，觉得自己受到了老天的薄待，却从来不会想着看看自己本来就拥有的东西，不知道如何利用。长此以往，自己原本有的，最后也会被自己丢掉。你羡慕别人拥有轰轰烈烈的挚爱，有可以携手到老的感情，但是你不曾想过曾经也有一段热烈的恋情摆在你面前，而你却选择无视，拱手让人；你羡慕别人有耀眼的文凭，但是你不曾想过曾经的你也可以得到，而你却选择懈怠，再也不愿练习。

你羡慕过很多你以为自己没有的东西，其实你只是假装看不到而已，只会一味地抱怨懈怠。本来上天是公平的，丝毫没有薄待你。如果你不珍惜，也不愿意为之努力的话，那上天收回他的宽容以待的时候，你又有什么资格呼天抢地地抱怨上天的不公呢？

试着平心静气地和世界相处

几天前，我坐火车去外地看一个朋友，车上坐了一位年轻的姑娘一直在打电话，整个车厢都是她哽咽而无奈的声音。从她口中我得知：一个人想要在北京扎根，却孤苦无依、漂泊不定；想要有份能体现价值的事业，却在工作中屡屡碰壁；想要在大都市找到属于自己的生活，却越来越觉得拼搏无意义、根本不值得。

屡次遇挫后，这一次她踏上了返乡的旅程。

虽然不知道和她通电话的另一端是谁，不过我想：这个姑娘的运气不是一般的好，毕竟能耐住性子听她毫无逻辑，只是一味抱怨的话，并不是一件容易的事情。直到我下车，姑娘的电话还没有要结束的迹象。

我不知道姑娘具体的生活到底有多么的波折，但她口中流露出的每一个不幸，我想经历的人肯定不止她一个。每个人的身上都有伤痕，你以为的岁月静好，大多在负重前行。不是没有受过伤，只是在疗伤的时候试着平心静气地和这个世界相处，寻找一种不麻烦别人的自愈方法。

朋友盛情，找了一家很有情调的酒吧，说要给我接风。酒吧放着《Five Hundred Miles》，缓缓的歌声在静谧的酒吧里响起，让人情不自禁想到很多回忆。几杯酒下肚，借着酒意，我和朋友的话题开始多了起来。突然，朋友问我："你现在听这首歌还有想哭的感觉吗？"我笑着说没有。我知道朋友为什么那么说，他也知道我真实的答案是什么？因为三年前，我跟他就听着这首歌，在伦敦一条不知名的街道上撒过酒疯，那样的歇斯底里。就算有很多来往行人会驻足看我们，但是因为听不懂中文，也只是摇摇头就走了，或许在他们的眼里我们就是两个"酒鬼"、不知道是谁的"外国人"。

朋友听后和我对视了一下，笑出声来："你说咱们当初怎么就能那么蠢呢？"

蠢吗？是蠢吗？我承认是有点儿。

我反问他："再给你一次机会，当年你还去不去英国？"

他喝完杯里最后的一点儿酒，示意酒保再来一杯，抬眼看着我说："去！再来几次，我都去！不过现在想想，当初的那种呼天抢地的行为，就觉得好笑。我以为我做好了各种心理准备，可还是高估了自己，挫折远比我们想象的要强大，当时觉得太难了，这个坎是迈不过去了。不过，庆幸的是，咱们酒后说的是中国话。不然，在公共场合，无所顾忌地就把自己的所谓的伤疤重新撕开，不顾他人的想法，把自己的哭诉强加给无辜的人，先不说那些无辜的人怎么看我们，我自己都觉得害臊。"

是啊！千里迢迢去到异国他乡，绝不仅仅是为了所谓的"找虐"，谁都是因为年轻有梦要去追。

现在回头看，你会发现，当初的难其实也没有那么难，真正让我们陷入痛苦的，从来不是事情本身，而是当下的心情和境遇。其实，不要自困，要学会跳出来。

我又问："我一直很好奇，当初英国待遇那么好，干吗要回国呢？"

朋友接着说："要是还给我一次机会，我还是会选择回国。虽然在英国的三年里我得到了很多，可我总觉得还是没有学会怎么和这个社会平心静气地相处。那时，每每遇到难题，我总是习惯性逃避而不是主动解决，我一直觉得找一个都是外国人的地方，没人理解我的语言就好。时间长了，或许是抱怨的次数多了，那些令我难受的记忆就会变得越来越清晰，而给我带来的痛苦也会变得越来越沉重。我之所以选择回国，一方面也有逼自己成熟的因素，我知道，任何一个陌生人都不会无缘无故走上前来安慰你，拍拍你的肩膀提醒你是个成年人，得注意形象。其实我压根也就不需要这样一个陌生人，我需要的仅仅是换个角度就好。”

朋友的话给我很大的启发。

如果在努力奋斗的过程中，出现很多预期之外的状况，你只知道慌张，全然不会想对策解决。在还没到绝路的时候，就轻易说出束手无策的话，那你就再也没有前进一步的勇气了。另外，或许我们都曾像那个火车上的姑娘一样，都想把所有不堪的遭遇一股脑儿倒给自己亲近的人，奢望别人也感同身受，理解你的处境，支持你所有的决定。可你不会想到，这是一个怪圈，是一个恶性循环。今天你一遇到困难就迫不及待地想要别人帮你分担，那么明天你受了委屈，是忍不住想要哭诉的冲动的。长此以往，最终的结果只能是，再亲近的人也不愿再忍受无休止、无预兆的哭诉，只能对你渐行渐远。而你，就会越发沉浸在自己编织的被自己无限扩大的痛苦中。

人生这条路上，有人骑马，有人开车，有人踏着荆棘背着重重的行囊。我们不能感慨命运不公平、抱怨人生太艰难，我们能做的，只是咬紧牙关磕磕绊绊地走下去。

没有人生来就是和平顺遂的，大家不过是在找能与这个世界平心静气相处的平衡。在时间面前，我们都是输家。我们都会经历生活的磨砺，在背脊上长出坚硬的伤茧。这些，我们都可以看作上天的恩赐，是远方来的礼物。无论早晚，或许会迟到，但是不会缺席。

有人说，软弱是人与生俱来的特质，但反抗亦是人类的本能。山雨欲来风满楼之时，我们会无奈，但会想尽办法抵挡；当灵魂迷失在苍茫的天地，我们会困惑，但要选择站起来。人间很美好，你觉得不值得，是因为你没有机会踏遍山河。

为什么你会越忙越穷呢

妹妹素素是个95后的姑娘，参加工作有两年了，总是爱买东买西的，钱就没有够花的时候。这不，今天是十一月月末，她就又开始跟我说手头紧。没办法，我转了五千块钱给她。

双十二前夕，我以为公司里的小姑娘肯定会很疯狂地大买特买一番的，结果那天大家却出奇的镇静。我开玩笑地跟坐在我旁边的同事筱雅说："这就是传说中的暴风雨前的宁静吗？"

谁知她很平静地说："什么暴风雨啊？双十一那会儿已经买过了，现在双十二都没钱购物了，大家都没劲儿买了。"

我有些不信，说："别人是刚刚入职的实习生，工资少也就算了。你这大组长应该战斗力十足啊，怎么啦？不会地主家都没余粮了吧？"

筱雅冷哼一声，又笑着说："地主家的余粮从来就没多过？"

我开始觉得有些奇怪，不管是素素还是筱雅，都是工作很努力的人，两个人工作的时间都不短，而且两人常常加班，每天都是忙忙碌碌的。即便爱购物，只要不是总专注在奢侈品上，日常的花销肯定是可以的。从某种劳动理论上来讲，不是应该付出多少，就会得到多少吗？怎么会常常"哭穷"呢？

有一个周末的晚上，我把素素叫到家里吃饭，饭后我开始和素素闲聊起来。

“素素，你最近工作忙不忙？”

“嗯嗯，挺忙的。”

“工资涨了吧？”

“没有啊，工资还是老样子。”

“怎么会呢？工作忙不就说明工作量大，工作量大理应工资也会跟着上涨的啊？”

素素被我这么一说，有些蒙，随即眼前一亮说：“哥，你说得很有道理啊。我怎么就从来没想过这个问题呢。”素素想了一下，愣了一会儿，突然说：“其实仔细想想，我的工作量也没有增加。”

我说：“怎么会呢？不可能啊。你自己想想，你刚开始工作的时候，每天准点下班，工作完成的都很快。可是后来，我也忘了从什么时候开始的，你开始加班了，有的时候加班好几个小时，甚至还会把工作带回家里做。”

素素听完之后，低下了头，突然抬起头看着我说：“哥，其实我仔细一想，确实是工作量没有增加，因为我们每天的工作量都是差不多的，虽然遇到旺季的时候或许多一些，总体上还是和最开始的时候差不多的。我也很奇怪，不知道为什么会越来越忙，却依然很穷。”

为什么越忙越穷？我听了素素的话，心里有了些想法。

我问素素：“你平时都是怎么工作的呢？”

素素说：“还能怎么工作啊，就坐在那儿用电脑工作呗。”

我接着问："安安分分地坐在那儿工作八个小时？"

素素显得有些心虚，弱弱地说："没有。"

为什么工作量没有增加却会一直忙？

从素素口中得知，每次上班的时候，她最先打开的页面不是工作页面，而是先在电脑上登上自己的微信、QQ 等社交 APP。心想，看这些内容也就一眼的事儿，一会儿再工作也晚不了。即便没有多少必须回的信息，为了心理所谓的"安全感"，素素都会打开看一下。有的时候，电脑还会弹出一些推送新闻，素素也会一个不落地看一下。因为公司女孩儿多，办公环境又很自由，闲暇之余，大家常常聊一些有意思的事情，你一句我一句的，不知不觉就到了下班的时间。随后，公司很多人都会一起加班，按时下班的人只是少数。另外，工作上会出现很多工作并行的时候，工作量超出预期的时间，往往为了节约时间，就每个都做一点儿，但是哪一个都没有完成。

因为在规定的时间里，你把有限的时间花在了一些与工作无关的事情上。最后只得用所谓的加班来保证工作量。工作时不专注，没有效率，很多加班不过是拖延症发作后强烈的副作用。以为一些看一眼的事儿不会耽误太多工作时间，实则工作的大部分时间都拖延在这些无用的事上了。工作需要分轻重缓急来分类挑选，清楚工作重心，不能一股脑儿地全部涉猎，最后没有一个完整的结果。看似努力、看似忙碌，其实你不过就是在瞎忙，是工作没有效率的体现罢了。

筱雅比我来公司的时间要长。我记得我刚进公司还只是个小助理的时候，筱雅的职位就已经是组长了。现在我已经是部长了，可她还是组长。

我猜，这个时候有人肯定想，一定是她不够努力。还真不是这样的，筱雅一年之中从来都没有迟到过，不仅如此还常常加班做方案，忙到周末都没有时间和男朋友看电影、没有时间回家，有的时候甚至会直接睡在公司。认识她的人都知道她是一个很爱操心的人，什么都想亲力亲为，比如，领导分配下来的任务，每次她都会独立完成主要的百分之六十，剩下的细枝末节，她也会一点点地告诉组员接下来的工作方向。公司里别的组的人很多时候私下闲聊，有的时候会谈到她，脸上纷纷挂着羡慕的神色说：她组里的人也太幸福了吧！

是啊，对于普通职员来说，有这样的组长帮你在上面顶着，真的像同事们说的那样——前世拯救过地球的人才会遇到的。但是在我看来，在公司领导看来，并不是这样。

我被升为部长的那一天，公司部门老大陈哥找我谈话。当时跟我说的话一直让我记在心里。那天，陈哥把我叫到公司办公室。陈哥告诉我，我马上就会被升任成部长，任命的通知会在一周之后发布在公司的大群里，还说让我稍后去财务部联系董姐，处理后续调薪的事情。接下来，我需要尽快交接手里的工作。一时之间，我又吃惊又开心。

我当下就从椅子上站了起来，说："谢谢公司和领导们的信任，我会继续努力。"老大说："坐下吧，你要好好努力，公司选择你也是有道理的，你身上的领导能力要继续保持，加油！"

在我担任部长期间，我一直在想为什么筱雅每天那么忙碌，那么努力，升职的却不是她呢？后来我慢慢地知道了，对，就是领导力。

筱雅本身就已经是组长了，说明她作为普通职员的忙碌和努力已经被认可了，那接下来工作忙碌和努力的工作重心就应该是：学会如何成为一个好的组长。所以在她面对自己组里的成员时，你就应该很清楚你的作用并不是替他们完成绝大部分的事情，而是指点下属完成任务。

在工作中，一个人为了工作忙碌和努力肯定是没有错的，但是，明明自己一直忙碌，一直努力，但是没有结果的时候，你就该停下来，静静地想一想：是不是哪里出错了？

我不否定筱雅付出的努力，但筱雅最终的结局皆因努力方向的错误。

若是努力的方向错了，就算再忙碌再努力，那么，一切都是白费的。即便给你再多的时间，你也不会有所收获，而跑在你前面的人只会越来越多。

朋友们，请在努力奔跑之余，不妨好好反思一下，自己是不是也有拖延症？工作方法是否存在问题？或者一开始就跑错方向了呢？找到一个好的方向和一个高效的工作方法，再加上严格地去把控时间，这样一来，你离梦想的距离就会越来越近，就不会越忙越穷了。

第四章

用痛来致敬我们的岁月

别被“奋斗”二字吓破胆

每次读到顾城的《避免》这首诗，小陶都会觉得是在说自己，句句扎心，忍不住流下眼泪。

“你说，你不爱种花，因为害怕看见花瓣一片片地凋落。所以，为了避免一切结束，你避免了所有的开始。”

夜幕降下，世界陷入一片安静，好似全世界就剩下自己。摘下一直佩戴着的面具，看着镜中真实的自己，由不得小陶不承认，这些年因为自卑和怯懦，因为不敢面对不好的结局，他拒绝了很多很多的开始，活成了现在这个自己并不喜欢的样子。

高考那年，小陶因为考试紧张，严重发挥失常，比自己预估的考试结果低了五六十分。这样的成绩，注定让小陶和自己梦想中的大学失之交臂了。家里人和老师们都为他感到可惜，有时会劝他要不要考虑复读一年，还说以小陶的能力肯定是可以考上一个很不错的大学。

虽然，小陶面对这样的结果很不甘心，但是要复读吗？小陶坚定地摇了摇头，对身边的人说：“还是算了，其实复不复读对我来说无所谓的。上哪所大学都没关系，在哪里学习不都是学习吗？再说以后找工作也不全看毕业学校的名气。”

小陶一直这么跟别人说，周围的人见他如此坚持，也不再说什么了。可是真的没关系吗？并不是。其实，他躲在被窝里偷偷哭了好几次，为自己的失败流泪，为自己的懦弱流泪。他不是没有想过复读，只不过害怕卷土重来还是一样的结果。如果自己再次考试失常，到那时，那骄傲的自尊该放在哪里？自己还有什么理由饶过自己呢？

报志愿的时候，小陶像逃离一样报了南方一个不知名的大学和一个并不感兴趣的专业。小陶的朋友们知道后，都很疑惑："小陶，你英语成绩那么好，为什么不选择英语专业？"

小陶故作轻松地说："英语本来就属于实用性科目，而且现在也不算主流专业了，不报这个专业也没什么影响，我想着学其他专业的同时，并不妨碍我学习英语，英语我不会落下，自学没问题。"

这个解释，听起来完美，没有漏洞，可只有小陶自己知道，他不过是害怕失败。报志愿的时候，人们都是知道的，报考语言专业必须通过口语测试。小陶控制不住地想，如果没通过口试，那么他仅有的尊严也会变得廉价。

一直拒绝开始的小陶，貌似养成了习惯，常常和心中所想的背道而驰、渐行渐远。以前在大学时是这样，没想到在爱情上也是如此。不过这一次的逃避，在小陶的心中留下了难以弥补的遗憾。

小陶喜欢上一个姑娘，她活泼开朗、娇小可爱、特别有想法，从入学第一天就已经开始给自己的人生做好了规划。小陶觉得她身上有股莫名的吸引力，总是不自觉地想跟她待在一起。每次和她接触，都能感受到她身上满满的正能量，这使他对生活充满了期待。

即便小陶迫切地想跟她在一起，但始终不敢迈出脚步去追求她。他还是害怕，害怕很多的东西，害怕自己不够帅气，不够有魅力，不够优秀，不足以和那么美好的她站在一起。他想，等自己足够优秀，足够有勇气的时候，就要大胆地告诉她。谁知姑娘在对小陶的心思毫不知情的情况下，答应了别人的浪漫告白。

“将感情埋藏得太深，有时是件坏事。如果一个女人掩饰了对自己所爱的男子的感情，她也许就失去了得到他的机会。”这句话，同样可用在男人身上。爱情不会讲究先来后到的，不是小孩过家家，不是你先动心姑娘就是你的。不要忘记，美好又优秀的姑娘，谁都有权利追求，你不追，自然会有别人追。有的时候，你一时的怯懦和害怕，就会遗憾终生。没有谁有权利一直要求别人在原地等你，错过一时便错过了一世。不要等待好事自己降临，你要向幸福进发。

围棋上讲：一步错，步步错。对于小陶来说就是这样，因为不敢争取，没有勇气为钟爱的人和物奋斗，时间长了，慢慢地，小陶也记不清有多少次错过自己喜欢的东西了，因为不想看到花败就连花都不种的事情屡屡发生。在过往的日子里，他错失了太多去争取的机会和尝试，造成人生中的路与理想中的路方向截然相反了，从而留下了太多的懊悔和遗憾。

因为贪图安逸，一直把自己装进壳子里，不肯出去。其实世界没有想象的那么难，总是害怕失败就会连成功的希望都看不到。

别忘了，只要努力，一切不是没有可能。不要畏惧结局就拒绝迈出奋斗的脚步，任何人都没有提前预知明天的能力。谁都说不好明天要面对的是什么，所以我们应该大胆地去尝试。

当然，在努力尝试的过程中，肯定会有栽跟头的时候，但是无须有太多的负担，别人都很忙，没有人会特意花时间看你栽跟头时丢脸的样子。

人生中最大的痛苦不是失败，而是错失一些完全属于自己的机会和可以努力争取的成功。有些事，尝试了就算没有达到预期的结果，人生也可以坦然地说：我尽力了，不留遗憾了。

那些害怕失去，不敢拥有和不敢开始的人，请大胆一些，努力尝试开始吧！也许你是太久没有努力了，稍微努力一下就以为要你的命了。奋斗不是那么难的，你只是被“奋斗”这两个字吓破了胆。相信我，只要你有奋斗的勇气、强大的内心，未来可期。

做一朵深谙奋斗攻略的“黑莲花”

最近有一部叫《延禧攻略》的电视剧很火爆，热度一直居高不下。这部剧也引起了我的兴趣，说老实话，别看我是个大老爷们儿，我也挺爱看这种电视剧。

这部剧的确有它的魅力点，其中最大的看点就是女主的性格：她永远都知道自己要什么。遇到困难也不觉得害怕，从不做“白莲花”，停在原地等着别人去救，而是自己一路奋斗，一点点地学习本领，在遇到危险的时候，自己站起来搏斗。这样另类的女主被可爱的网友们评为“黑莲花”。像这样的“黑莲花”，我身边就有一位。

瑜是个典型的南方妹子，身材小巧，有着一头乌黑的长发，多才多艺。瑜大学毕业那年，北京的房价开始猛涨，租房的价格也让人觉得难以承受。当同寝室的人还在拼命想着挤进城中村的出租房里时，她却直接从宿舍带着行李搬进了男友的家中。瑜的男友是地地道道的北京人，在市区有一套独立住房，不用辛辛苦苦地做“北漂”，这直接引来身边人的羡慕。

不仅如此，瑜的男友还是一家房地产公司的主管，月收入很可观，加上没有租房的压力，生活很惬意。而她不一样，她虽然毕业院校名气大，但刚进社会想找到一份满意的工作也不是件容易的事情。因为两人的经济收入差距很大，或许是男人有些时候的自尊心在作怪吧，瑜的男友开始慢慢地在瑜的面前流露出一种优越感，后来甚至有些居高临下的架势，这让瑜感到很不舒服。

瑜本身就不是一个愿意委曲求全的姑娘，所以二人的相处会有很多摩擦，常常会为了一些小事争吵，有的时候也会冷战，彼此谁也不肯先低头。后来，在一个下雪的夜晚，瑜和男友因为一件衣服吵了起来，在争吵中两人都说了很多重话。她一气之下提出了分手，男友实在受不了瑜的歇斯底里，脱口而出：“好，既然不想跟我在一起，滚啊，现在就滚。”她觉得自己受到了莫大的屈辱，连包都顾不上拿，转身就开门跑了出去。她边哭边跑，大雪肆意地拍在她的脸上，特别凉。

北京的冬天原来这么冷啊，大风刮得脸生疼。路上车水马龙，行人步履匆匆，谁也顾不上去在意一个陌生的姑娘为什么哭泣。她不知道自己走了多久，也不知道自己要去哪里。她沮丧极了。她在这个城市举目无亲，于是找到了一家酒店，用身上仅有的钱订了一间最便宜的房间住下。后来我问过她为何不给大学寝室的室友打电话，瑜说：“那个时候，我不想让任何人看到自己那么狼狈的样子，觉得特别丢脸。”

那晚的大雪下了一夜，瑜一夜未眠。她躺在床上，不停地问自己，为什么自己现在这么落魄？

是不是自己一开始就错了，因为男友的关系，她毕业之后无须找房子，也没有那么积极地找工作。室友们挂在嘴边的北漂不易、租房难过、工作辛苦，这些她浑然不觉。要不是自己跟男友吵架，恐怕瑜还沉浸在自己很幸福、什么都有的假象里。大雪虽然寒冷，却令自己彻底清醒了：无论是谁，无论什么时候，都应该有养活自己的能力。她开始振作，暗暗发誓，以后绝对不会让自己有摔门而去、无家可归的情况。

天亮以后，她到男友家收拾好行李，提着行李箱，瑜开始去中介公司租房子。再三考虑之后，定了一间七八平米的隔断间。之后她又辞掉了原来的工作，跳槽到一家广告公司做企宣。企宣并不是一份轻松的工作，每天处理的事情很多，面对形形色色的人，还需要时刻保持清醒，做的方案要有强烈的话题敏锐度。虽然工作上会有很多的不如意，但是她每当想起那个寒冷的雪夜就咬牙坚持着。

在她找工作期间，男友也曾打电话道歉，并提出要她搬回去住，但是她拒绝了。以前在男友家，真的是两耳不闻窗外事，每天舒舒服服地做“金丝雀”，她以为这就是幸福。后来才明白，那不过是幸福的假象，一碰就破了。

她虽然拒绝了男友的请求，却选择原谅男友。两人依旧交往着，只是男友过去对她的那份傲气似乎少了许多。

两年以后，她的工作开始顺利起来，手里也有了些存款。她买了一个属于自己的小房子，即便房子不大，只要能有张床就可以，在自己的房子里面，无论谁都没有权利对自己说“滚”。一年前，瑜和男友决定走进婚姻的殿堂，二人商量着卖掉之前的小房子，她坚决不同意。瑜说："那个房子虽小，却给我带来很大的安全感，不能卖。"

瑜的态度让我想起网络上很火的一句话：我嫁,或者不嫁你，我就在那里，不悲不喜；你娶，或者不娶我，房子就在那里，不离不弃。

说实话，我很佩服她内心的强大，在面对逆境的时候，一个小姑娘硬是不愿意依靠任何人，自己闯出自己的一片天。在当今社会不乏在遇到困难的时候会退缩而等人英雄救美的人。梨花带雨，其实每个女孩儿都会，但在困难面前披荆斩棘的却是少数人。

哲学上讲过：经济基础决定上层建筑。那么，套用在爱情里就是：男女双方，哪一方得到了经济主权，哪一方就会有更大的发言权。鸟儿可以肆无忌惮地在树枝上跳跃，不是因为相信爪下的树枝足够坚硬，而是相信自己的翅膀可以飞翔。姑娘们，从现在起，努力去奋斗吧！

奋斗路上，
心情不好不是做不好的借口

公司前段时间要组织一个项目展示会，需要和战略合作公司一起进行。我和对方公司的一个女生一起坐车去活动现场，一路上她都是一副泫然欲泣的样子，不时用余光偷偷瞄我几眼，似乎

是有什么话想说。碍于我正抱着电脑打字，耳朵里还塞着耳机，直到后来到了目的地，车停下了，她都没有说出口。

下车后，我俩走去活动场地，我打开电脑，转身随口问她："车上带来的展板，今天的展会应该够用吧？"没想到，她就像受到什么惊吓似的，说："啊，什么，我刚刚没数，我马上给司机师傅打电话清点一下。"

我起初以为她只是有些紧张，但是之后发生的事情证明我错了。在布置活动现场的时候，偶尔会有几个工作人员问她一些问题，比如，"今天预留给访客的小礼物有没有用带有活动 LOGO 的盒子包装起来""活动大概几点开始、几点结束""活动期间所需的展示柜台需不需要增加"。这些问题并不难，身为公司活动的相关负责人，这些本应该一一知晓的。但她每每听到问话，总是一脸的惊慌，带着无辜而彷徨语气说："什么，我没注意。"之后便一次次地从包里拿出手机打给公司进行核对，至于有遗漏的部分就嘱咐随后到来的同事帮她解决。

大家见状，顿时感觉头大。第一批到达展示会现场的人，也看清楚了她的粗枝大叶，索性不再向她提问。与其让她在中间做传声筒，不如直接打给她的公司确认更加节约时间。之后，她就像透明人一样在展示会场内打转，走了好几圈，见没人搭理她，心情有些沮丧。

突然，她怯生生地站在我旁边，轻声问我："大家怎么都不理我啊，是不是生我气啦？"

原本我们不是一个公司的，我不好意思说什么，加上看到眼前手忙脚乱的同事，我也实在没什么心情去安慰她，便装作没有听见。

但她却很是坚持，拍了拍我的肩说："你说，我是不是做错什么了？"

虽然我努力压住心里的怒火，但我知道我的脸色并不好看："你不是公司项目展会的负责人吗？怎么什么事情都需要跟别人确认呢？"

谁知，我不开口还好，我的话一说出来，她的眼泪立刻夺眶而出，竟然掩面痛哭起来。我当下有点儿摸不着头脑了，连忙从兜里拿出一包纸巾递给她，但是她依旧沉浸在自己的情绪里，我见状不知道怎么办是好。过了好大一会儿，她可算安静下来了。随后她却给我讲起了相恋五年的男友出轨的事情，分手故事十分复杂，听起来就像言情小说一样冗长。

说实话，那个时候我有些无语和无奈。我本就不是愿花大把时间、有耐心去开导别人的"知心大哥哥"，我们不过是第一次见面，我甚至连你的全名都不知道，更不要说可以互相了解心事了。即便我有这个耐心，你是不是也要注意一下场合呢？对面是一堆需要马上收拾的烂摊子，并不是可以任你哭泣、随意聊天的公共场所。

她一直在说自己是多么无助、多么伤心，但是我顾不上同情她，便没有接话。

最后她说："或许今天确实是我的错，但是你知道吗？我现在满脑子都是我前男友的事情，我一点儿心情都没有……"

听到这，我心里不禁觉得眼前这个女孩儿太幼稚。我不再继续听她忘情地控诉男友的种种不是，因为在她口中，对于今天工作上的疏漏，只是两句"心情不好""没有心情"便一带而过，没有分析原因，没有解决方法。我融入忙忙碌碌的人流，和成熟的人一起奋斗。

在我眼中，女孩儿起码有两点让我很不解。第一，你说的那些事情，有考虑过跟别人有没有关系，别人是不是应该去关注吗？第二，你没心情工作，那为什么要来会场，既然选择出来工作，又为什么让其他人帮你收拾烂摊子？

说白了，失恋也好，失业也好，如果你在那样的低谷里没心情面对别人，不如找一个地方好好疗伤，等自己的心情恢复之后，再重新出发。因为无论是谁都不能任性地让全世界围着你转，跟你站一边。每个人都有自己的生活，凭什么要处处迁就你，凭什么让别人陷入你的情绪世界？

请记住，不是出现在你眼前的任何一个人都是你可以倾诉的对象，即便你要倾诉，也要看对场合、看对时机。另外，错了就是错了，事情是你做错的，那么你还是得收拾心情，重新站起来补救或奋斗。一个成年人最重要的一个标志就是：为自己的所作所为负责，敢于承担后果。

“心情不好”“没有心情”，不可否认，谁都会有那样的时候，但是这绝对不能成为没有完成任务的借口。犯了错误就拿“心情”做挡箭牌，原本应该受到指责的你反而一下子成了受害者，指责你的人反倒成了“不通情达理”的冷血人。

朋友们，在奋斗的路上，别那么娇气，心情不好没什么的。我们早就过了随时随地、随意发泄情绪的年纪了，没有人会那么迁就你。

在人生路上，苦难和挫折不会因为你心情不好而减少，上天不会因为你心情不好而对你另眼相待，它只会安排一道又一道难关来锻炼你的意志。就像唐僧西天取经一样，如果阴天心情不好、晴天没有心情就动了返途的念想，那么最后你一辈子也到不了西天，取不到真经。

什么是真正的英雄主义

罗曼·罗兰说：“世上只有一种真正的英雄主义，那就是认清生活的真相后依然热爱生活。”

阿关是一个富二代，年纪轻轻身价已经上亿了。和很多趾高气扬的有钱人不一样，他为人很低调，日常生活也很随性。

前几年由于经济市场发展十分迅猛，很多公司因为跟不上经济资本的更新，相继宣布破产。几个月前，阿关爸爸的公司也在香港宣布破产，他从有钱人一下子就变成了一无所有的穷光蛋。

俗话说：从俭入奢易，由奢入俭难。阿关爸爸一蹶不振，妈妈的精神也大不如前。周围的朋友们也很担心他会受不了平凡人的生活。

他向好友借了一笔钱，先是租了一间不错的公寓，虽然自己知道现在是特殊情况，该省的要省，但是孝顺的阿关不想让父母有太大的生活落差，还是选择了贵一点儿、舒服一点儿的房子。

一次，我跟阿关聊天。

“阿关，房子租金不低，你想好怎么生活了吗？”

“嗯，我还没有具体的计划，不过我觉得生活应该往前看，毕竟过去的已经回不来了嘛。”

“你就真的没抱怨过吗？你一下子就从‘太子爷’变成‘老

百姓’了呢。心里不难受？”

“什么‘太子爷’啊，你以为是在拍电视剧啊。唉，说不难受不抱怨肯定是假的，我不是抱怨上天一下子把我变成了穷人，也不是难受自己以后的未来该怎么办。我是为我现在的遭遇感到无能为力，有些心烦。其实我从来也没觉得富二代有多么好，毕竟那些钱本来就不是我自己得来的，我是替我爸他们那一辈人难受，这是他们的心血。”

“以后有什么用得着我的，知会一声。”

“肯定的，放心。”

除了借最初的那一笔钱外，阿关之后再也没有麻烦过任何一个朋友，不是因为所谓的拉不下脸，而是真的不需要。阿关一开始靠着自己的画技四处接活，后来有机会进了一家工作室，他非常珍惜这个机会，经常加班加点，老板对他的工作能力非常认可。经过几年的不懈奋斗，阿关的经济情况好了起来，阿关父母看到阿关的成长变化，心里很欣慰，身体也开始恢复健朗。

其实我们都很难做到在受到生活的“暴击”时，再次爬起来，并且依旧热爱生活。生活是什么，生活只是一个名词，过得好不好还要看你自己的决策。就像鲁迅所说：“做奴隶虽然不幸，但并不可怕，因为知道挣扎，毕竟还有挣脱的希望；若是从奴隶生活中寻出美来赞叹、陶醉，就是万劫不复的奴才了。”

《进击的巨人》是日本的一部漫画，是我偶然间上网的时候发现的。它是一部架空作品，背景世界设定在人类科技并不发达的时期。在那个时空里，存在一种可以吃人的物种——巨人，它们的身躯高出人类几十倍，以人类为食，却不为生存，仅仅为了杀戮。在巨人的捕杀中，人类毫无招架之力，为了保护自己，人类筑起了围墙，把巨人隔绝在墙外。这虽然保护了人类，但是也同样限制了自由。

墙外是个未知的世界，有危险但存在着真相。墙内虽然暂时安全，但是资源有限，谁也不敢保证可以支撑多久。如果仅在墙内偷生，不敢想、不敢看，那么墙内的人不管是身躯还是思想都会愈加羸弱，或许不等巨人破门而入的那天自己便先倒下了。

世界以痛吻我，我却报之以歌。即使会遇到生活的暴击，也能勇敢地站起来、走出去，拥抱阳光，敢于自己创造，不畏惧别人的目光。

用痛来致敬我们的岁月

去年我和朋友艾云在美国参加一场大型的艺术盛典的颁奖典礼，获得最高荣誉艺术大奖的是一位慈祥的长者，他在领奖台上的话让我至今印象深刻。

他说："今天我站在这里，我想感谢很多人，但是最想感谢那些曾经深深刺痛我的人，感谢你们让我柔弱的背脊长出了盔甲、脆弱的内心变得更加坚强，让我可以笑对生活的打击。我还要感谢那些看似苦不堪言的昨天，让我从中悟出很多不曾懂得的道理，让我从幼稚变得成熟，让我一步步走到了今天，很感谢让我今天在这里说出了我一直想跟大家说的话，万分感谢！"

感恩过去？感谢痛苦？那天，艾云和我都陷入了沉思。

那些想起都会恨得牙痒痒的人，那些提起来都想流眼泪的人，那些我们曾经高攀不起却给我们莫大羞辱的人，那些曾经约定相守一生的挚爱、如今已是陌路的人，那些曾经让我们把心掏出来最后却狠狠地伤害了我们的人……

假如我们的人生路很窄，没有遇到这么多人，会不会今天的我们也不会有蜕变。假如他们不在我们的世界里重重地踩上一脚，是不是我们还会天真地以为世界一直都那么纯白，那么完美，继续做着世界真美好的美梦不会醒来？或许正是因为曾经被重重地刺伤过，所以再来一次的时候知道躲，懂得刺哪里才不会让自己觉得疼。或许正是因为曾经失去过，才会更加珍惜，更加懂得如何更好地生活。

那些话对于朋友艾云来说，就像借那位长者的口说出了自己的话一样。

艾云虽然年过三十，但是眸子却依旧清澈，干净的脸上总是挂着淡然的微笑，仿佛什么事情在她看来都是那么的云淡风轻。不过，谁能想到云淡风轻的背后，艾云曾经经历过怎样的狂风暴雨。七年前的艾云，是朋友眼里再幸福不过的小女人，也是闺蜜中嫁得最好的。她和老公算是青梅竹马，两人在高中便相恋，大学刚毕业，两人便领证结婚了。在婚后的两年里，两人十分恩爱甜蜜。老公聪明能干，没过多长时间就自己创业，经营一家规模不小的网络公司。艾云刚毕业的时候在一家媒体公司做编辑的工作，没事儿就写写文，收入虽然不高，但是一直坚持上班，有自己独立的生活。

后来随着儿子、女儿出生，为了更好地照顾孩子，艾云和丈夫商议之后，决定还是回归家庭，辞掉工作成为全职主妇。男主外，女主内，一家四口生活得很幸福。她那个时候在朋友的眼中，简直就是人生赢家。

因为没有工作，所以她除了照顾孩子之外会有大把的时间，经常约朋友去她家的别墅里玩耍。艾云平时也用心修整家里的庭院，把自己精心完成的插花作品放到奢华的客厅，拍出很多美美的照片发到朋友圈。

每当一屋子的朋友聚在艾云家时，她丈夫不管多累总会热情地款待大家，陪大家说说话，这期间总是不忘把艾云揽在怀里秀一把恩爱，朋友们总是能看到艾云窝在丈夫怀抱里露出害羞又满足的微笑。后来朋友聚会的时候，很少能看到艾云的丈夫了，当朋友问起时，艾云会淡淡解释“他在加班”“他去外地出差了”。

直到有一天，艾云正给午睡的孩子们做一些郊游要吃的点心时，接到了一个陌生电话。艾云接听之后，是一个年轻女孩儿的声音，缓慢而娇柔。她以为是推销电话，刚要挂断，谁知那个女孩突然骄傲地说：“我知道你是XX的老婆，但是我才是他最爱的人，他早就答应过我会跟你离婚然后娶我。”

艾云愣住，呼吸开始急促，她尽力稳定自己的情绪说：“你们什么时候开始的？在一起多久了？”

女孩告诉艾云，他们已经在一起一年多了。艾云实在听不下去电话里的女孩对他们的爱情故事那无耻的诉说了，愤怒地挂掉电话，整个人呆若木鸡。那一刻，丈夫过去种种“奇怪”的行为一幕幕闪现在眼前：什么工作加班，什么需要去上海出差几天，原来都是为了和别的女人在一起的鬼话。艾云望着两个熟睡的孩子脸上的稚嫩，顿时心如刀绞。

丈夫后来向艾云哭着说自己是一时糊涂，保证以后不会再犯，请求艾云原谅。在艾云的眼里：不是什么错误都只要你说对不起，我就必须说出没关系。婚姻里最不能原谅的就是背叛，这是自己身为女人和一个母亲的底线。虽然艾云性格温柔，但从来不是一个愿意委曲求全的人，她坚持离婚。丈夫把孩子和房子都留给了艾云，也一直按照离婚协议上写的那样，每月支付孩子高额的抚养费。

处理完离婚的事情之后，她决定不再留恋以前的美好生活，今后，她要开始全新的生活。

婚姻失败而受的伤很重，比想象中疼，没那么容易愈合。起初，她每天都很痛苦，时常封闭自己的内心，不想说话，每天都浑浑噩噩、魂不守舍的，完全不知道自己要干些什么。

有朋友安慰她，说："当你不知道眼下哪一个是正确答案，当你在生活失去方向的时候，不妨出去走一走、看一看。"于是，艾云把两个孩子交给父母，开始了一次又一次的疗伤之旅。但是，艾云的眼睛像是蒙着一层纱，看不到纽约的繁华、看不到瑞士的平静，心里仍然觉得空虚、落寞。

一次，她来到东欧某个国家的某个小镇，路上行人不多，走了一路，看了一路的风景，心头忽然被一种莫名的委屈和孤独感包围，当看着潺潺的泉水奔腾着往低处流去的时候，艾云再也不愿压抑自己，对着空旷的大山喊道："我再也不要像现在这样活着。过去——再见，再也不见！"她几乎用尽身上全部的力气在呐喊，想把沉积在心底的所有负能量一一喊出来，重重地抛向雾气浓郁的上空。

在回国的飞机上，艾云知道是时候和那段痛苦的昨天正式告别了，明天睡醒又是元气满满的一天。

回家后，艾云用心规划着自己的生活。在回归家庭之前原本就有过工作经验的她，很快就被一家外企录用。可是真正到了工作岗位，她才发现因为长时间的工作空窗，导致自己在很多方面已经跟不上社会发展的节奏了。看着上司安排给自己的工作，她根本无法完成。她很受挫，有些焦虑不安。

艾云觉得自己当务之急并不是投入工作，而是迅速地充实自己。所以第二天就去公司递交了辞职信，决定暂时放弃工作，开始学习。她重拾自己的服装设计专业，重新拿起画笔学习绘画，从现代时尚元素设计理念的基础学起。自从拿起画笔之后，她发现心情特别舒畅，注意力全部集中在眼前的画笔上，不再让那些没有意义的情绪干扰自己，也减轻了她的压力和焦虑。后来，她忘我地一笔笔勾勒出一张张设计稿，通过线条表现自己眼里的美好世界，不再想起曾经伤害自己的人和眼前狼狈不堪的生活。

在很短的时间里，她找到了属于自己的舞台。在工作上，她变得游刃有余，几个月的时间就成了公司最有实力的设计师。看到全新的艾云，身边的朋友都由衷地为她感到开心。再后来，她嫁给了同行一个很有前途的设计师，和他组建了新的家庭。

现在的艾云很满足自己的现状，常常带着自信又满是温柔的笑容，告诉大家她的生活已经真正变得丰富起来。

当走过曾经隐忍的年月再回首时，我们才会发现，曾经难以启齿的往事，都不过是沧海一粟，生命给予我们的，不是那些艰难，而是成长，是学会举重若轻，是将曾经无法释怀的那些过往通通放下。

我承认，岁月很长，也很难熬。我们总会遇到这样那样的不快和痛苦，记住每一个打不倒你的挫折都会成为你的能量。等到下次再见到那些痛苦时，你会更加坦然地去面对。

第五章

以己之名，不负此生

以己之名，不负此生

如果有人问我，我身边最有意思的人是谁，我想我一定会说是淇可。淇可，是我刚刚工作的时候，一次去外地出差，在机缘巧合之下认识的。等我们真正意义上称作朋友的时候，是在一场音乐节之后。

那时，我们工作室的几个同事齐心协力，熬了好几个通宵做出的合作案，终于被对方公司认可，成功拿下了一个大单。在庆功宴上，老大为了奖励我们，说给我们报了个旅行团，在当地可以好好地走一走、玩一玩。

淇可就在那个旅行团中，不同的是，我们是一群人，她是一个人。

我看了导游提前一天发的行程安排，其中一项我尤为期待，是一场在露天广场上的摇滚音乐节。虽然之前看过几场演唱会，其中经常会有摇滚乐队暖场、串场的表演，但这样纯粹的以摇滚为中心的音乐节我倒是头一回参加。

一位脸上满是光彩、一头白发的大爷，抱着自己擦得锃亮的吉他上台了，欢呼声响彻全场。

我对同行的朋友说："我还以为唱摇滚的都是一些特立独行的年轻人，没想到还有这么有意思的大爷呢。"

"是啊，挺有意思的，好励志的大爷，哈哈。"朋友回答。

一个站在我们后面的人显然听到了我跟朋友的对话，说：

“没错，唱摇滚的都是‘年轻人’，现在台上那位也年轻啊，有着那么跳动有力的心，怎么会不年轻呢!”

我听到之后回头看去，眼神交汇，点点头表示认同，她随即又将眼神往舞台上看去，对，身后的人就是淇可。

在返程的大巴上，我跟她坐在一起，她告诉我，她爱摇滚，在音乐节去享受一场音乐盛宴，那是一场音乐拼盘，不是只为一个人、一个乐队而来，大家都是为了拥有热情且永远高昂的摇滚。摇滚乐不像其他音乐类型那样有缓有慢、有浅吟、有低唱，而是每一拍都十分强烈，每一句歌词都透着声嘶力竭的呐喊。

她还说，她认识那位大爷，也是出于一次巧合。她第一次被摇滚吸引就是被大爷唱的一句歌词：用我的名字写成的这一生，没有辜负；用我的名字结束这一生，没有束缚。她被这赤条条的、听起来像墓志铭的话震撼了，被“不辜负”、被“不束缚”深深地打动了。

在返程的后半段，我们都有些累了，她提议要不要听着歌闭目养神一下。我说好。我起初还以为那么热爱摇滚的人，手机里估计都是些比较高昂的乐曲呢，没想到她的音乐列表里很多都是比较和缓的轻音乐。

下车的时候，我开玩笑地说：“我以为你手机里尽是些‘澎湃’的热水呢，没想到还有这么多‘白开水’啊。”

她笑着说：“总是沸腾的话，心脏受不了。”

那次分手之后，我跟她保持着联络，一直用聊天的 APP 进行沟通。她很喜欢发动态，我只要看到就会点个赞，问个好，评论几句。通过她的动态我渐渐发现她像一只没有足的鸟，永远在“飞”。有很多次，我都发现上午她在这个城市看歌剧，下午就到了另一个城市喂鸽子。

我忍不住调侃她：怎么这么“赶时间”。

她回复：因为人生苦短啊！（末尾配上一个苦笑的表情）

我说：你可真是能折腾啊！

她回复：自己没有什么可失去的，所以会不顾一切地折腾，不想辜负自己接下来的人生。

过了很久，我才终于理解她为什么会这么说，为什么看上去比任何人都那么“用力”地活着。

第二年冬天，我发现她突然不再定时更新动态，最后一次更新竟是在三个月前。原本我以为像她那样的“旅行家”，估计是去了什么有意思而没有信号的地方，顾不上更新了吧。

后来偶然有一天，她给我发信息，说消失的三个月她都是在医院度过的。淇可还告诉我，说自己终于“飞”不动了，原因是：医生已经告诉她，她的心脏已经无法承受写有“淇可”人生的重量了。

我一下子明白为什么她的生活总是在“赶时间”，因为她想给自己的人生多一些标签，多一些可能，不辜负自己的姓名。

我想了很多遍应该怎么回复她，写写删删，最后我说：“以己之名，不负此生。谢谢你，你做到了。”用“淇可”写出的人生来说，是不辜负，不束缚。

我到现在都记得，她的回复是：“亲爱的，我的葬礼你就别来参加了，因为我也没法亲自邀请你。”

果然，她还是那个她，连最后的道别都能这样有意思地对待的淇可。后来，我按照约定没有参加她的葬礼。再后来就没有后来了。

之前，我记得在图书馆看到过这样一个调查问卷：在你漫漫的人生路上，如果让你选择一件最后悔的事情，那是什么？

参与调查问卷的人后悔的事情千奇百怪，有大有小。有的说自己后悔小时候没有拍过照片，现在不知道自己童年的样子；有的说自己后悔没有跟自己特别喜欢的女孩儿表白，甚至连一封情书都没有寄出过；有的说后悔自己大学毕业之后从来没有换过工作，现在想跳槽却不敢；有的说后悔自己没有跟已故的继父说声谢谢；有的说后悔昨天晚上因为孩子淘气，骂了只有三岁的孩子；有的后悔自己昨天没有写作业，今天上课不敢抬头看老师……

通过这些，其实不难发现，这个调查问卷反射出来的一个很有意思的事情。参与调查问卷的人，不分职位，不分年龄，不分身份，后悔的事情绝大多数都是没有去做，而不是为做过的事情进行后悔。是的，在很多个当下，我们都为不知道什么不知名的理由放弃了继续前行的脚步，但是过一段时间，甚至无须很久，第二天，甚至下一秒，就会有无数次后悔的瞬间。好比橱窗里的衣服，自己很喜欢，当下没有买，但是之后很多天，就会无数次后悔自己为什么不买。或许那件衣服并没有多好看，甚至自己也不敢保证一旦买下，自己会不会一直喜欢，放在衣橱里会不会有穿上身的机会。说白了，只是因为暂时得不到，所以成了心里永远的“白月光”。

跟了我两年的下属昨天跟组长提交了辞职申请，说是要去一家新的公司做文职，离家近了很多，薪资待遇也很不错。我给他发信息，祝贺他找到新的工作，马上要开始新生活了。谁知他回复我的口气并不是很开心，其中有句话莫名地戳中了我的心。

他说：“一眼可以看到未来的样子有什么好期待的。”

常常在公司团建或者年会的时候，会听到很多同事议论，说自己在公司已经工作几个月，甚至几年了，有些烦了。那个时候我会想，如果自己的生活一直都没有变化，没有想过让自己过得更加精彩，不去做一些让自己老了有丰富回忆的事情，不去做一些让后代孩子们听了自豪的事情，那么几个月或者几年又有什么区别呢？即便你在这个公司干了一辈子，很多事情日复一日，每一天过得都像 Ctrl+C、Ctrl+V，浑浑噩噩好多天、好多年。蓦然发现，其实什么都没做，那这和刚刚毕业入职没几天的应届生又有什么不一样呢？

听过一首歌，叫《再不疯狂我们就老了》。余生不长，每个人每天仅有二十四小时，但愿你从现在开始，把一样的生活过得不一样，把差点儿意思的人生过得有点儿意思。

任性的人生不需要解释

是的，事实上我们谁都不可否认：有时候，我们活得过于怯懦和规矩。

我想起一个曾经在青春迷茫期挣扎了很久的十七岁的男孩，那时面临还有不到一百天成人礼的他，显得有些不知所措和些许兴奋，他在日记本上写下几行字：“有很多瞬间，我觉得自己很孤独，怯懦得不敢做任何一件我一直都想做的事情，规规矩矩做着大人认为对的事，不敢为自己做哪怕一次主。那一刻，我觉得自己活得很窝囊，只知道躲着，我甚至不敢幻想我的人生。天知道我有多想逃出这座无形的围城，来一次任性的出走！”

我认识一个朋友，是一个特别帅气的姑娘。说她帅气不是指外表，而是性格。说实话，我俩能成为好朋友纯粹是因为这姑娘洒脱、畅快的性格。她年纪不大、能力不小，心眼不多、经历不少。每次看到她目光灼灼的样子，我都打心眼儿里觉得，这姑娘真是会生活啊。

她曾考上公务员，不过做了半年后却毅然决然地辞职去开了一家淘宝店，家人替她惋惜，朋友们也不理解。她却一本正经地说："一眼就能知道我几十年后的生活，看到就恐怖。几十年如一日地工作，再做下去我肯定会疯的。"

之后的一年里，她专心开淘宝店，在她的努力下生意变得越来越好。她在管理淘宝店的时候常常亲自给自己的产品拍照，时间一长，她对摄影产生了浓厚的兴趣。所以她找了个朋友做淘宝店的合伙人，她得以腾出一些时间去报班学习摄影。本来以为是玩票的，没想到她的摄影也学得不错，自成一派。她出于兴趣，免费帮朋友们拍写真，没想到，朋友们把照片发到网上后，她居然火了，有不少人慕名而来找她拍照。就这样，无心插柳柳成荫，摄影成了她第二个职业。

她本来就是活泼好动的性子，一直坚持运动健身，特别喜欢旅行。后来，她又背上早就准备好的行囊，开始了一年多的徒步旅行，足迹踏遍大半个中国的山河。在如此繁忙的生活中，她还说要学些日语，我本来以为她就是嘴上一说，一时心血来潮。没想到的是，一年之后，她都能跟我直接对话了，这海绵一般的学习能力，让我不禁佩服。我一点儿都不怀疑她的学习能力，什么吉他、画画、写小说，只要她肯下功夫，都能做得有模有样。

她很低调，从不在微博、微信里发一些生活照片，也从不分享自己的故事，把所有的心得体悟都只写在一本厚厚的日记本里。那个日记本她不管去哪儿都会带在身上，密密麻麻全是任性的人生。她常说：“我从来就只跟着自己的内心走，从不勉强自己做自己不愿意做的事情。尝试很多我想做的事情，就算很多事情没有一个圆满的结果，但是我享受过程。”

没错，人生总是要有一次任性的出走，尝试做任何自己想做的事情，以疯狂而富有朝气的姿态行驶在自己的路上！其实说走就走的旅行很简单，你也很容易就能享受其中，背上不需要多重的行囊，远离一直依赖的避风港，来一次从未遇过的冒险，去做你一直想做但是不敢做的事情。任性的出走不代表没有目的地四处流浪，而是一场意义重大的挑战，一种可贵的阅历。出走是为了出去收获，而非为了躲避现实。

当然，会有很多人不解，但是也没什么可解释的。毕竟世界上最难的两件事，其中就包含了“把你的思想放在别人的脑袋里”。

大概两年前吧，有位博士朋友过年期间给我发微信，说家里那些亲戚真可笑，明明自己的人生都一塌糊涂，却有脸以关爱之名来对别人的人生横加指责。

我安慰他说：“马克思说：‘人是一切社会关系的总和。’那么社会关系中，肯定也包含一切世俗偏见的总和啦，存在就是合理的。”

他很快就回复我：“有道理，我读了这么多书，如果连坚持自我都做不到，岂不是太无奈了吗？”

我们生活在一个价值观多元化的时代，很多事情已经不能再以简单的是非对错来评判。太多“过来人”的经验越来越跟不上时代的步伐，传统的价值观在现在看来显得有些格格不入，于是这个时代就会有很多迷茫的人。

一直以来，我都很敬佩那些清醒并勇于直面欲望的人、那些敢于经历的人，敢于敲击命运的人，他们的人生都有不一样的精彩。如果有一天你遇到这样的人，那么你会很幸运。他们就像一瓶被珍藏数年的红酒，身心都散发着无与伦比的香气，这样的人活得洒脱而自由，从不需要询问任何人自己应该怎么活，不向任何人晒自己的幸福，所有解释和理由都记在自己的心里，坦坦荡荡，干干净净。

任性的人生不需要解释，听从自己内心的声音，那些声音久而久之会凝聚成绚丽的能量，照亮你布满阴霾的生活。

余生，请抛掉胆怯，勇敢任性地出走，不要等走到生命的最后，回想起来只会满是遗憾和抱怨。遗憾自己不曾任性潇洒地活过，抱怨自己从来不知道什么叫热到发烫的爱。

任何时候都要保持危机感

圣诞节的时候，郭晨收到了来自好友的礼物，是一条红色的毛巾，毛巾的边缘处有一行隽秀的字，是拉丁语：在三十五岁那一年，我发现自己站在一片幽暗的树林里。

看到这句话时，郭晨的心像被突然扎了一下，这句话用在自己身上多么恰当啊。是的，郭晨，竟然在三十五岁那一年发现了自己身处幽暗的树林里。

二十五岁的郭晨来到一家时尚杂志社上班，那时候，那家杂志社算得上最早的杂志社了。日常工作很随意，不像现在这样需要坐班，那时候不仅可以各地飞，各地观赏旅游，还可以试用最新的护肤品、受邀观看时装秀、住五星级酒店，关键的是，还可以和世界上很多优雅、美丽的人喝下午茶，聊天长见识。不仅如此，在那里，如果你足够努力，拿到同龄人三四倍的薪酬轻而易举。那个时候郭晨几乎每个月在新的杂志发行的时候，都会忍不住拿在手里来回翻看，然后坐在沙发上发一会儿呆，内心充满喜悦。每次翻开杂志看到自己编辑的部分，会觉得非常满足。那个时候觉得世界上最幸福的人也不过如此，郭晨由衷地希望自己可以在这里待一辈子。

但是好日子却不长，随着电子行业的兴起，传统的纸媒行业变得没那么受欢迎，需要出差的日子也越来越少，总编的脸色也越来越难看。更让郭晨心惊胆战的是，总监每次开会的时候总是会格外强调做编辑的要有多元的思维，经常在开会的时候有意无意地说上一句："尤其是我们这种杂志针对的主要消费人群就是年轻人，所以编辑最好都是年轻人，以后人力部门招聘编辑的时候注意一下，年龄最好不要超过三十岁。"郭晨心里顿时咯噔一下，好害怕总监下一句就是要把自己开了。而就在此时，郭晨发现那片幽暗的森林开始在自己的面前慢慢展开它庞大的身躯。知道危险离自己很近，郭晨也知道要走出去，但真的不知道要如何走出去，他看不清出路在哪里。

那个时候的郭晨，觉得自己就像闭着眼睛在悬崖边上走，每天都活在恐惧里，害怕哪天总监突然一声令下，自己就得卷铺盖走人了。那个时候，一向活泼的她，话也变得特别少，生怕自己的一句什么话就引起别人的注意，引起总监的注意。

终于，还是在某一天，她离开了，虽然不是自愿的，却没有什么怨言。

人生里有很多陷阱，变化莫测，谁也不能保证今天你的优势会是你一辈子的优势，能让你放心大胆地一直消耗下去呢！若没有危机感，人生如同温水煮青蛙，当你在最开始的时候不挣扎，那么等水彻底沸腾了，你别无选择，只有等死。这是一种真正的绝望，它让你终于清醒地意识到你只有你自己，你已经把自己淹没在漆黑的森林里，连呼救的力气都没有了。

我们应该保持危机感，不要总是把自己陷入别无选择的境地里。在工作之初或者之中，就可以问问自己：如果没有这份工作，你还能干些什么？如果没有这个人，你还能不能活下去？

或许你最开始的回答会是“不能”，但是经过一次危机之后，你会慎重地说出“不能也得能”。

《道德经》里说：“天地不仁，以万物为刍狗。”世界从来都是如此。

有人问我：“人活在这个世界上三万多天，求取的意义是什么？”

说老实话，我不知道，其实我相信这个世界上知道准确答案的人少之又少。有的人会说：“我们都是肉体凡胎的俗人，有的时候，只是维持生活就花费了我大半的时间，哪里还会去想什么意义呢？”有的人说：“也许生活就是要时刻知道自己会失去，所以不断地努力，让拥有的东西留在自己身边或者在自己身边的时间长一点儿，哪怕一点点儿。”

我不说前者是对还是错，但是我更倾向于后者。任何时候都充满危机感，明白有些东西或许不会永远属于你，但你要懂得珍惜，更要早些找好出路。

因为我们正青春

有时候，我们会把“再不疯狂我们就老了”这句话挂在嘴上。我在想，难道我们的内心真的是躁动得非要疯狂一把吗？不是，我们只是在怕老。年轻代表有一切可能，而老了，就没有力气做一切与青春有关的事情了。而关于什么算老了，我们往往没有明确的时间定义。

刚升大三的女孩儿说：“怎么办，怎么办，我都大三了，看到别人进学生会，拿奖学金，跟着导师做研究，我就特别焦虑。别人那么优秀，而我却连英语四级都没有过，完全比不过人家，我时常在想我的心是不是已经很老了。”已经二十五岁的女孩儿无奈地说：“我已经二十五岁了，在我爸妈眼里，总是觉得我已经到了结婚的年纪了，所以总是给我安排各种相亲，我对每个相亲对象都没有动心的感觉，难道我已经老了吗？内心不会有爱的波澜了吗？”刚入职没多久的同事说：“我本来就因为身体原因比别人晚了两年入学。我的同龄人一个个都已经升职做主管了。再看看我，我觉得我刚大学毕业就已经老了。”

不想变老，是人之本性，自古至今人们对长生不老的愿望都表现得十分迫切。但是时间残酷而公平，没有谁的人生会在某一个阶段一直停留，它总是会用一双看不见的大手把我们推向前。

我想告诉大三的女孩儿：“大三了还没有拿下四级，这件事值得反思。但是我希望你不要沮丧，不要放弃，毕竟现在离毕业还有一段时间，只要你刻苦读书、认真学习，一定可以通过四级。”

我想告诉二十五岁的姑娘：“二十五岁的你怎么了，现代社会是一个开放的多元时代，法律只规定了最早可以结婚的年纪，并没有要求多晚必须结婚。你不是变老了，而是有缘人还未出现，请耐心等待，那个让你动心的人定会慢慢来到你跟前。”

我想告诉同事：“现在讲究能者居之，升职加薪与年龄大小和工作长短没有关系。只要你是优秀的，就肯定有大展拳脚的机会。你看公司里不是有很多没有能力，却在一个岗位上一待就是十几年的人吗？”

的确，张爱玲说过：“成名要趁早。”这个社会也凡事摆出一副赶早不赶晚的架势。在大学里没有多少傲人的成绩，便焦虑不安，觉得自己老了，什么都比不过人家，连每年的生日都懒得庆祝。离开象牙塔，我们又发现，我们不过刚刚毕业就深感自己老了。父母亲友开始轮番轰炸，把我们一窝蜂地送进婚姻殿堂，中间连一丝自由的空气都没有享受到，就已经为人父、为人母了。于是在人生的道路上，我们一路行走，一路回首，一路痛苦：我真的已经老了。

其实老的不是年纪，是你的心。年龄从来就不是问题，问题是你害怕年龄一点点增大的心。当别人跟我们阐述一些该做的事情时，总是以“你都这个年纪了”为出发点。但谁又规定什么年纪就应该做什么样的事情呢？每个人的一生都会面临很多个不同的阶段，在各个阶段找到自己感兴趣的事情，并且全身心地投入进去。这样的话，就不会对一个空洞的表示年龄的数字格外敏感和恐惧了。

有一间露天咖啡屋，它的名字我很喜欢，叫作随即。老板娘是一个五十六岁的女人，但她的脸上常常透露出年轻女人的精致，脸上化着淡妆，眉毛也画得很淡，仅是嘴上那一抹鲜红就特别亮眼、张扬。她和别的老板不一样，不会一整天守在吧台。她时常穿着优雅复古的裙子静坐在一个角落，边看书边喝咖啡，下雨天的时候，她也会主动跟客人聊一会儿。她是个风趣又有故事的人，客人们每次跟她聊些什么时她总是会捧腹大笑。

我喜欢这间咖啡屋带给人的温馨舒适感。每每约朋友见面都会来这里。

闲来无事，来咖啡屋坐坐，正好好友阿强来电，有事找我，就约他来咖啡屋。他一进门就跟我大吐苦水："你知道吗？上个星期，我妈又给我安排了一个相亲对象，对方长得什么样我就不多做评价了——毕业三年了，工作一次都没有找过，不思进取、好吃懒做，上来就问我有房有车没有，典型的拜金女。你说我怎么就沦落到这个地步了，难道我真的是老了，为什么我爸妈就觉得我找不到更好的呢，随便什么人都塞给我。唉，想到下周还有一次相亲我就头大。"

我一时之间不知道该怎么安慰好友。老板娘走过来，给我们送上一壶咖啡，她说："小伙子，我刚听了一耳朵你们的话，要是真的像你说的，拜金女可配不上你。"

我们请老板娘坐下，老板娘道了声谢，之后给我们讲起了自己的故事："我三十五才结婚，三十六有的孩子。你们不知道，在那个年代，这在我们村是一件多么不可思议的事。当年父母拗不过我，我自己跑到大城市工作，他们也就管不着我。后来我也碰到了一些人，但都不合适。因为我不想将就，不愿意委屈自己，就这么一直等着，终于等到三十四岁那年他才出现。"

我和好友很吃惊，说实话，当今社会在男女的结婚年龄这个问题上，本来对于男人相对宽松，男人可以先打拼事业，之后考虑婚姻，但是女人往往不一样。现在对于未婚的三十五岁的男人和女人，大家看法尚且截然不同，更何况相对保守的二十世纪。

我很吃惊：“老板娘，您真有魄力，就不怕真的嫁不出去吗？”

老板娘不在意地说：“说完全不担心那是假的，但我还是想顺从自己的心意。你还这么年轻，应该以自己喜欢的事情为主，不要碰到年纪的问题就随便将就，不然总有一天你会后悔。”

纪伯伦曾经说过：“如果有一天——你不再寻找爱情，只是去爱；你不再渴望成功，只是去做；你不再追逐成长，只是去修——一切才真正开始。”只要珍惜时间，放开去做就好了。老并不可怕，年龄只不过是个数字。或许迟早它会爬上你的脸，体现在你的身体上，但这并不能成为你委屈自己、放弃努力的借口。

二十多岁，我们正青春。不必为过去的失败悲伤，只要你有颗依旧年轻的心，就应无畏暂时的挫败；不必着急结婚生子，遇到爱情的时候就紧紧抓住，没有也不强求，不做年龄的傀儡；不必因为晚出发就懊恼，只要尽全力奔跑，即便有些东西追不到，也依然在向上。

只要有颗年轻的心，就无须畏惧年老。

你若盛开，清风自来

上周，小牧辞职了。公司里却没人觉得惋惜，因为他在这个公司留下的只有溜须拍马、阿谀奉承的印象。

小牧是边城一个小镇上的人，家境贫寒，家中兄弟姐妹又多，所以一路摸爬滚打很多年，他渐渐发现，在职场上靠能力出头只是书里写来“骗”人们努力工作的，真的想要省点儿力气，巴结领导、结交人脉才是正道。

他进公司以后，就对他的主管领导各种献殷勤，鞍前马后。俗话说：“拿人手短，吃人嘴软。”他的主管一开始在业务上对他有所提拔和关照。小牧尝到一些甜头，见自己所做的有所回报，便变本加厉，想要获得更多的业务，甚至到最后都有些无所不用其极，买星巴克什么的都是小事，什么香奈儿的赠品、LV的折扣礼包、游乐园的门票、商城的购物券等，都不惜往外送。要说谁最了解主管的饮食习惯，恐怕除了主管自己就是小牧了。我有小牧的微信，时常可以看到小牧在主管发的动态下殷勤地点赞、评论，一条都不落下。而在小牧的朋友圈里，他不是在加班，就是在加班的路上。只要跟主管一起吃饭就一定会发自拍，并且以主管给自己朋友圈点赞为荣。

不过，就在半个月前，这位主管却跳槽到别的公司了，并且连小牧都没有告诉。

这时，小牧开始傻眼了。自己一直倚仗的靠山说走就走了，而自己呢，回过头看看，以往逢迎的同事纷纷在新的主管面前说自己的坏话，对他之前的行径很是不齿。而周围的同事，自己之前只顾着奉承主管了，没有一个是认真、真心相待的，到头来自然是孤零零一个人了。面对这样的处境，小牧无论如何在公司都没脸待下去了。

小牧辞职那天，我念在我们共事一场，而且之前他还送过我老家特产的情分上，我跟他喝了最后一次酒。他喝得有些多，嘴里一直念叨着只有特产没白送。最后声泪俱下地控诉着问我：

“为什么我活得跟个孙子一样，辛苦地经营着‘人脉’，到头来还是一败涂地。”

看着烂醉的小牧，我没有回答他的问题，我不肯定，也不否定。我心里只是在想，假设他一直以为所谓的“人脉”是靠溜须拍马就能累积起来的话，恐怕这一生都很难翻身了。小牧以为的“人脉”自始至终就是个趋炎附势的手段，其实人脉是等价交换的媒介。真正的“人脉”最终的结果是达到双赢，而不是攀附在一个人的身上，不是树倒猢狲散的依附关系。

成功不是不可以依靠人脉，如果你有，自然可以使用；如果没有，也没什么好落寞的。当我们觉得自己不够优秀的时候，我们会不自觉地以为自己低人一等，这是常理。我们会不自觉地想要和优秀的人做朋友，可现实的差距往往会让我们不由自主地产生迎合心理。但是我想跟这样的人说：“朋友，不同的阅历只是张不同级别的车票，赶路的你，不需要太多朋友。”

我记得我大学刚毕业的时候，也是战战兢兢的。在第一家公司的时候，同事们都是这个行业经验丰富、业务老练的老员工。当时我抱着快速融入团队的心情，努力想让自己变得有价值，于是我每天早上连早餐都顾不上吃，总是第一个到办公室把所有同事垃圾桶里的垃圾都倒掉，并续满茶杯里的热水。

后来同事们从一开始的欣喜到养成习惯，再到稍有工作上的不顺就把矛头指向我，比如有人站起来大声咆哮着说：“谁啊，往我杯子里倒了这么烫的水，想烫死谁啊……”有人手忙脚乱的时候会埋怨：“真的是烦死了，想找个东西都找不到，我昨天扔在垃圾桶的合同本来还想看看的，谁这么手快都给我倒了？下次能不能征求别人的同意啊，真的是……”

其实不然，职场不是人生的全部，没有必要一味地迎合大家，工作不是为了交朋友。大家在一起是为了如何让工作变得更好，并不是为了完成工作而迎合其他人，这样是没有必要的。如果只是一味地迎合，很大程度上你就失去了特色，渐渐地也丢失了自己。

已经习惯卑微到尘土里的人，当别人心情不好的时候，谁都可以拿你出气。所以不难发现，有的时候你再怎么努力，对于“合群”来说，也仅仅是在短暂的时间里填补了别人嫌弃、自己多余的空缺而已。

物以类聚，人以群分，只要足够努力，总会找到属于自己的一片天空。其实，说实话，看着每次努力迎合别人却依然在边缘的你是不是很心疼呢？

用我很喜欢的一段话来跟朋友们共勉：不要去追一匹马，用追马的时间种草，待到春暖花开时，自会有大批骏马驰骋在你的草场；不去刻意讨好哪个人，用暂时没有真正朋友的时间去完善自己的能力，待到时机成熟时，会有一大批的朋友任你选择。用人情交出来的朋友只是暂时的，用人格和心意吸引来的朋友才能长久。所以，丰富自己，比取悦他人要有力得多。

致精彩的青春

只/要/活/得/精/彩，随/时/都/是/青/春

努力把生活过成你想要的样子

艾洛 著

北方妇女儿童出版社
·长春·

前言

米兰·昆德拉说："生活是一张永远无法完成的草图，是一次永远无法正式上演的彩排，人们在面对抉择时完全没有判断的依据。"所以，我们每个人都应该按照自己的意愿去生活，而不是参照别人的剧本来过自己的生活。

活成自己喜欢的样子，是一件极其美妙的事情。不必总想着去迁就别人，不必为了别人的意志行事，而是懂得自己才是生活的导演。为了自己心中的梦想，脚踏实地，披荆斩棘，不攀附、不虚荣、不将就。但是有些人不但不懂得规划自己的人生，更不知道努力的方向，每天都只是浑浑噩噩的过日子，还总是羡慕别人的生活，觉得自己没有得到想要的一切，没有实现自己的人生，成了别人生活中的看客。

现在的年轻人，谁不想拥有漂亮的脸蛋、傲人的身材、聪明的头脑、过人的家世，但这些东西是你羡慕不来的。如果你总是盯着别人闪光的部分，怨天尤人，你的生活只会更加一塌糊涂。这个世界从来就没有平白无故的横空出世，也没有从天而降的好运气。每一个光鲜亮丽的身影背后都充满了委屈、辛酸、汗水、坚持……与其仰望别人的幸福，不如学习别人经营幸福的方法；

与其羡慕别人的好运气，不如借鉴别人努力的过程。天底下没有谁的路是好走的。无论你选择了哪一条道路，都要为之付出足够多的代价。只有经过艰难生活的淬炼，才能成为更好的自己；只有经过生活的洗礼，内心才能渐渐丰盈，才能对生活有更深层次的理解。本书分别从努力、挫折、心态、情感、成长等角度解读生活，希望可以帮助迷茫、困惑、沮丧、疲累的你，在喧嚣生活中看清自己的心，找到自己要走的路。

生活和未来有千百万种可能，总有一种是你想要的样子。就按照你心中所想，不断摸索、不断前行。愿我们在最好的年华里都能成为更好的自己，按照自己喜欢的方式过一生！很多时候，我们只顾盯着别人生活中美好的一面，而你所亲历的，才是生活的本来面目。与其一味羡慕别人，倒不如好好经营自己的生活。毕竟眼巴巴地羡慕旁人的生活，于自己的生活毫无益处。更不要用想象出来的美好去定义自己的生活，只要心中有梦想，并为了实现自己的梦想而不懈地努力，总有一天，你会把生活过成你想要的样子。

目录

第一章

真正的好日子，
就是把生活过成你喜欢的样子

要想过得好，别忘了取悦你自己

前段时间我和公司的几个小姐妹一起去泡温泉，雅婷脖子下面的一道狰狞的伤疤吸引了我们所有人的目光。难怪雅婷平时总穿高领衣服或佩戴围巾。

询问之下我们才知道，原来这是雅婷小时候做一个手术之后留下的疤。其实不是什么大病，本来不需要做手术的，但是因为雅婷的父母耽误了治疗，才拖到要手术的地步。本来只是一个小手术，但是因为她的父母只肯在镇上的卫生院做，因为当地医生专业水平有限，所以才留了这么一道难以消除的疤痕。

我问雅婷："你就没想点儿什么办法去疤吗？"

雅婷说："这些年我有断断续续买一些可以去疤痕的外用药膏，但是很可惜，几乎都没什么效果。"

我说："我有一个朋友胳膊上有烫伤留下的疤痕，她去美容院做了修复，效果挺好的，你也去试试吧！"

雅婷听后有点儿心动，便向我询问价格。

我说："我朋友那时候是花了一万多块钱，具体的可以找美容院咨询一下。"

听我报完价格，雅婷的眼神黯淡了下去，她说："现在我还做不起，以后再说吧。”

我觉得很诧异，雅婷每个月的工资并不算低，上个月因为表现优异还拿了一笔奖金，何至于连一万多块钱都拿不出呢？况且对于一个女孩子来说，这个事情难道不应该是迫切需要解决的吗？

大家都很不解，追问之下才得知，是她的家庭一直在拖累她。

原来自从雅婷开始上班起，她家人就像“吸血鬼”一样问她要钱。当然了，子女长大了，孝敬父母是应该的，可是家里买家用电器、看病拿药的钱都是她支付，更过分的是，雅婷的弟弟房子装修、买家具、孩子上幼儿园的钱都是雅婷出的。真是没想到，原来我们公司隐藏着一个现实版“樊胜美”。

原本这两年，雅婷也看清了家人的嘴脸，她不再给家里拿那么多钱，没想到家人因此就开始给她脸色看，过年回家没有一个人给她好脸色，她实在难受，大年初二就回北京了。

后来，雅婷的弟弟骑摩托车把腿给摔伤了，不但需要一笔医药费，连上班也得耽误几个月。一家人轮番给她打电话，说她不出钱就是见死不救，一家人含辛茹苦地把她养大，她做人不能没有良心。听着爸妈一把鼻涕一把泪地哭诉，她又软下心肠，给了他们三万块的医药费，过一阵子弟妹又说弟弟在家养伤，没人挣钱，家里快揭不开锅了，又要走了她两万块钱。

雅婷无奈地说：“总之他们总有事，总有需要我救急的情况，尤其是我那个弟弟，一天到晚不务正业，到处惹麻烦。这些年我一点儿积蓄也没有，我把自己挣的钱基本上都贴补家里了。可他们为什么不替我想一想，我一个人在北京这样的一线城市里讨生活有多么不容易。别人都穿得光鲜亮丽，我却连一件大牌也舍不得买。咱们不少同事都买了车，我连想都不敢想。因为这道疤，我一直很自卑，连男朋友都不敢找，而我连去修复这道疤的钱都拿不出来。

“我觉得我对我家里人够好了，为什么他们却连一点儿真心的回应也没有？每年春节回家，我都给家里人买一堆礼物，可他们给过我什么，就给了我这道疤。为什么我无论做什么都取悦不了他们？我真的受够了这样的日子！”

“既然不喜欢，那就不要去取悦他们了。你要想不这么痛苦，你就要明白一个道理，一个人首先得学会取悦自己，才能真正过得幸福！”我同情地说道。

“可我能怎么办？他们是我的家人啊，难道我能和他们一刀两断吗？我想获得家人的关爱，我想让他们开心，让他们开心我就得不停地出钱。我也想取悦我自己啊，却总感觉要先照顾好他们，但再怎么取悦他们都不能让我开心，我不知道我怎么把生活过成了这样！”她越说越崩溃。

我说：“既然再怎么取悦他们都不能让你开心，不如从现在开始试试取悦一下你自己，看看开不开心？你想等到什么时候才来取悦你自己？等到青春逝去吗？就从现在开始，去做那些你很想做却一直没做的事。把工资攒下来，先把你的疤去掉。”

“可以吗？家里人再向我要钱呢？”

“你的家人的确是你的亲人，可他们同时也都是有手有脚的成年人，特别是你弟弟，你不给他钱难道他还不活了吗？千万别再几万几万地给他生活费，是你把你的家人养成了蛀虫。”

当一个人忘记了为自己而活，忘记了取悦自己，那他就完全地沦陷在为他人服务的泥潭中。若是他人能够对我们感恩，或许我们还能够从中得到一些安慰；若是他人觉得我们做的一切都是理所应当，对我们的付出毫不珍惜，那我们活着就真的很没意思了。

取悦自己，并没有那么难，只是好多人在生活中，逐渐忘记了你才是你人生中最重要的角色。我们不是不能取悦别人，但取悦自己是前提。你若连自己都不懂得如何去取悦，那取悦别人对于你的生活而言又有什么意义呢？

不要总想着去迁就别人，不要总是担心别人会不开心，你要多为自己做一些事情。让自己能够从每一件小事中获得快乐，让自己身心愉悦，这才是成功的人生！

忘了取悦自己的人，永远都不会真正地拥有你的生活，也永远尝不到幸福的滋味。

不要再去想你该从什么时候取悦自己，就从此刻开始吧！

擅长做自己的你，才是真迷人

宋代文人范仲淹说“不以物喜，不以己悲”，说的是不要因为外物的得失而或喜或悲，放到当今世界来看，这样的价值观仍然是值得推崇的。现代人的生活中，充斥着很多诱惑和压力，很容易让人迷失方向，失了本心，人们在庸庸碌碌和小心翼翼中生活，渐渐失去了自己原本的样子，变得面目可憎。

综艺节目《女人有话说》第一期中，节目组设定了一个非常有意思的环节，他们安排明星奚梦瑶和谢依霖去韩雪家做客，体验韩雪的生活方式。

带着期待而来的两个人一进门就被韩雪的家给惊呆了，完全没有女生喜欢的粉红色啊、玩偶啊、小清新啊之类的元素，相反，看上去特别像老年人生活的环境，简单寡欲。在韩雪家住的时间不长，奚梦瑶和谢依霖纷纷表示受不了，但是韩雪依然按照自己的方式生活，并没有因为客人的到来而刻意改变什么，尤其是面对摄像机的镜头，韩雪能做到这样不讨好不假装，真的难能可贵。

在这个节目中，最让我佩服的就是韩雪敢于做自己、展现真我的精神，她不会因为他人或者任何客观原因而让步，当真令人自叹不如。

无论客人是什么状态，韩雪几十年如一日的作息规律都没有被打破。她坚持七点半起床，而且每天的时间规划都精准到每分钟，每天早上固定三分钟洗漱时间，五分钟化妆时间，雷打不动。两位客人完全被韩雪的这种超级自律的精神惊得目瞪口呆。但是韩雪就是这样坚持下来了，无论参加什么活动，她从来都会准时到达，生活也一直如此有规律。

这很容易让人联想到自己的生活方式，今天休息就睡个懒觉，明天有球赛就熬个夜，信誓旦旦说好去夜跑却被临时安排的聚会打断……不能坚持自己的想法，其实是对自我的一种消极内耗。

除了自律外，作为一个明星，韩雪还从不以别人对自己的感受为导向，刻意地改变自己或迎合别人。奚梦瑶在聊天中坦承，作为一个公众人物，她特别在意别人是不是喜欢她，但是韩雪不，她只在乎自己身边的人是否喜欢她，至于其他不相干的人从来不过分忧虑，做人做事问心无愧就好，做自己最重要。

韩雪说，很多人说她是有美貌没演技的花瓶，她从不在意，因为演员是她的一重身份，只要在以这个身份做这份工作的时候得到了导演的认可，花瓶就是好花瓶。人，唯一可以控制的，就是做好自己，而不是强行改变他人的看法，那样的活法太累太不值。

很多人忙碌了一整天，晚上到家倒头就睡，韩雪也不允许自己这样，她每天晚上都给自己安排出学习充电的时间，让自己不断地输入新知识，不断地成长进步。她充电的方式是看书，而且是认真地仔细地精读，从中汲取营养，充实自己的心灵，也运用到自己的生活中去。

很多女生喜欢的东西在韩雪这里都没有什么地位，但对她来说无所谓，没必要非得跟其他人一样。所以，当韩雪说她喜欢研究数码产品，会修手表，拆装手机，甚至喜欢玩瑞士军刀，研究机器人的构造的时候，所有人都大吃一惊。这到底是多么神奇的一个女子，化妆只肯花五分钟，对这些女孩子想都不会想的东西却有着极其深入的研究。

很多人说，韩雪的走红是因为她的家庭背景，但我想说的是，无论出身于什么样的家庭，最终能决定你将来走到什么高度的，只有你自己。只有不管外界的纷纷扰扰，学会做自己，才能成就更有价值的人生。

我有个朋友梅梅也是一直奉行着坚持做自己原则的人。她年龄不小，足以称得上人们口中所说的“大龄剩女”，但是无论七大姑八大姨或者身边的朋友怎么“苦口婆心”地劝她赶紧把自己嫁出去，她都不将就着恋爱，更不会将就着结婚。梅梅并不排斥相亲或者通过其他方式认识其他男生，但是要不要有进一步的发展，她完全按照自己的意愿去做，从不委曲求全，也不模棱两可。

梅梅对自己的外表特别在意，穿着打扮都十分讲究，化妆品更是精挑细选，绝对不凑合，身边的人看不下去的时候总会唠叨梅梅：“把钱都花在化妆品上有什么用啊？”梅梅哈哈一笑就把这事搪塞过去了，心里却在说：“老娘自己挣的钱，想怎么花就怎么花！”

梅梅的生活并没有因为单身而变得如很多人想的那样凄惨，而是对自己的生活有着合理的规划，她一边修炼自身，一边等着心上人的出现，这样淡定沉稳的女孩，如何不值得爱呢？

梅梅的性格让我想到我很喜欢的一个女演员，她的名字叫任素汐。她长得确实不够漂亮，但是演技足以吊打很多流量高、颜值高的小花，她朴素的精准的表演让人觉得她塑造的每一个角色都是有血有肉有思想的，而不是千篇一律生产出来的批量木偶。

凭借《无名之辈》走红以后，任素汐迅速成为人们关注的明星之一，有嘴巴恶毒的网友在任素汐的微博下留言称这长相直接让人看了之后对电影没兴趣，还有人说她的脸太长，有点像“开心麻花”团队里的常远，甚至有人讽刺她的长脸像驴脸……面对这些嘲讽，任素汐没有生气，没有谩骂，更没有哭诉卖惨，而是开玩笑地回复称“连累了常远”，还劝说网友不要因为自己的长相就对电影有什么偏见，电影还是很好看的。

我想，任素汐的情商和心态都是许多明星所不及的。她的淡然处之除了因为本身襟怀大度之外，还因为她的着重点在于戏演得好不好，有没有尽全力地诠释好角色，而不在于有没有人喜欢她。

在俊男靓女数不胜数的娱乐圈，任素汐从来没有因为自己的长相不符合大众审美而自卑，更没有摆出一副穷途末路的样子盲目整容。对她来说，对电影的尊重，对观众的尊重，只体现在一点上，那就是是否用心演戏，而这一点，她是毋庸置疑的。做好自己，她已经是最好的演员，也是最美的女人。

无论男女，无论身份地位，敢于坚守内心深处最真的东西，不为外物所动摇，不因他人而改变，享有专属自己的心灵世界，拥抱专属自己的幸福和快乐，就是最高级的迷人。

不怠慢生活，也不亏待自己

朋友夏雪刚毕业就手握两个 offer（录取通知），一边是稳定安逸、朝九晚五的国企；一边是把加班当成家常便饭的互联网公司。前者是众多追求安稳生活的人的理想型归宿，长辈眼中的金饭碗；后者，无疑是在以后的日子里要忙得昏天黑地。

夏雪面对两种截然不同的选择，陷入了纠结。家里人建议她说："你一个姑娘家，就应该找一份安定的工作，选择国企，名声好听，工作清闲，找对象也容易。"可是夏雪思来想去，还是觉得选择国企就意味着接受有规律却无意义的工作模式，也不会有太多升职加薪的机会。而选择互联网公司，必定是一路过关斩将，充满艰难险阻，但随之而来的是更快速地成长，更多专业技能的提升。

"我不想自己在正青春的年华里，把自己变成流水线上的机器。我讨厌日复一日、没有惊喜的麻木生活，更怕一不小心被社会淘汰。"最终她毅然选择了互联网公司。

某个周末夏雪加班到深夜，她在朋友圈发了一张照片，漆黑的办公室里只有她桌上散发着微弱的亮光。

我问她累吗。她回答说，累并快乐着。

12

努力把生活变成你想要的样子

工作与生活，本就不是一件容易的事，要想守住内心愉悦，就不能放弃自己的热爱。

我的一个大学同学小宁，一毕业就按照家里人的意思考了公务员，进入体制内工作。月薪不高，每天无所事事，逐渐迷失了方向，无法找到自己的价值。看到朋友们每天朝气蓬勃的，她会回想起大学里的自己，也曾经有着拒绝平庸的勇气和风风火火的做事风格。而现在的她变得唯唯诺诺、瞻前顾后。她讨厌现在的自己，于是，她下定决心跳槽，想要改变自己。

随后，小宁进入了一家传媒公司，在自己喜欢的岗位上兢兢业业，不断突破和超越自己，每天过得忙碌而充实。没过多久，她就在工作中做出了不错的成绩，享受到了成功的喜悦。曾经买不起的衣服，现在买了一件又一件；曾经碌碌无为，如今大显身手。

小宁跳出了安逸稳定的环境，获得了内心的愉悦和富足。她发现原来自己拥有这么强大的力量，可以实现想象中的生活。往后的日子里，小宁依旧不断完善自己，朝着更好、更高的方向前进。

同事小茜是让办公室里的姑娘们最羡慕的人之一，她不单嫁入了豪门，她老公还温柔体贴，爱她胜过爱自己。小茜本可以选择在家安心做个少奶奶，却非要选择当个女强人。对待工作，她一直发扬着精益求精的作风，把自己当汉子使，把事业做得风生水起。对待生活，也从不怠慢，一双美手既弹得了钢琴，又烤得了蛋糕，既打得了网球，又插得了鲜花。这还不满足，一有时间就学着解锁新的技能，不断拓展延伸自己。

有人曾问过她：“你为什么把自己逼得这么紧？你老公条件这么好，你何必亏待自己？”

她说：“他喜欢的是拥有独立个性、富有思想的我，如果我连这点都丢失了，恐怕我和他就很难这样相爱了。再说谁规定结了婚的女人就不能有自己的事业了？我很爱我的工作，那是我的梦想，如果我因为有了家庭就放弃自己心中的梦想，那才是真的亏待自己。”

小茜习惯了凡事都要做到最好，所以不管面对生活还是工作，她都做不到有半点松懈或敷衍。这也让她越来越充实，成了更好的自己。

读到这里，也许你会有这样的疑问：我就想在稳定安逸的公司工作不可以吗？我就想在家安心做全职太太难道不行吗？当然这都是个人选择，无所谓对错。只是有些选择确实会很容易让人丧失拼搏的勇气，从而让人变得庸庸碌碌、迷失自我。

生命只有一次，为什么不试着再努力一把？你难道不期待见到凭借自己的力量创造的生活是怎么样的吗？与其过着混吃养老的生活，不如在有限的生命中，创造属于自己的价值；与其每天浑浑噩噩度日，不如逼自己一把，开拓人生的更多可能性，成为你想成为的人。

生活中有很多值得我们热爱的东西。当一个女人拥有一份引以为傲的事业和养活自己的能力，她就能凭借自己的力量实现自己的梦想，守护自己所珍惜的东西。这时的她坚定且自信，她不会陷入安逸且无所作为的环境中苟且度日，也不必活在别人的庇护下患得患失。她会活得很快乐、很踏实，她不怠慢生活，也不亏待自己，这样的女人美好而闪耀，不管身处何种境地都能过得洒脱，活得漂亮！

你有权过和别人不一样的生活

表妹进入大学后，哭着喊着对我说，她后悔当初服从了父母的安排，错过了自己喜欢的大学，又与喜欢的专业擦肩而过，如今度过的每一天，都是煎熬。

此言一出，我瞬间感慨万千，几乎每个人都有过类似的经历，在可以做很多自己想做的事的年华里，却做了提线木偶，任人摆布，按照别人的意愿生活。

小时候，父母说："你学学你们班XX，每次都考第一，你再不努力，就只能被别人远远落在后面。"于是你无奈地踢开脚下的足球。

年少时，老师讲："你目前的任务是考上名牌大学，其他的一切都与你无关，少壮不努力，老大徒伤悲。"于是你不得不放下爱不释手的画笔。

而当最后努力来到别人眼中最好的学府时，你又变得无所适从。每天面对着不喜欢的课程，你恍然发现自己的人生已经面目全非，复制粘贴来的"美好"人生，却成了最糟糕的生活的开端。

和表妹一样，我的大学同学杨冰从小就被父母严格要求，她的人生路完全是按照家人的规划走来的。她说，十几年来，她一直拼命做父母眼中的乖乖女，老师眼里的好学生。可当她年少时在心里埋下的梦想的种子逐渐萌芽时，她才突然意识到，她把自己弄丢了，现在自己的一切只是别人想要的样子。

杨冰人生中的大小事都是家人替她决定的，父母曾在她的一次“不听话”地反抗后，义正词严地说他们所做的一切都是为了她好，她应该感恩而不是抱怨。可杨冰知道那不是爱的保护，而是对自主权的剥夺。多少次，她想要大声喊出自己的心声和怨恨，但终究没有说出口。她不知道在习惯了被强势控制后，如何去表达自己内心的想法。

她就一直这样，活在被家人视为“保护”的辖制里，做了很多年的“好孩子”，却不懂得如何活出自己。

每个人都有权表达自己内心真实的想法，即使这个想法在别人眼里一文不值。但你依然要将内心的声音呐喊出来，因为那些深藏在内心深处的梦，需要你给它一个交代。

唐楠是我的发小儿，他的父亲老唐是商界精英，是一家知名企业的总裁，四十出头就身价千万。他培养儿子的目标是让儿子成为和他一样的人，然后继承家族企业。

老唐当年十八岁出来打拼，从又苦又累的工人做起。所以，在唐楠十八岁那年的暑假，老唐也让唐楠去一个物流公司做搬运工，说是为了磨炼他。那个夏天，唐楠进了两次医院，一次是因为中暑，一次是因为意外受伤。

老唐二十岁开始参加酒局，所以，老唐在唐楠二十岁那年带他出入各种大企业的酒会，唐楠酒量不好，经常喝到吐。老唐说，习惯了就好。

老唐让唐楠学管理、学财会、学金融，唐楠经常在深夜还在看各种书籍，挑灯学习。老唐说，他以前就是这么过来的，这是为了唐楠好。

可是，唐楠并不喜欢这样的成长模式，他说，老爸是老爸，我是我，他一点儿都不想成为老爸那样的人。他真正喜欢的是画画。唐楠将自己的真正的想法告诉老唐后，老唐非常气愤。面对老唐声嘶力竭的责备，唐楠并没有用激烈的言辞给予回击，而是用了更为决绝的方式——离家出走。唐楠走后，老唐连续几夜没睡着觉，他用尽所有方法才联系上唐楠，并对他说，只要你肯回家，你的人生就由自己做主。

于是，唐楠回来了，同时还带回来许多自己的原创作品。其中一幅让我至今印象深刻，那幅画是老唐教六岁的唐楠写字的情景，父子俩其乐融融，脸上洋溢着幸福的笑容。

老唐看到那幅画时，眼睛里闪着泪光，他终于被唐楠的坚定所打动，转而支持他。从此唐楠开始专心画画。他的每一幅作品都流淌着淡淡的时代气息和浓浓的生活气息，甚至有些像小学语文课本上的插图。在创作过程中，他会用极为真诚、用心的态度，来处理好每一个细节。

后来，唐楠的作品受到了业界知名画廊的认可，被争相收购，他也成了绘画界小有名气的画家。

两年后，唐楠的一幅作品被高价拍卖，画中描绘的是一群人按照各自的想法对他指手画脚，而他面部祥和，专注于内心，像一座大山般岿然不动。唐楠说，他要用自己的画作告诉所有人，每个人的人生都是不可复制的，也有权过和别人不一样的生活。

是的，除了你自己，谁也没有权利决定你的人生走向。要做别人眼中的自己，还是做内心最渴望的自己，由你来做主。如果你生命的蓝图，大部分已被别人所支配，那就请拿回属于你的画笔，去描绘不一样的色彩；如果你的人生之路，大部分已被别人所操控，那就请拿回属于你的方向盘，去开启不一样的人生。

第二章

今天的努力，是为了明天的从容

你能依靠的，终究还是你自己

傻傻地盼着别人带你去见识世界，倘若那个人一直不出现，你就一辈子哪儿也不去了吗？痴痴地等着一个良人能为你遮风挡雨，若良人变了心，你又将何去何从？想要什么，想过什么样的生活，何必去等别人成全呢？

当你把希望寄托于他人的时候，就彻底失去了主动权，别人的一举一动都牵引着你的心，你的人生将完全被别人主宰，你就只能过着患得患失的日子。而依靠自己获取想要的生活，你会活得自由、有底气。须知，真正的安全感，唯有自己才能给自己。

如今的德云社风头无两，甚至让许多年轻人都重返剧场听相声。而郭德纲也成了喜剧界的大腕，不仅占据了相声界的大半个江山，也活跃于各大电视台的综艺节目中，甚至曾连续九年入选福布斯名人富豪榜。

但是在郭德纲还没有成名之前，却经历过很多常人难以想象的挫折。他曾经三进北京，可是没有人愿意收留他。正如郭德纲自己说的："我愿意给你当狗，你不要，你怕我咬你，你非把我轰出来，结果我成了龙了！"可以说郭德纲今天的成就，是曾经那些相声演员生生地逼出来的！

当一个人被命运推到风口浪尖，最终就会发现能依靠的只有自己，当你拼了命地与世界较量了之后，终能自己成全自己。

小贝和男友阿辉在一起两年多，当身边人都催促他们赶紧结婚的时候，两人却最终走向了分手的结局。更令小贝意想不到的是，由于距离分手半年前小贝生日的时候，男友曾送了她一款苹果手机，现在对方居然向她索要那笔买手机的钱。

小贝此时才看清，眼前的男人对自己已经没有半分情谊，曾经想把他作为自己后半生的依靠的想法，现在看来简直荒唐得可笑。

小贝立马给对方转了八千元过去，然后头也不回地离开了他。

从此以后，小贝拼了命地工作赚钱，和从前那个她判若两人。

以前的小贝是个柔弱温和的女孩子，有工作能力，但是缺乏野心，不争不抢，对加班更是厌恶至极。在她看来，赚钱养家那是男人应该做的事，女人最理想的状态就是，找一份轻轻松松又体面的工作，工作之余和姐妹们喝喝下午茶、逛逛美容院。

小贝遇上阿辉的时候，觉得自己终于找到了命中注定的那个人，对方和她一样喜欢享受生活，把她宠上了天。他们假期一般都是出去旅行，或是到网红店打卡。

日子虽然过得惬意，可是漂泊在繁华的都市，小贝总归还是渴望拥有一个属于自己的家。她不想一直租房住，只是她自己的力量太过微弱，不能实现这个夙愿。在见证了两三个朋友步入婚姻殿堂，拥有了自己的房子之后，她也变得极其渴望结婚。

她对男友说："我们什么时候结婚啊，买房的事是不是该提上日程了？"可是男友却只喜欢享乐，根本不赞成这个提议，他说："我老家有房，干吗还要买房？你看看现在房子都什么价了，把自己逼那么紧干吗？在大城市买房就那么好吗？"

面对小贝的想法，阿辉一点儿压力都没有，继续打着他的游戏。

小贝并不认同阿辉的观点。男友家里确实有房，是自己盖的二层小楼，可他的老家跟他们工作的城市隔着好几个省份，一年也就过年回去一次，往后的大部分时间他们都需要继续在外面打拼啊。她想要的家，是一个在这座大都市里的一个家。她可不愿意将来有了孩子，还要租房住。

看着男朋友丝毫不把自己的想法放在心上，他们吵过好几次，到最后，小贝是越来越失望。

小贝做了很长时间的思想斗争，才决定跟男友分开，两人毕竟在一起快三年了，小贝心里其实很舍不得，没想到最后居然换来这么一个结果。小贝对阿辉的那点幻想，也彻底破灭了。

男友的薄情对小贝的打击很大，她想自己这两年多的青春终是白白浪费掉了，她发誓一定要努力赚钱，要靠自己的双手挣出一个家来，她绝不允许自己再这样狼狈不堪。

原来还一直想要考公务员，现在提也不提了，一心只想努力地工作。

一线城市的房价确实在一路飙升，可是这没有吓退小贝，她一直在为了有个家而奋斗着。后来，她终于靠着自己的努力实现了愿望。现如今，她已经拥有了自己的房子。虽然是小户型的二手房，但完全是凭借她自己的能力买的。

小贝说，她得感谢前男友的薄情，他让她明白，人活一世，真正能依靠的人只有自己。至此，曾经那个幼稚的自己，彻底不见了。

其实，小贝的梦幻和幼稚在我的身上也同样出现过。

记得那是2014年，一部名叫《心花路放》的电影风靡一时，该片讲述的是男主人公在生活中遭遇了情感危机，陷入难以自拔的痛苦之中，他的好哥们儿为了帮助他摆脱痛苦，带着他开始了一段非常搞笑且疯狂的猎艳之旅。

当时，我也跟风去电影院看了这部影片。看完之后，我的内心久久不能平静。那首名叫《去大理》的插曲唱得我心花怒放，让我对大理充满好奇，我的内心生出一股冲动，恨不能立刻放下一切，背起行囊去大理。

可我并不是一个冲动型人格的人，而且那时我工作时间不长，也没有时间和金钱去大理。另外，虽然对外界充满了向往，但我的内心又充满怯懦，想着自己一个人独自旅行会遇到种种困难，还是望而却步了。

可是我对自由的向往，渴望感受走在路上的心情并没有消失。我只是把这些暂时封存起来，决定等待一个人出现，等他给我勇气，陪我一起去大理。

那时候，我对另一半的设想，其实就是对理想生活的寄托。

后来，男朋友不是没有谈过，可是因为这样那样的原因，去大理的这个愿望始终没有实现。

直到两年前的一个晚上，我的一位老友突然邀请我视频聊天，她大声地问我："你猜猜我现在在哪儿？"

看着她后面那绚丽的烟花，我立刻意识到她在上海迪士尼乐园，那正是迪士尼的烟火表演。

她笑得开心极了，像个孩子一样，认识她许多年了，我从来没见过她笑得这么开心。我在手机里，在遥远的北京，跟她一起欣赏了这场表演。

我问她："一个人出去旅行，也这么开心吗？"

她说："真的开心极了。"

把手机关掉以后，我却觉得内心有点儿悲凉。一直想去大理的我，为什么到今天还没去？再这样下去，说不定我永远去不了了，我的美好时光就这样被我浪费掉了。

几个月之后，十一假期来临，我只身踏上了去大理的旅途。

从北京一路飞到了昆明。去了云南民族村，体验了云南多民族文化风情，看了载歌载舞的歌舞表演，还品尝了民族的特色小吃。之后又去了滇池，在这里看了日出，领略了这里的山环水抱、天光云影。

傍晚坐火车奔向了大理，晚上就住在洱海边的民宿里，早晨推开窗就能感受到“面朝大海，春暖花开”的景象。我用手机捕捉了一张洱海的风景，发给我那位老友，告诉她，是她给了我勇气，让我明白想去哪里，就依靠自己的力量勇敢去做。休息够了，我便出发去了苍山，一路走登山步道。雄伟壮丽的苍山，让我心旷神怡，山腰间的玉带路风景，给我留下了深刻的印象。走在玉带路上，俯瞰大理坝子和洱海风光，瞬间我感觉什么烦恼也没有了。

为期一周的旅行，我完全沉浸于其中。一个人自由自在、随心所欲，既可以想吃什么就吃什么，玩累了也可以不受任何行程的约束，在酒店房间里睡上大半天。既可以因为一家咖啡店的猫而在那里消磨一下午的时光，也可以一口气爬上海拔三千多米的高峰。

去大理的这个心愿，虽然实现得迟了一些，但庆幸的是，我最终还是一个人上路了。在这场我与自己的较量中，我终于战胜了内心的怯懦与不自信，战胜了过于依赖他人的坏习惯。

这场一个人的旅行，像是成长路上的一场修行，让我更清晰地看透了自己的内心，让我变成了更好的自己。在这段属于我一个人的快乐时光里，我真正地静下心来与自己对话，我收获了从未有过的愉悦体验。

将来注定还有很多路要我独自去走，还有很多艰难困苦要我独自面对，这段独自旅行的经历给了我莫大的自信和勇气，让我明白凡事靠自己的感觉很棒。

用快乐度量生命，用努力面对人生

生活不可能一帆风顺，谁都会面临挫折和不幸，当挫折和磨难降临在我们身上时，我们就会被痛苦、无助、绝望包围，面对这些接连不断的打击和考验，人们选择了不同的态度。

有的人会因此被打倒，被命运击垮，一蹶不振，慢慢失去生活下去的希望；有的人则会收拾心情，坚定内心，不断摸索，最后找到克服困难的办法。

张天琪，一个北漂女孩。刚刚来北京的那几年，过的是糟糕透顶的日子。住在冰冷潮湿的地下室，穿的是褪了色的旧衣服，吃的是馒头与咸菜。曾经有好几个月她都是这么度过的，面黄肌瘦的她早已经与享受和奢侈无缘。

也正是因为这些，反而让她成了更好的自己。她万分感谢那几年被泪水与汗水浸染过的时光，教会她坚强、乐观。她并没有对残酷的现实妥协，没有自甘堕落、自暴自弃。相反，她在困难之中看到了曙光，以自己的努力和坚强取得了今天的成功。

张天琪住在地下室的第五个年头，她遇到了人生中不可错过的机遇。因为她努力勤快，且做事认真，很少出错，于是领导把一项艰巨的任务——去山区考察交给了她。公司没有人愿意接手这样的任务，但张天琪明白，这是考验和锻炼她的绝好机会，如果能借此机会把任务完成好，获得老板的赏识，她便会早日告别这苦不堪言的生活。于是，她欣然接受了这项任务。

在山区生活的那两年，张天琪变得更加成熟，她吃了很多苦，也遇到了很多挑战。然而她没有倒下认从，而是迎难而上，化解一个个困难，战胜一次次挑战。同时提高了他的综合能力，磨炼了她的心性意志，发掘了她的自身潜力。至此，一个出类拔萃的张天琪得到了大家的认可。

两年后，张天琪带着优异的成绩回到公司，得到领导的赞赏和重用，事业上向前迈进了一大步。这些年她靠着自己坚定的信心和顽强的毅力一步步地努力着，她不但早已走出了地下室，还有了属于自己的房子。现如今，她跳槽到一家跨国公司，成了一名出色的管理者。

在遇到困难的时候，张天琪从没有放弃过，也没有怨天尤人过。放弃比坚持要容易得多，但她深知，放弃后的轻松只是一时的，往后的日子会更加艰辛。

确实是这样，生活充满了欺骗性，表面上看似选择了简单轻松的事情，实际上却要付出很大的代价；表面上看起来选择了艰难险阻，其实会收获很多生活的馈赠。

艰难困苦是难免的，重要还是看人们怎么去面对。当困难来临时，一味地抱怨只会加重内心的不平感。如果从失败之中寻求经验和教训，就会有所长进，才有可能连接起我们想要的未来。

没有必要去抗拒生活中磨难的一面，磨难不仅能够提高我们抗压和解决问题的能力，还能帮助我们坚定内心，全面地了解社会，快速成长。生活的磨难会给我们带来很多可能性和机会，让我们经历了风雨的洗礼后仍能笑着迎接彩虹。

不论什么时候，不管遇到多大的困难和挫折，只要你还愿意付出，只要你还对自己足够负责，对美好生活足够向往，便可以无所不能。

“受苦”不是“努力”的同义词

有时候，我们会觉得自己很委屈：明明已经很努力，结果却依然一无所获。

“为了奖学金，每天泡在图书馆，最后还是没拿到。”

“为了减肥，每天去健身房，去操场跑步，但两个月过去了没有任何效果。”

“每天工作都很努力，晚上经常加班到很晚，但领导仍然没有关注过我，年底加薪名单也没有我。”

但我要说的是，这种努力，只是看起来很努力罢了。

表面看确实是在图书馆坐了一天，但真的只是坐了一天而已；看起来每天都去操场跑步，但其实有一半的时间是在听音乐走路；看起来经常加班到很晚，但其实是白天工作效率太低。

没有方向和计划的努力，不是真正的努力。学习之前，没有制订合理的计划；下定决心减肥时没有控制自己的饮食；决心认真工作时，却管不住自己拿手机点赞的欲望。这样的努力不能称之为努力，只是作秀而已。真正的强者，从来不会强调自己有多么努力，只会认真对待自己的生活，珍惜每一分钟的时间，有方向有计划地努力。

王雅是我的学妹，最近她向我求助："为什么我这么努力，结果还是一无所获呢？"

我好奇地问她："努力就会有收获，你一无所获肯定是用错了方式。你说说你是怎么努力的呢？"

王雅一脸悲愤地说："我还不够努力吗？我住在一个有八人合住的合租房内，冬冷夏热。附近没有地铁，每天早上六点就起床，公交和地铁轮着倒三趟才到达上班的地方。晚上还常常加班，经常是赶着最晚的一趟车回家，回家后累得连洗漱的力气都快没有了。我整日忙得团团转，根本没有时间去逛街、看电影。平时我连外卖都舍不得点，买菜都是买降价处理的。像我这样难道还不够努力吗？"

我听完她的话后对她说："你的日子确实过得苦，但这并不能说明你努力啊。你不知道什么是真正意义上的努力，却将'受苦'看作'努力'，这样自然不会有所收获。"

王雅在一家酒店工作，她学的是酒店管理，本来是奔着管理工作去的，但因为缺乏经验，酒店就让她做起了前台接待。可没有想到一直到现在，她的职位连动都没有动一下。

刚刚进酒店时，总有一些人请她帮忙做一些杂活，她每次都对做此类事情表现得格外热衷，其他人就更习惯将这些事情交给她，久而久之，她根本没有机会锻炼自己的管理能力。现在王雅成了一名合格的前台接待，而与她同时进入酒店的女孩已经成功进了酒店的管理部门。

王雅刚刚工作时，我就告诉过她，要分清上班的根本目的，不要一味地替别人跑腿，要让自己真的学到东西。

很显然，王雅并没有将我的话听进去，她不懂得在工作中学习新技能、提升自己，每天只是盲目地忙前忙后。她认为这份工作很辛苦，让她忙到没有时间去玩乐、享受生活，这就表示自己很努力。到了最后却发现自己的努力没有为自己带来收获，反而是和其他人的差距越来越大。

像王雅这样的人很多，他们总是想用生活的“苦”来证明自己的努力，从而掩盖自己对挑战和困难的逃避，因为他们知道自己承受不住“努力”的生活。

王雅不认可我的说法，愤愤地说：“那怎样做才是真正的努力呢?”

我告诉她说：“和你同时来的姑娘，她是怎么做的呢？她为什么会进入酒店的管理部门而你没有呢？她的做法才是真正的努力。”

事实上也确实如此，那个小姑娘才真的配得上“努力”二字。她还没有进酒店之前就对酒店的各个方面了如指掌，显然是在家里做足了功课。进入酒店后，即使做的也是同王雅一样无聊的琐事，但她并不盲目。而是认真对待每一件事，跟着前辈跑前跑后，将每天的工作安排都详细地记录在本子上，一有时间就向前辈请教问题。她没有将心思用在如何跑腿帮忙上，而是一心朝着自己定下的目标——管理部门前进。

这样的人才是真的努力，因此才会收获成功。而王雅所经受的一切根本不是真正的努力。王雅想进入酒店管理层，那她应该朝着这个方向努力，让自己逐渐具备管理者应有的素养和才能，不断地弥补不足。

如果你真的觉得“自己明明很努力了，结果却依然一无所获”，这个时候，你就要静下心来，扪心自问：“我是真的在努力吗？”努力不需要刻意吃苦，也不会立竿见影，你只需要有明确的目标和计划，并一心一意地坚持到底。

这样的你，和幸福不般配

生活中总不乏这样的人，自己工作不努力，时时处处想着偷懒，却美其名曰“劳逸结合”。见到工作努力的员工，背地里嘲讽别人是傻子。有漂亮女生晋升了，便到处说人家是靠脸上位。这些人还总是认为自己能力强，却怀才不遇，不被重视。这样的人，没什么好值得同情的，原本就配不上幸福的人生。

杨杨最近相亲认识一个男人，听说条件还不错，但约会两次，杨杨就和他结束了。我问她怎么回事，杨杨说：“这人看着一表人才，其实特不尊重人，最要命的是，他完全没有上进心，还抱怨不断，简直就是行走的负能量集合体啊！”

在杨杨的讲述下我得知了事情的原委。

男人姓崔，姑且就叫他小崔。第一次见面的时候，两人约在一个小公园，小崔穿得西装笔挺，一米八几的个子，加上匀称的身材，给杨杨留下了还不错的第一印象。两人聊了一会儿，小崔提议去附近找个饭店吃饭，杨杨点头同意。小崔直接把杨杨带到了路边的一家凉皮店，完全没有征询杨杨的意见，就点了两份凉皮，两个肉夹馍，开吃。

杨杨满脑子问号，看着眼前这个穿着西装啃着肉夹馍的男人，暗自笑了，她想：大概是遇上了一个钢铁直男吧。当天晚上，杨杨一直想着白天在凉皮店吃饭的事，对这个男人感到好奇极了，他是缺心眼呢，还是脑回路与众不同，或者就是不拘小节、性格耿直而已？杨杨想这才第一次见面，还不了解对方，还是不要把人往坏处想。

第二次约会，杨杨提前选了地方，她想，两个人要交流感情，拉近距离，可能在一个环境比较优雅安静的地方更合适，便选在了一家常去的咖啡厅。小崔到得有点晚，今天穿的是运动装。对方一入座，杨杨半开玩笑地说："怎么今天没穿西装啊？""哦，还给我朋友了，你们女孩子都喜欢那样的，看上去成熟稳重，但是咱俩都挺熟了，我就没必要装了。对了，以后咱们别来这种地方了，正经过日子的人哪有天天喝咖啡的……"杨杨一口咖啡差点吐到他脸上，勉强压制住内心的不爽，问小崔："那你觉得什么样的地方是正经过日子的人应该去的地方呢？""没结婚的话偶尔出来吃个饭还行，结了婚就尽量在家做饭吧，你也得练练，以后结了婚生了孩子不也得给孩子做饭吗？"

杨杨无言以对，只想默默地喝了这杯咖啡闪人。见杨杨不再说话，小崔似乎是看出杨杨不太高兴了，为了缓和气氛，拔高自己的形象，小崔便滔滔不绝地说起自己在公司的"聪明事"来。小崔说，近期要进行晋升考核，他每天都特意早起到公司打卡，争取每天都出现在早到榜上，晚上下班以后一定要把工作带回家，不是真的加班加点，就为了拍一张自己在家加班工作的照片发朋友圈，而且还分组只让领导可见。还有就是会有意无意地在公司领导面前提一句竞争对手近期犯了什么错误或者为了私事耽误了工作之类……小崔讲得热火朝天，杨杨听得十分不耐烦。

这次约会结束后，杨杨到家第一件事就是给小崔发了微信说："我觉得我们不太合适，还是做朋友吧。"不一会儿，小崔就回信说："那我朋友很多啊，又不缺少你一个。"杨杨不想和这种人纠缠，可小崔又接连发了几条微信，大致是说现在的女生事太多，要求太高，难怪得不到幸福，他有安稳的工作，以后肯定会平步青云，到时候会遇到比杨杨好一百倍的女孩云云。

杨杨没有再多说什么，她觉得这种人都不值得她浪费口舌争辩，她直接把对方拉黑了，因为她不想让这样的人出现在自己的世界里，除了会影响自己的情绪以外，没有任何意义。我忍不住击掌赞叹：干得漂亮！他今后的生活也许一如既往地安稳，也许会找到他所说的如意的女孩，但是幸福与否只有自己清楚。在生活中处处只为自己算计，在工作上，从来没有认真地投入自己的热情，这样的人，做什么事都打了折扣，幸福必然也会对他打折扣。

公司曾经招聘来一份新员工，她姓花，看上去十分成熟稳重，给人第一印象还不错。可是已经三十六岁了，仍然应聘的是最基础的岗位，这就让大家有点好奇了。过了没几天，大家就明白，这是为什么了。

由于花小姐刚来，对于公司的很多规章制度都不熟悉，所以领导安排人事给她做相关的培训，花小姐听完培训，一脸傲娇地说："我还以为是什么培训呢，就这点内容还值得浪费那么长时间？"

后来，花小姐被安排到一个老员工的工作组，由这位老员工负责她试用期间的培训和考核。这位老员工安排花小姐整理部门的相关资料，进行分门别类，花小姐一脸惊诧地说："我不是来打杂的，这不是我的工作内容啊！"她嗓门大得全公司都能听见，老员工顿时有点下不来台，旁边的同事赶紧打圆场："那些资料里有很多业务知识，交给你是相信你能整理好，而且能从中学到东西。"花小姐这才不情愿地去了。

又有一次，领导让她帮忙准备在一场重要会议上需要用的资料，结果她把最重要的一份文件给忘了，见领导面露不悦，她振振有词地说："我又不是故意的，谁还没有疏忽的时候，我只是个新人！"当领导批评她的时候，她又梗起脖子说："公司对员工太吹毛求疵了，这样怎么能有未来呢？"

实习期的第二个月的一天，花小姐被辞退了，因为这天花小姐迟到了，被领导说了两句，她反说是公司的上班时间安排得不合理。当然，辞退花小姐的原因一定不只是因为那次迟到，而是她自从进入公司以来的所作所为。

短短不到两个月的时间，花小姐得罪了多个部门的同事，受到批评后不思改进依然我行我素，在花小姐的眼里，只有别人会犯错，她永远都占理。同事们在背后给她起了个外号，叫"杠精”，花小姐虽然离开了公司，但是她的故事成了办公室里的笑料。不知道后来花小姐有没有找到新的工作，或者有没有融入新的集体中去，但是我想，如果她不改变自己，恐怕到哪里都不会顺遂。

人类是群居动物，所以一切的活动都是群体活动，但是真正地融入一个集体，却不是一件容易的事。像花小姐这样的人在我们身边不是个例。在他们的眼里，谁都可以是错的，唯有自己不会错，哪怕全世界都说他们错了，他们依然能抬杠抬到天荒地老。

对生活怀着谦卑和敬畏之心，认真对待生活中的每一件事，每一个人，这样才能享有真正的幸福，否则，幸福就会像个调皮的孩子，终日与你捉迷藏，即便到了白发苍苍，也不一定能见到幸福的真面目。

第三章

你能承受多少痛苦，就能获得多少成长

别人没有义务关心你苦不苦

有一段时间，我的朋友小昭开始疯狂地在朋友圈、微博上“灌鸡汤”：“今天加班到晚上十一点半，好辛苦呦，但是客户给我‘五星好评’了，这一切都是值得的，年轻人怕什么辛苦；今天参加了设计大师某某的讲座，让我受益匪浅；最近工作太累，颈椎有点儿不舒服，找个推拿师松松筋骨……”

那时候身边的朋友都发出疑问：“小昭这是着了什么魔？”

这半年来，小昭突然又沉寂了。前阵子我得知她已经升任总经理助理了，随后她在朋友圈发了一条“反鸡汤”：

“从前我很讨厌别人说我幸运，仿佛这样就抹杀了我的努力。但是现在我觉得自己可能真的是幸运的，因为我的努力总能换来好的结果。现在我要告诉每一个人，我真的很幸运。”

我很高兴看到这个朋友的成长，她以前之所以恨不得将自己的每一个小小的挫折昭告天下，目的无非是让别人知道她有多努力、多辛苦。而现在，她已经学会将苦和累自我消化，转化为幸福、坚强的微笑。

她从前的苦恼我是知道一些的：她的公司规模不大，论资排辈的现象比较严重。一些前辈看到她年纪轻轻就经常被领导夸赞，心中一百个不服气，所以总是用“幸运”来概括她的一切。幸运地完成了一个大项目，幸运地遇到了一个有钱又好“搞定”的客户，幸运地所有付出都被领导看到，幸运地……

小昭真的超级不开心，有一次她跟我视频，流着眼泪说：“凭什么？凭什么我取得的一切成绩都是靠运气？他们去聚餐的时候，我在看专业书籍；他们追剧的时候，我在上课；他们刷微博的时候，我在加班做设计。这些他们都不知道吗？我恨不得把这一切都拍成电影，然后把他们绑在椅子上放给他们看！”

从那以后，她就开始频繁地秀辛苦。但效果想必是不理想的。因为，别人没有义务关心她苦不苦。

这个世界，取得好成绩并不是总要浑身绑满绷带，高喊着口号去抛头颅、洒热血，因为低调做事的谦逊，也是我们走向成功的标志。所以，当我看到小昭不再把辛苦秀给别人看，不再靠别人获得自我感动时，我由衷替她高兴。

其实，我也曾经历过这样的转变。不过，我“顿悟”得比小昭早一些，既然是顿悟，那么往往是“只可意会不可言传”的。所以，我也在等着小昭“顿悟”。很幸运，她也做到了。

那还是在大学的时候，我几乎不管做什么事都想发到网上让大家看一看，即使是一些微不足道的小事，我也想让大家看看我、夸夸我。

记得那时参加健美操比赛，我很努力地训练，胳膊上、腿上都摔出瘀青，难看得很，但是训练结束第一件事不是去休息，而是赶紧拍照发到网上，目的无非是让大家看到我真的很辛苦、很累，而且真的很努力地在坚持。

我必须坦率地承认，那时我的潜台词是：

“嗨，同学们、老师们，你们都看到了吧，我为了学院有多努力，我得到综合素质加分也是应该的。况且，我都这么卖命了，输了的话我就没有责任了吧？毕竟你们都没有我努力。”

结果，我们真的输了，我也真的没有得到过多的指责。但是，我却没有如释重负的感觉，而是陷入了一种自责的心态中：是否因为我给自己找好了退路，所以在比赛中没有全力以赴，从而影响了比赛的成绩？

那个时候我还不懂，通过叫苦引起别人的赞扬，并不会换来真正的同情乃至赞赏。相反，别人会认为是弱者在展示自己的落魄与辛苦罢了。只有当我们获得了真正的成功，才有资格展示自己曾经的苦难。否则，你越叫苦连天，看在别人眼里就越丑态百出。表演出自己在忙碌里的挣扎给别人看，就算博得几声敷衍的称赞，又会给你带来多少成长？

于是，从那时候起我就不再随便秀自己的辛苦了。毕竟，让别人知道我的辛苦和狼狈，还不如保持优雅呢。况且，你的辛苦在别人眼里或许是不值一提的，因为别人在乎的往往是你飞得有多高，而不是你飞得有多累。

是啊，别人为什么要关心你飞得累不累？你飞得高、得到赞赏、获得成就，得益的人都是你自己，和别人没有任何关系。既奢求终点的掌声，又想享受中途的喝彩，不觉得自己太贪心了吗？

如人饮水，冷暖自知。我们没有必要让别人知道自己的辛苦，那么，当一个他人眼中的幸运儿也未尝不可。

生活是否过得去，关键看你怎么过

我的表妹珂珂有个羡煞旁人的男朋友，对方家境富裕、高大帅气、才华横溢、懂得浪漫。那个男孩在大学时就在追求珂珂，毕业后，为了跟她留在同一座城市，放弃了别的城市更优越的工作。虽然珂珂也毕业于名校，工作能力也很出众，而且性格非常好，但别人提起她来总是或明说或暗示地表示：找到这样的男朋友，她很“走运”。珂珂当然偶尔也能听到这些议论，但她只是笑笑，她也觉得自己挺走运的。

但是，最近他们却分手了，而且是珂珂提出的。我颇感意外，约她去星巴克闲坐，忍不住问她：“你为何要放弃这么优秀的男孩子？”

珂珂慢条斯理地抿了一口卡布奇诺，我看得出她也很难过，但是并没有太多的惋惜。沉默良久，她答非所问地说：“前阵子，他工作上有些不顺。”

珂珂就这样抿一口咖啡，沉默半晌，说两句话。我耐着性子听了很久，终于知道了事情的原委。原来，男孩最近与 BOSS（老板）不和，工作上摩擦不断。工作不顺是谁都会碰到的事，但是男孩对待珂珂的态度却发生了某种改变，这让敏感的她觉得难以忍受。

那段时间，男孩忙得焦头烂额，与她的交流也变得少了。珂珂知道他心里难受，总是安慰他。或许是珂珂的温柔纵容了男孩，他开始频繁向她抱怨BOSS性格恶劣，不懂用人，甚至哀叹自己怀才不遇。珂珂多劝他几句，他开始翻旧账："都是为了跟你在一起，我才抛弃了那家五百强公司，谁知道遇到这样的BOSS……"

珂珂听了觉得很不是滋味。她明确表示了自己的不满："我不想再听你的牢骚，这让我很不舒服。"但是男孩反而变本加厉了，由于工作上的不顺，他也失去了一贯的优雅。

"有一次，我看到了他头发没有打理，衬衣里面的T恤也穿反了的样子，觉得很陌生。"女人真是心细如发。此后，矛盾开始累积，直到一发不可收拾。珂珂不是个事事追求完美的人，但是她也无法忍受无休止的牢骚，于是，不顾男孩的反对和哀求，毅然离开了他。

人生的路那么长，谁知道还要经历多少风雨？和遇到一点儿挫折就满腹牢骚，把生活过得一团糟的人共度一生，珂珂看到的不是幸福、温馨，而是无休止的纷扰、疲累。

人们总以为，要有很多钱才可以把生活打理得美好、顺心。但是得到这些钱之前，就要一直活在阴影里、活在牢骚中吗？在人生的低谷仍然面带笑容、心怀希望，不也是一种美好吗？

要想活得美好和自由，你的心情就不能交给内心不由自主涌出的牢骚、抱怨，而是要排斥它们、唾弃它们，用笑容和希望战胜它们。

如果你的业余生活就是整天窝在家里看泡沫剧、玩游戏，看累了就叫外卖，有点儿闲钱只想着逛街、买衣服，那就不要抱怨考试考不过、身材差没人要、去社交场不懂交流。被你羡慕的那些“好命”的人，很可能在你追剧、玩游戏时自学了外语，人家看过的书比你吃的快餐盒摞起来都高，你在逛街时别人或许正在旅行。别再随便抱怨生活的无聊、无趣，你现在过得怎么样，往往取决于你过去做了什么；而你现在付出的点点滴滴，也在慢慢堆砌出你未来生活的样子。

离公司不远是一个艺术区，里面的一家咖啡馆无论装潢还是口味都是我的最爱，所以不仅是中午和下班后，即使在节假日我也喜欢过去坐坐。天长日久，就跟在那里兼职打工的女孩 Y 成了朋友。

还记得我们刚认识时她告诉我她刚上大三，已经在这个咖啡馆工作了两年。她家境不好，所以一入学就在找兼职赚些生活费，减轻家庭的负担。她很感激这家咖啡馆的老板娘肯收留她，不嫌弃她一开始笨手笨脚，她现在也能够烘焙出一些美味的甜点，冲泡的咖啡也有模有样了。

她还告诉我，之所以选择在这个艺术区打工，有一个重要原因：这里的外国客人很多，她可以主动跟那些客人聊天，提高一下英语口语。她从一开始就有出国深造的打算，最近已经开始考托福了。

我很佩服这个坚强、独立的女孩，她早早地为自己的未来“布局”，一步步地走向自己的目标。当同龄人在无忧无虑地逛街、看电影、和男朋友约会时，她在不辞辛劳地工作，带着甜甜的笑容和每一个客人打招呼，用越来越熟练的英语为外国客人提供帮助。这个自信、坚强的女孩，让人不由自主地想对她说一声加油。

去年夏日的一个周末，我照例去那家咖啡馆，隔着玻璃门看到了Y，她也看到了我，转身跑开了。我走进咖啡馆刚坐下，她就倒背着手走过来了。我有些疑惑地看着她，发现她的眼睛散发着喜悦的光芒，肯定有什么好事发生，我便微笑着等待她开口。

她用微微颤抖的嗓音说道：“姐，你看这是什么？”她的左手递过来一张装帧精美的通知单，原来是美国某大学的全额奖学金通知。她真的做到了！我拉着她的手，一个劲儿地说着恭喜的话。她的右手也伸出来，那是一包她亲手烤的巧克力曲奇，我曾经由衷地赞赏过，烤得真的很美味。

“姐，谢谢你。”她说。

我有些惊讶，说：“这都是你自己努力的结果，我没有帮过你什么啊？”

她笑着摇头：“你帮了我很多。我平常不是在打工，就是在看书，同宿舍的女孩都觉得我有些孤僻，关系算不上多好。你一直在鼓励我，让我获得了坚持下去的勇气。而且我不仅要谢谢你，还要谢谢老板娘，谢谢那些被我拽住不厌其烦地陪我练口语的外国客人，谢谢这四年在这里遇到的所有人。”

不久，Y去了美国，偶尔也会跟我聊一下她在那里的生活。没多久，咖啡馆的墙上就贴上了她从美国寄回的照片。照片里的她看起来更清瘦了，加州和煦的阳光照耀着她灿烂的脸庞。

在Y的身上，我看不到一丝糟糕、辛苦、艰难的痕迹，她从来没有叫过一句苦、没发过一句牢骚。这个坚韧而努力的姑娘，像创造了一个奇迹一般改变了自己的命运。但是，真的是奇迹吗？她在这几年中付出的点点滴滴的努力，有心者如我，都看在了眼里，很清楚那是她应得的回报。

一切都是自己的选择：选择在身体最健壮、精力最充沛时去过乱七八糟的生活，就不要抱怨年华逝去时一事无成；选择在人生一无所有的时刻充实自己、锻炼自己，就能够一点一滴做出改变，创造出所谓的奇迹。

人不能选择出身，但生活却是能够选择的。生活是否过得去，关键看你怎么过。

这么仓皇而逃，算什么英雄

所有的半途而废，都是因为走了一段路之后没有留下成功的痕迹，为了避免以后可能更加难堪，倒不如保留尊严，放弃努力；所有的一心一意，都是因为虽然明知道很多事情会变，但依然相信一直追逐下去的结果是美好的，所以愿意矢志不渝。

前两天，一个未婚女同事在我面前抱怨，说前两天和一个男孩聊得不错，明明有发展下去的可能，可男方居然莫名其妙地撤退了。这件事令她十分不解。看着同事愁眉苦脸的样子，我笑笑，拍拍她的肩膀："很正常嘛！现在有几个男生愿意花许多时间、精力去追女生啊！"

女同事悻悻地离开了，看着她黯然的背影，不禁对她有些同情，在现在这个速食时代，连爱情都好像是便利店货架上的便当，极容易得到，也极容易错过。因为这件事，我不自主地想起了我的大学老师。

我的大学老师张老师，大概是我见过最执着的人。张老师其貌不扬，但学识渊博，讲课幽默风趣，很受同学们喜爱。有一次，张老师在课上讲了他的爱情故事，我更加觉得他令人尊敬。

张老师上高中的时候是典型的问题学生，所以没有考上大学，他也不以为然，觉得在哪都能赚钱，在哪都能生存得很好。但是走到社会上两年，张老师就意识到凭自己的学历很难混得下去了，所以又选择了回校复读，而且很顺利地考上了大学。

上大学的第一节课，张老师见到了他的班主任王老师，王老师是位女同志，刚刚研究生毕业，对教育事业和所有的学生怀着一腔热忱，也十分关注这个有过一点儿社会阅历的高个子男生。张老师第一次感受到老师的关注，也是第一次喜欢上一个女孩。王老师的音容笑貌都让他觉得温暖得像阳光。

但是张老师知道，他不能向老师表达什么，只能努力学习，做更好的自己，那样才能配得上她。所以，张老师一边担忧着王老师会不会突然找到男朋友，一边认真地学习着。他总是单独去王老师的办公室虚心地请教问题，王老师也不断地鼓励他。

有一次，同学们在课上起哄，问王老师想要找什么样的男朋友。王老师脸红了一下，说道："我希望未来的他是一个负责任的，最好跟我的学历差不多有更多的共同话题的，当然，个子高一点帅一点的话会更好……"王老师的话不无开玩笑的成分，但是张老师却时时刻刻记在了心里。负责任他可以办到，个子一米八多也符合标准，帅气嘛，自己要好好打扮一下，只是，他从没想过自己能读到研究生。

经历了几天深思熟虑之后，张老师决定了：要考研究生。于是，他开始了没日没夜的考研战斗。去读研究生之前，张老师写了一封信给王老师，表明了自己的心迹，却遭到了王老师的拒绝。但是张老师没有放弃，他一边读着研究生一边抽时间回来看望王老师，而且保持着每周一封信的通信频率。王老师鼓励他先好好读书，别的不要考虑太多，张老师说："好，但是我不放弃你！"

又是一个开学季，王老师在办公室见到了新来的同事，那个曾经在自己的班上最后排的高个子男生居然成了自己的同事。张老师对王老师微微一笑："老师，您现在是我的同事了……"

张老师就这样成了王老师抬头不见低头见的人，每天，张老师都关注着王老师的一言一行，在她开心的时候锦上添花，在她遇到困难的时候给予支持和鼓励。张老师开玩笑地说："你们王老师就是一座冰山，我的热量可能就像小火柴，但是我厉害的地方在于，我会一根接一根地不停地点着小火柴，一小块一小块地融化那座冰山。"

结局可想而知，王老师还是投降了。讲到这里的时候，张老师露出掩饰不住的快乐，我想，这就是真爱吧。我们大学毕业的时候，他们两个的孩子刚刚满月。

张老师对爱情的执着和坚持令人动容，也因为这份执着和坚持，他获得了属于自己的幸福。相比现在的很多年轻人，连自己喜欢的人都舍不得花费时间和精力，又有什么资格收获幸福呢？做爱情的逃兵的人，永远也不会成为生活里的战士。

上个周六，朋友约我去给另一个朋友蜜蜜过生日，说蜜蜜好久不出来了，要给她一个惊喜。我仔细地算了算，好像我和蜜蜜都快一年没有见过面了，一来是因为忙，二来因为两人似乎话题越来越少。当我忙着码字，忙着看书的时候，她总是打电话来跟我唠叨她的家庭琐事，什么婆媳不和，夫妻不睦，孩子不听话云云，我很努力地安慰却起不到什么效果，所以最后干脆闭嘴了，做一个合格的倾听者，我想，她只是需要一个情绪出口而已。

这一次给蜜蜜过生日，我原本打算拒绝的，但是朋友一个接一个电话打来，约不到我誓不罢休的样子，我只好妥协了。

我提前买好了蛋糕，还特意去商场买了一条精致的连衣裙，我想，家庭琐事固然要处理，可也不能忘记善待自己啊。

蜜蜜生日那天，朋友临时有事晚到，我自己一个人先去了蜜蜜家，来到蜜蜜的家门口，我轻轻敲了三下，门很快开了，穿着一身方格棉布睡衣且披散着头发的蜜蜜站在我面前。蜜蜜慵懒地笑着，招呼我进门，我赶紧踏进去，对素面朝天的她说“生日快乐”，原本想说的“越来越漂亮”硬是咽了回去。

我坐在蜜蜜客厅的沙发上，看着她来来回回地忙碌在厨房和客厅之间，这时候才发现，近一年不见的蜜蜜，已经胖了一大圈。我不禁后悔，那条剪裁精致的连衣裙只怕让她徒增伤感。

那天的整个生日宴会，我吸收了一肚子的负能量，原本那个身材火辣、谈笑风生的美女什么时候悄然变成了一个怨妇呢？

我走后，蜜蜜给我发消息：“很惭愧，你送的裙子我很喜欢，却穿不上。”我一时哭笑不得，回她：“你原来身材很好的，多运动一下，努力减减肥，肯定能再瘦回去的。”朋友却说：“不是没试过减肥，但是没有成效，所以我早放弃了。”

她说，最初的时候，十分受不了自己浑身的赘肉，便决定晨跑；坚持了没几天，觉得早起困难，便把跑步的时间放到了晚上；可是晚上吃完饭后，又很容易陷在沙发里，看起电视剧来就什么都忘了，而且她还有个调皮的孩子，做什么都会被孩子打断。

朋友也试过节食，但是总是禁不住美食的诱惑，觉得偶尔破戒一次没什么，结果就越来越放肆，最后直接放开了肚皮。

说完这些之后，她长叹了一声，说道：“反正我现在也已经结了婚有了孩子了，又不用去相亲，而且当了妈之后不都这个样吗？我干吗这么折磨自己呢，倒不如好好享受人生！”她的话让我无言以对，当一个人对自己已经没有要求的时候，外界的任何压力都注定是无效的，所以我闭嘴了。

追求爱情也好，减肥也好，或者只是要做一份工作，学习一种技能，最开始的时候往往都是雄心壮志，也会为了最终的美好目标热情一阵，但是这些所有的热情和坚持都会在你说“要不算了”的时候化为泡沫。没有人会为你的未来买单，如果连自己都放弃自己，那就只有失败的份儿，而且，当你面对困难仓皇而逃的时候，要知道，你的背影无比狼狈。

与这水深火热的生活撒一回泼

一个人在成长的路上，总要经历很多磕磕绊绊，有时候甚至会头破血流、鼻青脸肿。有些人也许会退却，有些人却能认识到世上绝无顺遂的生活，撒泼打滚也要咬牙坚持下去，不服输，才有未来。

前段时间和几个朋友聚会，大家说到各自的工作，必然又少不了一顿吐槽，这也很正常，谁都有“丧”的时候，适当的发泄有益身心健康。席间只有S一人一句苦水都没有，整个晚上都笑意盈盈地吃着饭，听着大家的满腹牢骚。

有朋友问S：“看来你最近过得不错啊，红光满面的，是不是有什么好事啊？跟大家分享分享啊！”S还是那样微笑着说：“好事没有，坏事倒是有一件，本小姐下周要做个小手术，可能下周你们就约不到我了！”我们大惊失色，怎么从来没听S说过呢？赶紧问什么情况，严重不严重，S轻描淡写地说：“没啥，就是扁桃体部位长了个瘤，良性的！”“这还叫没啥！”朋友惊叫，S却依然淡定：“说了是良性的嘛！没事的，难道让我号啕大哭一场再把它哭成恶性的吗？哈哈！”“乌鸦嘴！”大家虽然心里挂念，但是看到S这样安心，我们的心里也舒服了一些，纷纷说好手术的时候陪着她。

S确实一直以来就是这样的人，无论遇到多大的事，她仿佛都能一笑了之。有时候我开玩笑地问她是在哪座庙里修行过吗，遇到问题这么淡定，她说她只是不给生活展现自己脆弱害怕的一面，这种一笑了之就是对糟糕的生活耍赖撒泼，生活要折磨她那她也没辙！我不禁为她的“谬论”而折服。

果真，做完手术修养了近一个月之后，S就又活蹦乱跳地参与我们的各种派对了，S还是那么活泼开朗，唯一不同的只是喉咙处多了一个伤口。也许，生活并没有对S有什么偏爱，但是S不服输不怕事的性子让我自愧不如，就像她说的，遇到不顺遂的事情要懂得跟生活撒泼，而不是动不动就被吓得求饶。

还有一个女生Z，在我眼里也是不好惹的姑娘，她似乎天生就有“老娘都能搞定”的气魄。

Z在刚刚参加工作不久就遇到了一件糟心事，项目组的领导因为犯了错怕被老板骂，就把错全推到了Z这个新人身上，Z在不明不白中成了背锅侠。但是Z并没有歇斯底里地找人理论，也没有急于解释这件事跟自己无关。她不想在刚走上社会不久就被老板误以为自己喜欢推卸责任，也不愿意跟领导关系处得太僵影响以后的工作。

Z默默地背了这个锅，但是她知道自己不能白白背锅。于是，她就赶紧寻找项目出错的环节和具体原因，发现了问题的根源之后，提出了两套解决方案。当然，这两套方案都是经过项目组领导核查过的，因为Z已经心甘情愿地背锅，所以请项目组领导帮忙看方案是否合理的时候，对方也无法直接拒绝。Z把修改完善的解决方案递到老板办公室，并附上一封道歉信，可想而知，老板自然对这个敢于承认错误又及时调整方案止损的新员工另眼相看。

一年以后，Z升职了，与原来的项目组领导平起平坐。在一次项目经验总结会议上，老板让Z分享自己的成功经验，Z讲完之后补充了一句："成功的秘诀就是不服，然后通过努力证明不服的原因！"

曾经读过这样一段话："出了这个门，有人遭遇风雪，有人逢着彩虹；有人看见虎狼，有人逢着羔羊；有人在春天里发抖，有人在冬天里歌唱。浮沉烟云，总归幻象。悲苦是蜜，全凭心酿。"没有人可以决定生活明天会给我们什么脸色，只有不服，心才能保持昂扬不倒，才不会轻易被谁打败。

有一次出差，来到了一个有些偏僻的小镇，工作结束的时候距离返程的高铁出发还有四个多小时，便想先饱餐一顿再走，结果走了很远才找到一家铺面很小的饭店。

我走进去，选一个靠窗的位置坐下，等着有人来帮我点餐，但是几分钟过去都没任何动静，我忍不住喊了一声："老板，生意做不做了？"厨房里跑出一个年轻的姑娘，大概二十六七岁的样子，满脸堆笑地跟我道歉："不好意思啊，刚刚在厨房里择菜，没有看到您进来，您想点点儿什么？"她一边说一边把一张不大的硬纸片递到我手上，那就是菜单了。我快速地扫了一眼，随便要了一个猪扒饭。

等了大约十五分钟的时间，那个女孩端着猪扒饭来到我的旁边，还是满脸堆笑："久等了，慢用，这是我们店里的招牌菜品，您吃得好下次可以带朋友来……"没想到这姑娘还有一套自我营销的思路。

我吃了一口猪扒饭，居然出奇的好吃，猪扒的香酥加上几样小配菜的鲜美，突然觉得猪扒饭有使人快乐的功效。我抬起头看着那个姑娘，问："这是你做的吗？""对。"她点点头。"猪扒饭确实好吃，我是来这边出差的，在本地认识的人不多，不过，如果我下次再来这里出差，一定再来尝尝你们家的其他美味……"她十分满足地笑了。

"你真是个好员工啊！"我赞美她。她笑了笑说："不仅是好员工，还是个好老板呢！"我大吃一惊，原来这姑娘……

"这家店老板和员工都是我，只有我自己，我每天都从早盯到晚，从来没有休息过一天！"我忍不住问她："一个女孩子为什么要那么努力，那么辛苦呢？"她笑得更爽朗了，回答说："还不是跟家里对着干吗！我家是农村的，两年前，家里人给说了门亲事，非让我早早结婚，我不愿意，就出来了。我讨厌他们随意安排我的生活，更不用说决定我的婚姻！"

我不禁心生敬佩，真是个了不起的姑娘！生活本就应该自己做主，当它要走向自己不愿意去的方向，就算历尽千辛万苦也要扭转回来！生命本身的意义一定不是妥协，而是抗争，为了更好的自己，为了更好的世界，一定要跟这水深火热的生活放开了撒泼，这样才能搏一个精彩。

第四章

你所失去的，会以另一种形式归来

强者的姿态就是内心的笃定与坚强

我的一个朋友月牙最近每天傍晚五点多的时候都会给我发一条消息，说："又快要下班了，每当这时候我都觉得自己被全世界抛弃了，一想到这个就想哭。"

月牙曾经有一份人人羡慕的工作，在一家房地产公司做广告策划，收入比大部分同龄人都高。可是这份工作压力很大，即便下班了，也还是经常需要接很多工作电话，很少有真正空闲的时间。为此，她患上了头疼的毛病。家里人对她的健康很担心，就催促她回老家上班，月牙自己也真的是厌倦了北京这种紧张、繁忙的生活，就回到了老家的那座小县城。

回家之后，月牙在家人的安排下做了一份很清闲的工作，不再有领导、客户时时催促着她，她头疼的毛病真的好了，可是她从此就开心幸福了吗？并没有。

曾经的好友都在外面打拼，周末连找个出去吃火锅的人都没有，看着大家都那样拼命地奋斗着，她时常怀疑自己。又因为在老家，像她这样年纪的人多数已经结婚生子，她自然每天都活在被催婚的恐惧之中。相亲对象见了一个又一个，可是都不合适，周围人都说她眼光太高，为此她和家里人吵了一次又一次。

现在，她已经身心俱疲，过得非常焦虑，夜里常常失眠。

人在陷入低谷的时候，免不了胡思乱想、患得患失。更有甚者，一碰到逆境磨难就着急上火、怨天尤人、自暴自弃、沮丧堕落，还没弄清楚事情究竟还能不能补救，还没做出任何努力，就缴械投降了，毁掉了所有的可能。

人生艰难，要想把路继续走下去，只有选择做一个强者，无论你愿不愿意。我所说的强者不是指姿态上的强硬跋扈，而是指内心的笃定与坚强。

小顾是我在网上认识的一个写手，他写文章的目的和别人不大一样，不是为了理想，而是为了发泄。

小顾刚开始写东西的时候是走出校园的前两年，因为那时候对未来感到迷茫又充满恐惧，所以情绪极度焦虑。实在不知道怎么好了的时候，他开始在网上写东西，感同身受的人会给他一点儿安慰，理解不了的人要么一笑而过，要么嘲讽几句。

我相信刚走出校园没两年，还没在社会上立足的年轻人，都应该有过焦虑、彷徨的阶段。小顾的经历，可能很多人也曾经历过。

大学毕业后，小顾就一个人到北京打拼了。手里没有多少钱，只能先在城中村租一个破旧简陋的房间，然后每天在网上投简历，又乘坐公交、地铁奔波在各个区进行面试。可是面试的结果不尽人意，他觉得好一点儿的工作，人家不要他这种没经验的，愿意录用他的，他又觉得不适合自己。就这样，转眼间已经蹉跎了一个多月的时间，他还没有找到工作。他的内心越来越不安，特别是看着昔日的同学朋友都渐渐入职了之后，他的焦虑和恐慌与日俱增。

最心酸的时刻，莫过于父母打电话询问近况时。父母含辛茹苦地供养自己上大学，好不容易毕业了，总以为可以出人头地了，可自己连一份像样的工作都找不到。自己如何能把真实情况告诉父母呢？这只能让他们徒增担忧而已，所以他只能违心地报喜不报忧，说自己一切都挺好，然后迅速挂断电话，以防控制不住自己的情绪。至此，小顾才真正体会到了生活的艰难和无奈。

还在象牙塔里的时候，他以为繁华的大都市里，遍地都是施展才华的机会，到时候就是海阔凭鱼跃，天高任鸟飞。可真的步入社会，才发现，施展才华的机会固然多，但真正有本事的人才有资格获得。

想要实现心中的梦想，总得先在这个举目无亲的城市生存下来，于是小顾摒弃了曾经的幼稚想法，不再眼高手低。于是小顾终于得到了第一份工作，薪水是每个月一千八百元，虽然非常微薄，但对于此时的他来说也是雪中送炭了。

工作后的小顾每日兢兢业业，生活终于有所改善，他搬到了交通便利的小区，也吃得起小餐馆的饭菜。然而，身上的压力却与日俱增。

周围的朋友正在悄然发生着变化，有的跳槽进了前景广阔的大企业，有的进入了管理层，有的买了车，有的步入了婚姻殿堂，有的已经升级当父母。别人的生活似乎在大踏步地前进，有了质的飞跃，而自己的这点变化简直微乎其微。

女友也不再像学生时代那样简单纯粹了，曾经一盒巧克力就能让她喜笑颜开，现在只有在这座城市能有一个家才能让她安心。看着别的女伴纷纷准备婚房，她的失望一直都写在脸上。各种压力接踵而来，小顾真的很慌乱，他看不到自己的未来，半夜他常常会在梦中惊醒，然后在心脏剧烈的跳动下再也无法入睡。最终，女友终是没能留住，他想起裸婚时代里的那句话——“细节打败爱情”，为此颓废了好一阵子。

但生活总是要继续的，他不能放任自己一直这样深陷失恋的旋涡，他重新打起精神，调整好状态，为了忘掉过去，他将大把的时间和精力放到了工作上，不再盯着别人是不是升职加薪、结婚生子了。

在有了一定的经验之后，他便跳槽到一家更有发展前景的公司，在市场部就职。他每天早出晚归，为了取得更好的业绩，周旋于各个客户之间。

从最初的四处碰壁，到后来可以独立签成一些小订单，再到后来居然偶尔也能拉到大客户了。渐渐地，他发现他已经很久没有恐慌和焦虑了，他每天都过得很充实，也没时间关注别人过得怎么样，他变得自信而从容，他的世界一下子就豁然开朗了。

这一路起初虽然崎岖艰难，却将他带向了光明的前方。现在他已经在公司站稳了脚跟，成了别人羡慕的对象。他早已搬出了当初简陋的小屋，按揭买了一套真正属于自己的房子。他也找到了愿意和自己相伴一生的人，马上就要举办婚礼了。他可以发自内心地告诉父母，如今一切都好。即便未来，还可能会遭遇雨雪冰霜，他也无所畏惧，他相信自己一定能够挺过去。

看着小顾如今字里行间的笃定，我想起了阿萱，我也曾在她眼睛里看到这两个字。

阿萱和男友相识于大学，男友的老家在贫穷落后的陕北，毕业后男友说他是家中独子，父母身体也不好，他得回老家发展。被爱情冲昏头脑的阿萱不顾父母的阻挠，远嫁陕北。

婚后，捉襟见肘的生活、不同地区的观念及风俗差异将爱情中的甜蜜磨得一丝不剩。阿萱本以为有了孩子之后一切会变得好起来，可是公婆有严重的重男轻女的观念，丈夫又事事都听父母的，女儿的出生，让本就糟糕的家庭关系更加雪上加霜。他们爆发了无数次争吵，到最后实在过不下去了，阿萱便和丈夫离了婚，独自抱着女儿回了父母家。

父母自然愿意女儿回家，可是周围的风言风语却让人喘不过气来。阿萱成了他们那里的反面教材，当初不听父母言，非得跟那个男人走，如今带着个拖油瓶灰溜溜地回来，简直就是累赘。谁家的女儿不听话，父母总要以阿萱为例，说教一番。

阿萱简直受够了，可她也不知道该怎么办，她沉浸在婚姻失败的痛苦中无法自拔，她每天待在家里，哪也不敢去。她觉得自己是一个彻头彻尾的失败者，既对不起父母，也对不起女儿。

那段时间，阿萱心力交瘁、情绪极差，饭也吃不下，觉也睡不着，整个人看着都没有了神采。看着父母担忧的眼神，阿萱想，无论如何不能让父母养活自己一辈子。经过深思熟虑后，她决定要自己拯救自己。她不能让父母抬不起头来，她还要给女儿优渥的生活。

在女儿的哭泣中，阿萱把心一横，踏上了去异乡闯荡的征程。在那边生活稳定下来之后，她就把女儿也接了过去。现如今，她事业有成，早已开始了新的生活。她彻底走出了过去的阴影，谈笑风生中，满眼都是笃定与坚强。

如此看来，事业也好，感情也罢，都是要靠自我的逐渐强大才能换来新生。

有时候，我觉得人生跟变幻莫测的天空有些相似。当阴云密布之时，有人满口抱怨，却忘了阴云终会过去，和煦的阳光总会再度普照大地。当站在阴暗的天空下的时候，你也可以找到让你的内心充满阳光的东西，关键看你愿不愿意。

低谷并不可怕，可怕的是什么都还没做，就缴械投降。要知道当你处在人生最低谷的时候，只要随便迈出任何一小步都是在向上！

在这个浮华的世界里，活得淡定一点儿

在这个浮华的世界里，“浮躁”已经成了很多人的通病。

看一部两个小时的电影都忍不住要快进，最后只是走马观花，一知半解；周末无法忍受一个人的寂寞时光，要在朋友圈、微信群里散播自己的孤独，到处问有没有人一起吃饭、逛街；读书就更不必说，大学毕业前的阅读量已经达到人生的巅峰。

社会在高速发展，科技在不断更替，我们每天生活在巨大的信息流里，做一个心如止水的人实属不易。

讲起浮躁这个词，我就想起一个朋友向我讲述的他在工作中的一段经历。

前几年，因为工作的需要，朋友受命去外地一间工厂跟进一个项目，用了将近四个月的时间。

那间工厂处于繁华的商业区，周边的网吧、酒吧、餐厅、台球厅等娱乐设施应有尽有。工人们下班后，不是去网吧打游戏就是去灯红酒绿的酒吧喝酒，日子过得甚是逍遥自在。

但其中有一个名叫吴烨的男孩子却显得与他人格格不入。他下班后就回到寝室看书、写文章。很多人看不惯他，便经常对他冷嘲热讽，说他上学时不用功学习，现在再去弥补，有什么用？还说他“不务正业”了这么久，也没见闯出什么名堂。甚至有些工友联合起来孤立他，因此他身边没有一个朋友。

朋友认为在这样一个浮华的环境中，吴烨能做到如此淡定而不随波逐流，实属难得，便主动和吴烨接触，慢慢地，我那位朋友就成了吴烨唯一的知己。吴烨对朋友说，要他丢下书本才能融入别人的世界，那他宁愿做一个孤独的人。

吴烨通过日积月累的坚持，一次次地投稿，终于功夫不负有心人，他的文章在很多杂志周刊上发表，后来又获得不少奖项，加入了当地的作家协会，随着写作水平的不断提升，他的作品越来越受欢迎。

后来听朋友说，吴烨两年后从工厂辞职，如今已经是某知名杂志社的主编了。不知道曾经挖苦他的工友们得知这个消息后会有何感想呢？

这个故事告诉我们一个道理：做任何事一定要戒掉浮躁，沉下心来，并坚持到底，只有这样才能收获成功。

如今现代人的生活节奏越来越快，快节奏的生活让有些人变得异常浮躁，恐怕别人领先自己一步，使自己的路难行，人难做。

上大学的时候，朋友小杰刚入学时，看到周边同学都非常积极踊跃地学习各种特长，他也跃跃欲试，恐怕自己被落下。由于想要学习和尝试的东西太多，小杰就参加了好几个社团，学乐器、学舞蹈、学跆拳道，恨不得十八般武艺样样精通。但很快，他便陷入了失落和焦虑当中。因为他样样都想学，但分给每一样的时间都是有限的，于是每一样都只能学些皮毛。想当初在高中被视为尖子生的他，在大学社团里却无法成为佼佼者，这使他产生了强烈的挫折感。

于是作为朋友的我，就劝他淡定一些，不要太急功近利。调整了心态后，他便开始主攻乐器，并持续专注地练习，到了大三，他已经成为学校乐队的核心成员。

由此可见，心态过于急躁的人，总想着一步登天，但往往事倍功半，还会陷入进退两难的境地当中。只有静下心来，踏踏实实地一步步走，最终才能取得成果。

还记得有位名叫小路的读者，他向我抱怨自己在工作上的种种挫折，他说工资太低，工作无趣，老板为人异常苛刻，他明明很有能力，却不给他涨工资。

后来我才逐渐了解到，他毕业才两年，就已经换了五六份工作。在他的心里，每一家公司都有他无法忍受的问题，每次都是满腹抱怨地离开，再找下一家重新开始。

我无法否定小路的能力，但不可否认的是，他太心浮气躁了，这个缺点是致命的，若不摆正心态，他永远都不会有出头之日。

所以说，心态决定成败，着急得到成功之前，你要问问自己是否准备充分，够不够格。

在这个浮华的世界里，活得淡定一点儿，专注于提高自己，才能成为更好的自己。

幸福不会在顾虑重重中诞生

“我人生中最大的遗憾，莫过于那次没能及时抓住你的手”。每当看到类似这样的话语，我们都会深感惋惜，在本该伸出手抓住幸福的时刻，却因为毫无意义的顾虑和犹豫，而与触手可及的幸福擦肩而过，真是最令人懊悔的事了。

回想从前，我们很多人可能都会有这样的经历，在开始做一件事情之前，总有这样那样的顾虑，而就在我们犹豫不决的时候，我们错过了最佳时机。我们本以为心中的条条框框，会让我们更谨慎周密地安排好一件事情的每一个细节，甚至能够规避掉这件事可能存在的每一个危机。

可最终却发现，我们不过是在最重要的时光里，收获了数不清的纠结和一些无谓的担忧，而这些只会消磨掉一个人的志气，让人在没开始行动之前就变得筋疲力尽。

于是当我们还在期待一个万事俱备的开始时，行动派们已经早早地着手去做，这时才发现，我们顾虑得太多了，以至于寸步难行，被别人远远地落在后面。

我们生命中每一个正确的抉择，都会给我们的未来带来巨大的改变，所以如何对待选择就显得尤其重要。如果我们能够做到大胆去尝试，果断去行动，就相当于拿到了开启幸福之门的钥匙，抓住了制胜的法宝。

实际上，放下顾虑、挣脱桎梏之后，你就会发现，很多事情都会变得比想象中轻松很多。

苏晨在大学毕业五年后，自己创办了一家互联网公司。刚开始公司的运营还算顺利，可就在他信心满满地开始第二轮融资时，公司出现了危机。当时公司的产品已经开发完成，投资人已经签署投资合同，但资金却迟迟没有到位。两个月的时间里，他为公司垫付了十多万元，苦苦支撑着。看着公司核心人员的陆续离开，他却无能为力。后来他决定把项目搁置下来，慢慢积攒实力，再继续完成项目。可就在这期间，部分股东开始撤资，面对如此艰难的处境，他变得心灰意冷、惊慌失措。

几个月后，就在公司面临瓦解时，一个客户给他打来电话，询问他公司的现状。这位客户是本市区的知名企业家，目前正承接了政府的一个电商扶贫工程，需要一个比较专业的团队帮助运营，问他是否感兴趣，并需要他尽快答复。挂完电话的苏晨陷入了焦虑，他一面害怕客户会出尔反尔，让他的情况雪上加霜，一面担心客户只把他当成一枚棋子，一旦崩盘，所有的责任将由他的团队来背负，欠下的债可能一辈子都无法还清。

苏晨陷入了巨大的纠结当中，迟迟没有向这位客户做出答复。后来苏晨找人打听了一下，这位客户在业界以诚信著称，无论是在财富还是政府人脉上，实力都非常强大，而这次机会很有可能成为他公司东山再起的希望。于是苏晨主动联系了客户，然而不幸的是，他终究还是晚了一步，这位客户已经选择与其他公司合作。

过了不到半年时间，苏晨的公司彻底宣告破产。背负巨额债务的他仿佛一下子掉进了深渊，看不到任何希望。后来他又因为精神压力大、过度紧张，外加酒精中毒、内脏出血进了医院的加护病房。

从破产到住院，他跌进了人生中前所未有的一个低谷。他开始悔恨自己当初的犹豫不决，如果当初抛下顾虑，他就不会将唾手可得的机遇拱手让人，也不会让自己陷入这种窘迫的局面，更不会沦落到负债累累的境地。

朋友们劝他振作起精神，重新来过，苏晨却始终活在担忧之中，甚至害怕下一次选择的到来。

后来有一位老朋友千里迢迢地来看望苏晨，他对苏晨说："你知道吗？就是因为曾经的失败和挫折让你变得畏首畏尾，做什么都顾虑重重。但是如果仅仅因为这些就将生活的所有希望都付之一炬，那么你还靠什么去追求想要的幸福呢？"

紧接着这位朋友又给他讲了一个残疾演说家的故事。那位残疾演说家，在自己风华正茂的年纪，被一场意外夺去了双臂，他一时不知道自己要如何面对未来。面对身边的一切，他有很多顾虑和担忧。在痛苦了相当长的一段时间后，他发现自己的那些想法完全限制了他获取幸福的脚步，他没有希望没有未来。而且，他意识到心头的顾虑只能让自己痛上加痛，而对所处的困境毫无帮助。于是他决定重新上路，踏上新的征程。

面对生活中的不幸，一味地瞻前顾后对我们来说是毫无意义的。想要收获幸福的果实，就需要我们果敢地面对失败，甩开顾虑，大步向前出发。

朋友的一番话让正在给自己设限的苏晨如梦初醒，再听完朋友讲的这个故事，苏晨的内心深受触动。他不再怀疑自己，不再对未来充满担忧，他决定拿出勇气去主宰自己的人生，迎接人生的转折和开始。

不久后，几个曾经与他有过合作的伙伴向他伸出橄榄枝，此时已经跳出原来的思维模式的他用自己饱满的热情果敢地抓住了这次机会并重新证明了自己的能力。后来苏晨在与伙伴的合作中取得了很大的成功。苏晨在不断尝试与挑战自己的过程中，收获了成功的喜悦和奋斗的快感。他知道，未来的路还很长。

如果现在的你也被顾虑所包围，那就拿出你果断的勇气去突出重围。顾虑只会将你的时间和精力一点点消磨殆尽，而人生短暂，哪有多少机会任凭我们浪费？那些因踟蹰不前而丢失的希望，只会让你追悔莫及；因摇摆不定而错失的幸福，只会让你悔不当初。你的顾虑，会成为禁锢你前进的枷锁，让你无法把握住人生中的大好年华。正如岳飞所言：“莫等闲，白了少年头，空悲切。”

也许你已经在一条不适合你或者你不喜欢的道路上走了很

远，那么请你扪心自问一下，你真正想要的是什么，得到答案后就不要瞻前顾后，看清方向，重新启程。每条路都需要你风雨兼程、披荆斩棘，所以不要顾虑重重，只要方向没错，那么朝前走，就一定能到达目的地。

幸福不会在顾虑重重中诞生，顾虑只会阻碍追求幸福的脚步。所以，让自己拿出一种无所顾虑的魄力去做出人生中每一个关键时刻的选择吧。

八十分的生活，刚刚好

《老友记》里莫妮卡说过一句话：“欢迎来到这个世界，它很糟糕，但你会爱上它。”世界不如我们所想的那样完美，所有的日子中也不存在绝对完美的一天，但是，生活就是这样把它的多面性展现在我们面前，让我们哭，也让我们笑，这是生活的力量所在，也是生活的美好所在。一百分的生活，也许很难找，但是，八十分的生活，其实刚刚好。

高中时期的一个夏天，我坐公交车回家。公交车对我来说是个令人厌恶的东西，因为我晕车晕得厉害，而且每次放假的时候车上都很挤，这一次也毫不例外。眼看着再开车门人就会从车上被挤下去，司机师傅还是开了后门，又接上了两个乘客，然后大喊一声“收腹”，把门关上了。我站的地方正好是后门的位置，每到一站有人要下车，我就要用力地往旁边挤一挤给人腾出地方。但是在其中一站的时候，我往后一退，腿正好碰到后面一个人的行李上，眼看就要摔倒了。心里想着“真倒霉”，觉得自己要出丑了，肯定会摔得很难看，就在这个时候，一个有力的大手在后面揽住了我的肩膀，我借势重新站了起来。

我只知道那是个个子很高的男生，但在拥挤的车厢中，没有看到他的正面。正值青春期的我，原本一肚子烦躁，因为他的帮忙，心情一下子明亮起来了，甚至心中有了莫名的悸动。我本想下车的时候跟他说一声谢谢，却没想到他先我一站下了车，我想说“你的举手之劳让我这一天都变得晴朗起来”，可是他潇洒的背影已经消失在人群之中。

多年前的那一天，对我来说是很平常的一天，甚至可以说有些倒霉，但是因为别人一个小小的动作，我记了很多年，而且回忆的味道变成了甜。每次想起来的时候，我都觉得，生活不用太完美，只要有美好的因子存在，这一生都会觉得幸福和知足。

前段时间，大姨生病住院了，病因是眼底出血，手术做了三个小时。我去看大姨，她明显情绪不佳，虽然是单人病房，房间配备齐全，环境优雅，但她还是躺在病床上没有任何笑意。我安慰大姨：“这不是什么大病，谁没点儿小病小灾的，您安心吃安心睡，很快就能出院了。”大姨勉强地挤出一点儿笑来，说：“人都会老，老了就会出毛病，就跟机器的零件是一样的。一个零件出问题，另外的零件肯定也会出问题，慢慢地就都坏了……”我一时间不知道怎么说才好，只好给大姨讲笑话，给她削水果，希望她能想开一点儿。

大姨的病确实没有她想得那么严重，但是大姨说她今年不大顺，先是被车子刮到手，大拇指骨折，后是眼睛出问题做手术，用她的话来说就是“倒霉的一年”。

过了几天，我又去看大姨，还没进病房，就听到里面大姨爽朗的笑声，我好奇地推开门进去，大姨赶紧招呼我走到她面前："你快看，这是个小机器人，让它干啥它干啥。"说着，大姨大声地说："小度小度，给我外甥女唱首歌！"

那是一款智能音箱，只要对着它喊"小度小度"，它会根据说话人的指令在网上搜索音乐或者笑话之类的。大姨已经六十岁了，自然是没见过这种高级的东西，所以这款智能音箱成了她的新宠。表姐说，这两天一醒来就开始呼唤"小度"，让小度给她唱京剧，讲笑话，什么《穆桂英挂帅》《天仙配》听了无数遍了。大姨开心地命令着小度，像是个好奇的孩子，嘴里还一直说着"这东西可真好玩"！

我问大姨："看来小度比您外甥女好啊！更招人稀罕！"大姨笑笑说："我没见过这种好东西，没想到这么厉害，确实有意思！""您不觉得今年倒霉了？"我半开玩笑地说，"嗨，谁还没点儿病啊灾的，就像你说的一样，一帆风顺不可能，我明白。"

看着大姨喜笑颜开的样子，我放心了很多。

我想，生活中的"倒霉事"要真数起来可能一箩筐都装不完，但是生活并不总是这样，而且，我们经历了这些"倒霉事"，才更容易体会到家人团聚的美好、有情人终成眷属的甜蜜，也才能更深刻地体会生活的真意。

在经历了一个通宵的加班之后，你可以出门买刚出锅的包子、馄饨，好好享受一顿早餐，然后回去补觉；觉得自己穷得叮当响的时候，打扫屋子突然发现旧衣服口袋里的百元大钞，顿时觉得生活美妙无比；或者，只是在无聊闲逛的时候在旧书摊上发现了自己一直想淘却没淘来的那本书；又或者只是觉得生活艰辛暂时不想奋斗，窝在沙发上吃吃零食追追剧……生活总是两面的，完美的事物是不存在的，而当你觉得生活中的磨砺太多时，放自己出去走走，你会发现草地青青，天空湛蓝。

不要强求，安然地过八十分的生活，刚刚好。

第五章

人生苦短，何不潇洒走一回

人生苦短，何不按照自己的心意潇洒走一回

在我的印象中，我的表哥一直是我们家的一个反面教材。每次亲戚们提起表哥都是一副痛心疾首的模样，说他挺大一个人了，还总是不靠谱，一天到晚瞎折腾，尽管那些年他并不是没有成就。

为什么大家会这么看表哥呢？是因为他三十多岁还不肯安定下来找一份工作，而是脑子里总有新想法，并且行动力极强。每一次，他开始一项新事业的时候，亲戚朋友们真正支持他的少，等着看笑话的多。尽管如此，他依然按照自己的心意而活。

关于别人对自己的质疑，表哥并非完全不在意。有一次春节回家，我们这一辈的兄弟姐妹一起出去吃饭，那天他心情不好，多喝了两杯，他曾问我："是不是到了三十几岁，必须去过稳定的生活才是对的？"

面对表哥的问题，我也没有明确的答案，我想哪种人生是对的，非得去过一过才知道。我跟表哥说："只要你觉得你目前做的事是你真心想做的，你就听从自己的内心。"

看到表哥这么能折腾，身边有的朋友理所当然地认为表哥一

定家境优渥，有折腾的资本。然而事实并非如此。

表哥小时候的家境还算可以，他的父亲也就是我的姑父是干装修的，虽然不是大富大贵，但养活一家四口是完全没问题的。可是在表哥上五年级的时候，姑父患上了心脏病，动了两次手术，人是抢救过来了，但是医生说从此以后只能静养，再也不能干重活了。这场变故，不但让表哥家失去了一个重要支撑，还因为手术费欠了不少外债。

从这以后，姑姑便外出打工养家。姑姑没有什么文化，也没有一技之长，能找到的工作无非是饭店服务员、超市收银员之类的，她挣到的钱用来养活一家人实在困难，所以表哥家的家境便每况愈下。

为了减轻家里的负担，表姐初中毕业就辍学了，到别的城市打工去了。表哥看到家里这么困难，说他也不上学了，他也要挣钱养家。姑父欣慰地说："你现在才多大，人家也不要童工啊。再说，我希望你好好读书，将来出人头地，那样才真的是为了这个家好。"

但姑父希望儿子通过上学出人头地的愿望还是落空了。表哥不喜欢读书，成绩一直不好，高中的时候，以他的成绩也就能读一个专科院校。高中毕业后，他本来是想出去打工的，但姑父无论如何也不同意，姑父说："没能让你姐读大学，我已经够悔恨的了，即便是读大专也好啊，你必须得上！"于是，表哥就这样带着一家人的殷切期望，踏上了求学的道路。

大学的生活想必我们都不陌生，大多数学生就是上上课，课余时间要么出去玩，要么窝在宿舍里打游戏、看视频，可表哥却不是这样。他没课的时候比有课的时候还忙，因为那时候他一定是奔走在赚钱的路上，从最初的发传单、做临时促销员、做洗车工，到后来的卖衣服、卖旧书、代买火车票、开网店等……什么赚钱的方法他都愿意去尝试，并且乐此不疲，大学期间的生活费都是表哥自己赚的，甚至后来连学费都能自己交了。

如此一来，表哥倒是赚了一些钱，可是他经常缺课，业余又没有时间复习，挂科自是不可避免，这样下去搞不好连毕业证都拿不到了。表哥对此有自己的打算，他觉得他本来就不适合读书，况且这样一所不知名的专科院校的毕业证对未来又能有多少帮助呢？他索性借此机会退学，出去创业。

假期的时候，表哥把这个想法和家里一说，姑父气得是大发雷霆，一向好脾气的姑父竟然动手打了表哥。看着一家人痛心疾首的样子，表哥担心姑父会被气坏，只好妥协了，又回到了学校，并且把挂的学科补考过了。

毕业后的表哥工作非常拼，他先是进了一家工厂上班，那里的工作制度是黑白班倒的，但是因为夜班开的工资更高，所以表哥经常上夜班。

但是只在厂子里干了几个月表哥就不干了，大家都不理解，表哥说那里没前途，他打算去做汽车销售。身边有人不赞成地说：“汽车销售干好了是肯定比厂子里挣得多，但想要有好的业绩哪里是那么容易的啊，还不如在厂子里稳稳当当的。”

但表哥决定了的事岂是那么容易改变的，他还是毅然决然地去做销售了。一开始，由于没有经验，表哥确实连受打击，一连几个月一辆车也没卖出去。可是后来，他逐渐找到了门道，慢慢地，开始有了不错的业绩，后来由于深得客户信任，他的人脉越来越广，成了他们4S店的王牌销售。因为他的努力，他们家的外债全部还清，现在他父母的日子总算是越来越好了。

就在大家都觉得这份工作他会一直干下去的时候，他又决定自己创业。这回他几乎遭到了所有人的反对，但他还是一腔孤勇地砥砺前行。

创业需要启动资金，他还没凑够数，所以只好向我开口。我想能让他向我这个表妹开口借钱，自然是遭到了太多人的拒绝，没办法了。那天他说的一句话给我留下了很深刻的印象，他说：“我不认为世俗认为对的就是对的，难道一旦我们活得稍稍违背世俗，我们就大错特错了吗？我不信，我偏要证明自己。人生就这一次，我为什么要按部就班、平平淡淡地过？我偏要按照自己的想法生活。”

听了他的话，我没有犹豫，将钱借给了他。我实在不忍心拒绝一个满怀壮志、努力生活的人。

之后的很长一段时间，我们联系得并不多，他独自创业想必分身乏术，我也为了自己的事业忙得脚不沾地。

我们再一次碰面已经是三年后了，那时他的汽车养护店已经小有规模，他还给姑姑姑父在老家买了一套房子，他终于证明了自己，也实现了让家人过得好的心愿。

能够走到这一步，表哥其实很不容易，创业初期他遇到了很多困难，最初的一年时间里他完全是亏损的，再加上身边人都不支持，可想而知他的压力有多大。好在，他坚持下来了。

现如今，表哥依然在折腾着，这几年他又开了几家分店，一直为了事业奔波着，但他不会再像当年那样黯然神伤，不会再怀疑自己，相反他变得非常自信昂扬，充满了勇气和力量，因为他找到了一条适合自己的道路。

表哥敢于用轰轰烈烈的行动挑战世俗，事实证明，世俗所谓的对不一定就是对的。

表哥的经历让我明白，人的一生很短暂，我们必须跌跌撞撞地去碰出一条适合我们自己的道路，不为扬名立万，只求无愧于心。

愿你看得通透，活得洒脱

我们成长的道路上哪能没有困难？五步一块绊脚石，十步一条拦路河，目之所及，处处坎坷。光彩夺目不可能是生活永恒的主题。

我一直很清楚这个道理，但在夜深人静时，我仍然忍不住会想，为什么人们的物质生活越来越好，可精神上却仍然常常得不到满足呢？

也许，我们可以先问问自己：你如何看待你自己？

我曾在我的微博上问过这个问题，下面的评论基本上是“我太胖了”“我不敢主动跟陌生人搭话”“我还没有我女朋友高”“我三十六了，连个女朋友都没有”这样的抱怨。我们总是会对自己有各种各样的不满。

我们很多人都被这类的问题纠缠了很久，无论别人怎么宽慰、赞美，我们还是觉得不满。我的一个朋友就是这样。

心怡的脚小时候被开水烫过，所以留下了难看的疤痕。小时候的她对此并不在意，可是同学们、亲戚们每次看到她的脚都要调侃一下，这让逐渐有了爱美之心的心怡对此越来越在意。于是，不管夏天多么炎热，她都坚决不肯穿凉鞋，同学们邀请她去游泳，或是去海滩玩，她也从来不去。而且她变得越来越沉默，越来越内向，越来越自卑。

父母觉得她越来越怪异，便逼着她多跟人交流，可父母越是逼迫她就越是往后缩。她将自己的所有注意力都集中在了学习上。优秀的学习成绩让她考入了很不错的大学，后来也找到了还不错的工作。可是这些都没有让她真正开心起来。工作后，她花了更多的时间在健身、美体上，她的身材因此越来越好，皮肤也愈发光洁。每个人都说她越来越美了，但是小时候留下的心理阴影并未因此而被抹去。每次看到电视剧中给女演员的脚部特写时，她的心中都会升起一股悲伤。

有时候，人们会对某些事情有一种莫名的执着，有时候，又会在某时突然豁然开朗，从而放下执念。心怡对她的“与众不同”执着了很久，后来，她还是放下了。

那是她刚刚换了一份工作的时候。第一天到新公司上班，绝对不能迟到，于是她提前二十分钟赶到了公司。在她等电梯时，一位西装革履、整洁精致的先生一瘸一拐地来到了她的身边。心怡觉得有些尴尬和不知所措，但这位先生却热情地和她打了招呼。

电梯来了，心怡这才发现他们要去的是同一层，原来他是她的新同事。这一天，她常能看到这位热情、开朗的先生游走于各部门之间，忙着他的工作。

晚上下班后，同事们为了欢迎她而去聚餐，席间她忍不住好奇，向一个同事询问这位先生的腿是怎么受的伤。同事告诉她，他的腿其实没有受伤，走路不太平稳是因为他小时候生病没有得到及时治疗，所以留下了后遗症。说这话的时候，同事好像只把它当成了一件再平常不过的事情，言谈之间没有丝毫异样情绪。

心怡望着正跟别人谈笑的这位先生，久久没有回过神来，心中的结似乎突然解开了，整个人也阳光了起来。

现在，她再也没有因为自己的外貌而发愁过，无论是胖是瘦，是美是丑，她都不再过分在意。生活也因为她的洒脱，而更加阳光。

我曾听朋友说起这样一个故事。

叶妃的家族有先天性心脏病的遗传史，她也患有心脏病。在怀孕的时候，她特别害怕孩子也不健康，一直在祈祷。

可不幸还是到来了，产检的时候医生发现她怀的是双胞胎，而且排查出其中一个患有心脏病。很多人都劝她打掉孩子，毕竟明知道孩子有缺陷，又何必将他带到这个世界上？可她实在于心不忍，最后她和老公还是决定生下两个孩子。每一个孩子都是父母的小天使，他们怎么能剥夺孩子们看看这个世界的权利呢？

孩子生下之后，大儿子健健康康，早早住进了婴儿室，小女儿却瘦弱得只能躺在保育箱里。碍于叶妃的情绪，亲友们嘴上说的都是安慰的话，但他们眼神中已经透露出了他们的不赞同。

有了孩子，时间总是过得特别快，转眼间，他们已经快要升入初中了。两个孩子从小就聪明伶俐，十分懂事，所有人都很喜欢他们。哥哥知道妹妹身体不好，也一直特别疼爱她。小女儿知道自己跟别人不一样，为了不让家人担心，她一直很努力地遵守着医生的嘱托，吃饭不能吃得太饱，不能进行剧烈运动，不能长时间待在人多拥挤的室内……她也曾在体育课上羡慕地看着那些挥洒汗水的同学，但这些羡慕转瞬即逝，她还是快快乐乐地长大了。除了要格外关注自己的身体之外，她跟其他同学没有任何区别。

也不知道那些当年劝过叶妃打掉孩子的亲友，在见到这两个可爱的小天使时是否曾有过一丝羞愧。

金无足赤，人无完人，每个人都有自己的优点和缺点。有些人骄傲自大，只注意自己的优点，却盯着别人的不足；而有些人则过于自卑，完全忽略掉自己的优点，目光中只有自己的不足。但是所有的优点和缺点都是绝对的吗？内向、学习成绩不好就一定是缺点吗？不是的，这只是社会定下的标准，内向的人不见得注定一事无成，学习成绩不好的人可能在别的方面很有天赋。我们要做的不是严丝合缝地满足世界的标准，而是将独特的自己展现给世界。而无法正确认识自己的人，只能机械地活着。

盼盼的男友向她求婚了，他们决定过两天去领证，婚礼大概要排在半年之后。本来应该高高兴兴筹备着婚礼的盼盼却总是愁眉苦脸的，跟我发微信聊天时我也能很明显地察觉到她身上散发出的低气压。盼盼之所以这样，是因为患上了婚前恐惧症。

盼盼跟我说，可能是由于从小在单亲家庭长大，她坚信自己才是最可靠的，绝大部分事情都会选自己想办法解决。可谈了恋爱后，她感受到了男朋友带给她的安全感，并对此十分沉迷。婚姻提上日程之后，她看了很多关于婚姻方面的文章，发现有很多文章中都在说婚姻和爱情完全是两码事，男人在婚前婚后对女人的态度会发生很大变化。她越来越恐惧婚姻，整天疑神疑鬼，害怕她和男友最后也会分道扬镳。

她还说，之前她觉得结婚特别正常，年龄到了，和男友相处得很好，自然就应该组成一个新的家庭了。可是现在，她觉得没必要一定要结婚，爱情和金钱跟婚姻没有必然的联系。感情好不结婚也能幸福地在一起一辈子，感情不好结了婚也会离，浪费时间、精力、金钱去走这样一个过程完全没有必要。经营婚姻那么难，何必去自讨苦吃呢？

像盼盼这样想的人不在少数，人们越来越多地去分析别人。他们说，有这样表现的人不是好的交往对象，婚姻中有那样的行为证明你们的婚姻出现了裂痕。他们把所有动作行为都赋予特定的含义，似乎所有的动作都能反映出人们内心的变化，哪怕只是打了个喷嚏。

可是，这些东西看得越多，就会对生活越失望，越是清醒，就越抵触结婚。

有人说，糊涂的人是世界上最幸福的人，不清不楚才能减少烦恼。可是，成人的世界总是那么的脆弱，有些东西只要稍稍一用力就会被戳破，想要迷迷糊糊地过完一辈子其实并不是件容易的事。因此，戳破之后要以怎样的姿态去面对不完美的生活才是关键。

我想，最好的姿态大概就是拥有清醒的大脑的同时也拥有一颗洒脱的心吧。认识到生活的缺陷却不陷于缺陷，这样才能赢得最完美的生活。

想必所有女生在与朋友聊天时，都会不止一次地提起减肥的话题。确实，现在社会上对女生外貌的要求很高，女生对自己也越来越不满意。腰不够细、腿不够直、胳膊上有赘肉、脸比过冬前大了一圈，似乎自己就没有令人满意的地方，只有那种百斤以下、个高腿长、前凸后翘的人才符合她们的要求。

可是，这本身就是一个伪命题，身为一个健康人，你怎么可能同时满足拥有一米七的大高个和八九十斤的体重这两个条件？想要达到这个标准的你，恐怕一直生活在梦里。而对生活越来越失望，恐怕也是因为现实与梦境有着太大的差别。

一个人越是有着丰富的经历和知识，就越能看清这个世界，越能发现生活的本来面目。他们知道，不管你拥有了多少本领，经历了多少事情，生活对人的磨砺都不会因此而消失。真正的聪明人不会期待命运对自己格外开恩，而是将磨难化作前进的动力。

他们活得通透，活得洒脱，不计较，不苛求，见识了生活的真实面目后，依然热爱生活。

很多时候，将所有的事情都弄得清清楚楚并不一定能给你带来幸福，揣着明白装糊涂未必不是一种良好的生活方式。世人都说“难得糊涂”，愿你能够放下不知何时被套上的枷锁，愿你能够找到自己想要的生活，愿你看得通透，活得洒脱。

爱就轰轰烈烈，不爱就潇潇洒洒

欣然约我在一家茶餐厅见面，她最近在感情上遇到了很大的难题，再不找个人倾诉一下，就快崩溃了。我到了之后，她一开口，便泪如泉涌。

我与欣然认识好多年了，她感情上的问题，我多少也知道一些。

欣然和男朋友华子从一上大学就迅速坠入爱河，到现在已经在一起七年了。在一个女孩子最美的年华里，这段感情给她带来了数不清的甜蜜，但是没有什么东西是一成不变的，随着时间的推移，两人的感情早已不复当初。

近一两年经常听欣然提起，华子对她越来越不上心了。有时候为了引起男朋友的注意，她会特意换新的发型，买好看的首饰，买时髦的裙子，可是华子往往对此视而不见，有观察女朋友的那点儿时间，他更愿意玩两把游戏。

后来为了给华子惊喜，本就不算胖的欣然在健身房请了私教，硬是用三个月的时间练出了马甲线，可是男朋友依然是神色淡漠。有些东西变了就是变了，任凭你再努力也改变不了什么。

到最后，甚至华子连情人节都不陪欣然过了，更别提买礼物了。这个男朋友有和没有，并没有什么区别。

上一个情人节，欣然下班后急匆匆地赶往超市，买了食材，回到家精心准备了一桌子华子爱吃的菜，提前醒好红酒，等他回家。

可是一直等到快九点钟了，华子还没回来，也没打来一个电话。欣然只好打给华子，对方只说了一句“公司聚餐”，就匆匆挂了电话。

快十一点的时候，华子才一身酒气地回来，在这样的日子里缺席，他连一句解释都没有，倒头便睡。看着熟睡的男友，欣然泪如雨下。

一夜没睡的欣然在第二天早上质问男友，记不记得昨天是情人节，男友一脸不爽地说：“记得又怎样？我不是说了吗，公司聚餐，我有什么办法？你怎么这么多事？”然后怒气冲冲地摔门而去。

我问她：“你还爱他吗？”她点点头。是啊，我不是不能理解，人生能有几个七年，更何况是最美好的七年，任谁要割舍这样一段感情，都会很心痛。

我又问：“那么他还爱你吗？”她嗫嚅着嘴唇说道：“也许……我……我不知道。”

我接着说：“我知道你们的曾经很美好，但那已经成为过去了。现在的情况明眼人都看得出来，他已经不再爱你了。一段好的感情应该是让两人都舒服、幸福，让两人能更好地成长，更好地去面对生活。可是你现在在这段感情里除了能收获泪水和失眠以外，你还能得到什么？你现在唯一能做的就是离开他。”

她支支吾吾地说：“可是我那七年怎么办？谁来补偿我失去的七年呢？”

我说：“如今这七年，在他眼里什么都不是。感情发展到今天这个模样，是谁也不想看到的，可既然事情已经发生了，难道你要让自己一直陷在这个泥潭里吗？这七年的付出没有收到好的结果是很可惜，可是你将来还有很长的路要走，难道以后你都不顾了吗？你不能掌控别人的感情但你可以决定自己的人生。”

如果你已经确认，这不是你想要的情感，不是你想要的恋人，那么就别再纠结，不要在错的人身上浪费时间和精力。

分手后就别再藕断丝连，犹豫不决对你并没有什么帮助。多年以后，如果在哪座城市遇见，不管对方是平步青云，还是寒酸落魄，都与你无关。你可以坦然地笑着说：“谢谢你离开我。离开你，我过得很好。”

在我们的人生旅途中，大多数人，都会经历几段感情。我们当然都希望自己不受伤害，早早就遇到对的人，最好能和初恋相爱一生一世，让人生最初的怦然心动，爱情最初的萌芽，都在那最美好的青春岁月里开出最绚丽的花朵，结出最香甜的果实。可是，没有什么东西是永恒的，有恋爱就有失恋，有甜蜜就有痛苦。

有一次，我和朋友一起在外面吃烧烤，我看到一个失恋的女孩，不停地喝酒，一边喝一边哭。到最后，老板都看不过去了，劝她不要这么伤害自己。可是，女孩不管不顾，仍然大喊着要老板拿酒。我想对她来说，爱情都不在了，伤害自己又算得了什么？

或许我们曾经在年少的时候，为爱情黯然神伤、痛哭流涕。失恋的滋味异常苦涩，谁都不愿意品尝。可是哭过、闹过之后，你还是要明白，你的生活仍然要继续，你还是得向前走。

时光是最好的良药，经历过的人才明白，当初的死去活来、撕心裂肺，也终将被时间治愈。所以，当感情破裂的时候，别强求，只要曾经认真去做过，就不负韶华。

前段时间，在手机上看到一条女子失恋后殉情的新闻。古往今来，有多少一头扎进爱情里，便再也走不出来的痴男怨女，最终用生命为爱情买单。可你应该知道，人生不单只有爱情这一件事，除此之外，还有很多美好的事情值得我们去做。没人爱你，你便不活了吗？越是没人爱你，你才越是要珍视自己。

除了爱情，你应该还记得你还有这世上最爱你的父母，你还要结交几个志同道合的好友，你还要有一份引以为傲的事业，你还应该发展一个愿意为之付出精力的爱好。

你可能会遇上一段糟糕的爱情，但不能放纵自己过一个糟糕的人生。

好的爱情应该是因为遇见了对方，而变成了更好的自己。所以，当你发现对方不值得爱的时候，不要在错的人身上再继续浪费时间和精力。要记得：爱就轰轰烈烈，不爱就潇潇洒洒。

不要为了怕失败而拒绝所有的开始

记得在我刚到律师事务所的时候，为了尽快闯出一片天地，我什么棘手的工作都愿意做，一些外地案件，我也是来者不拒。所以那段时间我非常忙碌，有时候甚至会加班到半夜三四点，而且经常出差。看到我这么拼，我的家人朋友都很担心，他们多次打电话劝我量力而行，不要把身体搞坏了。

有一次，有一个案件需要我们到一个很偏远的地方去，在启程之前，我遭到了连番的电话轰炸。妈妈说："为什么每次去外地的都是你，你一个女孩子到那么偏的地方，安全能不能保证？你就听我们一次，别去了。"就连不常联系的小姨也来劝我说："不要天真了，跑到那么偏远的地方，你是认真的吗？为什么非得干这些人人都愿意推出去的费力不讨好的事呢？你留在北京踏踏实实、安安稳稳的不好吗？"

我承认小姨说的话并非全没有道理，我也不想把自己逼得这么苦，去到遥远陌生的地方，处理以前没处理过的案件，我的心里也很没有底气，我也很恐惧。可是恐惧解决不了问题，唯有迎难而上、迎接挑战才能获得成长。

那一次，一向乖乖听话的我没有按照大家的意思行事，还是接手了那个案子。可正是因为我干了很多费力不讨好的事，我才得到了实实在在的锻炼，我才得以快速晋升，在业内立足。

新的尝试总有新的收获，新的生活总带着新的挑战。我常常感谢那时硬着头皮往前闯的自己，如果不是因为那时的那些选择，现在的我会是什么模样？也许我还是小时候那个胆小怕事、畏畏缩缩的女孩，而不是现在这个面对何种情况都可以淡定从容的法律从业者。

那时候的我并不知道我的未来会怎样，现在看来，那几年的历练是值得的，我已经变成了全新的自己，不会再为了模糊不清的前方而愁眉苦脸，也不会为了前路的艰辛而战战兢兢。曾经的犹豫不决，都变成了此刻的勇往直前；曾经的迷茫恐惧，都变成了此刻的坚定不移。

我的一个学妹果果最近在准备司法考试，她说："学姐，我真的觉得我没戏了，考试涉及的范围那么大，那些法律法规简直浩如烟海，并且每年又会出台一些新法律，或是修改一些原法律，复习的难度真的太大了！"

我说："司法考试确实不容易，可是一味恐惧起不了任何作用，反而会让你因为心理压力过大而发挥失常，你还是多宽宽心吧。"

果果又说："我觉得自己好像进入了一个死胡同，成绩一直都那样，就是无法提高。"

我安慰她说："别把自己逼那么紧，适当让自己放松一下，说不定效果会更好。”

果果说：“可是我现在看书痛苦，不看书也痛苦，再这样下去我都快要崩溃了！我都不想考了。”

我说：“我以前也经历过这些痛苦，我理解你的感受，可无论如何这件事也只能是你自己承担。”

果果又接着说：“其实我的内心很迷茫，我不知道我花了这么多时间和精力走的这条路对不对。我不知道我究竟适不适合成为一名法律从业者，如果最后不能得到一个让我满意的结果，那我做这一切又有什么意义？”

我终于明白了果果的问题所在，她是在面临选择的时候迷茫了，她不知道该踏上哪条道路，她看不到自己的未来，她的内心充满了恐惧。

其实，我们每个人都会碰上这样的人生阶段，面对不确定的未来，感到畏惧和迷茫，不知道该何去何从，进而否定自己前行的路。这个过程虽然痛苦，可是如果一开始就能看到结局，那么人生将会失去多少探索的乐趣呢？

当我们站在人生的十字路口时，总是迷茫地张望，到底哪一条路是适合我们的，选择这条路，会不会遇到很多挫折，会不会走到一半就走不下去了呢？

很多时候，你担心的事还没有发生，但你就是不敢用好的心态去面对。就像果果一样，她都已经为考试做了这么多了，现在马上就要真的上战场了，她的心态却崩溃了。如果真的考了，她未必就一定会失败，可她就是调整不过来自己的心态。很多事情，你越是害怕，就越是做不好。

我对果果说："你先收起你的害怕，也不要想那么多未知的事，更不要想这条路对不对，你现在把眼前的难关过了，因为你此刻已经在这条路上了。先去考，考过了自然一切万事大吉，若没考过，天也没塌，那时候你再好好想想是不是真的不适合这条路，到时候再换方向也来得及。"

人活着应该有魄力一点儿，做任何事情总是畏畏缩缩的话，反而不容易成功。选择任何一条道路都不会是一帆风顺的，带着一颗畏缩的心，遇到任何一点苦难都会裹足不前、自我怀疑，那样如何能收获自己的美好人生呢？不要为了害怕失败而拒绝所有开始，勇敢地去探索、去尝试、去追求吧！

第六章

对最喜欢的人，说最动听的话

都是普通人，哪来那么多极品

现代社会观念开放，在我们看来，年轻人谈过几次恋爱都是很正常的。谈恋爱的次数一多，就必然会产生多个前任。与前任分手的原因中，观念不合占了很大比例，这也就让我们有了很多要吐槽的地方。吐槽前任这件事情在网上非常流行，一方面可能是因为分手而心情不快的人需要这样一个发泄的空间，另一方面是那些吐槽内容很容易引起人们的共鸣。

不过很多事情都是物极必反，在网上跟不认识的人稍微吐槽一下，跟闺密倒倒苦水这都无伤大雅，但是如果像祥林嫂那样逢人就说，那就惹人厌了。

我的朋友姜萱，她有一个好友叫雨婷，我们也认识，一起出去吃过饭。

雨婷相貌出众，家庭条件也很好，追求她的男生有很多。所以这些年来她断断续续地交了好几任男友，可最后都没能步入婚姻的殿堂。雨婷认为之所以这样，是因为她遇人不淑，她的那些前任都是“极品”。

我跟姜萱都觉得，偶尔碰上一两个渣男这也是在所难免的，但如果前男友个个都是“极品”，那也太倒霉了吧，或者也有可能问题的根源出在她自己身上，“什么锅配什么盖”这句话也是有一定道理的。我们都觉得雨婷应该先反思一下自己的眼光是不是出了什么问题，然后再开始下一段恋情。

可雨婷觉得自己的眼光没有任何问题，只是运气不好，所以才总是遇到不合适的人。

每次跟雨婷出来玩，雨婷吐槽前任的嘴就停不下来，仿佛来到了极品前阵“吐槽大会”。雨婷口齿伶俐、妙语连珠，每次的吐槽都无比精彩。

眼见雨婷的感情总是定不下来，姜萱也挺心急的，前一阵子，她将一个男生介绍给了雨婷，想要撮合他们。我也认识那个男生，对他算是有一定的了解。他毕业于985院校，毕业后就一直在京工作，为人勤恳、有上进心。他之所以一直单身，绝大部分的原因在于专业所限，很少与女性接触。

因为对双方都还算了解，姜萱才敢介绍他们认识，我们都觉得这个男生本分、靠谱，具有包容性，应该会适合雨婷。而从男生的角度来看，跟北京本地的姑娘结婚，以后的生活压力也能稍微减少一些。

原本大家都在担心各方面条件都很好的雨婷看不上这个男生，可没想到相亲的结果反倒是男生没看上雨婷，而雨婷倒对那个男生挺有兴趣的，还在兴致勃勃地向姜萱打听，那个男生怎么没回音了。

姜萱问那个男生，怎么才见了一面就不再继续了，男生告诉她，虽然雨婷的条件都很好，可是说话稍微有些刻薄，他觉得他们相处不来。

男生还提到了一个细节。他们聊天的时候偶然提起雨婷才分手几个月的男友，于是男生就问雨婷跟前男友分手的原因是什么。结果雨婷犯了致命的错误，她将刚认识的人当成了树洞，狠狠地将前男友的各种不好都吐槽了一个遍。

而她吐槽的那些毛病，男生觉得自己似乎也存在很多，所以听着就有点儿不舒服，于是决定不再跟这个姑娘进行深入交往。雨婷却完全没有察觉到这个问题，反而觉得他们聊得很高兴，满心欢喜地等着再次约会呢。

事后姜萱向我感慨了好久，觉得雨婷说话确实不过大脑，什么话都敢跟第一次见面的人说。

吐槽前任这类的事，平时闺密之间说着玩或是匿名在网上发泄一下尚可，可是跟相亲对象说，实在是有些不合适。

相亲也是有技巧和策略的，应该多在对方面前展现出自己的优点，少谈那些拉低自己印象分的话题。虽说直爽一点儿不是坏事，但口无遮拦就不讨人喜欢了。在双方还很陌生的时候，负能量之类的最好还是藏在心底，没有人会愿意跟一个负能量爆棚的人在一起相处，那纯粹是给自己的生活增加负担。

提起极品前任，可能很多人都会产生共鸣，但如果仔细看看那些极品的地方，其实大部分问题都是生活习惯或思维观念不同所导致的，直白地说就是不合适，但不能凭借这些就轻易将别人化为“极品”。毕竟大家基本上都是普通人，怎么会有那么多的“极品”呢？

有人觉得不换拖鞋就进屋会把家里弄脏，可还有人三五个月才换洗一次床单呢，这些都只是一些生活习惯上的小分歧，谈不上什么极品不极品，只要通过良好沟通，这种问题完全可以解决。

很多人之所以觉得前任是“极品”，无非是因为生活差异较大，各种理念不同罢了，两个不合适的人交往必然产生很大摩擦。但倘若只要对方跟你不合拍就被称为“极品”的话，那么可能我们所有人都是“极品”了。

分道扬镳之后将对方打入十八层地狱，跟别人吐槽对方是极品，是一种处世方式。

分道扬镳之后各退一步，重新成为朋友，也是一种处世方式。

我们都是不同的个体，生活在不同的环境中，有些不合拍的地方再正常不过，没有必要带着那么大的戾气。

而且，如果对方真的那么“极品”，那你当时是怎么看上他的？谈恋爱时充满甜蜜，分手也不能成为敌人呀。

在一起久了，两人在各方面都会变得越来越相像，我们学习对方的优点，弥补自己的不足，这样才能变得更好。

可是有多少人能够做到这一点？又有多少人会在一段感情告一段落之后，去认真地总结和反思自己的收获和不足？

我有位朋友大学学的是经管，但她的电脑玩得非常溜，不是说那些游戏，而是指编程。问过才知道，这全是她计算机系的前男友教她的。现在虽然他们早就分手了，可她每次遇到关于计算机方面的小问题，依旧会向前任咨询，他们两个就像普通朋友一样往来，他们的现任也都不介怀。

为什么分手之后他们还能自然地相处？因为他们很清楚，男女之间不是只有爱情。

如果一个人不相信异性之间存在纯粹的友谊，那么可能是他生活中接触的异性太少了吧。聪明的人会在恋情结束之后反思自己，记得对方的付出和自己的收获，而不会到处抱怨“极品”前任。而那些认为谈恋爱只是打发了一段无聊时间的人，才会逢人便抱怨“极品”前任。可是，这样的行为并不能展现出你的优秀，也不会显示出你的分手是如何的明智，反而会让别人对你的做法产生反感。

我们应该清楚，最终一起步入婚姻殿堂的人，不一定就是什么“天作之合”，很可能是他们从曾经失利的爱情里，学会了怎样寻找更合适自己的爱情，怎样将爱情维护好。

我们都是普通人，在爱情里面，没有那么多极品。

连眼下都不认真对待，凭什么相信你有未来

我的表弟阿沐是他们全家人的宝贝，他模样不错，有点儿小才，能说会道，会逗别人开心，可想而知，他是很受女孩子欢迎的。

但阿沐并不风流，反而相当专一，他一直在等那个对的人出现。这些年有很多女生曾主动向他示好，但他基本上都直接拒绝了，直到丁一朵出现在他的生命中。

我曾与一朵见过几次面，她给我的印象很好：性格温柔善良，待人大方有礼，工作也很好。所有人都觉得他们感情甚笃，又到了结婚的年纪，估计很快就会结婚了，我甚至把礼金都准备好了。可是他们却迟迟没有将婚姻生活纳入规划之中，也不知道究竟是哪里出了问题。

要说物质准备，阿沐要房有房，要车有车，房子是父母在房价还不是太离谱的时候给他买的，车也是日常使用拿得出手的。要说抽烟、赌博那样的不良嗜好，他们两个都没有。要说他们的心思放在了别人身上，据我们各种观察，也不是，他们只在乎对方，绝对是真爱。要说两人是不婚主义者，我也可以肯定他们不

是，他们俩都是渴望美满的婚姻的。既然如此，为何不结婚呢？等什么呢？

就这样又过去了两年，两人还是迟迟没有动向。每次提起这个事，阿沐都愁眉不展，他说他也很着急，但是一朵就是不松口。

我们问她有什么顾虑，她也说不清。但看她那样子，似乎也很痛苦。甚至，有人替阿沐打抱不平说："对方要是不愿意嫁，你们就趁早结束吧，总这么拖下去也不行啊，都是老大不小的人了，这样不是相互耽误吗？"

这个人说的其实也没错，可要是真能分估计早就分了。分手这件事情在他们这里根本不可能发生，有一阵子不跟对方联系，阿沐的心里就难受得不行。一朵也是如此。他们都离不了对方，却又无法更进一步，别人也弄不懂他们是怎么回事，只能任由他们自己折腾了。

某天，我跟一个朋友去逛商场，在我们"扫荡"结束各自分开回家的时候，我听到某家店里传来争执的声音。我好奇地过去一看，竟然是一朵跟导购发生了争执。听了一会儿，我理清了事情的经过。原来一朵在这家店试了几件衣服，但是一件没买，导购就不高兴了，于是两人就大吵了起来。

这件事情的确是这家店的导购态度有问题，但是我自认为对一朵还是有一定了解的，她是那种典型的淑女，平日里说话总是轻声细语的，以她的性格应该是不大可能这样跟别人大吵大闹的。我赶紧过去打了个圆场，然后将一朵拉出了那家店。

我找了家甜品店，想和她聊一聊到底怎么回事。但一朵似乎还没从这件事中缓过来，只见她胸口剧烈地起伏，一开口，眼泪竟然掉了下来。

这让我十分慌张，我说："不过是一个缺少职业素养的导购而已，你别和她一般见识呀！"

一朵哽咽着说："当然不是因为她，而是我今天正式跟阿沐提分手了。我是因为心情太差，才会这样的。"

"啊？你们为什么啊？你们不是感情蛮好的吗？是他欺负你了吗？"这个消息令我惊讶极了。

"不是。"一朵说完这两个字已经是泣不成声。

我不知道应该说什么才好，也就没再说话，只是将纸巾递给了她。看她哭成这样，想必分手的原因肯定不会是不爱阿沐了。

"阿沐一直对我很好，只是我们不合适。抱歉，姐，今天我状态太差了，实在没心情聊了，我们改天聊吧。"而后，一朵就起身离开了。

回去的路上我百思不得其解，只好找另一个当事人问情况。电话响起我还没来得及说话，阿沐倒先开口了："表姐，我正要联系你呢，你能不能借我几千块钱，我和一朵分手了，我想出去旅游一趟散散心。"

阿沐的话令我哭笑不得，他如今已经是三十岁的人了，工作好几年了，竟然连出去玩一趟的钱都拿不出来，还需要借！

“你不是在一家很有发展前景的大公司上班吗？这么多年了，你连几千块钱都没攒下来吗？”我问道。

“那个公司啊，早就不干了，竞争太激烈，干不下去了，这两年全靠接各种零活儿挣钱了。”阿沐满不在乎地回答道。

听了他的话，我有些难以置信，他们那个行业大多是跟着公司做，接零活儿的话要么是业界大拿，接一次活儿挣的钱顶别人接好几十次的，要么是一些业务水平正经公司看不上的，接一次活儿挣的钱自然少很多。阿沐肯定算不上大拿，但还是有一定水平的，怎么沦落到靠接零活儿度日了呢？我问他原因，他只说不想受公司的束缚。

我又问：“之前你不是说想和朋友一起开个摄影工作室吗？怎么没音信了？”

阿沐说：“唉，摄影工作室啊，地段倒是看好了，可对方后来又反悔了，也就没开起来。我现在看见摄影店就叹气，如果我当时要有钱把它办起来，我现在怎么也算是个小老板了吧？”

“那你计划了好一阵子的奶茶店呢？”

“奶茶店啊，现在各种奶茶店太多了，想要挣钱就得加盟，可是加盟需要加盟费啊，越火的店加盟费就越高，而且还得开在购物中心之类人流量大的地方，租金也是不小的负担，再加上什么装修费之类的，林林总总得花上个几十万，我也没有这么多钱。”

我没有再继续问工作方面的问题，转而说道：“那如果我把钱借给你，你什么时候能还给我呢？毕竟我的钱也不是大风刮来的，不能只借不还。”

阿沐回答道：“肯定不能不还啊。不过得等半年之后了，我最近的活儿不太多，等我周转过来差不多得半年吧。你放心我肯定还给你。”

听了他的话，我心里很不是滋味，张了张口不知道怎么接下去。终于，我还是将我的想法说了出来。

“我终于明白为什么一朵明明那么爱你却在结婚这件事上一直不松口，现在又提出分手了。”

“还能是什么！肯定是嫌弃我穷，看不上我呗！”听口气，阿沐好像很生气。

我劝解道：“正相反，她正是因为不嫌弃你所以才能跟你谈了那么久恋爱。女生的好时光远远比男生的要短，她跟你在一起好几年，也想嫁给你，但一直没同意，你没有思考一下其中的缘由吗？是因为你没有给她足够的安全感，你眼下的处境与状态让她无法想象到未来的样子。

“你已经三十岁了，不再是什么事情都能依靠父母的小孩子，可你连几千块钱都拿不出来，还钱还要等半年，也就意味着，你攒下几千块钱需要花费半年的时间。想必在你们谈恋爱的这几年里，你送给一朵的超过五百块钱的东西都没有多少吧？我的意思不是一定要你给对方送多贵的礼物，但是最起码的安全感你都没能给她。

“你兜里没钱还想着去旅行？别瞎想了，你得想想你的实际情况。别人的旅行能够说走就走，是因为人家将自己的生活安排得妥妥当当，但是你呢？你有资本吗？你把女朋友追回来了吗？你的工作符合心意、满足得了你的生活需求吗？”

我正说得激动，阿沐气急败坏地打断了我的话，朝我喊道：“我用不着你们说教！我妈、一朵，还有你，你们所有人都想干涉我。你不想借给我就直说，肯借给我钱的人有的是。哦，对了，我前两天结识了一个有钱人，他特别欣赏我，说要给我投资，等回头事成了我就比你们都强了。”而后，他直接挂了电话。

他的举动完全在我的意料之中，因为我的话说得那么重，扫了他的面子，他肯定会生气。不过我确信，这几千块钱能借到我这个平常接触并不多的表姐这里，他肯定已经被很多人拒绝过了，我也敢肯定，如果他仍然用这个理由借钱，别人还是不会借给他。

的确，阿沐为人善良，有些才华，能说会道，但他没能脚踏实地，没有认真对待眼下的生活。阿沐的许多想法都很好，也有很强的操作性，如果他能踏踏实实地将自己的想法变为现实，那么他应该已经成为一个厉害的人物了。可现实却是，他所有的东西都只存在于幻想之中。他的各种想法、规划确实很诱人，但规划毕竟只是规划，不将它落实就都是无用功。这就是他已经工作了好几年，却连几千块钱都得开口借的原因。

可能我所说的话，他的父母早就说过他好多遍了，可他肯定完全没听进去，甚至觉得这都是老思想了，不符合年轻人的观念。而一朵，估计她也不知道阿沐的问题到底出在哪里，虽然全心全意地爱着他，但又总觉得哪里有些不对，所以才在结婚这个问题上一直不松口。不知道这次分手是因为一朵想明白了阿沐的问题，还是因为其他问题，我没有细致地去问。

所有人都对未来满怀憧憬。有人想开个小店，过那种慢慢悠悠的生活，不管赚不赚钱自己舒适才最重要；有人想组个乐队，到全国各地去流浪，找到属于自己的伯乐，开启绚烂的舞台梦想；还有人想成为画家，想到山村支教，想开间健身房，想成为志愿者，想环游世界……你当然都可以去试着实现对未来的这些设想，不过有个前提条件：你要认真过好自己眼下的生活。你不能寅吃卯粮，却还想着成为画家、环游世界吧？你不能在生活承受不起任何打击，不敢生病，没钱吃药的时候，却整天想成为志愿者吧？

对未来充满希望当然很好，但对未来美好的希冀却不是轻易就能实现的。你总要让你的梦想之花喝饱了水，有了充足的营养，它们才能慢慢成长，最终盛放。认真对待眼下，把握好现在便是浇花的水、喂花的粮。

未来充满各种美好的景象，我希望我们所有人都能认清当下，过好眼下的生活，一步步迈向你的未来，而不是让我们幻想中的未来只能存在于幻想之中。

真正的爱情应是两人并肩攀登，而非一人拼命

我的同学阿沁恋爱了，同学们都以为这是哪里出现了误会，但当她在微信群里跟同学们秀起了恩爱的时候，大家才接受了这个事实，并纷纷送上了祝福。

“阿沁你真厉害，阿杰最终还是没逃脱你的手掌心。”

“你们这段感情真不容易，以后也要幸福啊。”

但是还有一些人和我一样，不知道应当怎样面对他们的恋情，只能假装没看见、不知道。

我认识的阿沁性格内向，为人善良、温柔，可能她自己也从没想过自己有一天会做出第三者插足的事。

她是在一次公司聚会上与阿杰相识的，之前他们在公司也曾擦肩而过，但都马上就把对方丢到了脑后。在那次聚会中，他们因为某个共同的爱好聊得很投缘，后来便慢慢熟悉了起来。

之后每次聚会时他们总是坐在一起畅谈，再后来，他们开始单独相约出去聚会。他们的感情就在这一次次的聚会中逐渐升温，阿杰看阿沁的眼神也越来越火热。

没过多久，阿沁就沦陷了。她为他洗衣做饭，挑选礼物，跟

每一个坠入爱河的小女生一样。但被爱情冲昏的头脑还是会慢慢冷静下来，她突然发现，她从来没有参加过阿杰的任何朋友聚会，也不认识阿杰之前的朋友。她仔细调查过后发现，阿杰竟然是有女朋友的，他的那个女朋友跟他在一起四年了，如今正打算订婚。

阿沁知道这件事后当然无法接受，当机立断要和阿杰分手。可阿杰拼命挽留她："她是对我很好，可我对你才是真爱啊。只不过因为她最好的年华都陪伴在我身边了，我不忍心主动提出分手。你再等等好不好？过一阵子我一定跟她摊牌。"

阿杰说得很好听，可总是一拖再拖。每当阿沁问起这件事，阿杰都会露出尴尬的表情，拖延说："快了，快了。"阿沁始终相信自己才是阿杰的真爱，阿杰只是因为可怜女友才不好意思告诉对方，所以也一直相信阿杰所说的"快了"是真的快了。

我不清楚在这漫长的等待中，阿沁有没有纠结或是后悔过。我只是很意外，像她这样文静、内向的人，竟然为了维护自己所谓的爱情而变得冲动、无所畏惧。

在阿杰被逼无奈不得不和正牌女友摊牌的时候，阿杰还是胆怯了，他居然提出让阿沁替他去，这本是阿杰自己应该处理好的事情，而阿沁居然答应了，她真的是什么也不顾了。咖啡厅里，正牌女友自然暴跳如雷，上来就要打阿沁，阿沁躲都没躲，就这样承受了对方好几巴掌。

对方可能也没想到阿沁完全没有躲避的意思，打完之后便愣住了。阿沁说："你打过瘾了吗？我今天这算是替阿杰还了情债，从此你们两不相欠。"说完，阿沁便潇洒地离开了。

阿沁从小到大都没有被打过，这是第一次，但她觉得用这些换来阿杰的自由很划算。她在群里秀恩爱的那天，正是她"得胜"的那一天。

对于爱情能给人带来多少勇气这个问题，我一直无法回答，但看到阿沁的表现我就完全明白了。

阿杰的前女友跟阿杰的许多好友都有交情，阿杰抛弃前女友这件事给他带来了很大的负面影响，阿沁只好费尽心思去改善。

"阿沁付出了这么多，我们应该很快就能听到他们要举办婚礼的好消息了。"大家都是这么认为的，可没想到最后听到的消息却是阿杰又有了新欢，他甩了阿沁。

分手的那天夜里，阿沁跟好友在家喝得酩酊大醉："他们都说我是罪有应得，可是明明是他先纠缠不放，为什么最后的苦果都要我一个人吞下？

"为了保护我们的爱情，我已经用掉了我所有的勇气，拼尽了全力，可这些真的毫无价值，无法改变任何东西吗？"

她的哽咽声和泄愤的话语就这样消失在寂静的深夜里。

真正的爱情应该是两人并肩攀登，可由于阿杰太过怯懦、没有担当，变成了阿沁一个人拼命。而阿沁拼命换来的爱情却终是一场空。

前一阵子曾经流行过这样一个论调：年轻人只有轰轰烈烈地

爱过一场，才不会给自己留下遗憾。可是说这话的人没有想过，如果对方是不知道珍惜的人你会落到怎样的结局？恐怕到头来那些轰轰烈烈都成了笑话。只有你在对的时间遇到了对的那个人，你才能与他一起克服生活中的种种磨难。

真正的爱情需要两个人并肩攀登，这样才可能登上顶峰，一个人的拼命只不过是一场注定失败的战争。如果你遇到了你想与他共度一生的人，请与他并肩前行，相信你们的爱情能在相互扶持中开出绚烂的花朵。

比起盲目相亲，你应该先想的是怎么提高自己

之前去参加同学聚会时，发现我们班有一大半人都已经步入了婚姻的殿堂，过起了自己的小日子。可以想象，没结婚，尤其是连对象都不知道在哪里的人，就成了被众人调侃的对象。小 H 便是被重点猛攻的人之一。

说起小 H，他其实跟我们很多人一样，工作不好不坏，家庭条件普普通通，快三十岁了还没有女朋友，说起被催婚的惨痛经历，他最有发言权。被周围人催多了，他也着急了，可是自己的生活圈子就那么大，哪儿那么容易碰到合适的人？所以相亲就成了最佳选择。

朋友介绍，家人介绍，还有各种交友软件，总之，一下子各种各样的女生都摆在了小 H 的眼前，他觉得自己好像拥有了一大片花丛，随时都可以摘下其中一朵摆在家里。于是，他的相亲之战开始了。

今天相一个，明天相一个，半个月小 H 不知道见了多少女生，可都是来去匆匆，没有一个成功的。小 H 见的女生越多，越觉得茫然。跟他相亲的女生都是经过自己初步挑选才见面的，

她们长得漂亮，工作不错，性格也都不算差，可为什么没有一个双方都满意的呢？他看上的，对方看不上他，对方看上他的，他又看不上对方。

就这样，小 H 一直走在相亲的路上，可是一直也没成功。

其实，统计过看上小 H 的女生和小 H 看上的女生之后就会发现，前一类女生只有一小部分，后一类女生占了大多数。小 H 挑选的相亲的女生大多自身条件优秀，所以想找个跟自己条件差不多的也是人之常情，小 H 各方面都普普通通，当然达不到对方的标准，所以他们的相亲总是不成功。而那些没有那么出色，或是年龄稍微有些大的女生，可能会稍稍降低一些标准，小 H 也就进入了她们的视线范围，可是小 H 已经看过了太多优秀的女生，虽然自身条件没有跟上，但是眼光却不低，他们当然也就成不了了。

如果小 H 继续这样盲目地相亲，想必他相亲的成功率会很低。

小 A 和小 B 是大学的同班同学，小 A 是班里的男神，各方面条件都很优秀，小 B 则各方面条件都普普通通。他们两个的关系说好也好，毕竟其中一个人有什么困难对方都会主动提供帮助，但是说不好也不好，每天不怼对方几句好像就会浑身难受，可能只能用相爱相杀来形容了。

某天，小 A 和小 B 的日常“战争”又开始了。

小 B 兴冲冲地跑到小 A 面前，说：“我前两天刚交了个女朋友，给你看看她照片，漂亮吧！她性格也特别好，对我可体贴了。哎呀，我简直就是人生赢家。你说你，平时那么厉害，怎么连个女朋友都没有？”

小 B 原本以为小 A 会被自己的话激得怒火冲天，谁知道小 A 淡然一笑，回答道：“别在我面前秀恩爱了，实在没必要。你女朋友这种条件的，我要想找能找一大把，哥具备随时结束单身生活的能力，所以你还是去跟别人秀吧。”小 B 没有说话，默默转身离开了。仔细想想，确实是这样，小 A 周围总是围绕着很多女生，他想要脱单简直轻而易举。

只要自身条件出众，不去相亲你也会吸引许多异性来追求你。

面对生活中随处可见的狗粮，许多单身狗都在不停地抱怨、苦笑，但这其中有相当一部分的声音其实并不真实。很多将自己戏称为单身狗的人，其实只是在自我调侃，并不是真的因此感到伤心而急于脱单。这类人往往是非常自信的，他们对感情质量的要求很高，身边并不是没有对他们有好感的人，但他们并不盲目。

所以，并不是所有单身的人都急于相亲脱单。这些人能在各大节日铺天盖地的秀恩爱中，依旧保持着淡定与从容。他们的单身，是他们自己主动选择的，而不是因自身能力不足以实现个人婚恋目标而被迫单身。他们拥有高质量的可发展对象，有能力随时结束单身生活。他们只是由于各方面的原因而暂时主动选择单身。因此他们的生活依旧朝气蓬勃、潇洒自在。

那些盲目相亲的人，多是些自身条件不够优秀的人，他们没有能力改变现状，从而放低对情感生活的要求，他们是被迫单身者。这些人在相亲、恋爱的过程中屡经挫折，对家人的催促、朋友的调侃都非常敏感，在婚恋方面非常缺乏信心。

因此，是否是单身其实并不重要，重要的是你有没有能力让自己拥有高质量的情感生活。如果你拥有了这样的能力，那么即使单身也依然洒脱自主；如果你没有这样的能力，你首先要考虑的应该是怎样提高自己，而不是盲目相亲，否则即使谈了恋爱也只不过让自己从“自己恶心自己”变成了“找一个人互相恶心”。

有人说：“爱情是一座围城，城外的人想进去，城里的人想出来。”我觉得并不是这样。自身足够优秀的人在城里城外都能过得幸福，也就无所谓是在哪里；自身条件不够优秀的人其实在城里还是城外也都无所谓，因为无论在哪里都不顺心。

活鱼逆流而上，死鱼随波逐流。如果你是活鱼，有能力去拥有高质量的情感生活，是否单身对你都没有太大的影响，便无须到处相亲；如果你是死鱼，只能随波逐流，根本无力改变当下的生活，那么即使到处相亲也不会起到任何作用。

总而言之，对于想要脱单的单身狗而言，提高自己才是解决问题的不二法门。与其盲目地奔走在各种相亲活动中，不如先冷静下来仔细思考，自己难以脱单究竟是因为交际面太过狭窄，还是因为自身条件不够优秀。

在通往幸福婚恋的大道上，我们要忧虑的第一件事情不是难以遇到合适的人，而是即使遇到了合适的人也无法把握。回忆过去你会发现，让你心神荡漾的那个人也曾在你的生活中悄然出现，当时的你也许是因为自卑，觉得配不上对方而没有勇气主动追求，或是已经在一起了，却因为没有能力维持高质量的情感而将一手好牌打烂了。

穷在闹市无人问，富在深山有远亲。努力提升自己，让自己由“穷”变“富”，合适的人自然会找过来。因此，比起盲目相亲，我们的当务之急应该是提升自我修养、开阔眼界、保持良好的身体状态、努力工作争取升职加薪……也许哪一天，我们就会在健身房或是旅行途中遇到让自己怦然心动的那个人，那时的我们可以勇敢地迈出自己的脚步，找到属于自己的幸福。

致精彩的青春

只/要/活/得/精/彩，随/时/都/是/青/春

戒了吧，拖延症

向惰性宣战！

马丽婷 著

北方妇女儿童出版社
·长春·

前　言

Preface

一个人能不能取得事业的成功，关键是看他能不能把自己的想法或计划变成行动，再把行动变成结果。其实，能做到这一点很难，这也是更多人之所以平庸一生的原因。贪图安逸是人的天性，拖延也就成了很多人难以消除的顽疾。

其实，拖延就像蒲公英，你把它拔掉，以为不会再长出。但是实际上，它的根却埋藏得很深，很快又长出来了。很多人都遇到过下面的这种场景：

下定决心要克服睡懒觉的毛病，所以你在睡前就定好了闹钟，决定明天早上六点起来锻炼身体，顺便吃一顿丰盛的早餐。

第二天，闹钟准时响了，可是你根本起不来，于是，你想：“今天太困了，算了吧，明天再早起吧，我再睡十分钟。”

翻了个身的你继续睡着了，等你再次醒来的时候，你发现自己快要迟到了。你急忙爬起身来，饭都不吃就去赶公交了。再一次重复了之前不健康的生活状态。

不得不说，这样的“拖延”在我们的身边时常发生。不仅如此，很多时候我们明明有很多事情要做：散乱的书籍、堆积的工作、等待收拾的衣橱，或者该发的邮件，该丢的垃圾……当然还有自己焦虑不安的心……可即使是这样，我们一边心急如焚，一边却在自我安慰道："不着急，还有时间，一会再做也可以。"

可能你的潜意识里依然认为拖延对你有好处，或者你有一个很好的理由才会导致拖延，你有很好的理由不用完成那些并不十分想做的事。对任何可能出现的问题，你都有一个貌似很合理的借口，然而拖延依然是一个让你受伤害的处理问题的方式。

有些人错误地认为手头的事情如果晚些开始，他们就能更好地完成。如果你早上不想去超市买菜，你为自己找了很好的理由说：晚上去买，价格会更便宜。有些超市确实如此，他们不想把蔬菜放到第二天，而是在当晚降价处理。事实也的确是如此，可是等你傍晚真的到了超市，就会发现你喜欢吃的那些蔬菜只剩了被挑剩下的几个，而且都是坏的，你根本没有选择的余地了。你只能无奈地选择买其他蔬菜或食品。你为自己找的拖延的理由不过是一个靠不住的借口而已。

一些自我设置障碍的行为，确实能很好地充当你失败或表现欠佳的理由，可是这样一来，你也失去了当下解决问题的机会，久而久之，你束缚了自己。

本书从认识拖延、拖延成因、负面效应、提高效率等多个方面剖析拖延，并告诉读者如何战胜拖延。我们只有从本质上认知和理解自己的拖延行为，才能找到最适合自己的解决方法。现在，假如你也是一名拖延者，那么，还等什么？赶快改变自己，重新发现生活吧！

目 录

第一章　你好，拖延症

当今社会，拖延似乎已经成为生活中的一种普遍现象。大部分人认为自己有的时候拖延，还有部分人认为自己是一直拖延。要知道，拖延会对我们的心理健康产生极大的影响，比如，会导致我们陷入自责的情绪、产生负罪感，让我们不断地进行自我否定、贬低，还会导致焦虑症、抑郁症等心理疾病。

认识一下吧，拖延症

只要你想寻找拖延的足迹，在我们的生活中总是能发现。

关于拖延症，最早的历史可能要追溯到 9000 年前。春天播种，秋天收割，这样日复一日，是人类第一个人为的截止期限日，也是人类生存之必需。而这也就可以解释，为什么最早关于拖延的记载都是跟农耕相关的。

早在 4000 年前，古埃及人就用了至少 8 种象形文字来表示拖延，其中有一种象形文字专门指忽略或遗忘，而且这些被翻译成拖延的象形文字常常与农活连用，尤其是那些与尼罗河年度周期有关的农活。这是因为在正常情况下，每年尼罗河涨潮后，都会漫过河堤，在落潮后就会留下肥沃的洪泛平原。

除此之外，翻开古希腊诗人赫希俄德的记载，我们会发现这样一个现象：一直以来，古希腊人始终与拖延苦苦斗争着。这位古希腊文学史上最伟大的诗人在其长达 800 行的史诗《工作与时日》中曾这样劝诫道："不要将工作推到明日或明日的明日。懒惰的工人填不满他的谷仓，拖延工作的人也没饭吃。勤劳让工作顺利，拖延工作的人最终一事无成。"让我们认真分析一下这条警示，就会发现它具有多么重要的意义。因为当时的希腊正陷入一场经济危机，很多希腊农民不仅将自己的农场，甚至连自己身边亲人的农场也一并抵押了。拖延不仅严重影响了信誉，还可能让每一个深陷其害的人眼睁睁地看着自己的孩子变成富有邻居的私有财产。

到了公元前 440 年，拖延从农田蔓延到了战场，“科学史之父”修昔底德就曾在记录了雅典和斯巴达战争的《伯罗奔尼撒战争史》一书中明确指出，拖延是人类性格特质中最邪恶的一种，唯一的用途就是拖延战事，以便有更多的时间来研究取胜之道。

随着时间的继续推进，拖延又慢慢涉足到了宗教领域，许多宗教都有相关记载。比如，在最早的文字佛经——《巴利文大藏经》中，高僧就曾这样说：“拖延就是道德败坏。”

到了 16 世纪，英文中就已经出现了“拖延”这一词汇。在英文中，“拖延”的拉丁字根“pro”是“向前”或“倾向于”的意思，而“crastinus”则是“明天的”意思。单从字面意思上理解，“拖延”的意思显而易见，然而事实上，拖延的意义远比字面意思复杂得多。从英文字面的意思理解，它不是一般意义上的“推迟”，而是一种并不符合理性的推迟行为。比如，著名剧作家罗比特·格林于 1584 年就曾写道：“你会发现，推迟滋生危险，而在危险时刻，拖延更是灾难的罪魁祸首。”

再后来，随着工业革命的出现，拖延更是大行其道。英国文学大师塞缪尔·约翰逊于 1751 年在《漫步者》周刊上写过一篇短文，在这篇文章中，他把拖延描述成人性的普遍弱点之一，虽说拖延这一问题有道德的指引和理性的抗议，但是仍然或多或少地存在于每个人的头脑之中。4 年后，约翰逊大师又把这个词计入颇有影响力的英语大词典，从此之后，在我们常用的词汇中，就有了拖延这个词。如此看来，从有文字记载开始，拖延就是人类历史上关注和讨论经久不衰的一个主题。

现在的研究人员将“拖延”解释为：故意推迟展开某项工作或者结束某项工作的时间，并随之产生一些不良情绪。

这个概念看起来简单明了，然而在实际生活中区分拖延和推迟时，我们仍然不免感到困惑。根据研究人员给出的定义，我们知道推迟者对拖延带来糟糕的后果已有预感，但是还是不愿意积极行动。如果有人积极行动，但是在规定的时间内仍然没有完成工作，那么我们认为这并不能算是拖延，他只是推迟了交工的日期。就算他为此也同样产生不良情绪，这样看起来，他的行为跟拖延就更为相似了，可是我们仍然不能认为这就是拖延。

拖延与时间有很大的关联，而推迟也不例外，可是二者仍然不可以相提并论。它们有什么区别呢？我们先举几个简单的例子。

如果你现在手头正在忙碌的工作，并不是你该做的事，而你本该做的工作被你抛在了一边，这种逃避当前任务的行为，就是拖延。比如你晚饭后，本该洗碗，可是你却被电视节目吸引了，这种消极的行为，就是拖延的表现。因为没有干净的碗筷，导致下次做饭时没有足够的餐具，如果第二天依然没有洗碗，估计有些残羹冷炙已经开始发霉了。你明知道这样拖延会带来不大不小的烦恼，可是还是一拖再拖。

如果突然发生了紧急事件，你不得不放下手头的事情，去处理突发的紧急情况，那并不等于是拖延。如果你正在后院修剪花草的时候，发现马路对面的垃圾箱着了火，于是你不得不放下园艺，跑去灭火，之后你又回来继续整理花草，那么你当下的任务仅仅是被推迟了而已。有些事也并非在你的能力范围之内，那么这样的事情如果导致你推迟了行动，并不算是拖延。譬如，你答应同事帮她审阅文件，而你恰恰第二天感冒发烧了，你不得不推迟这件事情，当然不能被划为拖延一列，而你的同事必然也会对你表示理解。

我们把拖延和推迟做了对比，为的是更清楚地认识拖延行为。也就是说拖延是一种非理性的、自愿的推迟行动的行为，拖延是一种没有理由的延缓，是消极的。而推迟则不然，它有很积极的一面，而且是被动、理性的。

我们在生活中的同一时间，并不是只面对一件事情，工作也是一样。有时候，你的任务可以列出一个长长的清单，而先做哪件事是靠你自己来排序的，因此造成拖延的并不是推迟的行为，而是你自己的选择。当你不愿意选择本该做的事情，而选择做其他事情时，就造成了对当下任务的拖延。如果想完成任务，推迟或者拖延都不是上策。如果不洗衣服，那就没有干净的衣服穿；如果不按期还款，银行就会降低你的信用。虽然拖延者明明知道拖延会带来这样的后果，然而他们仍然选择了不洗衣服和推迟还款，之后，他们不得不承受自愿拖延之后产生的焦虑情绪，比如烦躁和不安。拖延者非常清楚这种行为不可取，但是他们的习惯仍然会持续，直至他们周围的人都开始对其有意见。

几乎每个人都会受到拖延的诱惑。它随时随地有可能在任何人身上发生。当我们推迟某件事，并为此感到担忧和恐惧的时候，毫无疑问，拖延侵入了我们的生活。我们必须克服它，虽然它无处不在，但并非不能改变。

测一测，你有没有拖延症

现在，想必你已经非常清楚拖延是怎么回事，那么，在拖延的排行榜上，你又排在哪个位置呢？是普通的磨磨蹭蹭，还是已经将“明天再说”这几个字深深地刻到了脊背上？

别着急，下面这个办法就能帮你测量你的拖延倾向到底有多重。在这里，我们为你准备了一份快捷、迷你的测试量表，这张表是根据上万名被试者的诸多情况编制而成。

下面请在表 1-1 中做出你对每道题目的回答：

“我不会或极少这样”计 1 分；

“我很少这样”计 2 分；

“我有时这样”计 3 分；

“我时常这样”计 4 分；

“我就是或总是这样”计 5 分。

然后，再把每道题目后对应的分数相加，这样就得出了总分。

需要说明的是，在这个测试量表中，第 7 题、第 8 题、第 9 题与其他题目的计分方式不同，为反向计分，即由“我就是或总是这样”至“我不会或极少这样”的分数为 1—5 分。

表 1–1　拖延测试量表题目

1. 总是会把任务推迟到了不合理的程度。
2. 原本应该做某件事情，却做了别的不必要的事。
3. 经常会因为没有早点开始做任务而后悔。
4. 虽然明知道不能这样，但是在生活的某些方面经常拖延。
5. 总是到了事情的最后，才发现原来可以把时间用在更好的地方。
6. 每件事情都会拖很久，导致自己的健康和效率都会受到不必要的影响。
7. 可以很妥善地安排自己的时间。
8. 不管什么事情，只要觉得需要做，就会立即做。
9. 遇到应该做的事情，就会先把它做完，再去做次要的事。

好，测试完毕，现在请将以上这些题目的分数相加，并得出拖延测试的总分。下面再让我们看看你的测试结果到底意味着什么（见表 1-2）。

表 1–2　拖延测试结果分析

19 分及以下，最低的 10%，常把“要紧的事先做”挂在嘴边的人
20—23 分，最低的 10%~25%
24—31 分，中间（50%）位置，平均水平的拖延者
32—36 分，最高的 10%~25%
37 分及以上，最高的 10% 常把“改天再说吧”挂在嘴边的人

通过上面的测试结果，我们可以得知自己得了多少分，又是怎样的人。事实上，如果你在拖延测试量表中的得分越高，那么，你会拖延的概率就越大。

当我们与拖延者进一步接触时，许多拖延者会告诉我们，拖延似乎有其自身的生命和意志，他们将之比拟为乘坐在一辆过山车上，虽然他们想要事情有所进展，但是最终却不可避免地慢了下来，更糟糕的是，情绪也会随之起起落落。

没错，事实上，我们身边的许多人，甚至包括我们自己，都曾有过这样的体验：当我们试图开始一项新的任务，并努力想要完成它时，在这个过程中，我们总会出现一波接着一波的思绪、情感和行为上的波动，而这些波动又总会在有形或无形之中影响我们，并且呈现出诸多共性，我们把这一现象称为“拖延怪圈”。

对于这个现象，每个人都有自己不同的体验。你或许几个星期、几个月，甚至几年都挣扎在这个怪圈中，你或许从头到尾只需要几个小时就经历了一个怪圈。下面就让我们看看几幅拖延者的自画像，从他们身上，看看有没有说中你的。

1.“这一次我一定会尽快开始。”

对于许多拖延者而言，当他们刚接受一个新任务时，总是信心满满，觉得自己这一次一定会有条不紊地完成好。虽然从内心上讲，很多人并不是非常愿意马上就开始着手或是依然有些力不从心，但是即便如此，这些拖延者还是十分相信不管怎么样，事情不需要他们做什么特别的安排，终究会自然而然地启动。不过，当一段时间过去之后，这些人就会发现这一次的情况并不比以前好多少，往往在这种时候，之前的希望就又变成了担忧。

2.“我现在必须开始做。”

在一件事情开始之前，我们都曾抱着早早开始、好好做的幻想，但是，当早点开始的时机又失去时，想要好好做的幻想也随之破灭。于是，我们陷入焦虑，压力逐渐加重，不再盼望自己会自发地开始上手做事。不过，有时候，我们还是会突然感到需要马上做点什么，但是当我们一想到离最后期限还远着呢，就又抱着一线希望。

3.“我应该还有时间。”

当事情进展到某一阶段，虽然你的内心充满了负疚、惭愧或是欺骗了别人的感觉，但是你仍然试着保持乐观，盼望“缓刑”的奇迹能够出现，你反复对自己说，“应该还有时间，我可以完成任务”。

4.“我……是不是有毛病。”

当早点开始做事的良好意图没有实现，当内心的负疚、惭愧和痛苦无济于事，当盼望的奇迹没有出现，你整个人就会陷入绝望，最开始那种能否顺利完成任务的担忧会变成一种令人生畏的恐惧：“可能……是我这个人有毛病！”你可能会觉得自己少了点什么其他人都具有的某些东西——自我约束力、勇气、头脑或是运气，为什么他们能行，你就不行呢？

5.“我绝对不会再拖延了！”

对于许多拖延者而言，当你接受的任务最终无论是被放弃了还是被完成了，通常会因为如释重负和精疲力竭而几近崩溃，虽说这样的考验历经磨难，但是毕竟都已经过去了，再经历哪怕一次这样的折磨都会让你无法忍受，所以，你发誓从此不再踏入那个怪圈一步，下一次一定要严格按照计划把事情做得井井有条，并且控制好自己的焦虑情绪。如此看来，随着一个放弃拖延行为的坚定誓言，这个拖延怪圈看似就要画上句号。然而，尽管大部分的拖延者会诚心诚意痛下决心，可是，事实上，依然会重蹈覆辙，一次又一次地在这个怪圈中挣扎。

6.“我不做会怎么样？”

当时间再次从我们身边溜走，当你依然没有着手做事，摆在眼前的问题不是如何有一个理想的开端，也不是如何给自己做事的压力，这时，我们会被一种不祥的预感缠绕，而这种感觉甚至会在一个瞬间取代之前所有那些剩余的乐观情绪。此时此刻，当你想到自己可能永远也不会开始，脑海会不由自主地闪现出那些可能会永远毁了你生活的可怕后果。这时，你感到自己正走在瘫痪的边缘，一连串的想法在脑子里打转。

（1）“我要早点开始就好了。”

当你想起自己浪费的时间，当你意识到时间已经无法挽回，你除了沉痛地责备自己别无他选。大多拖延者站在悬崖边缘时，往往会后悔不已，说出这样的话：“我真应该早一点开始做事。”

（2）“除了这件事情，其他事我都愿意做。”

除了这件被避开的事情，拖延者往往什么事情都愿意做，无论是整理房间，清洁卫生间，还是尝试新菜式，总之一句话，在这个阶段，要做这些事情的强烈愿望突然间变得无法抗拒起来。这种改变是不是很有意思？想当初，那件事情还没有这么繁重，但是你却避而不做。可是，现如今，你的心情却迫切到了非要马上开工不可，但是你此刻却在做其他一些事情，忙得不亦乐乎，并以此来安慰自己，“好，至少我做成了一些事情！”有时候，那些转移你注意力的事务让你处理得效果显著，以至于你相信在那件事情上你正在大步迈进，但是，遗憾的是，它仍然有待你去完成。

（3）“我无法享受任何事情。”

对于有些拖延者而言，为了让自己分散注意力，他们往往会选择一些愉快的、立竿见影的活动，可能是看电影，做运动，也可能是与朋友们待在一起。虽然他们努力让自己自得其乐，但是在他们的脑子中，事情没有做完的阴影却始终挥之不去。之前感受到的所有快乐很快就会消失得无影无踪，取而代之的是持久的担忧、厌烦以及内疚。

以上这些问题，有没有说中你的？当然，你要是嫌问题少，还可以继续罗列。对于每一次的拖延来说，可能反响都不会太大。然而，若是把这一次次的拖延合在一起，可能就会一点点地蚕食你的幸福生活，甚至让你痛苦不已。

事实上，从所有的拖延过程来看，都存在着一个共同的模式：在一项复杂的工作开始之前，时间都很充裕，当你随随便便地做了一点儿工作，总会觉得没什么能让你全心全意地投入其中。如果这份工作可以被忘掉，或许你早就把它忘掉了。

直到后来，你终于要认真对付它了，但是突然有一天，这份工作却变成了你不想做的事情，即便你竭尽全力想要把心思都放在这份工作上，可是，总会有什么东西冒出来把你打断，挫败你前进的动力。这时，你无法把工作向前推进，只好把任务向后推到一个比较闲的日子，不可思议的是，你却发现每个“明天”原来都是一样的——不多不少，只有24小时。每天结束的时候，你都不得不面对一个令人焦虑的谜题：“时间都到哪儿去了？”

最后，时间的有限性开始显现出来了。想当初，你毫不在意挥霍的一个又一个小时，现如今，随着截止日期的临近，时间却变得越来越宝贵。你原本想推进某个项目，可是现在却在细枝末节上纠结起来，于是，你周旋于超市购物、煮饭做菜、打扫办公室、清理电子邮箱、锻炼身体这些事情。更为不幸的是，你在心里反复告诉自己，现在不是做那件主要的事的时候，于是，你一再安慰自己说："我是在做这些事，但是，我至少也是在做准备嘛。"然而，当你打算开始，天色已晚，于是你像往常一样上床睡觉。当第二天的太阳照常升起时，新一轮的"逃避循环"也再次开始了。

直到最后，临近某个极限，随着一样东西"咔嚓"一声响，能量才开始蓄积，你也才开始工作了。可是，这时你悄悄地压缩了某项任务，只保留了其中最本质的部分，因为已经没有更多的时间可以用了。

不过，还有一件事可以让你感觉好一点儿，那就是你不是一个人在承受拖延之苦。一份调查结果显示，大约有 95% 的人承认自己有拖延问题，而其中又有 25% 的人指出这是他们的一种慢性的、决定性的人格特质。举个例子，回想上一次拖延来袭时的情况，对于下面的问题，你会作何回答？

你知道这项工作会耗费这么长的时间吗？

你有没有意识到自己会为拖延付出这么大的代价？

你有没有预料到，最后一分钟会有多么紧急？

停下手里的工作，老老实实地想一想，你的答案是"对"是"没错"，还是"千真万确"？可是，事实上，诚实的回答竟然如此之难，然而，这就是问题所在。拖延，它无处不在。像重力一样普遍，而且它同样会产生向下的拉力，从早晨几乎要空了的牙膏管，到晚上厨房里快要溢出来的垃圾桶，拖延都与我们同在。

不过，也有一些拖延者甚至会试图把他们那自毁性的不作为装进“经过深思熟虑的选择”的框中。有这样一种人，他们总是推迟工作任务，把更多的时间放在家庭生活当中，这是错误的吗？有这样一种人，他们总是钻进“潜心工作就是成功”的模式中乐此不疲，如果他们的工作时间被剥夺了，就会感到愤愤不已，这是错误的吗？其实，这取决于你是哪类人。然而，要想分辨哪种选择是拖延，哪种是有意的决定，并不容易，或许只有那些拖延者本人才能分得清。

在这个世界上，无论什么时候，“停止拖延”都是最常见的行动目标之一。然而，拖延这种习惯，总是会卷土重来。

在处理拖延这件事情上，我们总是为自己找这样或那样的借口，自我欺骗和拖延总是并肩同行。

拖延症的起因

新年元旦又一次来临了，这是一个可以让你下定决心痛改前非的好时间。但是，经过了彻夜的狂欢，有谁还有时间对自己做认真的反省呢？不得不说，拖延，是一个可以唤起我们每个人不同记忆的词。可是，这个世界上莫非真的存在拖延基因这回事？

当我们把时钟拨向1983年，从此之后，神经科学领域取得了很多突破性进展，足以有条件让研究者去研究大脑的某个特殊部位以及它们是如何单独和共同运作的。

虽说这些突破性的进展还不足以让我们确信世界上存在着某种拖延基因，但是由于我们对大脑的运行有了更进一步的深刻理解，所以，我们可以信心十足地说：确实有一些生物上的因素会导致拖延症。

在这些因素中，有一些是一般因素，涉及大脑如何随着时间而发展和变化，间接地跟拖延行为相关。还有一些是直接因素，涉及直接导致拖延的一些特殊功能或是功能障碍。比如，如果你患有某种程度的执行障碍、季节情绪紊乱、注意力缺失、抑郁症、强迫症、慢性紧张，或者是失眠，在这些情况下，在你大脑中运行的这些生化因素很可能会跟你的拖延发生密切的关联。

我们的灵魂每时每刻都在进行着撕扯，是理想地计划，还是舒适地享受？举一个例子，当你路过甜品店，在内心“我想吃那块蛋糕，但是我恨我想吃”的挣扎中，你的决心开始崩溃。想必没有谁没有过这样的纠结。这不是你一个人才有的问题，这其实是人类根深蒂固的本性。

数千年前，古希腊伟大的哲学家柏拉图，将这种内心的冲突描述为两匹马同时驾着一辆战车，其中一匹温顺和气，而另一匹则粗野鲁莽，当两匹马一起上路时，难免会东拉西扯。几千年后，精神分析学的创始人弗洛伊德，在柏拉图关于马匹的比喻基础上，将人的内心冲突比作马匹和骑手，前者象征着随心所欲的欲望，而后者则象征着理性和常识。

在这之后，又有很多研究者从不同角度描述过这种分裂的情况，他们各有侧重，运用的术语包括情感与理智、行动与计划、经验与理性、热情与冷静、直觉与推理、冲动与沉思、自发与自控、感觉与认知等。

如果我们询问拖延者是什么因素将他们带到拖延这条路上，我们免不了会听到这样的回答："我们生活在一个竞争社会，无论何时，别人都期待你有完美的表现。面对这么多的压力，我们无法及时应对。"

很显然，在通往成功的道路上，我们的确处于诸多要求的轰炸之中，这占据了我们全部的时间和空间。而且身处这个世俗的时代，人们对成功的定义也往往与金钱、权力、声誉、美貌和才华挂钩。可以这么说，成功就是用完美这个词加以定义的。不过，在这条金科玉律的背后却暗藏着这样一个潜台词："如果你没有拥有这一切，那么你肯定哪里出了问题。"

话又说回来了，现代社会步伐匆匆，在事事高标准、严要求的境况下，我们中的很多人躲进拖延的避风港，这难道有什么不可理解的吗？但是，除了身处高压力、高要求的社会这个原因之外，一定还有什么原因会造成一个人的拖延。如果身处现代社会是拖延的唯一原因，那么每个人就都成了拖延者了。

也有很多人在面对社会压力的时候呈现出其他一些苦恼的症状，比如工作狂、抑郁症、酗酒、吸毒上瘾和恐惧症；同时也有人在全天候的压力下却能茁壮成长。为了帮你更好地理解你为什么会选择拖延作为你应对压力的基本策略，我们希望你在个人生活中找找原因，看看拖延在你的生活中是什么时候开始出现的。

还记得你的第一次拖延吗？那是怎样一个环境？你是在读小学还是中学？结果怎样？你当时的感受又是什么？事实上，无论你从什么时候开始拖延，只要开始了，就很难停止。拖延除了作为一种自我保护的心理策略之外，也源于你对生活的一些顽固信念。生活中，我们一再听到下面这样一些观念，我们称其为“拖延者信条”。

我必须要做到完美。我做每件事都应该轻而易举。什么也不做比冒失败的风险更安全。没有什么是我无法做到的。如果不把事情做好，那么它根本就不值得做。我必须避开挑战。如果我成功了，有人就会受到伤害。如果这一次我做得很好，那么每一次我都应该做得很好。我不能承受失去任何人或任何事物的事实。如果我展现真实的自己，人们不会喜欢我的。我相信总有一个正确答案，我将一直等待，直到发现它。

也许，这些假设你听起来很可能非常熟悉，也可能并不知情，要知道，它们是通过你的潜意识而运作的。但是不管怎样，这些假设并不是绝对的真理，它们只是为拖延开道的一些个人观念。如果你是一个追求完美的人，那么你宁愿选择拖着，也不愿努力做事，不愿冒风险被人评判你的失败；如果你自认为成功是危险的，那么你宁愿通过拖延来保护自己和他人，以此降低自己把事情做成的概率；如果你把合作视为屈服，那么你宁愿一直把事情拖着，直到你觉得自己已经准备好了才去做它，以此来维护自己的掌控感；抑或，如果你认为人们不会喜欢真实的你，那么你宁愿利用拖延这种方式来保留你自己的想法，并跟周围人保持一个安全的距离。

从本质上看，这些信念反映了拖延者的一种思维方式，那就是阻止自己取得进展，而潜藏在拖延者内心深处的自责、害怕以及灾难性的想法，也终究难以让他们越过日常生活中不可避免的困难。事实上，只有拖延者意识到自己的思维方式是不现实的，才是克服拖延的第一步。

虽然拖延者要为此忍受自责、自轻以及对自己的反感，并且这一切对他们而言是相当痛苦的，但是比起去看清真实的自我所带来的脆弱和无地自容，这样的感受或许更能让他们承受得起，摘掉保护他们的盾牌——拖延。

潜伏已久的“拖延”

想一想，在你还是个孩子的时候，有没有遇到过这样的事情。妈妈做任何事都是匆匆忙忙的。有时候，她好不容易带你去逛一次商场，你还没有来得及仔细欣赏一下那些让人眼花缭乱的商品，她便急匆匆地拉着你离开了。你心里抱怨，为什么不能再多待一会儿，为什么一定要这么着急呢？有时候，你跟着父亲到餐厅吃饭，你悠闲地品尝着美食，却被他们严厉地警告：“快点吃，别的小朋友都那么快，就你这么慢，吃完我们还要去办事，快点！”于是，你心中的不满再次出现。

在孩子的头脑中，父母大多数时候都在催促自己快点做作业、快点睡觉、快点吃饭、快点回家、快点长大、快点找工作、快点结婚等等。

无数次被大人催促后，你开始心中暗暗发誓，你不要这么快，你要慢下来，你做任何事都不要像大人一样着急。于是，你性格中的叛逆成分越来越多，尤其表现在是快速行动还是磨磨蹭蹭上。如果你的父母刚好是性子特别急的那一类，因为你曾经对此深恶痛绝，所以你一定要跟父母不一样。慢慢地，叛逆让你养成了拖延的习惯。在你的内心深处，不管拖延的后果有多严重，只要做到跟父母不一样，你都可以忽略不计。

这其实是你对控制倾向的反抗。你希望以自己的方式来控制自己的行为。当你用拖延表达了自己对父母权力的不满和反抗，父母又拿你没办法时，你会有一种前所未有的满足感，仿佛只有拖着父母的那些命令不做，你才是自己的主人。

最典型的就是，有一类年轻人，父母逼得越紧，他们越缺乏与异性交往的兴趣；父母等着抱孙子急得要命，他们却一直拖着不找女（男）朋友。而假如有一天，父母对他们带回家的心上人强烈反对，他们反倒坚定了那颗“一万年不变”的心。

还有一种情况是，你身边有一个优秀得近乎完美的兄弟姐妹。他（她）在你的童年生活中占有非常重要的地位。他（她）几乎做任何事都会得到父母的夸奖，而你似乎做任何事，都不被太多人注意。但非常不公平的是，不管你做得多好，父母都看不到，而只要你做错了，或者做得不够好，家长就会马上拿你和他（她）做对比，然后说：“哎呀，你为什么总是这么笨呢！”

其实，你非常渴望代替父母眼中那个优秀的孩子。于是，你希望自己做出的任何一件事、任何一个决定，都像父母期望的那样完美。同时，你也非常害怕失败。因为一旦失败，就意味着要再一次被父母拿来做对比，被兄弟姐妹嘲笑。

压力就像小山一样压在你的身上。以往的经验告诉你，你不可能比那个优秀的孩子做得更好。如果你真的行动了，面临的一定是失败。于是你开始选择拖延。如果不做，就不用接受新一轮的评判。

陈雪是一个自尊心比较强的女孩。但是，她从懂事起就经常听到妈妈不断夸奖比自己大六岁的姐姐。随着年龄的增长，陈雪渐渐听到了更多来自长辈和邻居对姐姐的肯定和赞许。相反，长辈们很少夸奖陈雪。

内心受伤的陈雪开始变得叛逆，她开始主张自己挑选衣服，晚上自己睡一张床。她希望通过自己的努力超越姐姐，以便获得父母的肯定和表扬。但是，每当陈雪穿着自己挑选的衣服出现在家人面前时，就会引来妈妈和姐姐的一阵嘲笑。她想向父母证明，自己也非常优秀，但父母的态度让她时刻感到压力。于是，她滑向了完美主义者的阵营，同时又开始变得拖延。比如，每次妈妈要求她自己挑选一条裙子时，她总是犹豫不定，反复比较，最后又非常懊恼地认为每件衣服都不合自己的意，于是一次次放弃买新衣服的权利。

当姐姐已经换过好几条裙子时，她仍然穿着几年前的旧裙子。陈雪的想法是，要买就买一条完美的、能瞬间超越姐姐的，否则就一条也不买。要买就买最好的，否则就不要。这种非此即彼的处世态度，正是拖延和完美主义者的典型思想。

事实上，他们没有做到完美，只是一直把事情往后拖而已。

而另一种非常普遍的现象就是，父母在情感上对孩子表现得过于依赖。父母给孩子传输这样的观念："我是爱你的，我为你付出了所有，付出了一生。如果你离开了我，背叛了我，将会受到上帝的谴责和惩罚。"

于是，在这种家庭中长大的孩子，会对家庭中的其他成员给予更多照顾。同时，他们会为了家人，而把学习或工作的事情拖后。如果家庭成员有需要，他们立即就会做出以家人为中心、其他事情都先放下的决定。他们认为，如果他们不把学习和工作往后拖，而置家人于不顾，将会受到父母强烈的谴责，而他们自己也将会有非常强烈的内疚感。

直到有一天，他们长大了，有了更多的朋友，需要长时间地离开家了。但是早期教育已经深深影响了他们的思想。他们害怕更多的人和事介入自己的生活中，因为这样的话，他们就要离家庭更远。如此一来，他们的行为就代表了离开和背叛。为了不让自己背叛家庭，他们开始把很多应该做的事拖后。这样，他们就可以回到家庭中，内心也无须再像之前那样忍受煎熬。

不管你是在哪种早期教育下长大的孩子，只要你患上了拖延症，就一定有教育的原因在里面。如果在以上三种情况中，你找不到属于自己的那一种，则说明你的情况比较特殊。不过没关系，拖延症显然有早期教育的深刻影响，但是只要你意志坚定，足够用心，足够努力，克服拖延症是没有问题的。

什么让你选择拖延

生活中，有很多人都有拖延的毛病。拖延让人身后总堆积一摊子做不完的事。虽然人们没有及时去处理事情，但不代表会将事情忘记。拖着这些事不做，又怕完不成任务交不了差，所以心里总是惦记着。可见，拖延从某种程度上说，能为人的心理带来折磨。那么，到底是哪些原因导致了人们的拖延心理呢？

心理学家在研究拖延时发现，人在行动上拖延是因为受到个人即刻满足的心理影响。即刻满足是指个人在满足自己欲望时，因为对未来很多不确定因素充满疑虑，就倾向于立即满足自己的欲望。例如我们想到公园晨练，但是又想到换衣服、换鞋再乘车到公园来回都是麻烦的事情，所以就会一直拖着不去，先让自己一时的轻松愉悦心理得到满足，然后某一天再付诸行动。因此，很多研究拖延的心理学家认为，个人对于自身欲望满足的即时倾向是导致个人在行动上拖延的原因之一。

1999 年，心理学家里德和洛温斯坦等人做了一项拖延心理的实验。他们召集了一批被试者，让他们从 24 部电影中选择自己喜欢的 3 部。这些电影包括高品位、有深度的《辛德勒的名单》《钢琴家》，大众电影《西雅图不眠夜》《窈窕奶爸》，娱乐电影《变相怪杰》《生死时速》等。实验人员想看看这些被试者倾向于娱乐性强的电影还是有深度的电影。结果大部分被试者选择的三部电影中都包含经典影片《辛德勒的名单》。

接下来，实验人员让被试者们在三部电影中选一部立即观看，一部两天后观看，还有一部在四天后观看。经过统计发现，大部分被试者第一天都选择观看娱乐性电影，如《变相怪杰》《生死时速》等。而71%的被试者将最费脑子、品位最高的电影放在四天之后观看，如《辛德勒的名单》。实验人员为进一步证实实验结果，又让被试们选择三部影片一次看完，结果与之前选择相比，只有1/14的被试者首先选择了《辛德勒的名单》进行了观看。

因为《辛德勒的名单》的深度与费脑子的程度相比其他影片都比较高，对人们休闲娱乐的欲望满足较小；而《变相怪杰》和《生死时速》娱乐性最强，对人们的休闲娱乐欲望满足最大，所以被试者们为了满足自己即刻的休闲娱乐欲望,就会拖延观看《辛德勒的名单》。

可见人们在行动上拖延，是为了轻松片刻。当然及时行动确实是消耗体力和脑力的事情，不过我们也不能因为害怕劳累，就放着事情不做，因为拖延到万不得已的一天再去做，肯定会消耗更多精力，还会把事情办砸。所以有些拖延的人在完成任务后总是会说：“因为我拖延，所以才把任务做得很糟糕。如果我早点去做，就能做得很好。”他们这么说意思是将错误归于拖延，却不想自己为何要拖延。

将拖延作为办事不利的借口，而不敢承认自己的能力不足，也是导致行为拖延的一种原因。

为何很多人一到紧要关头就停滞不前，思前想后顾虑重重？例如，一个人想要考取职业等级证书，开始还认真地学习两天，到后边就开始放纵自己，说是今天要复习，结果又拖到明天，直到考试也没看几本书，最后以失败告终。其实，这些人就是因为害怕自己能力不够，担心集中一段时间复习并不能将知识补充完整，于是干脆就不给自己机会，用拖延当借口。还有些人一到关键时刻就出问题，例如演出时忘了带服装，开会时忘了带文件，出差时忘了买火车票，这都是因为他们担心事情做不好、内心焦虑造成的，因此就给“拖延”找个合适的借口。这种现象被心理学家称为“自我妨碍”。

“自我妨碍”又称自我设限，就是指自己给自己设定阻碍，为摆脱失败需要承担的责任，就给自己设定一些有阻碍的行动和想法，例如拖延。其实他们不是真的想拖着不做，而是因为害怕失败，所以故意拖延事情的进展。

心理学家史蒂文·伯格莱斯和爱德华·琼斯针对自我妨碍导致拖延做了一项实验。实验人员让被试者们做一些特别难做而又无解的题目让他们解答。等他们做完之后，就把试卷收了起来。接着实验人员告诉这些被试者，其中一人到目前为止取得了最高分，这名被试者听到后非常开心。

然后，实验人员告诉所有被试者，下个任务也需要做一些题目，在做题目之前可以选择两种药中的一种吃下去：一种是“聪明药”，一种是“傻瓜药”。聪明药能促进人的思维，让人更聪明；傻瓜药能抑制人的思维，让人受干扰。按常理来说，人如果想取得好成绩，更希望自己能变聪明一些，但是有些人则不这么想。被试者们选择完毕后，实验人员对选择结果进行了统计，结果发现大部分被试者选择了“傻瓜药”。

其实两种药物均对思维不造成任何影响，实验人员只是想知道人们的想法。因为被试者中的大部分人听到有人已经取得了最高分，认为自己不会超越对方，有了自我妨碍心理。尽管听说有一种药能让自己思维敏捷，但是他们害怕自己仍然失败，所以只好选择傻瓜药，拖延行动，以此作为不能更好完成任务的借口。

因此，要想克服拖延，我们应该克服即刻满足心理和自我妨碍心理。

人大多数时候都希望满足自己的欲望，因而就拖延了某些行动。例如我们想满足自己的娱乐欲、休闲欲、睡眠欲等等，就会把更多的时间用来上网、游玩、睡觉、看电影，而将需要完成的任务放到一旁。如果你在完成某件任务时，能抵制欲望，强迫自己坚持完成重要的事情，时刻提醒自己任务的重要性，就能促使自己向目标前进。

如果你不是被休闲娱乐分了心，而是怕自己不能胜任或担当而拖延，那就要控制自己的自我妨碍心理。不要总把理由归结为时间不充沛，你应该在开始做某件事情之前就告诉自己不要找无谓的借口，一定要认真做完。经常用这样的方式提醒自己，就能帮你摆脱自我妨碍，让你不再拖延。

第二章　坑人的拖延症

现代社会，时间就是效率，任何人都在抓紧时间做事。然而，一些拖延者却总是在为自己找借口。他们的大致状态是：精神不振、状态不佳、情绪糟糕，但越是这样，他们越是拖延，始终处于负面状态中，掉进拖延的怪圈。

拖延症就是心灵的破窗

每个人内心深处都有一个“大法官”，时刻评判着自己的行为。当你达不到自己的要求时，你就会感到自责、挫败、羞愧、自我厌恶，对自身产生了深深的怀疑，把自己定义为全世界最失败的人，甚至想通过某种方式来惩罚自己。比如当你没能如愿拿到奖学金、论文不被导师认可、工作受到上司否定时，你都会产生这样的情绪。

在和拖延症纠缠的过程中，你时刻都会受到“大法官”的咒骂，它说你没用，连最简单的事情都做不好；它责怪你惰怠、缺乏自制力；它嘲笑你优柔寡断、做事慢吞吞的样子。为此你感到愤怒，可是又不知该把矛头指向谁，因为这个“大法官”其实就是你自己的声音，你没有办法对其隐瞒真实感受和看法。当你把自己骂得狗血淋头时，便感到无地自容，觉得自己是个一无是处的废物，于是便破罐子破摔，日趋颓废和堕落。

心理学中有一个非常经典的理论叫作破窗效应，它是指一栋房子如果有一扇窗被打破了，在没有人修补的情况下，很快其他窗户也会被莫名打破；一面干净的墙如果被画上了涂鸦，没有人将其清洗掉，用不了多久这面墙就会被涂满乱七八糟的东西；行走在干净的路面上，人们出于羞耻心都不好意思随手丢垃圾，但是地面上一旦出现了垃圾，人们就会毫不犹豫地乱丢垃圾。

破窗效应的理论是由政治学家詹姆士·威尔逊和犯罪学家乔治·凯琳提出的，该理论认为放任不良现象存在，会诱使人们变本加厉地进行破坏行为。破窗效应理论的诞生源于美国心理学家菲利普·津巴多做过的一个实验，他把两辆一模一样的汽车分别停放在治安良好的加州帕洛阿尔托的中产阶级社区和治安较差的纽约布朗克斯区。他故意把停放在纽约布朗克斯区的车摘掉了车牌，还把顶棚打开了，结果汽车当天就被盗走了。一个星期过去了，放在帕洛阿尔托的那辆汽车仍停在原地。后来，那辆车的玻璃被打出一个洞后，仅仅过了几个小时它就被偷了。

当任何一种不良现象存在，原有的秩序被打破，就会传递出一种负面的信息，这种信息进而导致不良现象无限恶化。用破窗效应来解释拖延症，其过程是：你允许拖延症存在，就好比允许一栋房子有一扇破窗，这扇破窗的存在给你带来潜在威胁，让你觉得不安全，可是你又忍不住对自己说谎，为自己制造一种虚假的安定感，这时一个理性而严厉的声音不停地批评和指责你，命令你马上修补破窗，你感到羞愧、内疚、无能为力，内心充满挣扎，可仍选择继续拖延下去，你对自己越严厉，你便越憎恨自己，由于被负面情绪包围，你开始变得放纵，导致拖延症向持续恶化的方向发展，陷入“放纵—自责—更严重的放纵”的恶性循环。

姚莉为了调整自己的状态，几乎断绝了和所有人的联系，她关掉了手机，收拾好了简单的行囊，在一个山清水秀的偏远乡村休假。或许朋友们无法了解她为什么会玩失踪，这不符合她的性格，只有她自己清楚，如果再不逃离，她极有可能被拖延症拖垮。

每次坐在办公室的电脑前，她就开始怨恨自己，觉得自己是全世界最无用的人，因为她不能控制自己的意志和躯体，只能任凭拖延症的毒草在自己的脑海和躯体里蔓延，只做了一点工作就想把余下的工作拖后，能拖多久算多久，结果每天她都无法完成当日的工作。她也试过拯救自己，告诉自己每天的太阳都是新的，发誓要给自己一个崭新的开始，决定用最严厉的方式促使自己完成当天的工作，结果她越是逼迫自己，工作越是无法进行，她终于明白一切的对抗都是徒劳的，于是干脆缴械投降，任性地放纵自己，有时大半天都在做与工作无关的事情，后来发展成一连数小时都在发呆，工作几乎处于停滞状态。

姚莉变得越来越消极，心理负担越来越沉重，她觉得自己辜负了公司的信任，又感到对不起父母，心想父母一定会对自己的表现失望。她开始吸烟了，后来又染上了酒瘾，觉得自己正在向黑暗的深渊滑去。最后她做出了一个决定，离开自己熟悉的一切，到一个陌生的地方流浪。在没有手机、没有电脑，仿佛世外桃源一般的地方她的心灵得到了休憩，可是长假很快就过去了，她又要面对原来的生活了，脚下的路要怎么走，她并没有找到答案。

拖延造成的无用感，往往会摧垮一个人的意志，有拖延症的人日复一日地用尖刻的谩骂折磨自己，无异于对自己灵魂的鞭挞，这种伤害往往是难以平复的。有些拖延者对未来有着清醒的认识，知道自己如果修不好心灵的破窗，就有可能变得百孔千疮，可是又认为自己是个拙劣的修补匠，根本没有能力修补好自己。为了逃避痛苦的现实，拖延者会借助各种手段麻痹自己，进而对各种有害的事物上瘾，比如酗酒、迷恋网络、暴饮暴食……总之，拖延者放弃了自救，任凭自己沉溺，走向了可能吞噬一切的泥潭。

我们知道，人最大的敌人就是自己，当你无法面对自己，无法战胜自己，就会屈从于拖延症的摆布，变得麻木不仁或者越发痛苦。当你选择自暴自弃的那一刻，所有的欢乐和幸福都将离你而去，使你饱尝人生的苦酒。其实你的苦涩与命运无关，只是对拖延症屈服后的你不再是命运的主人，而是彻底沦为失去了自由和尊严的奴隶，这是多么可怕的事情啊。如果你不想让这样的事情发生，或者不想再扮演这样可悲的角色，那么从今天起就勇敢地站起来吧，和拖延症斗争到底，在热血和理想中重获新生。

找不到自己的目标

物竞天择，适者生存，当今社会更是一个处处充满竞争的社会，一个人要想从竞争者中脱颖而出，就必须做事要有方向感。的确，在现实工作中，一些人总是感到左右迟疑、无处着手，站在原地拖延时间，就是因为他们没有方向感，一个人若看不到前方的路，看不到希望，又怎能有决断力呢？

那么，怎样才能有方向感？这就需要信仰给予我们力量。然而，现代社会，随着物质生活水平的提高和文化的多元化，在一些人心中，对于崇高的信仰的追求似乎正在慢慢淡化，而这也是很多人心灵没有归属感的原因。因为只有忠实于崇高的信仰，心才有归属的暖巢。只有具有积极向上的信仰，人才会有良好的精神状态。一个人，如果有了积极向上的精神状态，那么，他便能做事果断，即使身处逆境，他也不会感到恐惧，能够坦然面对困难，心存希望，不会放弃，并积极寻找解决问题的办法。

对于那些拖延者而言，信仰是十分模糊的概念，他们对于明天、对于接下来该做什么、该怎样做都没有明确的答案，他们没有一个理性的目标来指导自己行动，在别人已经为信仰展开行动时，他们只能站在原地打转，浑浑噩噩地浪费着生命。

贝尔博士曾经说过这么一段至理名言："想着成功，看看成功，心中便有一股力量催促你迈向期望的目标，当水到渠成的时候，你就可以支配环境了。"也就是说，只要有积极向上的信仰，你的心中也就有了一盏灯，我们跟随着灯前行，即便在黑暗的夜里，也能看到光明。

我们先来看下面的故事。

有一位穷苦的牧羊人领着两个年幼的儿子以给别人放羊来维持生活。一天他们赶着羊来到一个山坡，这时，一群大雁鸣叫着从他们头顶飞过，并很快消失在远处。牧羊人的小儿子问父亲："爸爸，爸爸，大雁要往哪里飞？""它们要去一个温暖的地方，在那里安家，度过寒冷的冬天。"牧羊人说。他的大儿子眨着眼睛羡慕地说："要是我们也能像大雁那样飞起来就好了，那我就要飞得比大雁还要高，去天堂，看妈妈是不是在那里。"小儿子也对父亲说："做只会飞的大雁多好啊，那样就不用放羊了，可以飞到自己想去的地方。”

牧羊人沉默了一下，然后对两个儿子说：“只要你们想，你们也能飞起来。”两个儿子试了试，并没有飞起来。他们用怀疑的眼神瞅着父亲。牧羊人说，让我飞给你们看，于是他“飞”了两下，也没飞起来。牧羊人肯定地说：“我是因为年纪大了才飞不起来，你们还小，只要不断努力，就一定能飞起来，去想去的地方。”儿子们牢牢地记住了父亲的话，并一直不断努力，等到他们长大以后果然飞起来了，他们就是发明飞机的美国莱特兄弟。

这个真实的故事使我们认识到：一个人的内心如果蕴含着一个信仰，并坚持不懈为之努力，那么，他一定会是一位成功的人。人生就有许多这样的奇迹，看似比登天还难的事，有时真的就可以做到，其中一个关键的因素就在于要有非凡的信念并为之不断地努力。一百次的心动如果没有一次行动，就是一百次的失望，一百次的心动不如一次行动。

有信仰的人绝不会陷入迷茫中，只有树立明确的人生目标，你的工作和生活才更有动力。

一个伟大的人，总有着不平凡的梦想。我们熟知的乔布斯就是一个从不放弃信仰的人。而他的梦想就是——改变世界。

对乔布斯来说，正是要改变世界这一梦想，让他带领着苹果创造了一个个的奇迹。首先是Apple Ⅱ、iMac，然后是iPod、iPhone、iPad。而每一个奇迹都曾让乔布斯欣喜无比。虽然在追求梦想这一路上，乔布斯也走得十分曲折，甚至曾经被自己所开创的公司遗弃。但没有风浪，就不能显示帆的本色；没有曲折，就无法品味人生的乐趣。正如他自己所说的："我非常幸运，因为我在很早的时候就找到了我真爱的东西。"

乔布斯之所以能给世界造就这么多个奇迹，这一切皆因为他不曾放弃自己的梦想，并终其一生都在为这个梦想奋斗。人的生命有尽时，而梦想却可以永驻。我们的梦想可以很平凡，但只要有梦想，有奋斗的目标，你就会是快乐而充实的。信仰具有无穷的力量，只要你追随自己的内心，你就会发现，你的生命被赋予了更高的意义，你也就不再会浪费光阴，而是让时间闪闪发光。

为此，我们要做到以下三点。

1. 为自己树立一个积极的、崇高的信仰

信仰的力量是伟大的，只有怀抱信仰，才会拥有希望。电影《肖申克的救赎》里说："恐惧让你沦为囚犯，希望让你重获自由。"在心底坚守希望，怀抱信仰，你就拥有无穷的力量。

2. 立即行动，不要拖延

美国布莱德雷将军曾说："习惯性拖延的人常常也是制造诸多借口与托词的专家。如果你存心拖延、逃避，你自己就会找出成千上万个理由来辩解为什么不能够把事情完成。"我们都知道勤奋和效率的关系。当一个人勤奋努力工作时，他所产生的效率肯定会大于他懒散时的工作状态。

3. 做事要有条理有秩序，不可急躁

急躁是很多人的通病，但任何一件事，从计划到实现的阶段，总有一段所谓时机的存在，也就是需要一些时间让它自然成熟。假如过于急躁而不愿等待，经常会遭到破坏性的阻碍。因此，无论如何，我们都要有耐心，压抑那股焦急不安的情绪，才不愧是一名智者。

总之，行动是治愈恐惧的良药，而犹豫、拖延将不断滋养恐惧行动的心理。信仰的实现靠的是行动，而不是没有价值的拖延。

我可能真的不行

我们都知道，自信是对自己的高度肯定，是成功的基石，是一种发自内心的强烈信念。相反，如果一个人总是自我怀疑，认为自己这不行那不行，那么，久而久之，他便真的不行了。事实上，自我怀疑也是导致人们拖延行为产生的一个重要原因。

在拖延者的心中，经常会有这样一些声音："这件事我肯定做不了。""我不想被嘲笑。""太难了，我无力应对。"这些负面的评价会让人们懈怠手头上的工作，因为在他们的潜意识中，要想最大限度地逃避失败的打击，就只有拖延时间。其实，我们不难想象，任何一个经常自我怀疑的人都不可能取得工作上的成就，因为他们总是在自我设限，他们认为自己在规定时间内做不到，他们不敢挑战更大的目标，更不敢参与激烈竞争，对于别人的成功，他们也只能自怨自艾，一旦出现挫折，他们很难走出来。相反，一个人一旦有了自信，就会积极向上，会比别人更有执行力，更有耐挫力，当他们遇到问题时，也更有勇气面对，而正是这种力量指引着他们不断走向成功。可见，破除拖延习惯的关键一步，就是破除自我怀疑。

那么，我们该如何破除自我怀疑呢？

1.正确认识自己，接纳自己

一个人要对自己的品质、性格、才智等各方面有一个明确的了解，方有可能在生活和工作中获得较为满意的结果。除此之外，不要讨厌自己。一个人不要看不到自己的价值，而只看到自己的不足，认为自己什么都不如别人，处处低人一等。

2.学会正确与人比较

拿自己的短处跟别人的长处比，只能越比越泄气，越比越自卑，一些人因为学历不如人、能力不如人便产生“无用心理”就是这个原因造成的。

3.鼓励自己，给自己打气

也许现在你正在做一件难度很大的事，要承受来自各方面的压力，你可能怀疑自己，也想过放弃，但你必须坚持下去。在给自己制订计划的过程中，你要给自己打气，最终，你会看到成果。

4.根除那些消极的习惯用语

这些消极的习惯用语一般有：

“我好无助！”

“该怎么办？”

“我真累坏了！”

相反，我们可以这样说来激励自己：

“忙了一天，现在心情真轻松！”

“上帝，考验我吧！”

“我就不信我战胜不了你！”

5. 敢于挑战高难度，相信自己的潜力

一个自信的人，常看到事情的光明面，他们到哪里都会显得光彩夺目。因此，即使现在的你依然只是一名普通的员工，但你要相信自己，拥有信念，你才能勇于接受更大更高难度的挑战，无论你做什么，相信都能有优秀的表现，都能挖掘出你此前意识不到的潜力。

一位音乐系的学生走进练习室。在钢琴上，摆着一份全新的乐谱。

“超高难度……”他翻看乐谱，喃喃自语，感觉自己对弹奏钢琴的信心似乎跌到谷底。已经三个月了！自从跟了这位新的指导教授之后，不知道为什么教授要以这种方式整人。勉强打起精神，他开始用自己的十指备战、备战、备战……琴音盖住了教室外面教授走来的脚步声。

指导教授是个极其有名的音乐大师。授课的第一天，他给自己的新学生一份乐谱。“试试看吧！”他说。乐谱的难度颇高，学生弹得生涩僵滞、错误百出。“还不成熟，回去好好练习。”教授在下课时，如此叮嘱学生。

学生练习了一个星期，第二周上课时正准备让教授验收，没想到教授又给他一份难度更高的乐谱，“试试看吧！”上星期的课教授也没提。学生再次挣扎于更高难度的技巧。

第三周，更难的乐谱又出现了。同样的情形持续着，学生每次在课堂上都被一份新的乐谱困扰，然后把它带回去练习，接着再回到课堂上，重新面临两倍难度的乐谱，却怎么样都追不上进度，一点也没有因为上周练习而有驾轻就熟的感觉，学生感到越来越不安、越来越沮丧。教授走进练习室。学生再也忍不住了，他必须向钢琴大师提出这三个月来何以不断折磨自己的质疑。

教授没开口，他抽出最早的那份乐谱，交给了学生，“弹奏吧！”他用坚定的目光望着学生。

不可思议的事情发生了，连学生自己都惊讶万分，他居然可以将这首曲子弹奏得如此美妙、如此精湛！教授又让学生试了第二堂课的乐谱，学生依然呈现出超高水准的表现……演奏结束后，学生怔怔地看着教授，说不出话来。

“如果，我任由你表现最擅长的部分，可能你还在练习最早的那份乐谱，就不会有现在这样的程度……”钢琴教授缓缓地说。

从这个故事中，我们发现，我们原以为自己只能在自己熟悉的领域表现自己的能力并驾轻就熟，而事实上，如果我们自信一点，并能将那些压力转化为动力，那么，我们便能挖掘出无限的潜力，甚至可以超水平发挥。

的确，人的潜力是无穷的，如果你对自己有足够的信心，就会发现自己原来拥有这样的潜力，原来自己可以做到这么多事情，如果你想有个辉煌的人生，那就把自己扮演成你心里所想的那个人，让一个积极向上的自我意象时时伴随着自己。

虽然我们不得不承认，我们与他人在很多方面的差距是与生俱来的，比如长相、身材、家境等，但是通过后天的努力，我们依然可以改变很多，比如个人能力、阅历。生活中，一些人面对与他人的差距，会怨天尤人，但抱怨并不能改变这种差距。而你要想缩小这种差距，甚至超越他人，就必须挖掘自己内心的力量——自信。设定并把握正确的人生目标，运用这些能量向着我们所设定的目标努力，并采取一些具体的行为。而也只有这样，你才能达到一种心理平衡。但这不仅仅是一种心理平衡，在富有耐心而坚毅的努力过程中，我们会比别人更珍惜时间、更有执行力，久而久之，你将逐渐显示自己的优势，超过别人，超过那些我们以前自认为不如他（她）的那些人。

因此，我们不必再因自我怀疑而拖延工作、止步不前了，拥有你一定能做到的信念，立即执行吧，相信你一定能看到努力做事的成果。

现在这样就挺好的

我们都知道，很多机器的运行都需要动力的推动作用，比如，火箭升空、汽车行驶等，我们日常的工作和生活也是如此。不知你是否曾思考过这样的问题：我为什么要工作？为什么要干事业？大部分人的回答是养家糊口、供养家庭，也有一些人提出了更高层面的意义：实现自身价值。很明显，这都是我们工作的动力。

那么，一个人如果缺乏动力呢？不难想象，这是一个不思进取的人的状态。他来上班就是为了坐等下班，为了每月的薪水，工作中上级交代的任务会一再拖延，因为在他看来，今天完成和明天完成没有分别。当你问他有什么梦想和目标时，他的回答是："目标和理想能当饭吃吗？"这是一种多么糟糕的人生和工作态度。我们也不难想象，缺乏工作动力的人不会有大的成就。

我们也常常听到一些庸庸碌碌的人感叹命运不好，他们总习惯于把自己的艰难归咎于命运，事实上，世上真正的救世主不是别人，正是你自己。你完全可以摆脱消极的想法，成为一个积极向上的人，在工作中培养自己的热忱，找到自己的目标。在一家外企做人力资源主管的黎肖玮的一次经历，或许可以给我们一些启示：

黎肖玮刚来这家外企供职的时候，曾接受过一次别开生面的强化训练。

那是在青岛的海滨度假村，黎肖玮和同伴沉浸在舒缓的轻音乐里，指导老师发给每人一张16开的白纸和一支圆珠笔。这时，主训师已在一面书写板上画了一个大大的心形图案，并在图案里面写上了三个字：我无法……

然后，要求每个学员在自己画好的心形图案里至少写三句话，分别是"我无法做到的……我无法实现的……我无法完成的……"，再反复大声地读给自己、读给周围的伙伴听。

黎肖玮很快写出三条：

我无法孝敬年迈的父母！

我无法实现梦寐以求的人生理想！

我无法兑现诸多美好愿望！

接着，黎肖玮就大声地读了起来，越读越无奈，越读越悲哀，越读越迷茫……在已变得有些苍凉的音乐里，他竟备感压抑和委屈，泪眼模糊起来。

就在这时，主训师却把写字板上的“我无法”改成了“我不要”，并要求每位学员把自己原来所有的“我无法”三个字划掉，全改成“我不要”，继续读。

于是，黎肖玮又接着反复地读下去：

我不要孝敬年迈的父母！

我不要实现梦寐以求的人生理想！

我不要兑现诸多美好愿望！

结果，越读越别扭，越读越不对劲儿，越读越感到自责和警醒……

在轰然响起的《命运交响曲》里，黎肖玮终于觉悟：我原来所谓的许多“我无法……”其实是自己“不要”啊！

而此时，主训师又把“我不要”改成了“我一定要”，同样要求每位学员把各自的所有“我不要”三个字划掉，全改成“我一定要”，继续读。

我一定要孝敬年迈的父母！

我一定要实现梦寐以求的人生理想！

我一定要兑现诸多美好愿望！

越读越起劲儿，越读越振奋，越读越有一种顿悟后的紧迫感……在悠然响起的激荡人心的歌曲里，黎肖玮豪情满怀，忽然有一种天高路远跃跃欲试的感觉和欲望。

真正改变人生的，往往就是我们的态度。不思进取，最后也只能平庸。

英国新闻界的风云人物，伦敦《泰晤士报》的老板莱斯乐辅爵士，在刚进入《每日邮报》时，不满足于90英镑周薪的待遇。经过不懈的努力，当《每日邮报》已为他所拥有的时候，他又把收购《泰晤士报》作为自己的努力方向，最后他终于如愿以偿。

莱斯乐辅一直看不起生平无大志的人，他曾对一个服务刚满三个月的助理编辑说：“你满意你现在的职位吗？你满足你现在每周50磅的周薪金吗？”当那位职员答复觉得满意的时候，他马上把他开除，并很失望地说：“你应了解，我不希望我的手下对每周50磅的薪金就感到满足，并为此放弃自己的追求。”

那些拖延者之所以没有大的成就，部分是因为他们太容易满足而不求进取，他们参加工作只是争取获得足够解决温饱的薪金。据社会学专家预测，未来的社会将变成一个复杂的、充满不确定性的高风险社会，如果人类自由行动的能力总在不断增强，那么不确定性也会不断增大。你应该意识到，各种变化已经在你身边悄然出现，而如果你不积极行动起来，缺乏竞争意识、忧患意识，安于现状、不思进取，如果你还没被惊醒的话，就会被时代抛弃，被那些敢于冒险的人远远甩在后面。

第三章　最爱完美主义的拖延

完美主义与拖延之间存在着紧密的联系。通常情况下，完美主义可以分为积极完美主义和消极完美主义，积极完美主义者会想方设法让事情趋于理想状态，而消极完美主义者则会采用拖拉的方式来逃避失败。

什么导致完美主义拖延

完美主义者钟爱一些信念，在这些信念的指挥下，他们非常容易拖延。

第一，平庸被人看不起。完美主义者想要事事都出色，如果自己表现平平，那简直没法接受。他们希望自己事业发展顺利、人际关系和谐、写一手好字、能做一桌好菜……如果在日常生活中，希望自己时时刻刻都能表现出色，那么跟自己的高要求比起来，没有几件事情不是平庸的。一般的表现在他们看来非常难以容忍，因此他们总是通过拖延，让自己找到安慰。错误和失策就可以被这样掩盖了：“我表现一般，因为时间不够。”他们相信只要时间足够，表现就能达到理想的要求。完美主义者在这个借口中找到了自我安慰，让自己不会小看自己。

第二，优秀的人不需要努力。完美主义者的信条是，真正出色的人，干什么事情都不用花费太多精力。再难的事情，都能轻而易举完成；任何决定都能迅速做出来；学习任何事情都该如同享受一般轻松……如果一件事情要耗费太多时间和精力，就会让他感到自卑。如果他是一个理科生，他会说：“要是我不能迅速把这道题解出来，我就觉得自己太笨了。我那么聪明，而且那些概念和公式都在我的脑子里，如果无法很快把这道题做出来，我会很难过，我真不想坐在书桌前了，还是去玩玩电子游戏好了。”

当面对无法一下子就完成的任务时，他们就会停止努力。如果有件事情让他们必须付出艰辛的努力，他们就会对自己感到失望，想用拖延的办法逃避努力。他们坚信优秀的人不需要努力，他们渴望聪明，反而变得无知。

第三，任何事情都要独立完成。他们认为求助就等于软弱，什么事情都要靠自己的力量来完成。他们不会承认自己不知道答案，更不会依据情况做出选择，他们不明白一个人不可能什么都做得了，更不懂得合作的乐趣。他们宁可孤独地奋斗，也不愿意求人帮忙。总之，他们认为不求助是光荣，一个人独立完成是骄傲。在可耻的软弱的威逼之下，他们的负担越来越重，最后只能用拖延的办法让自己喘口气。每件事都独自完成的信条，将他们一步步逼到了拖延的绝路上。

第四，找到一个正确办法解决问题是我的责任。完美主义者非常确信，每个问题都有一个正确的解决方法，他们肩负着找到这个方法的责任。他们在找到正确的方法之前，不想承担责任，更不会行动。为了避免做出错误的决定，他们干脆什么也不做。他们害怕错误的决定会让他人看扁了自己，更无法忍受自己的懊悔和自责。

他们仿佛把自己看成是无所不知的，他们天真地以为自己什么都能看透。很多人都幻想着自己能知道所有的事情，能像诸葛亮那样神机妙算。可我们还是要面对现实，我们不是什么都知道，也不是什么都能做到。

第五，无法忍受输给别人。很多完美主义的拖延者给人的印象就是不喜欢竞争，从不争强好胜。他们并非真的讨厌竞争，而是害怕在竞争中失败。因此在需要竞争的工作中，他总是拖延，这样一来，他就可以通过讨厌竞争来掩盖事实了。

完美主义者知道，有竞争，就有可能失败，可他们却不能接受失败，因为那意味着他们太没用了。他们没有对竞争全力以赴，因为他们已经感觉到可能会失败。他们的内心始终认为，要是自己努力，就能赢。就像一个论文没有通过的外国学生说："因为我用的不是母语，不是我不会写论文。"

第六，不是全部，就是没有。在拖延者的世界里，只有这两种情况。不是全都做到了，那就是一事无成。他们似乎感觉不到自己离目标越来越近。哪怕已经完成了 99%，只要还没有完成，对他们来说就是零。

完美主义者会这样说："不是黄金就是垃圾。"从这句话我们理解，为什么在到达终点之前，他们会因为失望而放弃任何努力。因为在他们看来，没到达终点，就等于一步也没有前进。

在这种观念之下，我们也能理解为什么完美主义者的目标总是那么高，因为他们想一下把所有事情都做好，如果不是全部，他们就觉得什么也没有。

约瑟夫想要去健身中心锻炼身体，他的目标是每天都去。其实，去年他就在一家健身中心办了会员卡，可是他一次也没有去过。人们费了一番口舌才让他相信每天都去健身是不现实的，他才把目标改为每周去三次。在他做出决定的那一周，他去了两次。

为此，他难过极了，他觉得自己还是没有做到。

约瑟夫看不到自己一周去两次，已经比去年进步了一大截，还是认为自己什么也没有做成。因此他很难过。这就是一个完美主义者自我判断的苛刻。

很多事情在“不是全部，就是没有”的态度下显得糟糕极了。没有达成设定的目标，就是没有按照计划做事；事情完成了百分之八十，而不是百分之百；等等。

如果只有完美才能讨得你的欢心，那么你注定要失望。追求完美就像是追逐地平线一样，无论你怎么拼命跑，它都在你的眼前，而你却无法到达。

从这些完美主义的信条来看，是时候抛弃它们了，唯有逃脱这个噩梦，才能脚踏实地地逐渐走出拖延的怪圈。

“被完美”的小孩

完美主义是一种较为典型的性格特征，通常会给人留下十分深刻的印象。完美主义根植于完美主义情结，那么这种情结又是怎么产生的呢？形成这种性格特点的原因既有先天因素，又有后天因素，在后天因素中家庭环境对人的影响最大。

研究表明，如果在一个家庭中，父母是完美主义者，子女成为完美主义者的可能性就会很大，从这个层面上来看，“被完美”的小孩都有可能成为完美的牺牲品。其中四种教养方式是子女形成完美主义人格的诱因：一是要求过于严格，经常粗暴地指责子女；二是期望与标准极高，常常间接指责子女；三是对子女缺乏认同，只有子女达到自己的标准才能给予认可、爱和关怀；四是以完美主义的做事风格为子女树立榜样。

在这样家庭环境中长大的孩子由于经常受到批评、指责、拒绝、威胁、强迫。就会变得缺乏安全感，逆反心理严重，对自己和他人都会有攻击性行为，即使他们对严厉的要求感到反感，有时还会产生抵触情绪，但是在成长过程中早已把高标准的要求内化，形成了自我捆绑的心理模式，会自发地强迫自己向完美靠拢，如果发现达到完美的标准有诸多困难，就会用拖延时间的方式来延缓压力和痛苦。

珍妮的母亲是个控制欲很强的人，她事事追求完美，一心想培养出最优秀的孩子。珍妮很小的时候就被强迫去做各种课外练习，母亲时时督促她学习，只要做错一道题就会受到严厉斥责，在发怒的母亲面前她就像无助的小动物一样瑟瑟发抖。珍妮小时候长得很瘦小，声音也是低低的，没有直接反抗的勇气，拖延就成了她对抗母亲唯一的方式。无论母亲让她做什么，她都故意拖着不做，即使被迫要去做什么事也总是拖到最后。

珍妮对母亲没有一点亲近感，每次见到母亲她都感到害怕，幼小的心灵里充满了恐惧，有时她也感到愤怒，想摆脱母亲专横的控制，于是编造各种理由和母亲作对。比如放学后她故意不坐校车回家，在外面玩痛快了才让母亲来接，谎说因为学习任务太多忘记了时间。母亲不相信她，校车司机也把她看成爱撒谎、喜欢拖延时间的坏孩子。

在内心深处，珍妮对外界的控制有着本能的反感，她讨厌别人给她布置任务，更厌恶所谓的最后期限。学生时代她已经以不按时交作业为乐，目的在于摆脱控制感。工作以后她差点因为拖延症毁了自己的职业生涯，她因为迟迟没有把一个案子的材料交给法官，被判藐视法庭，律师资格证被吊销了，还被加罚了一万美金。

后来珍妮转行成了一名培训机构的行政人员，她的心里产生了更加微妙复杂的变化。她拖延工作已经不再是为了摆脱控制感那么简单了，她很想做好自己的工作，而且想要做到尽善尽美，可是她总担心达不到老板的要求，就仿佛幼年时代担心自己达不到母亲的要求一样，于是她放慢了脚步，为了把工作做得滴水不漏，使每个细节都变得完美，她耗尽了心力，可是堆积的工作却总是做不完。她不愿意承认自己已经变成了幼时刻骨痛恨的那类人——苛刻的完美主义者，可事实却给了她迎头一击。

拖延起初是珍妮反抗母亲的小把戏，她用这种不配合的方式来摆脱母亲的控制感，消极抵抗的方式是幼小无助的珍妮在“强迫关系”中所能采用的最直接的策略。长大后她对所有的“强迫关系”和最后期限的要求都表现得分外抗拒，但这不是她拖延工作的唯一动机，无论她是否愿意承认，自己已然变成了地地道道的完美主义者。在母亲的影响下她形成了完美主义的人格，苛求自己把工作做得绝对完美，因此向完美主义的深渊更进了一步。

我们知道人的早年经历，尤其是童年经历会对我们的人格塑造以及人生观、价值观的形成产生十分深远的影响，被完美主义者抚养长大的孩子很容易成为人格障碍的高危人群。如果我们不幸被完美主义绑架，成了严重的拖延者，必须摆脱童年的阴影，才能解放自己的灵魂，那么具体要怎么做呢？

1. 直面童年心理阴影，重新定位自己

如果你有一个破碎的童年，在回首往事的时候，难免会给自己贴上受害者的标签，把自己描述成一个不被认可、不被关爱的可怜孩子，于是产生自怜自伤的情绪，这种想法会让你永远活在童年的阴影之下。但是，逃避或者扮演受害者的角色，都不能让你真正解脱，只有直面童年时代的痛苦，你才有机会消化这种痛苦，从而让心头的阴影飘然散去。

摆脱童年阴影，需要你穿越时空和童年的自己交谈，然后重新定位自己。想象一下童年时代的场景，还原其中的每一个细节，身临其境地安慰那个受了委屈的孩子，对他（她）说一切的伤痛已经成为过去，现在自己已经成了命运的主人，而不再是个可怜的受害者，告诉自己擦干眼泪、鼓足勇气重新生活，路就在脚下。

2. 要认识到指责不能改变任何事情

指责虽然可以使你发泄愤怒和不满，让你暂时获得某种道义上的力量，可是并不能改变任何事情。指责的一方似乎代表着正义，可以理直气壮地让别人为自己的行为埋单，比如完美主义拖延者在工作失误后，把一切的原因归咎在父母身上，认定是父母错误的抚养方式毁掉了自己的一生，而作为受害者，他们无须为自己的行为承担任何责任。这样做没有任何意义，因为就算父母要为自己扭曲的人格担负大部分责任，可是木已成舟，怨恨父母并不能改变什么。

父母不是完人，他们会犯错误，可能无意中给你带来了各种直接或间接的伤害，怨恨和指责不能抚平心灵的创口，原谅和理解才是治愈一切伤痛的良药。已经长大成人的你不再是那个无助又无辜的孩子，跳出那个角色吧，原谅父母，也原谅那个不完美的自己，承担起一个成年人应该承担的责任，努力让自己变成一个更美好的人吧。

3.接受发生在自己身上的事情，放下心灵的包袱

时光不可能倒流，事件也不可能发生逆转，发生的已经发生了，无论你做什么事情都不能改写自己童年的历史。有的人之所以放不下过往，很大程度上是因为不解、不甘、不服，他们不明白为什么自己美好的童年会被践踏和毁掉，于是不停地质问命运，可惜没有人能够给出答案，这是道无解的方程式，探究下去也不可能有结果。很多事件都是随机发生的，它们不是预先排练的结果，不能反映任何人的意志，不甘不服又能如何呢？

完美主义拖延者总是不能接受自己残破的童年，认为自己的童年本该是另一番样子，自己应该得到父母无条件的关爱，像其他幸运的孩子那样被视作掌上明珠，在和谐健康的家庭里快乐地长大。可是愿望毕竟只是愿望，人生不是可以随时修改的剧本，你也不可能像电影《蝴蝶效应》里的主角那样有能力回到过去不停地修改自己的命运。接受事实吧，无论它是什么样子，接受过去，你才能放弃无谓的挣扎，继续向前看。每个人都要经历成长

之痛，人皆有消化痛苦的能力，就像海洋有自我净化的能力一样，尝试着接受曾经的自己以及现在的自己，放开所有的烦恼，就像放开手中沙，风会带走一切尘埃，而你将以崭新的面貌走向明天。

不完美也很美

俄国作家车尔尼雪夫斯基说：“既然太阳也有黑点，人世间的事情就不可能没有缺陷。”霍金也说，不完美是宇宙间的基本定律。那么，人类为什么要执着地追求完美呢？真实的世界，缺憾无处不在，阳光普照大地，必然有阴影的存在，我们不可能完全消灭瑕疵，万事万物都有它存在的合理性。

完美主义者追求没有缺憾的完满人生，岂不知连童话故事都没有忽略各种不完美的因素。辛德瑞拉在华丽变身之前，只是一个孤苦无依的灰姑娘，靠着魔法的帮助才有了南瓜马车和水晶鞋。完美的故事是无比乏味的，人生也是如此，如果你的成长经历没有任何曲折，那么你不可能在失去中学会珍惜，也不可能明白生命中的点滴幸福都是一种恩赐。

作家史铁生说：“我常以为是丑女造就了美人，我常以为是愚氓举出了智者，我常以为是懦夫衬照了英雄，我常以为是众生度化了佛祖。”是瑕疵造就了永恒的完美，它使世间万物，包括我们人类呈现出了万千百态的差别，让美好的事物大放异彩，所以可以毫不夸张地说，不完美的世界比完美本身更为合理，因为残缺其实也是一种美。

有这样一则故事：有个人偶然拾到了一颗硕大的珍珠，它光彩夺目、剔透美丽，可惜上面有个小小的瑕疵，他觉得非常遗憾，于是就想如果能把这个瑕疵去掉就好了，这样珍珠就变得完美无瑕了。他开始用工具刮磨珍珠表面，刮掉了一层珠粉，瑕疵还在，他狠狠心又刮去了一层，瑕疵还是没有被刮掉。他不甘心，刮去了一层又一层，终于把瑕疵除去了，而珍珠也不复存在了。这个人由于伤心过度卧病不起，弥留之际懊悔地对家人说："如果不介意上面的那个小小的瑕疵，我现在手里还有一颗又大又美丽的珍珠啊！"

其实每个人手里都攥着一颗美丽硕大的珍珠，只是我们对上面的瑕疵太过计较，以致遗失了它。事实上，只有在不完美中我们才能找准自己的人生定位，我们常常把时间浪费在去除珍珠瑕疵上，却忽略了缺憾本身的价值。当我们幻想着把手中的工作打磨成巧夺天工的艺术品时，就已经陷入了完美主义的误区。我们在珍珠的瑕疵上耽搁了多少时间，错过了多少机遇，又延误了多少工作？其实瑕疵本是珍珠的一部分，如果能够善加利用，它也能为我们的人生添加亮色。

有一个孩子，在读中学时，父母希望他能成为一个文学家，于是开始为他铺设文学的道路。他用功地学习写作，一个学期之后，老师为他写下了这样的评语：该生学习用功，但过分拘泥、刻板，这样的人即使有着无可指摘的完美品德，也不可能在文学上有任何造诣。父母知道孩子不是当大文豪的料，就让他改学油画，可是他根本没有绘画才能，构图能力差，对色彩也没有强烈的感知能力，对艺术简直一窍不通，他的成绩在班级排在最末，学校给出的评语更为尖酸刻薄：该生在绘画艺术方面不可造就。被评为不可雕的朽木之后，很多老师都认为他不可能成才，不愿再培养他。

后来一位化学老师对他做出了另一番评价，化学老师认为对其他行业来说，拘泥和死板无疑是很大的缺点，可是在化学领域，需要的正是这种一丝不苟的精神，所以建议他学习化学，父母同意了老师的建议。他好像立刻找到了属于自己的舞台，化学成绩在班级一直名列前茅，后来凭借着在科学界做出的杰出贡献他还荣获了诺贝尔化学奖。这个有传奇成长经历的孩子就是大名鼎鼎的化学家奥托·瓦拉赫。

在文学和艺术领域不可造就的奥托·瓦拉赫，后来成了前程远大的化学天才，他还是原来的他，只是对待自己的看法改变了。这说明以宽容的心态看待不完美，可以使我们走得更远。缺憾和不完美是生命的常态，有人甚至说，身体上的不完美成就了霍金，我们先不要理会这种观点是否偏颇，总之不完美没有束缚他的智慧，我们为什么要因为自身的不完美而抱憾呢？那么，我们应该怎样才能做到完全接纳自己的不完美呢？

1.不要以非黑即白的眼光看待问题

完美主义者看待问题比较极端，总是用非黑即白的眼光观察世界，看不到过渡的中间地带。所以只要稍有一点偏离他们设定的绝对标准，他们就会采取全盘否定的态度。比如完美主义者要求地板绝对干净，脑海里没有比较干净和有点干净的梯度，只要没有达到一尘不染的标准就是绝对肮脏。对待工作也是一样，只有绝对的好和绝对的坏，存在一点偏差哪怕是合理范围内的误差，即使上司和老板不计较，他们也感到难以忍受。为了让误差降到零，他们坚持慢工出细活，当然拖延就成了家常便饭。

完美主义者要克服完美主义情结，必须放下非黑即白的执念，看到事物的灰色过渡地带，允许自己不在两极化方向游走，能平静地接受自己有可能在工作中失误的事实，不再惧怕暴露自身的瑕疵，以一种更为轻松的状态融入工作。

2. 运用自我同情的方式接纳自己

如果你有一个好友，并不是一个十全十美的人，他没有出众的外貌，也没有显赫的社会地位，工作能力也不突出，为此他感到很伤心很沮丧，你会对他说些什么呢？难道会说你不是精英，方方面面都不完美，应该感到羞愧吗？当然不会，你可能会对他说，没有关系，你不需要出类拔萃、处处高人一等，事实上你有很多可爱之处。那么就把这个好友换成你自己吧，学会同情正经历挫败的自己，以友善的态度与自己和平共处，从内心深处接纳自己。

3. 学会激励自己，而非谴责自己

绝大多数的人都喜欢在成功的时候犒赏自己，在失败的时候谴责自己。很多拖延者一边愤怒地辱骂着自己，一边拖延着，这样做对改善自己的拖延行为毫无益处。有的人还会把拖延症看成自身的一种重大瑕疵，并为此深感不安，还有的人将其上升为道德问题，认为拖延工作使自己的个人品格变得不完美，由此更加内疚和自责。

谴责在一定程度上能释放身体的负能量，但也会带来压力和自毁情绪。事实上，自我谴责不能使我们变得更完美，它只会使我们无法振作，让我们没有精力去招架由拖延带来的各种麻烦和问题。如果我们对自己采取与之相反的态度，学会激励自己和爱护自己，反而有助于我们弥补自己在工作中存在的种种不足，成为更优秀的自己。

完成才是最重要的

我们经常可以看到一些天赋极高的人，总是雄心万丈地宣布要执行一个新计划，然而却鲜少能完成这个计划，原因便在于他们因为自己达不到完美的标准，而感到厌烦、灰心、沮丧，于是选择默默放弃。因此他们留下了很多令人遗憾的半成品，我们无法想象如果他们能顺利完工将取得多么了不起的成就。

“完成胜过完美”是一句很好的格言，完成是完美的先决条件，没有完成何谈完美？为了追求完美而半途而废，或者在截止期限奉上半成品的人，把两者的关系本末倒置了，这就好比你要建造一座大楼，目的在于建成一栋可以投入使用的标准建筑，倘若你过分拘泥于细节，试图完美地装饰尚未完工的楼宇，导致在交工期限到来时大楼还不能正常入住，这不是舍本逐末吗？

完美主义拖延者事事追求完美，不做好周全的计划，决不肯迈出一步，即使有了全备的计划，又因为担心自己达不到预期的标准，而以没准备好为由拖延工作，手里积压了很多待处理的工作，就是迟迟不愿行动，结果便是一事无成。

雪莉在夏初时想学游泳，由于对游泳一无所知，她在网络上查找了大量相关信息，通过论坛的帖子总算明白了如何为自己挑选合适的游泳装备，然后她一连几天都在淘宝上浏览游泳装备的商品信息，终于买全了泳衣、泳镜、救生圈等装备。随后她观看了一些有关游泳教学的视频，自己尝试着模仿游泳的姿势。

为了到合适的训练班学习专业的游泳技能，她跑遍了自己附近的游泳馆了解情况，反复权衡比较各个游泳馆的规模、课程、教学水平及基础设施。等到她完全准备充分了，可以正式学习游泳时，夏天已经过去了，秋初时节游泳池的水温太凉，已经不适合游泳了。雪莉用了一整个夏天为游泳积极做准备，却不曾下过一次水，那些游泳装备不曾派上过用场，直接被锁进了衣柜，而她本人仍旧不会游泳。

有句话是“要学会游泳，就必须下水。”为什么雪莉如此迫切地想学游泳，却迟迟不肯下水呢？这是她内心的完美主义情结导致的，由于过度追求完美，她一再拖延了学习游泳的计划。这个故事告诉我们，行动与完成比完美更重要。不停地完善计划却永远也无法完成的人应该引以为戒。Facebook 的一位设计师说，接近成功的关键就是要坚持完成你的计划。是的，没有起点就没有终点，没有过程也不可能有结果，完成是把计划转化成现实的关键，而完美不过是一种情愫，没有完成的东西本身就不能称之为完美，为了追求完美而将计划束之高阁，或者导致计划不能如期完成是非常不明智的，如果完成与完美就像鱼与熊掌一样不可兼得，那么你首先应该学会割舍完美。

有一位年轻人在计算机方面有专长，被公司选派参加由全国某计算机协会举办的“希望之星”活动。年轻人得知自己被公司选中后，感到非常荣耀。还有 6 天就要参加活动面试了，他为了让自己表现得更出色一些，拟定了为期一周的准备计划。

头两天他利用业余时间搜集了长达数百页的资料，又花了一个晚上的时间将资料分类整理好并打印了出来。第四天晚上他参加了公司临时安排的会议，没有挤出时间来翻看备考资料。第五天晚上，他跟女朋友约会去了，享受了一番花前月下的浪漫，备好的计划又被延迟了一天。第六天晚上，就是面试前的最后一天了，他终于腾出时间来好好备考了，可是看到桌子上足有几百页厚的资料，他吓得呆住了，这么多的资料怎么可能一晚上看完?

这个年轻人在面试前夕废寝忘食地备战，花了一晚上的时间也只看完了三分之二的资料内容，因为缺乏睡眠，他精神状态看起来非常糟糕。经朋友提醒他才想起为作自我介绍做准备，第二天早上他匆匆写了一篇草稿，面试时他发挥失常，回答得语无伦次，最后落选了。

有的人在接受一份新的工作任务或者得到一个展现自我的机会时，感到无比兴奋，希望自己有一鸣惊人的表现，每天都在为达到完美的效果而思考和计划着，时间就这样一天天流逝了，拖到临近最后期限才慌忙动手去做，结果完美的方案却不能被完美地实施，甚至连按时完成都难以保证，这就是极端的完美主义导致的后果。那么我们应该怎样克服完美主义情结，保证任务的顺利完成呢？

1.采取先完成再完美的做事步骤

把完成当成做事的首要目标，有效利用时间，务必保证工作任务的完成，利用剩余时间检查工作疏漏、修正不完美之处。整个过程就好比完成一篇稿子，首要任务是一气呵成，保证按时把稿子写完；其次才是精雕细琢，修改部分不当的遣词造句。如果把顺序颠倒过来，没完没了地纠结于细枝末节，反反复复修改，根本无法保证稿件的完成，没有写完的稿子根本算不上文章，更谈不上发表了。工作也是一样，没有完工的工作，就等于没有成果，那么你所付出的一切努力都是没有价值的。而先完成再完美的做事风格将会使你获得一个相对满意的结果。

2.不要过于钻牛角尖，停止纠结细节

有的人在接手一个大项目后，因为经常纠结于细节，导致项目延期，给个人信誉和公司带来了双重损失，这是多么不值得啊。有些细节是无关紧要的，它们对目标的达成并不会产生太大影响，为了细节上的完美而拖延项目的进度是不可取的，你必须学会站在全局的角度来考虑问题，舍弃不重要的细节，保证整体利益。

3.预估完成时间，合理分配工作任务

在执行任务的过程中，总会发生一些无法预估的突发事件，面对这种情况，你要有万全的准备，把不可控因素包含在自己的计划之中，重新评估完成工作的时间。创建一份待办事项清单，预计完成时间，把所有事项所需时间累积相加，再加上处理意外事件所要花费的时间，合理分配工作任务，确保工作如期完成。处理突发事件的时间需要根据以往的经验而定，如果所花费的时间过长，就必须在一定程度上舍弃对完美的追求，因为时间不允许你纠结于完美。

第四章　离开拖延症，从抗击惰性开始

增强紧迫感是戒掉拖延的前提，拖延与懒惰如影随形，拖延的背后是人的惰性在作怪。要战胜拖延就得先从思维上克服惰性。如果惰性一直存在，那么人始终会处于一种空想状态，做什么事情都会觉得“懒得动”。抵抗拖延，就得先从抗击思维惰性开始。

大脑里的“懒小人”

拖延并不直接等同于懒惰，但是懒惰是拖延不可忽视的一个重要诱因。通常懒惰的人都有一个共同特征，那便是办事拖沓。你是如何养成懒惰习惯的？梦想搁浅了吗？曾经的激情也退潮了吗？不知道从什么时候开始，人们莫名其妙地陷入一种“懒惰”的心理旋涡，明明知道自己很懒，却无法改善，任由其慢慢地发展为“懒癌”。吃饭点外卖，买东西全靠逛淘宝，懒细胞渐渐扩散到全身，能不出门就不出门，能坐着绝不站着，能躺着绝不坐着。懒惰的表现形式多种多样，诸如极端的懒散状态，轻微的犹豫不决。

在现实生活中，不少人天生懒惰，喜欢逃避工作，即便内心有宏大的目标，也缺乏执行的勇气。在西方，懒惰是七宗罪之一，懒惰的人通常怯懦，无责任心。懒惰在人们身上通常表现为：不能愉快地同亲人或他人交谈，尽管你很希望这样做；不能从事自己喜爱做的事，不爱运动，心情也总是不愉快；整天苦思冥想而对周围漠不关心；由于焦虑而不能入睡，睡眠不好；日常生活及其起居极无秩序，无要求，不讲卫生，常常迟到，不能专心听别人讲话；不知道生活的目的，不能主动地思考问题；没有时间观念，事情总是想着明天做；明明没做什么事情却老是觉得身心疲惫，打不起精神。

徐艳下班后喜欢懒洋洋地躺在床上玩手机，衣服不洗、地板不拖、用过的餐具也不刷，零食的包装袋堆满了垃圾桶她也懒得倒。本来计划多读几本有内涵的好书，每次看到书籍的封面时就放弃了，心想读书是多么累人的事，还是等到自己有兴致时再去翻看吧。

在工作上，徐艳依旧是难以用意志支撑起自己的一副懒骨，为自己找了各种借口来拖延工作，比如天气不好、心情不好、晚上没睡好等等，总之她有一千个理由放慢自己的脚步，二十多岁就像一个退休老人一样做什么事都慢腾腾的，没有一点激情和活力。

懒人经常为自己的懒惰行为找各种借口，想睡懒觉就称自己要闭目养神、养精蓄锐，想要逃避工作就说暂时放松一下神经能使之后的效率更高，养成拖延的恶习之后仍不忘为自己辩护，列举的理由千奇百怪。懒人大都有不劳而获的心理，总想把辛苦的工作排除在自己的生命之外，在拖延中浪费了大量的时间。

李碧华曾经创作过一个名为《懒鱼馋灯》的故事，讲述的是黄安的妻子银婴本是一条美丽的银鱼幻化的，她长得白皙水嫩、体态婀娜多姿，为报不啖之恩，嫁给了黄安。黄安对于这个如花似玉的娇妻非常迷恋，银婴享尽了宠爱，开始养尊处优起来。

银婴太懒惰了，除了吃和睡，几乎什么也不做，脂肪越积越厚，人越来越胖，黄安渐渐地感到忍无可忍，只是暂时没有发作。

银婴贪睡，有时竟能睁眼入梦。婆婆对她的好吃懒做也开始有了微词："门不开，店不守，油瓶倒了也不扶！"看着别人家的媳妇勤于料理家务，晚上还挑灯纺织，自家的儿媳却像个蛀虫，早晚会把家里吃空，就怂恿儿子休妻。

银婴一点也没察觉这对母子抛弃自己的计划，依旧我行我素，过着慵懒舒适的生活。有一天，黄安把她引到水边，说她毫无用处，让她回归江海，银婴淌下了眼泪，黄安仍没有心软，将她推入水中。过了几天有人给黄安送来鱼料，是一尾体态丰腴的胖鱼，告诉他这鱼反应迟钝，泳术荒疏，很容易就被擒获了。

黄安认出了这尾懒得逃生的肥鱼，便是满身脂肪的银婴，觉得它并非全无用处，于是将其脂膏刮下来，提炼出灯油用来燃灯。这盏灯甚为怪异，每当家中高朋满座，各种美食摆上餐桌时，灯馋了，光焰就分外明亮。每当丈夫和婆婆劳作时，灯就懒洋洋地不愿照明，光线昏暗不明。即使化成了灯油，银婴还是本性不改，想要永生永世懒下去。

懒惰是包括人类在内的一切动物的天性，在漫长的进化史中，人和动物之所以勤奋大都是为了生存。进入文明社会以后，人类有了更多的追求，但是懒惰的天性仍然保留了下来，懒惰的直接表现形式是拖延或拒绝做苦差事、好逸恶劳，这会左右人的生活和工作状态。

那么，懒惰的根源在于什么呢？

1. 惧怕失败

许多人通过自己的方式来推迟对目标的追求，比如找一份更好的工作。但是他们对自己缺乏信心，担心即便自己去尝试了，也会因能力不足而无法胜任，这样对他而言是非常难受的，所以，犹豫半天后，他觉得不去尝试是更好的。

2. 担忧成功

有些人下意识有害怕成功的心理，认为如果自己成功，会潜在地威胁到身边人。所以，为了避免冲突，他们会选择不继续努力。例如，一个习惯于站在老公背后的女人，突然升职加薪了，这让老公面子上挂不住，所以，她放弃了继续努力。

3. 过分依赖

他们渴望被照顾，过度依赖身边人。在很多事情上，他们表现得很没用，这样就会有人过来帮忙做事。比如妻子总念叨不想煮饭的老公“你就是懒”，但还是会帮忙煮饭。这样的过分依赖，会使身边那些感到被胁迫的人或同样想要被照顾的人感到厌烦。

4. 对自己期望极低

尽管别人对他期望很高，但他为自己定的标准太低。他没有制订计划的习惯，这样就会有人来为他制订计划，他可以趁机表现自己，同时避免承诺，为他制订计划的人则需要担责。这样的人容易让身边的人遭受指责，自己却免于责任。

5. 选择懒惰的沟通方式

人们在潜意识里担心冲突，担心直接表达自己的情绪会伤害与他人之间的关系，甚至造成决裂。人们为了避免冲突，往往会把自己的不满意隐藏起来，于是便选择懒惰的方式沟通，而这种懈怠的方式会令人感到厌烦。

6. 需要放松

大多数人以为自己应该全速前进，当身体和大脑停止运转以示抗议时，应惩罚自己变得“懒惰”。尽管人生需要拼搏，但事实上每个人都需要时间放松和休息。

7. 轻微抑郁

抑郁表现包括兴趣丧失，疲惫，快感缺失等。有些人以为自己是变“懒”了，但实际上他可能是抑郁了而自己没发现，因而未得到及时治疗。抑郁的人们通常会感到困。他们对于自己变懒的状态的不满可能加剧他们的抑郁。对自己的懒惰的厌恶在抑郁人群中较为普遍。

跟懒惰说再见

拒绝懒惰，努力才有可能成功。在生活中，很多人对未来有美好的愿望，但就是拒绝付出努力。那些懒惰的人实际上是在否定自己，是在任由自己的生命一点点变得虚无。懒惰作为一种习惯，浪费掉的是拯救自己的机会，荒废的是比任何东西都宝贵的生命。懒惰是理想的绊脚石，每个人的生命和时间是有限的，我们有多少光阴是因为懒惰而浪费的呢？

在现实生活中，有许多人贪图安逸而不愿意吃苦受累，结果，时间长了，他们就变得懒惰了。懒惰是生活最大的敌人，许多悲剧都是因懒惰而造成的。命运的好坏完全取决于自己，假如我们选择了勤劳，那我们一定可以通过努力得到幸福，即便只有一点点是自己创造出来的，那也是一种幸福；假如你选择了懒惰，那你将终身和不幸、厄运、灾难成为伙伴，永远是一个失败者。

美国底特律有位妇人，名叫珍妮，她原本是一位极为懒惰的妇人。后来，她的丈夫意外去世，家庭的全部负担都落在她一个人身上。她不仅要付房租，而且要抚养两个子女。在这样贫困的环境下，她被迫去为别人做家务。她白天把子女送去上学后，便利用下午时间替别人料理家务。晚上，子女们做功课，她还要做一些杂务。就这样，懒惰的习惯渐渐被克服了。

后来，她发现许多现代妇女外出工作，无暇整理家务，于是她灵机一动，花了七美元买来清洁用品并印刷传单，为所有需要服务的家庭整理琐碎家务。这项工作需要她付出很大的精力与辛劳，她把料理家务的工作变成了专一技能，后来甚至连大名鼎鼎的麦当劳快餐店也找她代劳。

现在她已经是美国90家家庭服务公司的老板，分公司遍布美国很多个州，雇用的工人多达8万人。

珍妮的成功事例告诉我们，人们的贫穷大多是由于懒惰、贪图安逸、不愿意奋斗造成的。假如一个人不愿意奋斗，自甘过着贫穷的生活，那他就永远无法摆脱困境，谁也没有办法拯救他。

有这样一句话："世界上能登上金字塔顶的生物只有两种：一种是鹰，一种是蜗牛。不管是天资奇佳的鹰，还是资质平庸的蜗牛，能登上塔尖，极目四望，俯视万里，都离不开两个字——

努力。”若是缺少了勤奋的精神，即便是天资奇佳的雄鹰也只能空振双翅；而若是有了勤奋，即便是行动十分不便的蜗牛也可以俯瞰世界。靠着自己的双手去生活，远比依赖别人要踏实得多。

认真做事，并不是件轻而易举的事情，它需要我们开动脑筋，投入时间和精力。同样是做一件事情，仅仅做完是一种潦草态度，而在做完之后还进行细致的检查则是一种认真的态度。我们在做事的过程中，要一直坚持着这种绝对认真的精神，这样的神采是最容易打动人的。

1. 良好的作息习惯

养成良好的作息习惯，早睡早起，作息规律。很多人都明白，赖床是懒惰之本。最经典的办法——定闹钟。时下有很多创意闹钟，绝对有办法“骚扰”到你起床。

2. 多运动

多运动，锻炼身体。懒人胖子多，对于胖人来说，懒与不运动绝对是“对等”关系。另外，经常的身体锻炼除了可以令人拥有健康的体魄，更能使人保持旺盛的精力，从而与懒惰说不。

3. 时间计划

懒人都有拖拉的习惯，往往抱着“明日复明日”的想法。对此，我们应制订详细的计划，将时间规定好，把事件细分化。例如，规定一个小时内或半个小时内完成某项任务，或者把一件复杂的事情分开几步完成，既能提高效率，又能很好地解决懒惰的心理。

4. 积极暗示

有一些人是因为性格内向、不自信等心理状况而形成了懒惰，从不爱、不敢与人接触交流慢慢发展成习惯性地懒得参与一些公众活动。针对这种情况，我们可以通过在房间里张贴名言警句等方式，给予自己积极的心理暗示。

5. 需要监督

懒惰的人大多是缺乏自律的，包括一些经验方法或计划，若没有持续的执行能力，还是无法改掉懒惰的毛病。对此，我们可以请自己的家人、同学、朋友、同事等帮着监督自己。

6. 换个环境

有条件的话尝试换个生活环境或打破原有的生活规律。刚上学的孩子为什么懒得上作文补习班却对上游泳班很积极，外出旅行时为什么都能做到早起？主要还是由于周围的环境发生了改变。

让你的思维积极起来

人们在买彩票的时候，都希望自己有好运降临，赢得大奖；人们在升学考试的时候，都希望自己一切顺利，考出好成绩；人们在参加职位面试的时候，都希望自己心想事成，从众多面试者中脱颖而出。可见人人都希望自己是个幸运儿，希望好运能伴随自己。

因为大家都希望能拥有好运，所以每逢节日或是生日庆典，人们就会送出或是收到来自亲朋好友的祝福，如万事如意、好运连连、事事顺心、前程似锦等等。这些祝福语从某个角度来说，都包含了运气的意思。如果没有运气，人们也很难事事顺心。

为了求得好运，有些人还将希望寄托于信仰或是某种物件。比如有些人在身上佩戴一些认为能影响运气的小饰品，如转运珠手链或四叶草项链等，希望得到幸运女神的眷顾；还有些人在家中或办公桌上摆放代表运气的摆设，如龙、马的雕塑等，希望增强自己的运势。总之，人们为交好运想尽各种办法。

大多数人认为运气这种东西既看不见，也摸不着，无法用科学进行解析，因此把它看得神秘莫测。虽然人们为求好运，不惜用多种方式，但是，没有人敢肯定某种方式确实能起到改变运气的作用。

如今，心理学家对“运气”提出了新的看法，他们认为运气并不像人们想象的那样神秘莫测，它与人的思维方式有很大关系。一个人思维方式积极乐观，他能看清形势，分析利弊，制订出完善的计划，再按照计划勇往直前，即使面对困难，也会积极想办法去克服，这样的人往往能交到好运；如果一个人的思维方式消极悲观，就会用消极的眼光看待事情，还没有遇到困难，就害怕自己陷入困难之中，这样的人做事倾向于拖延或放弃，即便有运气降临，他们也感受不到。

英国著名心理学家、有“英国大众传播心理学第一教授”称谓的理查德·怀斯曼曾经做过多项实验来解析运气是从哪儿来的。在其中一项实验中，他召集了400多个被试者来参与。被试者们被分为两组，认为自己很幸运的人为第一组，认为自己不幸的人为第二组。实验人员给所有被试者一张报纸，两组被试者拿到的报纸的内容都是一样的，版面内容都被实验人员做了变动。在报纸第二版上，有一条用较大字号印刷上去的信息：“不用再数了，一共有43张照片。”

接着，实验人员要求被试者们数出报纸上一共有多少张照片，实验人员为两组被试者记录他们数照片用的时间。结果发现，认为自己幸运的第一组被试者只用了几秒钟时间，因为他们很快就发现了报纸第二版上的信息，直接报告就可以；而认为自己不幸的那一组则花了平均两分钟的时间，因为他们认为自己不幸，所以根本没有看到第二版上那行字的信息。

为了证实实验结果的准确性，实验人员又召集新的被试者，进行了一轮新的实验。这次实验与上一次基本相同，不过，实验人员对第二版上的信息内容又做了变动，改为“别数了，告诉实验人员你看了这条信息，直接赢取250英镑”。实验结果仍然与上一次实验相同。自认为幸运的人很快看到这条信息，认为不幸的人还是没有看到。

实验结果表明思维方式积极和思维方式消极的人，行为方式有很大的不同。认为自己幸运的人，用积极的方式去思考问题，他们更擅长留意身边的机会，愿意为今后的成功寻找更多的可能性。而认为自己不幸的人，思考方式较为消极，很难为自己创造机会，他们一旦遭遇挫折，很难控制自己。

因此，如果一个人想让“运气”眷顾自己，就要使自己的思维方式变得积极向上，这样才能抓住机遇。但是，如何才能控制自己的思维向积极向上的方向发展呢？那就是改变自己的心态。只有心态好了，人的思维才能变积极。

当今社会物质文化高度发展，节奏加快，人的生活和工作面临巨大压力。因此，有些人在遇到事情的时候，就会不自觉地往消极的方向想。遇到的事情越严重，消极想法就越多，于是心情就变得越来越压抑，从而对个人行为产生更多负面影响，继而让自己陷入消极思维方式中。

给自己设定一个期望值

不同的人对于工作和生活的期望会有所不同，但不可否认的是，那种带有积极意味的期待往往能够消除我们在工作和生活中的消极情绪以及种种心理不适，并从内心深处激发我们对生活和工作的热爱，从而自主自愿地去提高工作效率，改善工作状态。实际上，这种效应就是我们所说的“期望效应”，也称“期望理论”。

所谓“期望效应”就是指人们之所以能够从事某项工作，并愿意高效率地去完成这项工作，是因为这些工作和组织目标会帮助我们达成自己的目标，满足自己某方面的需求。

有些人为了养家糊口，不得不努力工作以赚取足够的金钱；有些人为了满足自己对地位以及荣誉的需求，即便不缺钱，还是会变身“工作狂人”，没日没夜地加班。尽管两类人的需求不同，但同样都是“期望效应”的一种外在表现。

有期待才会有工作动力，有多大的期待就意味着能激发多大的潜能。反之，如果你只满足于衣食无忧，那么一旦达到这个期待点之后，你就会陷入茫然无措的状态，不知道自己该何去何从，也不知道自己未来的道路该如何规划。实际上，这种缺乏期待的状态对于我们自身职业的长期发展来说是非常不利的。浑浑噩噩中时光已经飞逝，当我们醒悟过来时才发现为时已晚。

要想避免在迷茫中荒废时光，我们不妨借助这种“期望效应”来激励自己远离拖延与浑浑噩噩的工作状态，重新回归充满激情与斗志昂扬的奋斗岁月。静下心来仔细思考一下，你想要的究竟是什么？如果你期望拥有和谐幸福的家庭，就必须抽出必要的时间去经营；如果你期望拥有数不清的财富和巨大的成就感，就必须克服工作中的困难和挫折，学会在高压下高效率地工作；如果你期望能够早日升为领导，就需要有意识地朝着这个方向努力。

阿展与阿发两兄弟同时创业，做的都是家具行业，但几年时间过去后，两个人取得的成就却是一个天上一个地下。如今，阿展经营的公司已经是集家具制造、销售、加盟为一体的综合性公司，在当地颇有名气；而阿发的家具制造厂还停留在小作坊阶段，只雇用了四五名木工师傅，勉勉强强维持着并不景气的业务。

当初，父亲为了支持兄弟二人创业，给了他们每人5万元的创业启动资金。实事求是地说，两人的创业环境几乎是相同的：没有场地，没有现成客户，没有经营经验，资金也只有父亲支援的5万元。

刚开始的辛苦自不必多说，兄弟两人都是又当木工师傅，又当销售员、送货员……两年过后，阿展和阿发都形成了比较成熟稳定的“前店后厂”的小作坊经营模式。尽管与那些日进斗金的老板比起来，小作坊的收入实在是微不足道，但与那些普通的上班族相比，显然还是要富裕不少。

阿发是一个小富即安的人，生活已经算得上富足的他对于事业并没有多大期待，只要能够维持现状就好，因此他的经营策略趋于保守。而阿展则恰恰相反，他时常利用闲暇时间去业界知名的家具厂商处进行考察和学习，看着人家的经营模式和时尚新潮的家具产品，阿展心中充满了期待，他希望自己的事业有一天也能达到这样的高度。有了期待就有了奋斗的动力，此后阿展结合自身现状以及实际情况，制定了一个严密的扩大发展战略，并始终坚持按照自己的发展规划走，不管遇到怎样的困难，都要雷打不动地完成发展目标。

一年后，阿展的小作坊发展到了 20 人的规模，其中业务员 7 名，财务 1 名，送货员 2 名，木匠师傅 10 名。为了拓宽销路，就必须改善家具品种。光做老样式是没有出路的，于是阿展自掏腰包安排木匠师傅去大型家具厂进修学习，一来学习对方的新式家具制造方法，二来要通过学习提高根据客户需求设计新式家具的能力。很快，阿展生产的新式家具就获得了很好的市场反响，借着这股“东风”，小作坊一跃成了集家具制造、销售、加盟为一体的有限责任公司。

为什么兄弟俩的创业条件几乎相同，结出的果实却完全不同呢？实际上，这也从另一个侧面验证了“期待效应”。一个没有任何期待的人，是不可能给自己人为设定期望值和期限的，没有规划没有目标，其结果必然是得过且过、浑浑噩噩；反之，对未来充满期待的人，内心则往往充满干劲，这不仅能有效克服拖延等不良工作习惯，还能激发人的潜能，大大提高人的工作效率。这也正是阿展获得巨大成功的最关键因素。

人们常说“生活要有奔头”，其实这里所谓的“奔头”就是指“期待”和“希望”。既然“期待效应”能够带来如此大的好处，那岂不是期待越高越好？如果你持有这种想法，就大错特错了。美国著名心理学家和行为科学家维克拖·弗鲁姆在《工作与激励》一书中指出，某一活动对某人的激励力量，取决于他所能得到结果的全部期望值乘以他认为达成该结果的期望概率。如果期望过高，我们总是无法达到所期望的结果，那么期望所带来的激励效果就会大打折扣；唯有合理的期望值才能有效调动一个人的工作积极性，并激发出其内在的工作潜力。

那么，怎样才能找到适合自己的期望值呢？对于不合理的期望值又该如何调整呢？

1.实事求是地认识自己

在现实生活中，总是有不少自视甚高的人，他们没有做出过任何成绩，却一厢情愿地以为自己怀才不遇。一旦我们对自己的认识过高，那么所期望达成的目标自然也会水涨船高，这样一来，一旦无法达到目标，我们的精神就会遭受沉重的打击。

要想避免这种情况，就必须实事求是地认识自己，站在一个客观的角度去审视自己的优势和缺点。为了避免认识误差，我们还可以通过征求周围家人、朋友、同事等人的意见来从侧面认识真实的自己。什么马就应该配什么鞍，自己的能力有多少就要给自己设定怎样的目标，只有这样才能避免因期望值过高而受挫。

2. 跳一跳脚要能够得着

如果我们所期望的事情不费吹灰之力就能办到，那么期望值本身的激励效果也就无从谈起了。只有超出平常水平的期望才能激发我们的潜能。在为自己设定期望值和目标时，一定要遵循这样一个原则，即跳一跳脚能够得着。这样既能给潜能的发挥预留出充分的空间，又能避免因期望值过高而无法达到，可谓一举两得。

从某种层面上说，人们对已设定的期望是否可以达到的判断，完全是根据以往的经验进行的主观判断。这就要求我们具备一定的估算能力，如果在设定期望值和期限时出现过大的误差，往往也会影响“期望”激励效应的正常发挥。

每个阶段有每个阶段的期望值，要想让“期望效应”一直发挥正能量，就必须学会用发展的眼光看问题。上一次顺利达成了目标和期望值，那么这一次的期望值就可以定得稍微高一些；自己的起点比他人高，那么大家一起制定期望值的时候，可以适当比周围人高一些；假如付出了很多努力还是没能达到之前预定的目标，那么下一次可以考虑适当降低期望值。

期望值的调整是一个长期发展变动的过程，是不可能一蹴而就的。我们本身的工作能力在变化，所处的社会大环境在变化，社会意识形态以及个人的思想等都在变化，唯有将期望值放在这些复杂的现实中，我们所调整的“期望值”以及所设定的期限才是有效果、有意义的，我们必须谨记这一点。

做决定的时候快一点

“我再也忍受不了如此枯燥乏味的工作了。有时候觉得一分钟都待不下去，可是一想到辞职，我又免不了打退堂鼓。房贷要还，孩子上幼儿园要花钱，日常吃穿住行也要花钱，短期内没有收入怎么办？辞职后找不到合适的工作该怎么办？”实际上，工作也是一个“围城”，外面的人想进来，里面的人想出去，有一些人在两者之间徘徊、权衡，结果想得越多越难以做决定。

世界上没有十全十美的工作，几乎任何一份工作都有其自身的利弊。面对这些利弊，我们常常需要在关键时刻做出一些事关重大的决定。不确定是否要辞职，不确定是否要转行，不确定这个工作难题该怎样解决，犯错后不知道该怎样面对领导的责难……每个人的职业生涯都会面临这样或那样的选择，当我们面对这些难以取舍的问题时，思考、犹豫是必然的，但如果一个人过于优柔寡断，就会造成时间上的拖延，从而错过可遇而不可求的天赐良机。

很多时候，思虑越多麻烦也就越多，因为快速决断，立即去做才是最为关键的。俗话说“机会不等人”，现代环境复杂多变，一旦你因犹豫和拖延而错过了机会，只能是追悔莫及。反倒不如放下那些所谓的心理负担，轻轻松松上路，还可能取得一线生机。

过分的思虑只会消耗掉我们原本就十分有限的精力，一旦我们把精力都放在了犹犹豫豫的前思后想上，那么工作时自然就会精力不足、时间不足，产生“拖延”的坏习惯也就不足为奇了。如果你至今仍然陷于“思虑”而无法快速行动，那么你或许应该做一次深刻的自我反思。生活就像一团乱麻，总会有许多解不开的疙瘩，仅仅因为犹豫就拖拖拉拉，甚至因此而错过了成功的机会，无疑是世界上愚蠢的事情。

老秦是20世纪80年代的大学生，毕业后被分配到一家大型国有企业，成了一名人人都羡慕的技术员。在当时，这可是万里挑一的“金饭碗”，老秦本人也十分珍惜这份来之不易的工作。原本以为工作和生活都会这样毫无波澜地继续下去，但谁也没想到，已经30多岁初为人父的老秦，面临了自己人生中的一次重大选择。

随着改革开放的浪潮日益高涨，很多国有企业员工纷纷辞职南下淘金。在这样的大环境下，老秦想不动心是不可能的。当时，老秦的一个同为技术员的同事A打算前往深圳进军IT行业。

然而当同事A邀请老秦一同递交辞职信的时候，老秦却陷入了犹豫。

“家里年迈的父母万一生病怎么办？”

“孩子年纪还小，没有爸爸在身边会不会影响他的健康成长？”

“一旦辞职，没了这份稳定的收入，南下掘金再不顺利，赚不到钱的话，一家人的温饱怎么解决？”

“自己这样抛家舍业，把一切生活上的事务都抛给妻子，会不会破坏夫妻间原本良好的关系？”

既担心丢掉稳定的工作，又害怕即将到来的未知生活，老秦就在这样的心理拉锯战中艰难思考着。有时好不容易下定了决心，结果第二天就会自己推翻，于是又继续重新思考权衡……经过一轮又一轮的思考，老秦终于决定辞职南下，这时候距离同事A辞职已经过去了整整一年。

思虑过重往往会吞噬掉我们的行动力，从而造成工作上的“拖延”。老秦正是因为思虑过重，所以南下深圳的事情才会一拖再拖，竟然拖了整整一年。但就是这一年的时间，却注定了同事A与老秦命运的截然不同。互联网行业的竞争比其他行业要激烈得多，谁能领先一步，谁就能快速占领市场，成为行业老大，而慢一步则会步步赶不上。

老秦南下深圳时已经是20世纪90年代初期，同事A因为早到一年，正好赶上了国内互联网行业的重新洗牌。A与自己所在的公司熬过了最困难的时期后，终于迎来了春天，他也自然而然地被提拔为管理人员。此外，他还因为出色的工作表现获得了不少企业内部股。而老秦则恰恰错过了这个时期，因此只能按部就班地工作。

人们常说时势造英雄，有时越是行业动荡、公司动荡的时候，越是充满机遇的时候。一旦进入了平稳发展期，那么不管是升迁机会还是职业发展空间都会大大受限，老秦就属于这种情况。一转眼十年过去了，同事A随着公司的上市，早已经凭借内部股票成为千万富翁，在公司内部也已是颇有声望和地位的元老级人物，而老秦兢兢业业的努力也只换来了一个部门主管的小职务。

因思虑过重而引起的拖延往往会让我们在不知不觉中丧失最为宝贵的机遇，如果当初老秦能够和同事 A 一样快速做出决定，而不是在犹犹豫豫中一拖再拖，那么老秦今日的职业现状又将会是怎样的呢？然而时光不能倒流，如今，老秦也只能悔恨自己当初的“拖延”了。

事实上，在现实生活中，有相当一部分人都有类似老秦的困惑，这完全是由于思虑过重而引起的“拖延症”。要想克服这种症状并非不可能，我们不妨按照下列方法进行尝试。

1. 对自己狠一点，成功就近一点

如果前怕狼后怕虎，注定永远找不到新出路。有时我们自以为安全的“拖延”做法，只会毁灭自己的美好前程。俗话说“困难像弹簧，你弱它就强”，事实上你越是胆小怕事，就越容易被思想包袱所累，最终因为“拖延”而落得一事无成。不如抛开一切，孤注一掷快速做出决定，反而可能会赢得一线生机。

实际上，不论我们做什么，都不必过分去预料结果，因为每当你考虑结果时，总免不了想到一个无比糟糕的结局。畏畏缩缩是成不了什么大器的，想成功必须主动出击，下决心时对自己狠一点，自然就能离成功近一点。

2. 要善于快速抓住机会

经常迟疑不决的人，通常抓不住最好的机会，注定是个失败者。如果我们遇到一点小事就要思来想去，犹豫不决，甚至还要花费大把时间和很多人去商量，那么不仅有迷失自己真正方向的危险，还很可能会错过千载难逢的好机会。

或许有人会说，决策果断、雷厉风行的处事不保险，可能会犯错误，但这总比只说不做要强得多。人要懂得在有限的生命、有限的精力以及有限的才智情况下，用最快的速度做出最正确的决定。如果犹豫不决或一味纠缠那些毫无结果的东西，到头来很可能是竹篮打水一场空。遇到机会就要不惜一切代价地抓住，这时候尤其要当机立断，因为你稍一犹豫，结果就会大不相同。

3. 修炼出一颗智慧的取舍心

有些人时常纠结于患得患失的精神痛苦之中，不得解脱之法。所谓有舍才有得，大舍大得，小舍小得，与其整天都生活在忧虑之中，把时间浪费在担惊受怕、苦苦思考上，反倒不如快刀斩乱麻，迅速做出决定并迅速行动。

站在河的此岸呆立不动的人，永远到达不了彼岸，所以说，做人做事都要干脆，不仅要努力去争取，而且对自己多余的、次要的、得不到的和不属于自己的，该放弃就要果断放弃。就像下象棋时，一旦帅被将、无路可退，必须果断“弃车保帅”，稳住阵脚，这样才有机会反败为胜。取舍有当是一种智慧，在人生的关键时刻，我们必须审时度势，学会适当放弃，这样才能够利用更多的精力去争取真正属于自己的东西，才不会因为拖延而陷入万劫不复的深渊。

第五章　提高速度和效率，拖延就追不上你

“时间管理之父”阿兰·拉金说：“勤劳不一定有好报，要学会掌控你的时间。”金钱可以存储，知识可以积累，但时间一去不回头，要想让自己远离拖延，必须要有管理时间的意识。只有善于管理时间，才能达到事半功倍。

不设计时间，拖延就陪着你

许多人忙来忙去，最终只是穷忙，他们只知道埋怨自己命运不好，没有一个好家庭、好工作，甚至感到生活真累。可惜他们不知道怎样利用时间，怎样安排和设计时间，告别拖延症、提升执行力成为空谈，往往也使自己的生活不如意。

“唉！工作又没完成”“哎哟！我怎么又忘了健身”“我真后悔，一辈子竟一事无成”，日常生活中我们总能听到这些人的叹息声。我们不禁要问，他们为什么不事先设计好自己的时间呢？

当郑磊走进办公室看到桌子上一摞摞报表时，感到非常头疼，但迫于工作，只好静下心来翻看每一张，当看到一半的时候，秘书走进了他的办公室说：“副总，一位客商要求见您一面。”郑磊不在意地说：“让他先在会客厅等一会儿，我马上就过去。”

当他用大约一杯茶的工夫翻阅完这些报表走进会客厅时，看到那位客商正不耐地在里面踱步徘徊。于是他满脸堆笑地对客商说：“对不起！我工作太忙，让您久等了。”

客商听到他这句话，说：“如果你实在没有时间，不如我们改天再谈吧！”于是那位客商走出了会客厅。

眼看着到手的肥肉，怎么会一下子就失去了呢？郑磊一时感到迷茫。

第二天，董事长找郑磊谈话说：“公司决定撤你的职，并决定辞退你。因为你不符合本公司的业务要求。”

郑磊急着说：“怎么回事？我为了公司可没少卖命，怎么您一句话就把一个高级职员给辞了呢？”

董事长见他仍然执迷不悟，气急地吼道：“你这笨蛋，你把我 1000 万的生意给搅黄了，你知道吗？”

郑磊终于明白其中缘故，原来是自己的一句话惹恼了客商。他想起了初来这家公司的时候，在公司的员工须知专栏里有这样一段话：“时间至关重要，凡本公司员工必须一律遵守时间，任何人不能无故迟到或早退；要按时完成任务；要做好时间安排，哪怕是最小的细节也必须在日程安排中列出来并付诸实施。”

郑磊并不是很忙，而是没有设计好自己的时间，不仅被上司给辞退了，也给自己带来了痛苦和烦恼。郑磊的一句话惹恼了客商，可想而知，设计时间是多么重要。

有些人总觉得被戴在手腕上的那块手表控制自己没什么必要，便可以浪费时间更准确地说就是混时间，到头来生活平平，一事无成。有些人则很会设计自己的时间，他们守时、准时和省时。他们先设计好自己的时间计划，然后再行动，这样就不容易使自己在实现目标的过程中浪费时间了，从而大大提高了达成目标的效率。

要想告别拖延症、提升执行力，如果不设计时间，只是盲目地去追求自己的目标，最终也许会走到拖延的沼泽地，让你终身难以自拔。

拥有执行力，远离拖延

“执行”就是一个人对于工作无条件地接受，并且能够在规定的时间内完成并做出答复和反馈。简单来说，执行就是“有命必复，使命必达”。有人说“执行精神保证一切”。的确如此，执行精神保证了忠诚、绩效、结果、责任。“在限定时间内必须给一个结果”是执行精神的核心要求，而执行精神则影响着一个人的发展前途。

下面是上海锦江饭店在紧迫的情况下也能够按时、保质、保量地完成任务的成功案例。

1977 年 11 月 4 日，“由于恶劣的气候，巴基斯坦齐亚·哈克将军等 75 人乘坐的专机不能降落于北京，最后经商榷决定，两小时后降落于上海，请立即做好迎接准备”。这突如其来的紧急任务让上海锦江饭店应接不暇。

上海锦江饭店的经理任百尊忧心忡忡地放下电话。这该如何是好？这么短的时间该如何准备？这可是迎接外国贵宾的重大任务，千万不可马虎。但是怎样才能够顺利地完成接待任务呢？任百尊缓过神来，立即通知相关人员召开紧急会议，他强调：“专机在两个小时之后就会抵达上海，所以我们必须在两小时之内将 75 套客房、100 辆轿车组成的迎宾车队、200 多人的用餐妥善地准备完毕。大家有没有信心？”

命令一下，全体员工都清楚地明白这次任务的重要性，都一丝不苟地工作着。在还剩下 20 多分钟的时候，任百尊对员工的工作成果进行了检查。他首先来到了 VIP 套房，推开门房间里焕然一新，光鲜亮丽、一尘不染。他审视了一下床头的插花，只见插花造型新奇、典雅大方。当检查完所有的客房之后，他看到所有的服务员都面带微笑地准备就绪，就在这时厨师长也打来电话，向任总报告：“厨房一切都安排妥当！”任总看了看手表，比规定的时间整整提前了 10 分钟。任百尊这时接到上级的电话：“国宾车队已到达淮海路与茂名路交叉口，两分钟后将抵达饭店。”

齐亚·哈克将军对于锦江饭店所准备的一切服务都非常满意。直到这一刻任百尊经理悬着的心才慢慢地放了下来。他后来回忆说：“接待国宾一般都是这样紧张，像这样时间紧、任务急的任务对大家的要求是必须要像打仗一样，兵贵神速。”

仅仅用 120 分钟的时间就能够完成如此紧急高质量的任务，这似乎是一般人不能够想象的。如果没有“在限定时间内必须给一个结果”的执行精神，万无一失地完成这样高规格的接待任务几乎是不可能的。

“在限定时间内必须给一个结果”这句话表面上听起来不近人情、非常苛刻，但是却可以在非常短的时间内激发出一个人最大的潜能。如果将这样的执行精神带到工作中，对提高一个人的执行能力会有着非常重要的作用。这样一来无论接到什么样的任务，都会在最短的时间里把握好时间，安排好任务，有节奏、有步骤地去完成任务，从而取得令人满意的结果。

陈家乐刚到公司不久后就接到了一个“讨债”的艰巨任务。由于一家公司在一年前就买了340万元的设备，直至今日还没有将剩下的30多万元全部付清，所以上司决定派陈家乐将这笔债要回来。

经过好几个回合之后，陈家乐发现无论他怎么软磨硬泡，对方公司的严总就是不肯将剩下的欠款付清。陈家乐心想这样下去也不是办法，眼瞅着3个月的试用期就快满了，还是毫无进展。而唯一的收获就是和对方公司传达室的李师傅成了“熟人”。此时，他决定从李师傅这里寻找突破。

一天，陈家乐从李师傅那里得知严总将要去参加一个“重合同、守信用”的表彰大会，他心里暗暗地窃喜了一下，一定要抓住这千载难逢的机会。他拿出纸和笔写了几行字，就朝着表彰大会直奔而去。

当严总发表完表彰感言从台上下来之后，陈家乐悄悄地走到他身边说道：“严总，您的发言真是太精彩了，知道您也是非常讲信用的，您看我们公司的那笔余款是不是该付清了？”严总立马说道：“没问题，回公司就把你这问题解决了。”

“哈哈，我就知道严总您是一个言出必行的大老板！不过您是个大忙人，就不劳烦您来回跑了。这样吧，您只要在这个条子上签个字，剩下的事情交给我来办就好啦。”严总看了一眼纸上的字，瞟了陈家乐一眼，不由地笑着说：“还真有你的…”大笔一挥，签上了自己的大名。陈家乐拿着签了严总名字的字条，赶到了严总的公司顺利把欠款结清了。那么，这张纸条究竟有什么样的魅力，使得拖延欠款已久的严总不得不签?

原来，陈家乐写的是：“拖欠 ×× 公司余款至今未还，今天务必将剩下的余额如数结清！”

陈家乐凭借这份功绩使得公司的领导对他另眼相看，在试用期未满的情况下破格转为正式职员，为他今后的发展奠定了基础。

在限定的时间内必须给出一个结果，需要永不放弃、敢于承担责任的精神；在限定的时间内必须给出一个结果，需要有超强的执行能力、敢于突破自己。因此，我们要加强自己的执行意识，在规定的时间内给出一个让人满意的结果，从而成就自己的一番事业。

不打折扣，高效复命

任何工作都必须做到位，“有命必复”就是落实到位的体现。公司要的是结果，而不是问题，否则，复命就毫无意义。在复命的过程中，可能会遇到一些困难和挫折，但应该“有命必复，使命必达”，全力以赴，克服一切困难达到目标。

王顺友是四川省凉山彝族自治州木里藏族自治县邮政局的投递员，在2007年被评为“全国道德模范”。他一直从事着一个人、一匹马、一条路的艰苦而平凡的乡邮工作。邮路往返360公里，月投递两班，一个班期为14天。20多年来，他送邮行程达26万多公里，相当于走了21个二万五千里长征，围绕地球转了6圈！

王顺友担负的邮路，山高路险，气候恶劣，一天要经历几个气候带。他经常露宿荒山岩洞、乱石丛林，经历了被野兽袭击、意外受伤乃至肠子被马踢破等艰难困苦。他常年奔波在漫漫邮路上，一年有330天左右的时间在大山里度过，无法照顾多病的妻子和年幼的儿女，却没有向组织提出过任何要求。

为了排遣邮路上的寂寞和孤独，娱乐身心，他自编自唱山歌；为了把信件及时送到群众手中，他宁愿在风雨中多走山路，改道绕行以方便沿途群众，而且还热心为农民群众传递科技信息、致富信息，购买优良种子；为了给群众捎去生产生活用品，王顺友甘愿绕路、贴钱、吃苦，受到群众的广泛称赞。

20多年来，王顺友没有延误过一个班期，也没有丢失过一封邮件、一份报刊，投递准确率达到100%。2005年，王顺友应万国邮政联盟之邀，飞赴瑞士，为万国邮联行政理事会作关于中国邮政普遍服务的报告。自万国邮政联盟的理事会1874年成立以来，王顺友是受邀作主题报告的第一个普通邮递员！他的成绩赢得了全世界的敬意。

王顺友之所以卓越，是因为他具有一种复命精神；不管多累多苦，他都要尽快将信件交到老百姓的手中，高效地完成自己的任务。

那么，何谓及时复命制呢？及时复命制也被称为四小时复命制，可以解释为：对任何命令，无论是否完成，执行人都要在规定的时间内向下令人复命。需要严格遵守的是，复命的时间不要超过四小时，所以称为“四小时复命制”。也就是说，有命必复是四小时复命制的核心，事情只要布置下来，就必须在四个小时内进行复命。

当然，除了“四小时复命制”外，还有“八小时复命制”“二十四小时复命制”等相关制度。在许多公司里，优秀的员工会根据任务的基本性质，按照限定的时间进行高效的复命。“四小时复命制”“八小时复命制”等制度的有效运行，是优秀企业文化的集中体现，同时也是员工对复命精神不懈坚持的结果。

具体来说，要将任务不打折扣地执行，高效复命，需要做到这几个方面。

1. 做了不行，做好才行

“做了”与“做好”，虽然只一字之差，却有本质区别。“做了”只是做过这件事，但没有保证结果；而“做好”不仅仅是做过这件事，而且结果很好，这意味着对组织的目标负责、对工作的质量负责。一个人执行力强不强，关键就看他是重视“做了”还是重视“做好”；一个企业抓执行是不是抓住了关键，也要看管理的重心是不是放在“做好”两个字上。

执行不打折扣，绝对不能满足于“做了”，否则不仅浪费资源，还会让自己的进取心逐渐麻痹，该有的效率出不来，未曾预料到的陷阱和危机却不期而至。工作只停留在“做”的层面是毫无意义的。执行的关键就在于到位，执行不到位，就等于没执行。

2.“负责”不够，还要“负责到底”

一个员工首先应对自己有一个工作做到位的标准，凡事要求自己做到位，负责到底。表现在行动上就是不能敷衍了事，一定要认真勤奋，把别人浅尝辄止的事做得一丝不苟，把每一件细小的事，认真做到最好。

“负责到底”还要求从始至终地坚持做到位。有些人经常在做了90%的工作后，放弃最后能让他们成功的10%，甚至相当一部分人做到了99%，只差1%，但就是这一点细微的差距，使他们在事业上难以取得突破和成功。因此，负责到底就是一定要坚持不懈地做下去，不打折扣地执行，做到位。

3.丢掉“差不多”思想

执行中的“差不多”，结果往往会差很多。只有100%才是合格，不能有一点疏忽。因此，要彻底摒弃“差不多”这样的想法，凡事尽力做到100%。只有100%的结果才是能够让人满意的复命结果。

4.对自己高标准、严要求

高标准、严要求就是要有追求卓越、追求完美的执行力。一个人的成功取决于他无论做什么都力求做到最好，他无论从事什么工作，都绝对不会轻率、疏忽。因此，在工作中应该以最高的标准来要求自己，尽可能地把工作做得比别人更快、更准确、更完美。

用最高的标准要求自己是一种高效复命意识的体现。在工作的时候，就意味着做到让客户100%满意，让客户感受到超值的服务。这就是卓越员工工作的唯一标准。这样的标准在实际工作中，一方面将造就优秀的员工，另一方面将造就成功的企业。

让你的时间增资

不难发现，对于一些拖延者而言，他们总是在抱怨工作太忙，而事实上，他们一直在忙于做一些毫无成效的事情，比如，在办公室看电视、上班时间打长时间的电话等，如果你也是如此，那么，你必须要调整自己的工作状态，因为完成了那些不值得做的事情是不会给你的工作带来任何成功的。只有集中精力完成那些值得去做的事情，才会高效地完成工作。

无论何时，如果你为一些错误的事情而工作，那么无论你做了多少其实都是在拖延时间。如果说有某种必须遵循的法则能帮助你把工作调整到一个良好的平衡状态，那么它就是一百多年前由意大利经济学家帕累托提出的 80/20 法则（也叫二八法则，二八定律）。帕累托指出：在任何特定群体中，重要的因子通常只是少数，而不重要的因子则占多数，因此只要能控制具有重要性的少数因子即能控制全局。当然，习惯上二八定律讨论的是顶端的 20%，而非底部的 80%。

同样，在我们手头所需要处理的事情中，真正能起到作用的或重要的也只是少数，因此，你需要在可以利用的时间里尽最大努力去工作，在最重要的事情上竭尽全力，而不要在不重要的事情上浪费精力。学会在几件真正重要的事情上力争上游，而不是在每件事情上都争取有上乘表现的人，可以使他们自己的生活发生根本的变化。什么工作都要抓，往往可能导致什么也做不到。

根据80/20法则，我们可以看出，人如果利用最高效的时间，只要20%的投入就能产生80%的效率。相对来说，如果使用最低效的时间，80%的时间投入只能产生20%的效率。一天头脑最清楚的时候，应该放在最需要专心的工作上。与朋友、家人在一起的时间，相对来说，不需要头脑那么清楚。所以，我们要把一天中20%的最高效时间专门用于最困难的工作中。

威廉·穆尔是美国著名的企业家，他曾经在为格利登公司销售油漆时，头一个月仅挣了160美元。

随后的一段时间，他仔细研究了犹太人在从商上经常用到的“二八法则”，然后再将这一法则运用到自己的销售中，并分析了自己的销售图表。他发现他80%的收益却来自20%的客户，但是他过去却对所有的客户花费了同样多的时间—这就是他过去失败的主要原因。

于是，他要求把他最不活跃的36个客户重新分派给其他销售人员，而自己则把精力集中到最有希望的客户上。不久，他一个月就赚到了1000美元。穆尔学会了犹太人经商的二八法则，连续九年从不放弃这一法则，这使他最终成为凯利－穆尔油漆公司的董事长！

此处，我们看到的是，花费20%的时间和精力就能得到80%的回报。80/20法则告诉我们绝不要将自己的时间和精力浪费在那些琐碎的事情上，也就是要抓住主要矛盾。毕竟，无论是谁，精力都是有限的，要做到面面俱到或者照顾到每一件事几乎是不可能的，这就更需要我们懂得合理分配时间和精力的重要性。

根据二八法则，我们在时间管理中，可以总结出以下两点。

1.始终把精力放到最重要的事上

不管是工作、学习、人际关系等，你只做重要而且是必要的任务。以不同的职业为例：

如果你是一名销售人员，你的优先顺序就是打电话约见客户，然后准备销售的工具以及材料，到客户那儿去，向客户介绍产品，最后签订订单。

如果你是一名销售经理，你的工作可能就是把产品的知识传授给属下，统计整个单位或部门的业绩，走访一些重要的顾客，把下级的一些意见反映给上级等。

如果你是一名职业经理人，你的工作大部分时间应该用在规划、组织、用人、指导、控制上。

所以，每一个人，因为他工作的角色不同，只做重要及必要的任务。

2.集中精力，全力以赴

每个人的角色不同，应根据当时的状况设定目标，并以每一次能够最完美地完成目标为原则，这样在计划周期结束时，每个人至少都处理了重要事情。

从这里，我们能看出设定优先顺序的好处，优先顺序就是决定哪件事情必须先做，哪件事情只能摆在第二位，哪些事情可以延缓处理，即要有意识地设定明确的优先顺序，以便系统、条理地依照这个顺序处理计划里的任务。

你的热情好像一把火

很多人都有拖延的心理，并且不觉得这是多大的问题。事实上，拖延是一种很不健康的心理。一个人做事拖拖拉拉，最后很可能半途而废，甚至很多人的梦想都是在拖延中夭折的。

一鼓作气，再而衰，三而竭。之所以会有这样的情况，就是因为很多时候，人们内心的热情会随着行动的延迟而消散。人在拖延的过程中，热情越来越少，精神状态越来越松懈，前进的脚步就会越来越慢。

希腊神话中，爱神丘比特脑海中瞬间的灵感造就了智慧女神雅典娜。雅典娜一出生就具备了美貌与智慧，堪称完美。事实上，雅典娜象征的就是存在于每个人头脑中的灵感和冲动。我们应当抓住头脑中转瞬即逝的好点子，抓住想要去做事的冲动，并立即将其付诸行动。因为它在这个瞬间成功的可能性最大。如果在理想产生的瞬间没有采取行动，以后便更难有付诸行动的动力了。有一句俗语是这么说的，“任何时候都能做的事，往往永远都不会有时间去做”。

一个人要想做成一件事情，首先要在脑海中有一个想法，之后则要尽快付诸行动。从人的思想开始，再到人的执行，这是不可间断的一个过程。只有将你的思想付诸行动，你才能走向成功。《为学》中两个和尚的故事很能说明问题：

在四川有两个和尚住在一个偏远的寺庙中。一个是穷和尚，一个是富和尚。

一天，那个穷和尚对富和尚说："我要到南海云游一番，你认为怎么样呢？"

富和尚看了他一眼，用蔑视的语调说："你一无所有，依靠什么去呢？"

穷和尚说："一个水瓶和一个饭钵就足够了。"

富和尚听了不以为然，他骄傲地说："我很早就想去普陀山了，我想买一艘船，乘船沿着长江去。像我这么有条件的人，都没有实现，就别说你一个贫穷的和尚了。山高路远，你只靠着水瓶和饭钵是不能达到南海的。"

然而，穷和尚也没有多说，只是准备了一个瓶子、一个饭钵就上路了。

到了第二年，穷和尚从南海回来，而富和尚却还是没有行动。听完了穷和尚一路的见闻之后，富和尚觉得很羞愧。

富和尚空有一个美好的计划，却一直拖着不实施，结果计划流产了。相比，穷和尚下定了决心去南海，很快就踏上旅程，成功实现了自己的想法。一个只有思想，却一直拖延，没有行动；另一个既有思想，又有行动。不同的态度，不同的行动，决定了他们两人不同的结果。

想象一下，一个喜欢拖延的人，他生活在一种什么样的生活状态之中呢？首先，他总是忙，因为有太多拖无可拖的事等着他，这会让他烦躁。其次，他很悲观，因为他害怕事情做不成，左怕右怕，有了什么想法都一再观望，直到机会丧失。

确实，一个人喜欢拖延，他的梦想最后恐怕也要无疾而终。当有人问约翰·杰维斯（后来的温莎公爵）他的船什么时候可以加入战斗，他回答说："现在。"对，就是现在，我们与其费尽心思把今天可以完成的任务千方百计地拖到明天，不如把这些精力省下来，马上把工作做完。很多事情都是越拖越难。因为在最初的时候，我们对工作的热情还处在高涨的阶段，这种热情能使我们在艰苦的工作中挖掘到无穷的乐趣。但随着时间的推移，热情会逐渐冷却，到了那时就算你想全身心投入工作，也很难做到尽善尽美了。举个例子，你收到一封信，看了之后，马上回复，往往比你过了一周再回复容易很多。今日事今日毕，不要老想着明天。对成功来说，最稳妥的词，就是"现在"；"明天""后天""下周""将来""以后"……往往意味着"再没可能"。万事开头难，看上去很困难的事情，如果你立即行动，实现起来可能就没有那么难了。

王攀登是某控股集团有限公司董事长兼总裁，在他还在上中专时，他班主任就评价他是一个不爱说话的人，但是，他一旦说了什么话，想做什么事，绝不会拖延。

中专毕业后的王攀登，给别人打工挣了一些钱，他便想着要建造一座新房。众所周知，乡下人盖房子差不多都是一个模样，可是王攀登却说自己想要建造一栋独一无二的房子，村里的人听了，都说他的想法太奇怪了，难以盖成，而且花费也大。

王攀登却没有犹豫，他先是四处筹钱，然后十里八村地整天跑来跑去，然后又综合不同房子的优点熬夜画了一张图纸，然后交给建筑师。不久，一所标新立异的新房建立起来了。

二十一岁的时候，王攀登用身上仅有的3000元成立了一家专售燃气灶具的零售店。后来他曾对身边的人提起他要开一家工厂，可是大家都没有当回事，以为他只是说说而已。直到王攀登建立了属于自己的加工企业，大家才缓过神来问他："你是怎么做到的？"

立即行动，只有立即行动的人，才会把自己的经历和热情集中爆发出来。这些人雷厉风行，十分珍惜时间，他们不允许自己的时间浪费在无聊的事情上，也不允许犹豫拖沓耗费自己的心气，磨灭自己的热情，正是因为这样，他们才能够做成别人不敢做的事情。

快点行动起来

有两个年轻人姜明和鲁行同一天进入一家公司工作。姜明口齿伶俐，能说会道，在公司中人缘不错，尤其是在领导面前，他从来没有说过一句错话，而且每次有领导参加的集体活动，他总是能够在众人之中突出自己：要么讲一些笑话，要么给领导敬酒，每次都能博得领导的笑容。每一次公司有什么新的发展计划，他总是会提出一个几乎完美的方案，并用最精彩的语言表达出来，让人听了热血沸腾。可他有一个毛病，就是每次做完计划之后，就把它抛在脑后了，很少去执行。

而鲁行却和姜明恰恰相反，每次领导在的时候，总是默不作声，该怎样工作还是怎样工作，从不刻意表现什么。自己有了工作计划，就默默地去做，直到完成。有一次，姜明就对鲁行说：

“你看你，每次见到领导连句话都不说，你这样怎么能够赢得领导的欢心呢？”

鲁行说：“我知道我自己不会表现，不会说一些冠冕堂皇的话，但我工作努力踏实，能够把自己的工作一步步完成，我想领导是不会看不见的。”

一段时间之后，由于公司要和香港一些大公司进行合作，所以需要从基层员工中选拔一位部门经理。消息一传出来，所有的人都很激动，尤其是姜明，觉得自己是最佳人选，原因就是领导很喜欢他，自己在领导面前最会表现而且最有讲演的天赋。谁知道，公司最后决定任命鲁行为经理。

姜明知道后很不服气，就去问领导：“为什么不是我？我哪一点不比鲁行强？”领导笑了笑说道：“的确，你在某些方面是比鲁行强，比如你语言表达好，每次都能让大家感觉到你很能干，但是你却忽略了一点，工作不是空谈，而是脚踏实地做，实干的人才是工作中最好的执行者。”

确实，不论一个人嘴上再怎么夸夸其谈，没有行动，再好的计划也只是空想。优秀的员工都懂得只有行动才能证明自己的能力，用行动来替自己说话。工作中，只有重视实际执行的人，才能够提高自己的工作效率和工作成绩，才能为自己找到更广阔的发展空间。

我们要努力做一名能为企业创造经济效益的优秀员工，一名能够推动企业健康发展的优秀员工，只有行动、只有去做才会实现，空谈是不可能帮你实现的。执行重于一切，它能帮助你去做你不想做而又必须做的事，同时也能帮助你去做那些你想做的事，它更能帮助你抓住意想不到的宝贵时机。

执行，需要的就是一种坚持到底的信念，有了这种信念，才能不计代价，战胜困难，使命必达。抱有这种态度的人，在执行工作的过程中从不会因为遇到困难而停止脚步，更不会在困难面前退缩，而是勇敢地去面对，积极地想办法。他们清楚，只要积极主动地面对，就一定可以找到排除困难的办法。

吴菲是一家公司的业务员。因为所学专业与她的工作并不对口，看着同事出色的业绩，她十分沮丧。公司里各种各样的琐事让她喘不过气来，她感到对工作和生活都失去了激情，整天愁眉苦脸，甚至怀疑自己的能力。

终于，吴菲找到老板要求调换工作。老板非常看重吴菲的聪明才智，也深信吴菲是位出色的业务人员。于是，他耐心地和吴菲谈了一次，并把一个非常重要、难度较高的项目交给吴菲。

回到家后，吴菲开始自我反省，并努力思考完成任务的方法。

老板交给她的项目虽然在别人眼里几乎是不可能完成的，但吴菲把自己的状态调整到最好，工作效率也大大提高，几个月后，她相当漂亮地完成了这个“不可能”的任务。

在完成任务的过程中，我们总会遇到很多困难，如果我们像吴菲一样坚持不懈，就一定能够突出重围。倘若遇到困难便退缩，所有的努力都将白费。

在奋斗的过程中，坚持是制胜法宝！世界上最容易的事是坚持，最难的事也是坚持。一个人想干成任何事，都必须拥有恒心和毅力，只有坚持不懈才能取得成功。特别是各种困难让你难以继续的时候，更需要你不松懈、不放弃，一如既往地努力下去，直到最后成功。就如英国思想家塞·约翰生所说：“能否成大事不在于力量的大小，而在于坚持多久。”

如果你有能力，业绩却远远落后于其他人，最好自我反省一下：自己是否全力以赴、坚持不懈地把工作进行到底了？全力以赴，绝不轻言放弃，这需要员工对工作满怀激情，对企业充满忠诚，更重要的是，对自己的事业充满信心。只有经得起风吹雨打及种种考验的人，才是最后的胜利者。

抓住重点，命中红心

不能立刻接受上司的任务，做不到“无条件执行”，很多时候是因为自己觉得执行起来有难度。其实，困难是自己想出来的，没有真的遇到，你怎么知道会有这些困难呢？你怎么知道这些困难是你克服不了的？

你感觉上司布置的任务对你而言困难重重，是因为你没有抓住问题的重点和关键。一旦你从心底里认为这个任务实行起来有困难时，你就已经开始软弱。这时如果你所想的只有逃避的理由，你就会不断地为自己“增添”困难，从而令你越来越相信这个任务绝对完不成。

当你觉得任务困难重重时，不妨问一下自己：“最大的困难是什么？”“真正不可能克服的困难到底有几个？”通过分析，你会发现真正的困难其实不多，最多只有一两个。而其他所谓的困难，不过是乘虚而入的借口罢了！

当你发现真正的困难后，就抓住这个困难，集中火力“攻击”。

这时，你可以向上司询问与这个困难相关的信息。放心，你的上司绝不会因此而责怪你。上司布置任务时，最怕任务被推来推去。这时，你的发问证明你已经接受并开始执行任务，证明你已经经过分析，做好准备去执行任务了。而且，你经过分析而提出来的疑问，恰恰也是包括上司在内的所有员工的问题。

从你一针见血的问题中，你的上司会看到你的分析能力，以及你丰富的工作经验。其实这些你的同事都有，甚至比你更多。但上司只看到你，是因为你抓住了问题的关键，不被其他无关紧要的事情影响而迅速进入思索状态。

做到这一点，你就能让上司的眼睛一亮。在上司眼中你就是比别人强，你就是众人之中的佼佼者！

一天，经理召开了促销会议："今天是星期一，在星期天之前，必须把库存的四百箱绿茶都卖出去！"

促销员们都纷纷摇头表示不可能……还有的促销员算起了账："一箱绿茶十二瓶，四百箱就有四千八百瓶！好家伙，一天要卖出八百瓶！"

这时，促销员邓成问经理："有没有礼品馈赠？促销点设在哪里？产品宣传由谁设计？"

大家纷纷静下来，竖起耳朵等待经理的回答，因为这几个问题可是促销的关键！经理用赞许的眼光看着邓成说："公司确实安排了礼品。礼品是环保袋和水杯，销售点位于学校、商场等地。既然你提出了问题，那产品宣传以及这次的促销任务就由你来负责吧！"

会议结束，邓成马上查找资料，积极进行准备工作。一周之后，绿茶虽然还是没有全部卖出，但也所剩无几了。

邓成的分析能力和工作态度给经理留下了深刻的印象，他的宣传设计和促销成果也使经理大为赞叹。不久后，邓成就成了促销点的负责人。

邓成在接到任务时，没有像其他促销员一样，为任务的执行寻找困难。他马上接受任务，并开始思索促销的核心问题，找出解决促销困难的关键，然后及时向经理发问。

事实上，即使邓成没有发问，经理也会告诉大家公司确实安排了礼品。礼品是环保袋和水杯，销售点位于学校、商场等地。

因为上司不会故意刁难员工，上司也需要业绩。

所以，对上司而言，邓成的发问虽然作用不大，但是却体现了邓成分析能力和业务精通程度，以及他果断执行任务的态度。

几乎所有的促销员都知道，礼品和促销点对销量的重要影响。但是在那一刻，他们都被看似难以完成的指标吓住了，只有邓成保持清醒、抓住关键，提出了解决问题的思路。那么，邓成的脱颖而出，直至走向成功，自然是顺理成章的了。

一分钟都不拖延

1935 年 2 月 26 日，红军在二渡赤水后，回师遵义，要二占娄山关，二夺遵义城。而贵州军阀王家烈派部队从遵义出发，企图在红军到达娄山关之前将其阻截。大约 11 点钟，红三军团司令员彭德怀得到这一情报。敌方部队距离娄山关还有两三千米的路程，为了抢先占领有利地形，彭德怀命令红三军团全速跑步前进。

结果，敌人没有跑过以行动神速著称的红军，红军比敌人早 5 分钟占领了娄山主峰。彭德怀率领部队登上了峰顶俯视遵义方向时，发现山北侧的敌军距离他们只有 100 多米远。随即，红军利用居高临下的地理优势，以雷霆万钧之势，向山下的敌人猛攻，打得他们抱头鼠窜。

在随后的几天里，红三军团和红一军团会合，一鼓作气消灭敌人两个师和8个团，取得了长征途中第一次重大胜利。

在长征途中，红军之所以能够在敌人的围追堵截之下夺关渡河，克敌制胜，关键的一个因素是行动神速，比敌人早几分钟占据战场枢纽，比敌人早几分钟到达目的地，比敌人早几分钟渡过河。一位红军将领曾说过："我们不需要比敌人快很多，也许只需要一分钟。但是，早一分钟，我们就具有了优势。"

"兵贵神速"这一战略执行原则，为古今中外所有的军事家所推崇。在战争中，无论是寻找战机，还是采取行动，都要比对手抢先一步执行，使对方处于被动应战的劣势地位。

商场如战场，瞬息万变，机遇稍纵即逝。员工，作为执行企业竞争战略和战术的"士兵"，为了抢占先机，把握住机遇，在执行的过程中一定要提高速度和效率，像彭德怀指挥下的红军战士一样，"全速跑步前进"，才能做到不折不扣的执行。

然而，有些员工总是被动执行任务，更有甚者，接受任务后，不能立即行动，而是把工作往后拖延，凡事拖拖拉拉，他们擅长找出成千上万个理由来辩解为什么事情无法完成，而对如何高效完成任务想得少之又少。

执行任务的关键在于立即行动不拖延。执行不拖延是企业赢得市场、站稳脚跟的法宝之一。因而那些优秀的企业不允许自己的员工有丝毫的拖延。

在著名的埃克森·美孚石油公司，"绝不拖延"便是其公司文化之一。

有一次，总裁兼CEO李·雷蒙德和他的一位副手到休斯敦一个区的加油站巡视，当时是下午3点，李·雷蒙德却看见油价告示牌上公布的还是昨天的数字，并没有按照总部指令下调油价。他十分恼火，立即让助手找来了加油站的主管约翰逊。

远远地望见这位主管，他就指着报价牌大声说道："先生，你大概还熟睡在昨天的梦里吧！要知道，你的拖延已经给我们公司的声誉造成很大损失。因为这个加油站目前收取的单价比我们公布的单价高出了5美分，客户完全可以因此在休斯敦的很多场合贬损我们的管理水平，并使我们的公司传为笑柄。"

意识到问题的严重性，约翰逊连忙说道："是的，我立刻去办。"

看见告示牌上的油价得到更正以后，李·雷蒙德面带微笑说："如果我告诉你，你腰间的皮带断了，而你却不立刻去更换它或者修理它，那么，当众出丑的只有你自己。"

其实，无论是公司还是个人，拖延的习惯都会带来严重的伤害。没解决的问题，会因为拖延而由小变大、由简单变复杂，像滚雪球般越滚越大，解决起来也越来越难。而且，没有人会为我们承担拖延的损失，拖延的后果可想而知。

比尔·盖茨说，拖延行事的人总是弱者。对于优秀的职员来说，工作需要的不仅仅是行动，还是立即行动。商机如战机，随时都可能消失，只有立即行动的人才能把握一切。

1954年的一天，雷蒙·克罗克驾车去一个叫圣贝纳迪诺的地方，他看到许多人在一间简陋的快餐店前排队，克罗克好奇地上前去看，原来是经销汉堡包和炸薯条的快餐店，生意非常红火。人们买了满袋汉堡包，满足地笑着回到自己的汽车里。

克罗克知道，快节奏的生活方式就要到来，这种快餐经营方式代表着时代的方向，大有可为。于是，他毅然决定经营快餐店。他向经营这家快餐店的兄弟买下了汉堡包、炸薯条的专利权。

克罗克搞快餐业的决策遭到家人及朋友的一致反对，他们说："你疯了，都50多岁了还去冒这个险。"

克罗克毫不退缩。在他看来，决定大事，应该考虑周全，可一旦决定了，就要一往无前，赶快去做，行与不行，结果会说明一切，最重要的是迅速执行。

克罗克马上投资筹建他的第一家麦当劳快餐店，经过几十年的发展，克罗克取得了巨大的成功。

当今是一个竞争激烈时代，竞争无处不在。不仅企业与企业之间进行着激烈的竞争，而且在企业内部、组织内部、团队内部的员工之间也进行着竞争。避免拖延的唯一方法就是立即行动。的确，立即行动有时很难，尤其在面临一件很不愉快的工作或很复杂的工作时，我们常常不知从何下手。人最容易也最经常拖延那些需长时间才能显现出结果的事情，因此不论事情大小，都不要放任自己无限期地拖延。拟定一个复命的期限，给自己加压，并让身边亲密的人都知道这个期限，让他们监督我们如期完成。

如果你觉得工作很复杂，会导致拖延，不妨先把工作分成几个小部分，分别详列在纸上，然后把每一部分再细分为几个步骤，使得每一个步骤都可以在规定时间之内完成。

接到新的工作任务，就立即行动。诸如“再等一会儿”“明天开始做”这样的想法，一刻也不能在我们心里存在。马上列出自己的工作计划，从现在开始，立即行动吧！如果别人用两天才能完成的任务，你一天就可以“搞定”，那别人就没有理由说你不是优秀的，老板也没有理由不赏识、器重和提拔你。

第六章　永别了，拖延症

拖延症已经成了大部分人生活中的难题，明明心里想着要快快把事情做完，偏偏身体一动不动。简而言之，大部分人都是思想上的巨人，行动上的矮子。想要克服生活中的拖延症，方法其实有很多，只要能坚持下来，就一定可以取得成功。

找到方法，攻克难关

我们学习的内容，并不是完全可以根据自己的喜好进行选择的。学习不是兴趣小组，喜欢就参加，不喜欢就不参加，难免会遇到自己不擅长也没兴趣的科目。

拖延者很容易放弃那些自己不擅长又枯燥无聊的学习科目，导致偏科。走上工作岗位的人，更会有这种体会，工作中需要用到的技能，也许正是自己的短板，但是也不得不硬着头皮学。

因为学习的畏难情绪，很容易就会造成学习拖延。但是，为了对自己的生活和人生负责，还是要想办法克服，做到不害怕，也不逃避。

在众多的方法中，对自己感到难学的科目最有帮助的就是借助于外力。

1. 上补习班

现在的培训机构非常发达，任何大中小城市中都分散着各类补习班，比如雅思班、公务员考试培训班、司法考试班、设计班等等。与其自己花费大量的时间自学，收获不大，不如去报个补习班，虽然会破费一些，但是会帮你节约时间并提高成绩。在这方面，中国的家长们最舍得投入，在北京，几乎每个孩子都要上一些课外辅导班。

李蕾想去外企做行政工作，不过那里对英语的要求比较高。李蕾本来英语水平就不高，又好多年没用过了，学起来难度非常大。她本来想自学英语，还给自己制订了学习计划，可是在家学习的时候，总是看几个单词就学不下去了，最短期的学习计划也一直拖着完不成。于是她一狠心，报了一个英语辅导班，每周六、周日上课，平时自己练习口语。辅导班最大的好处，就是可以迫使她进入学习状态，尽快完成学习计划。终于在一年后，她进入了一家外资投资公司，当了一名行政人员。

虽然补习班并不能保证让你学有所成，但是它胜过孤军奋战。补习班能提供一个合适的环境。在一个特定的学习环境中，有老师的指导和约束，有同学共同学习的气氛，这些都会促使人集中精力学习，能更好地克服自学时的拖延。

2. 请家教

如果有条件的话，可以为自己请家教。这个方法特别适合于外语学习。一对一的辅导能更有效地利用时间。虽然没有了补习班的学习环境，但是家教的监督更加严格，在强制性上更有效果。

3. 向别人请教

如果没有条件上补习班或者请家教，就要懂得请教。任何学习都能找到志同道合者，他们就是你最好的请教对象。很多准备考试的人，会在网络上找到跟自己参加同样考试的小组，一些论坛或者 QQ 群，里面的人可能会分享一些学习方法和学习资料，可以和他们多进行交流。有时候，跟别人的交流也是对自己的一种监督，当你看到别人努力学习，总是有进步的时候，自己心里就会产生紧迫感，这样一来，也能有效克制自己在学习上的拖延问题。

考试与面试拖不得

不管是学生还是上班族，都免不了要面对考试，大到高考小到面试，每次考试都可能是关系到自己命运的事儿。拖延者在面对考试的问题上，不是拖着不复习，匆匆“裸考”，就是干脆能躲就躲，不参加考试。还有一种拖延表现在考场上，就是不能认真答题，应付了事，我们干脆叫它考场拖延好了。

考试不会突然自行消失，我们能做的是认清自己在哪方面拖延，并找出克服或者应对的方法。你需要问自己几个问题，好确定自己的问题出在了哪里。

考试前复习了吗？距离考试多久开始复习的？

考试迟到了吗？是因为不想考试，根本没有重视考试时间吗？

你在考场上，是认真作答的吗？有多少题目没有认真对待？

你在面试前，做了相应的准备吗？

1.明明知道要考试了，就是不肯看书

那些考试前拖着不复习的人，大致有两类。一类是对考试不重视，他们觉得考试没什么大不了，考不过又能怎么样。其实从根本上来讲，他们并不是不重视考试，而只是为自己拖延复习找借口罢了。如果真的不重视的话，干脆不考就好了。还有一类是对考试过于重视，考试给了这类人很大的压力，导致他们过分焦虑，无法集中精力学习，复习也因此而拖延。

2.临考试才发现什么都不会，干脆不考了

一些人没有参加考试，他们会说，“起晚了”“堵车了”“我在出差”等等，这不过是借口，这些人中大多数并没有为考试做充分准备。另一些没有参加考试的人则说“我根本考不过，还是不考了”“我完全没有复习，还是下次吧”，这些更为直接的话里，能反映出事情的真相：不考试是没有复习。那没复习就是因为拖延症了。

3.考场拖延

在考场上的几个小时里发生拖延，是非常难受的事。可能仅仅因为一开始的听力没有发挥好，就乱了阵脚；可能是遇到了一道怎么也想不起来答案的熟悉的题目，引起了焦虑；可能是对作文的题目没有把握；还可能是考试前发生的一点小意外……在考试中，我们没法集中精力做考试题，而是心脏怦怦地乱跳，心想“完了，完了，这次考砸了”。这种情况下，心情焦虑又无计可施，只能看着时间一点点溜走。

针对考场拖延，主要应该做好心理调适，让自己冷静下来。你需要戴一块手表，如果时间来得及，最好让自己的大脑放空片刻，闭上眼睛片刻，10秒或者20秒都可以，将前面影响情绪的事情暂时搁置一旁，整理好心情，继续答题。焦急下去，只会影响发挥，而不会起任何好作用。

4.面试拖延

上班族跳槽的频率越来越高，几乎每年春季都是跳槽的高峰期。如果打算换工作，就要提前准备。毫无准备的面试，并不会带来好结果。一些拖延者，以为只要自己想换工作就会得到好机会，对面试环节不重视、不准备。还有一些拖延者，明明知道自己不准备的话就很难通过面试，可还是拖着不做那些该做的事情。很多大公司的面试环节分为笔试和面试两部分，一些重要职位还需要再面试，等等。如果没有准备，笔试和面试都会吃亏，可能连自己能力的一半也发挥不出来。

如果打算跳槽，就需要对自己的职业方面的知识做一次补充，面试的礼仪也要重新熟悉，无论是大公司还是小公司，都不会喜欢一个看上去没有分寸的人。针对自己求职的岗位，最好准备一些技巧方面的东西。自我介绍、对行业的认知等等，都要做一次系统的总结。这样说起话来，会更有条理，千万不要以为全靠临场发挥能显示出自己的优秀，任何有能力的人，都离不开准备的过程。

考试和面试同等重要，那些看上去毫不费力的人，往往在背后经过了加倍的努力，不要迷信临场发挥。别拖着不去准备了，打有准备的仗，才更有把握。

克服你的“书写障碍”

让人烦恼不止的拖延习惯，一直在困扰我们的生活，面对那么多的拖延成因和拖延类型，很难一下就击中要害，将其制伏，如果找出拖延项，避免在大事上拖延，反而简单得多。在学习拖延方面，有一项很重要，那就是写作论文拖延。

在论文方面拖延的人非常多，不仅是学生，有些教授也会在论文上拖延。有一些观点非常流行，“人人都可以写作”“每个人都能成为作家”等等，大概就是说人人都具备写作的能力，而且有可能写好。可事实并不是人人都能写作，人人都能坚持，即使那些大作家也有写作拖延的问题。

一些在论文上拖延的学生，会对自己的导师或教授撒谎。各种幼稚的谎言都想蒙混过关，“打印机坏了，我需要延期”“正在生病，过几天交”。他们这样说的时候，丝毫也不会有愧疚感，如果得到了延期许可，他们还会暗自窃喜。可越是延期，就越是拖延，导师或教授的宽容帮不了你，因为毕业是不能延期的，如果为了一篇论文导致不能毕业，那可糟透了。还是不要再编织谎言了，那些奇思妙想不如用在写论文上。

大多数人在论文上拖延，是因为出现了写作障碍。这种感觉在很多作家身上也出现过，他们说：“我没法动笔，没法针对某个主题进行撰写。”这和论文拖延者的问题几乎没有区别。论文是一种严谨性、逻辑性很强的文体，还要运用海量的信息、缜密的思考才能完成，是一项非常有难度的工作，难怪很多人会对写论文产生心理障碍。

对写作论文出现的障碍，我们针对不同的情况，总结了一些有效的方法。

写作障碍一：对自己的选题突然失去兴趣。

我们的建议：在论文提纲中找一找，看看是不是有哪一部分能让自己提起兴趣。如果能对其中的一部分内容感兴趣，先集中精力完成它也不错。如果整个大纲中没有任何一部分能让你感觉到有趣，全都枯燥无聊，不如跟自己的论文导师申请一下，同意你用一种更为个性和具体的方式，完成你的论文。

写作障碍二：只要拿起论文，就感到心情烦躁，没法坚持。

我们的建议：把写论文分成细小的块儿，不要想论文，写论文的时候，只想着完成那些细小的任务，这样一点一点地攻克。不要因为自己写的细节不够完美而沮丧。反复告诉自己："坚持下去，就能完成。"

写作障碍三：不愿意查阅资料，只想创造完成。

我们的建议：查资料是写论文必经的过程，一篇论文中也少不了参考文献，不看资料就想完成，是不可取的。面对海量的资料，感觉到无从下手，可以先把资料收集起来，相关的全部收纳，然后分成几个部分，每天浏览一部分，把自己可能用到的都做好标记，或者记录。

写作障碍四：只能感觉到完成论文的压力，没有写作的动力。

我们的建议：你只要放松就可以了。一眼就看到目标的尽头，让人感觉到任重道远，不如先不要想那么多，列提纲的时候，只考虑列提纲的事情；写初稿的时候，只想着完成初稿；指导老师让你进行修改的时候，只管根据老师的建议修改就可以了，不要给自己太大压力。

写作障碍五：不自信，总是感觉自己写得不够好，写了删，删了写。

我们的建议：论文不是一下就能写好的，要是我们都能一下就写好，为什么学校还要给我们安排论文辅导老师呢？我们写草稿的时候能达到草稿的水平，就可以了。集中精力把自己要写的东西，用清晰的语言表达出来才是关键。如果实在不自信，可以到同学或家人那里寻求一些鼓励。自己对第一遍不满意，那是因为，它才是第一遍而已，论文都需要多次修改才能最终完成。

如果你在论文写作过程中遇到了障碍，应该积极地寻求解决办法，要知道拖着不写，论文也不会自动完成。

学习时，跟拖延君说再见

大多数有学业拖延症的人，不只在一个学习方面拖延，也不是只克服一个问题就可以了，而是在很多方面都需要改进。比如在时间管理方面、学习和生活的协调方面、学习习惯方面可能都存在一些问题，需要从小处着眼进行调整。

复杂的学业拖延必须“综合治理”。你可以使用一些小方法，使情况发生一些改变。

时间管理方面的小方法：

1.把等待的时间，用来学习

在你出门坐车、排队等候的时候，如果能拿出一些学习卡片，就可以充分利用时间。很多手机都有存储功能，用手机存些单词或者戴着耳机听听英语录音，比用手机看视频或者小说好多了。不过手机游戏软件比手机学习软件的下载频率高多了，可见大多数人还是更倾向于娱乐而非学习。不过你可以在考试前，把游戏软件都删掉，只保留学习软件。

2.找出自己一天中记忆力最好的时间段

这个时间段因人而异，你总会找到一个固定的时间段的，充分利用它，每天坚持在这个时间段学习，千万不要中断。

3.为重要的事情多留一些时间

力气不能平均使，时间也是一样，花在重点科目和较难科目上的时间必然要多一些，而且还要为突发情况多留一些时间。如果在你打印论文的过程中，打印机突然卡纸，不得不花上半个小时修理它，那么你预留的时间还够吗？如果墨盒里没有油墨了呢？所以，我们不能掉以轻心，不要把事情留在截止日期的前一晚做，多给自己一些时间，可以让事情变得更稳妥。

4.灵活地管理自己的时间

在我们做事的时候，经常被打断，如果遇到突发情况，就要改变自己原有的时间计划。因此，我们要为自己留些空余的、可自由安排的时间，这样就可以在遇到突发情况的时候，把这些自由时间用来学习。

管理学习任务的小方法：

1. 别小看了没有做过的学习任务

如果老师安排了一个实验，而你对实验步骤很陌生，千万不要因为低估了自己犯错误的概率，而让自己的时间不够用。时间越短，纠正错误的可能性就越低，多给自己留些时间，可以减轻压力，也可以多些时间纠正错误。

2. 面对新的任务，要提前做好准备

如果下周是你跟导师见面的日子，就要把自己遇到的问题提前准备好，这样到时候老师才能给你更具体的指导。

3. 把最难的事情放在精力最好的时候做

难的事情越早解决越好，趁着精力旺盛，就把它解决掉，省得让它悬在头顶压迫自己。

协调生活和学习的小方法：

1. 选择一个固定的学习环境，最好不要选家里或者宿舍

经常在一个地方学习，会让人产生一种固定的思维模式，只要到了这里，就会联想到学习，而不会想到其他事情。如果选择家里或者宿舍，那么就会联想到休息或者消磨时光。

2. 找个一起学习的伙伴

如果你周围有人一直在学习，会营造出良好的学习气氛，这会带给你好的影响，即使你有一些懈怠，也不会轻易就放弃学习。

3. 为处理生活上的事情留出必要的时间

学习和生活要合理安排，不能急于学习，而忽略了生活，生

活上安排不好，是没法安心学习的。还要给自己留些娱乐时间，适当放松可以缓解压力，如果长时间枯燥地学习，有可能引发焦虑等不良情绪。

4.为了维护自己的学习计划，对不必要的事情说不

为了完成学习目标，不能轻易打乱计划，如果你计划好了学习，就要坚持，有人突然邀请你加入不必要的事情时，不能为了碍于情面，就勉强答应。没有原则，计划就是无效的。

学业要靠自己努力才能完成，你不努力，问题不会自己消失，该会的还是不会。现在，几乎每个人都要在学校里度过长达十多年的学习生活，而工作以后也还有可能面对学习任务，因此学业拖延者非常有必要掌握一些约束自己学习的方法。这样，即使你不了解自己的拖延成因，也可以为自己的学业做点什么。

减少生活上的拖延

拖延者往往在生活的方方面面都会拖延，就连早晨起床、刷牙、洗脸、用早餐上都会拖延。拖延简直成了生活中的蛀虫，把美好的生活一点点蚕食了。

生活上的拖延会影响健康。有些早晨赖床的拖延者，把早晨起床到出门的时间压缩得不能再压缩了，他们用秒来计算这段宝贵的时间。从来不会在家里吃早餐，如果时间宽裕，他们会在路上买一份，如果连这点儿时间也挤不出来，就饿着肚子工作一上

午。

如果在个人卫生方面拖延，会严重损害个人形象。一般男士大约一个月理一次发就能保证发型比较得体。如果一个需要经常抛头露面的销售员，三个月没有理过头发，整天总是胡子拉碴、头发蓬乱的样子，不光领导会看着他不顺眼，估计客户也会躲得远远的。

如果在吃饭方面拖延，可能会导致身体虚弱。大学里的一些同学，吃饭非常不规律，经常连食堂都懒得去，不得不用方便面或者其他零食充饥。长期食用这些含有食物添加剂、缺乏营养的食品，不但会让人肥胖，还会造成营养不良。

看来，一些生活小事的拖延，久而久之会带来严重的后果，我们必须从一点一滴做起，消灭生活中的拖延。我们最起码要做到在睡觉、起床、吃饭、个人卫生方面不拖延。

1. 在睡觉和起床方面不拖延

很多年轻人会有熬夜和赖床的毛病，晚上拖着不睡，早上拖着不起。造成这种情况的原因，无非是晚上有趣的事情比较多，而早上则要面对一天的学习和工作。要解决这个问题，可以尝试把一些有趣的事情安排到早上起床后。比如有些人爱浏览购物网页，不如把这件事安排在起床洗漱之后，这样就会有足够的动力起床。而当晚上想着第二天还要早起浏览网页的时候，也会催促自己早点睡觉。

2. 吃饭问题要认真对待，不可拖延

在吃饭问题上拖延的人不是懒得想吃什么的问题，就是懒得为吃饭行动起来。要解决这个问题，就要提高食物对人的吸引力。有些人是想不出到底要吃什么，这时候可以想想自己很久没吃的东西，或者在平时常吃的东西里，想出一些不同的搭配，这样一来，自然会提起吃饭的兴趣。有些人是懒得做饭，这时候可以尝试一些新的花样，提高做饭的兴趣。

3.在个人卫生方面要养成好习惯，不可拖延

拿简单的洗手来说，有些人就经常喜欢拖延，他们总是说“待会儿再洗吧”，结果待会儿他们就忘了，直接用脏手去拿吃的。这样的人不在少数，要想改变这些人在卫生上的拖延，主要就是让他们明白讲卫生的重要性，不讲卫生不但对自己健康不利，还会遭到别人的嫌弃。

对拖延者来说，如果能在生活上克服一部分拖延，也会为克服其他方面的拖延树立起信心，先看看自己在哪些生活小事上拖延了，列个清单，贴在家里醒目的位置，提醒自己按时完成它们吧。

及时把不用的东西清理出去

很多人会有这样的经历，当屋子里出现了垃圾的时候，他们当时不想清理，便想：“明天再收拾吧。”到了第二天，他们又不想收拾了，又想：“等过两天攒多了一起收拾吧。”就这样，屋子里的垃圾杂物越堆越多，越多就越不想收拾，最后屋子里堆满了乱七八糟的东西。这时候再想收拾屋子，就成了一件非常困

难的事。

一个简洁明朗的家更容易打扫和整理，而一个到处堆满东西的家则让人不知从哪里收拾才好。看看你的家里有这些东西吗？

饮料空瓶子、旧报纸、旧杂志、已经坏掉的电子设备、发票、收据、散乱的书、光盘、过期化妆品、购物包装袋或箱、很久没用的健身器材、已经穿坏的鞋子、不用的数据线、电源线等等。

拖延者并不会把这些东西及时清理掉，而是让这些东西在床头、案几、沙发上堆积。拖延者的家里往往凌乱不堪，原因就是这些“破烂儿”没有处理掉。再看看那些非拖延者，他们把不用的东西收纳好。备用的、准备卖废品的各有各的地方，每次卖掉废品，都可以拿回一小笔钱，可以用来买水果或蔬菜。所以他们的家里总是干净整齐，不让那些没用的东西到处碍手碍脚。

那些不喜欢整理东西的拖延者，是不是可以这样做：把没用的东西都清理出来，处理掉。比如坏了的耳麦、过期报纸、垃圾瓶、空纸箱、包装手提袋、穿坏的旧鞋子、废纸、过期化妆品等等。说不定，这次收集的所有废品在小区的废品收购站可以换回几元钱，可以用来买点自己喜欢吃的水果。

如果家里有不再需要的书籍，你又舍不得扔掉，可以向福利院或者其他慈善机构捐赠。另外，还可以在一些网站上出售二手图书等。

作为一个拖延者，不但要认识到自己的问题，还要善于找到行动的乐趣。处理废旧物品也是非常有趣的事。

余新的大学宿舍里乱极了。跟他同住的另外三个男生，都是不整理房间的“小懒鬼”。四个人在生活方面的拖延，一个比一个厉害。他们的衣服、鞋子和书籍堆得到处都是。要是想找到什么东西，犹如大海捞针。一次偶然的机会，他发现很多同学喜欢买便宜的二手教材。于是新学期一开始，饱受杂乱之苦的余新把宿舍里没用的书拿到校园书店门口摆起了地摊，还在校内网站发帖子出售他们宿舍的旧书和二手闲置物品。没出一个星期，他们宿舍那些闲置物品都被他卖出去了，狭小的宿舍一下变得宽敞多了。

余新在忍无可忍的情况下，把宿舍的闲置物品都出售了，不但清理了宿舍，还把这些闲置物品卖了出去。虽然这些收入不多，但对于要克服生活拖延的人来说，却在处理废品的时候获得了不小的乐趣。

如果你总是拖着不去处理家中的杂物，那么必须从现在起调动自己的积极性，让自己乐于为清理自己的居住环境行动起来。

致精彩的青春

只/要/活/得/精/彩，随/时/都/是/青/春

不努力，谁给你未来

隋倩 Baby小汐 著

北方妇女儿童出版社
·长春·

前言

一

不是每个人都生的好，运气好。你或许没有显赫的家世，也没有无与伦比的天赋，更没有让人惊叹的财富。与那些含着金汤匙出生的人相比，你可能“一无是处”，甚至一旦遭遇“下雨的天气”，你连一把能够遮风避雨的“伞”都没有，为此你必须努力奔跑，才能摆脱泥泞，摆脱苦难，摆脱对自己不利的环境。

没错，没伞的孩子必须努力奔跑！在奔跑的过程中也许一路顺风顺水，也许特别艰难，甚至狼狈不堪，但千万不要停止不前，只要你不停的奔跑就一定能到达目的地，创造属于自己的未来。

二

在这个功利的、现实的、残酷的、充满竞争的世界，从来就没有免费的午餐，也不存在一蹴而就、一步登天的现象，你想得到什么，必须靠自己去争取。生活才是最公正的“裁判”，你付出了多少努力，就会得到多少回报！如果你罔顾了这个真理，那么必将无法成功，也会给生命留下许多空白和遗憾。

记得刚毕业那会儿，我浑浑噩噩、懵懵懂懂，相信凭学历终会谋得一份好工作，所以天天“宅”在家里，“两耳不闻窗外事”，坐等机遇的降临。然而等了一两个月，也没有“伯乐”来相我这匹“千里马”。终于我坐不住了，硬着头皮来到人才市场。

直到这个时候，我才真实地体会到现实的残酷和就业的艰难。

因为竞争对手太多，适合自己的岗位太少，关键还没技术、没经验，所以历经多番厮杀，也没能进入自己可意的企业。后来参加了几家教育机构的笔试和面试，若干轮筛选后，终于被一个学校录取。虽然待遇方面无可挑剔，但是身体和精神却万分疲惫。每天都要上八九个小时的课，还要加班加点地备课、批改作业，处理学生的纠纷，接受上级的批评。总之，累得像条狗。

不过，我却从这苦和这累中尝到了一丝甜味，因为我懂得了没伞的孩子必须努力奔跑的含义，知道了努力的意义，明白了生活的道理，不再是当初那个幼稚的自己。

三

一直以来，我都有一个坚定不移的梦想，那就是成为一名作家。所以，闲暇之余，我总会抽出一两个小时来锻炼自己的文笔。

就在当老师的第二年，将自己打磨和修炼得更加成熟，在教学上已经轻车熟路、顺风顺水时，我申请了微信公众号，开始隔三岔五地发表文章。

起初因为文笔稚嫩，思想缺乏深度，不但没揽到粉，反倒招致一连串的骂声："没底子偏装什么风雅，这不是贻笑大方吗？""你的文章就是普通小学生的水平，火不了！"……就连寄给出版社和杂志社的征文或书稿，也多石沉大海，杳无音信。即便偶尔收到一条回信，也是好心提醒我没有写作天赋，委婉地劝我打消写作的念头。

那时候，虽然有些灰心，也有些质疑自己，但我还是安慰自己说：没有伞的孩子必须努力奔跑，现在吃的苦，终会变成未来的甜。于是顶着所有的不看好，继续前行。

就这样，一年又一年，我快乐而努力地码着字，把自己的所见所闻、所思所感倾注笔端。慢慢地，我的作品越来越受人们的喜欢，我公众号的关注度也越来越高。

几年后，我如愿成了一名自由撰稿人，出版了几本实体书，它们都获得了大家的认可。

如今，我很庆幸自己当初的努力，也很感谢当初那个努力奔跑的自己。

四

曾有一位读者发消息给我：真羡慕你能实现自己的梦想，过上自己想要的生活！

我回复说：努力奔跑，你也可以做到的。

确实，只有努力了，才能实现自己的理想，过上梦寐以求的生活。

那么，现在的你处于什么样的状态呢？是坐等命运的垂怜，还是主动出击？是贪图安逸，还是奋勇前行？是抱怨连天，还是修炼自己？是倒在了深夜，还是迎来了黎明？如果是前者，就要引起注意了。要知道，无论是凭空幻想、贪图舒适，还是怨天尤人、意志不坚，都是无法获得想要的生活的。

虽然我们无法选择出身，但我们可以决定最终的归宿。所以，抛开那些所谓的出身、财富、资历等等借口吧，不要让它们蒙蔽了你的心灵，遮掩了你的双眼。只要你心中有梦想，有追求，肯努力，就一定会走出阴霾，走向辉煌。

最后，谨以此书献与你。愿你心怀梦想，青春无悔，永远走在拼搏的路上！愿你终有一日活出自己的风采，获得理想的人生！

目 录

第一章

不行动，你的梦想一文不值

梦想就在前方，
你不朝前走就永远触碰不到

梦想，每个人都拥有过。但在上大学期间，那是我第一次意识到这人人可以拥有的东西很奢侈。

我在进入大学不久后，突然陷入到了一种非常奇怪的状态，变得什么都不想干，不想念书、不想上课、不想写作业、不想复习……慢慢地，我连看小说和漫画的耐心都没有了，只是看一些没营养的电视节目打发时间。

因为我不想动脑子，所以电视剧和电影有些地方会看不懂，看不懂就索性摁下暂停键不看了，然后打开豆瓣和微博开始刷网页，浏览很多垃圾信息后，找到一两个比较有趣的东西，很认真地笑两下，一天就过去了。

慢慢地，我就超过了拖延症的范畴，开始变得越来越懒，拖延症只是不想做最需要做的事情，而懒就是什么事情都不想做。

我确实什么都不想做，甚至连饭都不想吃，醒了也不愿意起来，我会一直躺着，躺到再次睡着。我经常在接近黄昏的时候起来，然后穿半个小时的衣服，洗半个小时的脸。

起来的时候会顺手打开电脑，其实我也不知道开电脑干吗，但是不开电脑就完全不知道自己该干嘛。

我懒得打游戏，也懒得看任何看起来很长的文章，点开一个又一个的链接，图片的话就看两眼，文章的话就看前两段，视频的话就直接关了。

喝很多很多的奶茶，就感觉不到饿，就不需要吃饭，奶茶箱子清空的速度让我自己都觉得惊讶。

起初，爸妈还管我，嘱咐我好好学习，可后来我的成绩每况愈下，他们又鞭长莫及，最后他们的要求就只剩下半夜两点之前睡。可我起得太晚，晚上睡不着，通常开着 QQ 和闺密聊天，聊天内容通常能在不涉及任何有用信息的情况下持续很久，聊天的间隙再点开那些未看完的电影，可还是觉得没趣，又暂停。

不知道自己要干什么，想干什么，能干什么。

拖到天微微亮，撑不住了就躺下睡觉。

大前天的杯子也懒得洗，各种奶茶的味道混杂在一起，泡红茶的杯子结了褐红色的垢，这些通通都无所谓。

我也懒得出去。非要别人来叫，才勉强出去吃顿晚饭，吃什么都无所谓，只要甜品够正就好，吃了甜食就犯困，吃完就期待有人宣布：那么聚会结束吧。其实回去了我也不知道干什么，可我懒得寒暄，懒得说话。

买了超多的指甲油都懒得涂，看着它们慢慢地过期，也懒得化妆、懒得梳头发，因为出去的时候不多，所以都懒得换衣服，我也不想和别人说，我一件黑色的大衣穿了整整一个寒假什么的……

还有洗面奶用光之后，虽然新的就在抽屉里，可我就是懒得拿出来，所以现在只用清水洗脸，大概是超出女生这个范围了。

这真是个无比可怕的状态，当我了解到几个同学心中那雄心勃勃的计划，当我看到每个人都超认真、超努力的样子时，我都感觉自己无比违和，果然我就是那种自己不努力也不喜欢看见别人努力的心胸狭窄分子。

考研资料、厚厚的单词书、公务员的申论、大开本的专业书、竞赛海报，这些都让我觉得无比的压抑。

习惯性地在课上玩手机，突然就想到一个严峻的问题，我也曾对上课玩手机的低头族表现得深恶痛绝，曾几何时自己也沦落至此。

紧接着我又意识到一件极其可怕的事情，人一旦脱离了学习的状态，就很难再回到那个认真做事的状态了。

那时的我无论做什么，脑子里都是一个想法：好麻烦，随便做一下好了。

不知道那个为了做好一样东西可以耗费四十六个小时的自己，和那个作为组长因为不满意团队成员的成果而独自熬一天一夜重做一份的自己消失到了哪里。更不知道曾经支撑着自己的动力又消失去了哪里。

后来还是因为和我妈的一番对话，才让我茅塞顿开。我问我妈，她当初的梦想是什么？我本以为她会说当中学老师或是医生，但是答案出乎了我的意料：当一个小提琴家。真是个华丽的梦想啊！

那一瞬间，我觉得眼前这个中年妇女真是新奇而陌生。

出于好奇，我继续问她在那个年代怎么会想当一个小提琴家。

她说，当年她的邻居是个拉小提琴的男人，优雅又礼貌。她第一次觉得，人生不仅仅是上学、工作、结婚，原来还可以拉小提琴，她实在是太羡慕这种生活了，于是央求那个男人教她拉小提琴。

那个优雅的男人同意了，可是才学了半年，那个男人就去了奥地利，我妈的小提琴梦因此彻底破灭了。

幻想和做梦什么的真是人类的特权呢！不管是怎样的人，都会有一个埋藏在内心深处的梦想，通常都不是什么特别伟大的理由，而是出于一份非常赤诚的向往。

那种羡慕和向往的感情支撑着那个梦想在心里牢牢扎根，并为之去奋斗。

然而有一种叫作现实的东西却会让梦想褪色。

我追问我妈，为什么不继续学小提琴呢，换个老师不就行了吗？我妈说那时候哪有什么小提琴老师，再说她根本买不起小提琴那种昂贵的东西。

我又问她，她当年考大学的时候为什么不考小提琴专业？

她的回答很奇怪："风险太大了，谁能保证我能学好呢？谁能保证我能成为一位著名的小提琴家呢？那岂不是一辈子都毁了？"

我说："谁说学小提琴一定要学成世界名家的？"

她说："你不懂，学习别的实用的专业，毕业了马上就能赚钱了。”

没了梦想的人生很安稳，却也很无趣。

虽然人生看起来有无数种可能性，其实大部分时候都像钟摆，从这端到那端，过程貌似充满无限可能，其实只有一种结局。

后来我妈就和小提琴再也没有关系了，上班做实验，下班看电视。

我很想问她，自从上班之后，你是过了一万天呢，还是过了一天，然后重复了一万遍呢？但是仔细想了想，这话有些不太礼貌，于是没问。

梦想很廉价，人人都可以有；梦想很珍贵，让你为之不停地奋斗；梦想很神奇，赋予了拥有者一种奇异的色彩，让他们因此而变得与众不同，让他们的生活发生改变。

我也出现过过一天重复一万天的先兆。

我反思自己，最初的梦想去了哪里，自己的生活为什么会停滞不前？

我想，其实没有人真正忘却过自己的梦想，梦想一直在那里，我们总是为了安慰自己，假装不记得，假装不在意，可那种向往的感情始终没有变过，无论过去多少年，谈论起自己最初的梦想的时候那种闪闪发光的眼神依旧很动人，就连嘴角的笑容都变得和平时不同。

这就是梦想的魅力。

没有梦想的人生还有什么意思呢，只是活着罢了，甚至把别人的人生换给你也没什么不同。

在我看来，只有一种人生道路是正确的，那就是沿着自己的梦想一路前行。

在我看来，只有一种方式可以让自己成为人生赢家，那就是有一天达成了自己的梦想。

于是我就把自己堕落的这段时间当成给自己放了一个长假，《悠长假期》里不是说，上帝会给每个人一个假期，让你停下来思考人生的意义，知道自己想要什么。

之后我重整旗鼓，以一种全新的状态，充实地度过了接下来的每一天。在那段弥足珍贵的岁月中所取得的收获让我一步步向梦想靠近。

那段经历使我明白，梦想就在前方，但你不朝前走就永远触碰不到。

记住，当你迷失方向的时候，想想自己最初的梦想，多问问自己，你是不是已经为了梦想而竭尽全力了？

以梦为马，一往无前

昨天看到一个帖子，讲的是一个女生大四毕业，放弃家人在小城市为她找好的稳定工作，怀揣着梦想只身来到北京，成了千千万万北漂族的一员。她说："趁自己还年轻，就应该出去闯荡一番。"

最初她过得很艰辛，租的房子离公司远，每天早上五点就要起来赶公交车，晚上回来草草地准备晚饭，吃完就睡下，第二天又重复前一天的生活，工资低得交完房租连基本的生活都困难。

帖子的第一段，她说："明天起床，要挤大约一小时公车风尘仆仆地去上班。周末和每天晚上自己动手做饭，这才是我想要的，一切都充满希望。我是那打不倒的奥特曼，哈哈哈……"

女孩兴奋地憧憬着未来的生活，每天也乐呵呵地上传着自己的生活，和网友互动。不过，也有失意难过的时候，唯一的做饭工具电饭煲被偷了，一个星期口袋里只剩三十块，小心翼翼地计划着用，连每天期待的做饭的小乐趣也不复存在了。

这些，刚走出校园的我们也都经历过啊，什么都没有，什么都要重新开始，但以梦为马，便一往无前。每天奋斗的目标就是为了生存下来，从一颗随风飘摇的小树苗，到在这社会上安身扎根下来，刚毕业后的三年，将是你人生中蜕变最快的三年。

帖子里也有网友问她："为什么你们觉得在北京、广州这些大城市奋斗过才算奋斗？大城市真的有这么好吗？"其实只有去过的人才知道，才会感受到那里的奋斗气氛，和家乡的安逸环境有着巨大的差别。

没有死党闺密，没有爸爸妈妈，没有慵懒的生活，碰到好玩的事情再也不能像以前一样手舞足蹈地和他人分享，只能通过电话组织无数苍白的语言，最后说出口的往往是"我很好"。笑是一个人，哭也是一个人。

那个女生最后在北京安身下来了，买了房子，还找到了人生的另一半。不服输，坚持下去，梦想真的触手可及。在帖子里，女生一直保持着乐观的心态，看完后，整个人都是暖暖的。有些人就是这样，他们面对生活的阻碍从不泄气，也不抱怨，拥有耐心，永远相信日子会越过越好，最后他们也真的过得很幸福。当你有意识地选择你所想的，你就是一个自主创造者。

虽然现在的我们只身一人，但其实每个人都有一种温暖别人的能力，即使不在身边，也可以为他们带来力量。这个能力是与生俱来的，你不要弄丢了它。不在父母身边，那就打个电话报平安让他们知道你过得好吧，总好过在他们身边的时候担心看这个那个不顺眼吧？起码你有了足够的空间和自由去追逐一些你从前看不见的东西。

有网友和那女孩说："我想，多年后你会后悔现在的决定，尽管你现在看见我这句话会感觉很可笑。但是，请你记住我说的！"女孩的回复是："你说得对，我很可能会后悔。但如果不这样做，我会更后悔，后悔年轻的时候没拼搏。”我当时脑海里想到这样一句话：一个人的时间是最好的增值期，那就去学习，去成长，直到可以让身边的人过来纳凉。

那篇帖子最近的更新是女孩打算买车了，马六，问网友哪个颜色好，有网友提醒她，几年前你挤公交车的时候，说自己以后有钱了要买一台黑色马六给爸爸开的。这么一说倒是想起来了。你看，人生就是这样，你想要的东西，只要努力，最后都会来到你身边。熬过去，一切都会好起来的。

别在该为梦想努力的年纪选择了安逸

如果你八岁那年开始坚持梦想，那么十八岁以后，你就靠近你的梦想十年。

前不久在网上看过这一段话，觉得深有感触，瞬间点燃了自己一鼓作气的决心。

“面朝大海，总会春暖花开。”

我们每个人都是从母亲十月怀胎而来，蹒跚学步，号啕大哭，我们样样不比别人少。你也没在小时候夭折，照样顺顺利利地活到这么大，没少鼻子没缺眼。

衣来伸手饭来张口，你过得清闲自在，从不懂得居安思危。你甚至从来都没有想过未来，更别提自己的梦想是什么了。

你扪心自问，你为梦想拼过命吗？为生活不顾一切勇敢前进过吗？为了自己固执过一回吗？

我想，大概你没有。

你只有看着别人成功，而后懊恼，为什么别人能取得成果，而你却只有两个馒头一碗粥，那么苦涩艰难。

然后，你开始抱怨不平等，抱怨没有投胎成富二代，你开始咬牙切齿地安慰自己，这一切都不怨你，都怪命运在捉弄你。

我想没有一个人是不经过努力就可以到达彼岸的，就算有船有帆也不行，因为你不是万事俱备，只欠东风。

如果富二代的爸爸不奋斗大半辈子，他儿子也不会衣食无忧，北窗高卧。你没有先天条件，就要笨鸟先飞。

你现在二十岁，如果努力十年后，梦想虽然不一定会实现，可它毕竟走近了生活十年。反正日子也是一秒一分地过，何不让自己有个目标。

回家的路有很多条，通往梦想的路也有很多条，就看你怎么走，所谓该出手时就出手。

有段时间，住在隔壁的邻居整天都会通过向南的窗子传来刺耳的争吵声，碗筷碰撞发出的尖锐声，特别大的歌曲声。

我就很好奇这些人整天都搞些什么，除了喧哗大闹，难道就没点儿正经事？

老妈说，他们家儿子整天躺在家里酣睡如泥，游手好闲，上三天班就喊累，满腹牢骚，熬不了夜干不了重活儿，于是索性辞职回家。

他爸恨铁不成钢，整天对着儿子骂骂咧咧，甚至有时候会动手痛打他一顿。

其实像这种人，社会上有很多。毕了业像失了魂，完全没有了方向，除了迷茫就是被社会给染上黑颜色。

你如果说他们是孤独症患者，倒是给他们安上了病号的头衔。

他们明明朝气蓬勃，可以为梦想拼搏奋斗，却贪图安逸，颓废不堪，像遭受过风吹雨打、寒风霜降而蔫了的花。如果他们把抱怨的精力放在梦想上，究竟会不会开花结果我不知道，但最起码不会精神萎靡不振、无所事事。

刘同的散文《为梦想努力十年》里有一句话："一个可以为梦想努力近十年，然后实现的人，看他第一次露出喜洋洋的笑脸，我的心底也充满了阳光。"

我想这大概是最能够让人的所有烦恼烟消云散的一刻，你的努力不会亏待自己，不要总想着会不会成功，要走就走到尽头。

如果你对什么都畏首畏尾，前怕狼后怕虎，恐怕到最后也是两手空空，一无所有。

与其被生活逼死，倒不如四处谋生，不一定会活，但最起码不会早死。

前不久，表姐被炒鱿鱼失了业，她动不动就发脾气，看谁都不顺眼，开始扯陈年往事，怪父母没本事，却没有静下心来想一想自己为什么会失业，是否真的付出了，是否是因为自己过得太安逸了，甚至不思进取，得过且过。

不管我怎么劝，她都像着了魔，一个劲儿地埋怨，说我事不关己高高挂起，没读过这本经，不知道难在哪里。

如果站在她的角度我确实是个局外人，事情没有发生在我身上，我的确不能感同身受地替她难过。

不管谁劝你都不听，这不叫固执，这叫死脑筋。人家看不起你，你就抓住不放问个究竟，人家到底为什么看不起你。

可是知道又怎样，不知道又能怎样，你应该做的是别泄气，好好奋斗，出人头地，去追逐梦想。等你满载而归的时候，自然少不了给那些看扁你的人一记响亮的耳光。

都说在哪里跌倒，就在哪里爬起来，你不能在哪里跌倒，就在哪里睡一觉啊！

也有人说，你说得轻巧，嘴一张，说什么都行。

我一直坚信，敢说才能敢做，但千万不要说大话。

趁阳光正好，趁微风不燥，趁我还年轻，趁你还未老。

你还年轻，为什么不去努力，就算你不再年轻了，难道就坐吃等死吗？

反正怎样都是一生，碌碌无为是一生，平淡无奇是一生，功成名就也是一生。

我们何不鼓足勇气，昼夜兼程，穿过人海，努力活出一个精彩的人生呢？

怎么活，靠你自己选择。坚持梦想不难，坚守阵地也不难，难的是你内心够不够坚强。

看过《鲁豫有约》吗？里面的名人，无一不是有着坎坷的人生经历，最后经过努力取得了成功，先不管这些故事有没有添油加醋地大讲一通，最起码人家的成功不是安逸着得来的。

我们通常都是在电视机前无限感慨，替别人的人生感叹，怎么他就有这么好的机遇呢？

你看，你又在推脱了，只要你肯为梦想努力，你也一定会有机遇，虽然不一定让你名扬四海，至少你一生都会很充实。

很多人都说人各有命，什么都是天注定。我是最不赞成这样的言论的，如果我让你喝一瓶毒药，你看看上天能不能让你活到明天。

前不久何炅说梦想不仅仅是拿来实现的，他说得很有道理。梦想不仅仅是用来实现的，也是指引我们前行的动力，它让我们生活得更加充实而有意义。

另辟蹊径，只为抵达梦想的彼岸

张立勇是全国闻名的“清华神厨”，当年他是清华大学第十五食堂的一名厨师，在英语托福考试中取得六百三十分的优异成绩，让广大学子刮目相看。回首他的成长经历，你不得不佩服他的睿智和顽强。

他出生于江西省一个贫穷的小山村。高中时，他曾梦想考上理想的大学，改变贫穷的命运，让家人和自己过上幸福的生活。可是，他读高二时因家里无钱交学费被迫辍学。刚刚发芽的梦想被无情地掠走了。

张立勇的人生跌入了低谷，情绪低落到极点。就此放弃自己的梦想吗？他很不甘心，他希望将来能像自己的同学一样坐在窗明几净的大学校园里学习、生活。乡村的夜晚是那样寂静，清冷的月光照在房间里，一颗不甘被命运摆布的倔强的心终于做出了一个大胆的决定：远走北京去追梦。

张立勇的目标非常清晰，要到大学校园应聘工人，既能挣钱养活自己，又有机会学习，只有这样才能继续未完成的梦想。第二天，他就踏上北上的列车。天遂人愿，张立勇当上了清华大学食堂的厨师，梦想又找到了开花的地方。他暗暗发誓：要像清华那些学子一样学有所成，让父母过上幸福的生活。

他制订了严格的学习计划，因为工作，他得凌晨四点半起床，可是他三点半就起床提前学习一个小时，晚上七点半下班后再学习五个小时。为了不影响同事们休息，他常常跑到路灯下读英语。

后来，他在一场讲座中一举成名。他流利的英语让美国专家和清华学子赞叹不已，当得知他是一名厨师时，现场掌声雷动。此后，食堂经理为他的求学打开方便之门，减少他的工作让他多进教室听课。很快，他就接连通过英语四、六级考试，后又在托福考试中取得六百三十分的超高成绩，被媒体称为“清华神厨”。

张立勇坚持学习，一连取得了清华大学的本科和南昌大学的研究生文凭，他写的书《英语神厨》被评为“全国青少年最喜爱的书”之一。因为有了丰厚的稿费，他在县城给父母买了一套商品房。为了激励广大学子，他组织了一批青年精英在全国各地做励志演讲。他也获得了“中国十大杰出学习青年”等多项荣誉。

不忘初心，砥砺前行。张立勇的梦想已经开花结果，当年他身处困境选择清华无疑是个明智的选择，虽然是当厨师，但是这里有着浓厚的学习氛围和免费旁听的机会。厨师是个跳板，为他赢来清华校园这个平台，在这里，他可以免费得到向高手们学习的机会，拓宽了视野，还得到清华广大师生的热情帮助。当年辍学回家似乎与大学永世无缘，梦想眼看夭折，幸好他及时调整了人生的航向，把清华厨师作为续梦的方向，一边做厨师，一边读大学。“通过自己的努力终于”让梦想成真。

在人生道路上，当梦想受阻时，我们不妨调整思路，找到梦想殿堂的侧门，虽然要付出更多的艰辛，但终将会修成正果，因为侧门和正门是相通的。有时，梦想也需转弯。

明天过得好不好，取决于你今天怎么做

有不少人喜欢幻想“天上掉馅饼”，但老天似乎就喜欢和这样的人开玩笑，往往会给那些喜欢“天上掉馅饼”的人重重一击。

因为人都有惰性，行动才变得更加重要。时间由一连串的“今天”组成，而明天的蓝图怎样，取决于你“今天”的行动。就如尼采说的：“每一个不曾起舞的日子，都是对生命的辜负。”过好今天，明天才会更精彩。

大学的一个室友，李颖，是当时我们专业的学霸，每次期末成绩排名都在前面，大家似乎已经习惯了这个排名结果，并没有从深处思考过为什么李颖每次都可以这么优秀，而自己却总是排到最后？可能大多数人都会把别人的优秀归结于“可能，她更擅长这一块”，或者“我就是没她幸运”。但是，这个世界上所有的努力都不是白费的，每一个成功的人背后，一定有着日复一日的坚持。

从大一我们分到一个宿舍开始，李颖就从没间断过充实自己。她每天早上坚持六点起床，先围着操场跑上二十分钟，然后七点按时吃早餐。只要当天学校有课，她都是第一个到达教室，提前预习书本上的内容。没有课的时候，她就会在图书馆待着，一待就是一整天。而我们只有在晚上的时候才去图书馆。

后来，在李颖的带动下，我们宿舍的人也有了转变。在别的宿舍的人都还在睡大觉的时候，我们宿舍的人已经集体去图书馆充实自己了；在别的同学逃课的时候，我们宿舍的人已经在认真听课了；在别的同学花钱如流水的时候，我们宿舍的人已经开始兼职赚钱养活自己了。我们宿舍的这种正能量一直保持到毕业。

李颖因为成绩优异，毕业后，被保送进一所她心仪的师范院校读研，其他人也都顺利考上了研，而我也找到了自己最想走的路。

后来一次同学会上，有不少同学问我："当时你那么拼，一边是本专业课程，另一边又是双修，同时还兼顾了自律会的工作和兼职家教。把自己搞得那么累，为什么呢？"对于这个问题，我也没做什么说明，只是觉得当下应该那样，大学期间我过得很充实。当挑战了自己的极限时，便会很有成就感，会让自己变得更加自信。实际上，每个人都要经过这么一段时光，挺过去就没什么了。明天过得好不好，取决于你今天怎么过，你付出过怎样的努力，才配实现怎样的梦想。我知道，我的青春掌握在自己手中，走得好不好，对不对，摔倒了是站起来还是趴着哭，都只有我自己说了算。现在回头看看，很庆幸自己当初那样选择，并坚持了下来。

毛泽东说过一句话："一万年太久，只争朝夕。"无数美好的明天，都是用今天争取来的。很感谢那段时光，让我们养成了好的生活习惯，并且受益一生。

后来上班了，我也一直保持着大学时养成的好习惯，每天上班提前十分钟来，先列一个一天计划，标记今天要完成的工作。然后下班前，再根据今天的工作情况进行总结。这样，每一天下来，我都会过得很充实，并且有更好的状态去迎接明天的工作。几个月下来，我的工作效率和业绩就有了很大的提升。

在哈佛的学生餐厅里，每个人都是边吃饭边看书；在哈佛的医院里，候诊的学子也没有一个人闲谈，而是埋头看自己的书。

哈佛教授对学生说得最多的一句话是：“如果你想在毕业以后，在任何时间、任何地点都如鱼得水，并且得到大众的欣赏，那么你在哈佛求学期间，就不会拥有闲暇的时间去晒太阳！”

这就是哈佛精神的完美体现。所以，美国的高科技人才一直是世界上最多的。因为，在其他大学放松的四年，恰好是哈佛大学生最勤奋的四年，也是他们积蓄人生能量的黄金四年。他们的勤奋和努力，必然会换来一个美好的明天。

千里之行，始于足下。明天过得好不好，取决于你今天怎么做。几分耕耘，就有几分收获。加油吧，朋友！从现在做起，从今天做起！

第二章

不断修练，才能成就更好的自己

与其抱怨别人，不如改变自己

解除痛苦的三个方案：不要抱怨他人——就算自己曾经很悲惨，但是你抱怨也于事无补；不要抱怨自己……

——安东尼·罗宾

很多人都喜欢抱怨，觉得世道不公。

但抱怨并不能改变什么，只会增加别人对你不好的印象。所以，与其抱怨世界，不如行动起来改变世界。

公司新入职的一位小姑娘，90后，嘴巴很甜，见到谁都喊哥哥姐姐。这么可爱的小姑娘，大家也都很照顾她。只要她有什么需要帮忙和倾诉的，找到我们，我们都不会拒绝。

但是很快，大家就发现她有个小毛病——喜欢抱怨。老板批评她的工作失误，她会拉同事到茶水间抱怨老板爱挑刺儿；和客户交涉遇到困难，她会抱怨客户不体恤她也是讨一口饭吃；一起聚餐，无论吃的是路边摊还是招牌菜，她都会抱怨菜品的不足，害她没了胃口……

我们觉得跟她相处很累，开始考虑吃饭是否叫上她，聚会是否让她参加。没有人再愿意听她抱怨，她在公司开始变得形单影只。没多久，她就因为工作频频失误被辞退了。

有一次乘飞机外出旅行，我和一位投资人相邻而坐。随着我们交谈的深入，我得知，他在投资一家规模很小的科技公司，并且投入了很多资金，却收益甚少。

他没完没了地向我抱怨，说他被那家科技公司的老板气得要吐血了。我问他，那位老板令他心烦意乱多久了，“好几个月了！”他愤愤地回答道。

事实上，坐在我身边的这个男人是一位拥有上亿身家的富翁，有一栋富丽堂皇的高档别墅，有一位贤淑而美丽的妻子，有个可爱的孩子。但这些足以羡煞旁人的福分，却被一个小公司的老板轻而易举地抹掉了，留在他脑中的全是挥之不去的无尽烦恼。

我有一个亲戚，初中未毕业就被父母“派”到北京摆地摊；刚到适婚年龄，又被父母“包办”婚姻。本以为婚后能过上安稳日子，没想到命运却再次捉弄了她，她的孩子身患重病。于是，为了给孩子凑钱治病，她不得不选择远行。

如今，时过境迁，她在西南地区扎了根，孩子也恢复了健康，正常去上学，她自己经营着几家店铺，日子过得有滋有味。

这些年，面对人生的波折和磨难，她从未抱怨过什么，只是在努力改善生活，她经常挂在嘴边的话就是：“冬天来了，春天还会远吗？”

我的一个朋友，是个跑业务的。

每次与他见面，他总是乐呵呵的，大老远就冲我嬉皮笑脸地招手；闲谈时聊到工作，他总是开老板和客户的玩笑，仿佛那些都不是为难他的人，反倒是给他的生活带来笑料的人。

他最喜欢的事情是做饭，他总是说天大的事情吃一顿就好了。我吃过他做的饭，分外美味，顷刻间让人忘记其他，全心享受美食！

他说自己每天都很忙，抽不出时间让自己不开心。

许多人都喜欢责怪别人，怨恨环境，埋怨别人不喜欢自己、不欢迎自己，但他们却从不反省自己的为人和举止，是否值得他人尊重及欢迎。

假如一个人不经常反省自己，只会责怪别人和环境，他就到处惹人讨厌。

有些人每天都在抱怨着，久而久之生活里就充满了怨气。抱怨并不能改变现状，只能发泄一时的不满，如果不停地抱怨，幸福的事也会悄然而去。

生活中总会有坎坎坷坷、烦恼不快，但这些终将离你远去。就如同一首歌所唱的：阳光总在风雨后。相信未来的日子终究是美好的、幸福的。

与其抱怨，不如去改变自身。人的一生很短暂，抱怨只会带来更大的烦恼与苦痛。何不淡然一笑，把烦恼与压力化为自己前行的动力。这个世界，陪你笑的人很多，但陪你哭的人很少。无须抱怨，努力过好每一天，才是我们真正需要的。

当你不再抱怨，幸福的大门才会向你敞开。努力前行，生活会更加美好。

你做事的态度，决定了你人生的高度

“姐，你知道吗？大春辞职了。”晚上，我正在无聊地刷朋友圈的时候，前同事小米发来一条微信。

什么？大春？不可能吧？他敢辞职吗？

大春来自北方的一个小山村，家境贫寒，学历也不是很高，他刚进公司时，听人事部小妹讲，也是费了九牛二虎之力，还搭上了各种人情才勉强进来的。

大春的身材高大、皮肤黝黑、长相憨厚，见谁都是憨憨一笑，让人觉得亲切，也很有喜感。

刚进公司实习的时候，小伙子很能吃苦，工作也特别踏实，领导让他做个什么事情，绝对能放一百二十个心，虽然完成的时间会比别人长一点点，但他肯定能各方面都给你办得妥妥的。

只是大春的家里不富裕，花钱也比较仔细，是很节省着过日子的一个很懂事的小伙子。

大春家里还有一个弟弟、一个妹妹，弟弟正在上大学，妹妹正在上高中，几乎都是指望着大春这一份工资养活。在家里很困难的情况下，大春怎么就随随便便说辞职就辞职了呢？我实在是有点儿好奇。

我马上发信息问小米："大春干得好好的，怎么会突然辞职呢？再说这年头找工作可不是容易事，随便就把这么好的一个工作给辞了，能保证马上就找到下家吗？他是不是疯了？"

小米发来一连串的"呵呵、哈哈……"

"姐，你还不知道吧？大春跳槽了！"这下轮到我惊讶了。

跟小米八卦好一阵才知道，原来，大春是被他原本负责的销售区域的经销商开高价给挖走了。

年薪直接翻倍，为了工作方便，还直接给配了辆车，并承诺干满五年车子直接过户给大春。

原来只单一负责一个品牌，跳槽到经销商那里，老总直接就划给他公司现在代理的十几个一线大品牌，并让他负责品牌的经营管理与运作。

原来，自从大春从总部下分到市场之后，工作比之前还要努力和细致，由于他算是跨行业的新手，所以面对一个全新的行业，很多工作并不好上手。

起初他也是跟着公司分配过来的几个有经验的导购细心学习，每天早早地到卖场，和导购们一起整理堆头，学习销售技巧，观察别的品牌的堆头亮点，改善自己产品的布置和陈列。

他特别勤奋，甚至每天比卖场的导购在堆头边上待的时间还要长。

渐渐地，他也有了一些自己的想法和意见，并且提出了自己的观点。

有一次，为了一个卖场里堆头的陈列和一个已经干了很多年的老导购争执起来，双方各持己见，互不相让。

最后闹到领导面前，两个人争得面红耳赤，领导最后决定以他们各自的意见分别陈列十天，按照这二十天的销售额来定论。

事情的结果是，大春的陈列更新颖，更符合顾客的消费心理，当然销售额也更高。

这个世界充满各种不可能，因为这样我们才有机会去找到里面的可能。而天底下的事情很少有根本做不成的，之所以做不成，与其说是条件不够，不如说是由于决心不够。

大春每天骑着他那辆破旧的二手小电车穿梭在大街小巷铺市铺货，争取订单。

积极提升和不断完善自己的大春，甚至为了提高自己的工作技能和沟通水平特意向领导申请自己掏腰包，邀请更有经验的同事来他的区域，或者去别人的市场交流学习。

大春身上还修炼了一股“咬定青山不放松”的韧劲。譬如当集团总部对销量有更高要求的时候，说服客户增加订单，客户却始终油盐不进，在这种情况下，大春总像甩不掉的牛皮糖一样，不说二十四小时守着客户要求增加订单，但基本上也是一清早守在客户的家门口。这使得老总早上出门见到的第一个人就是带着一脸像熊二一样的憨憨的笑容的大春，大春总是一脸笑容、好言好语地去和客户沟通销量。所谓伸手不打笑脸人，客户在被逼着下订单的时候却总是被憨直的大春给气得没了脾气。

但客户转身到公司开总结会，私下里和相熟的公司领导谈到大春时都是一百二十个好评和满意。

不到一年时间，大春所在的市场区域的销售额节节攀升，甚至把好几个卖场打造成了样板。大春一步步前进，用最积极、踏实肯干的态度，经历了客户的刁难与冷脸、成长路上的痛苦与心酸，终于修炼成更好的自己。这下自己不再主动掏腰包，同事们为了跟大春取经也一窝蜂似的往他的区域跑。

大春渐渐成了公司的销售红人。

自己的生意销量好，赚到了钱，自己的市场打造成了样板，公司还有额外的奖励，腰包赚得鼓鼓的经销商在开会的时候也骄傲得不得了。

有的市场眼红了，想挖大春过去，甚至找到了公司的老板，说无论如何也要把大春分到自己的市场去。

这下可把原来的经销商给急坏了，虽说这小伙子黏着人要求多下订单的时候确实挺讨人嫌的，但是中国人口多，真正能招上这么一个一心一意为公司，踏实肯干又努力上进，更能为公司带来看得见的效益的销售员何等困难！与其被别人挖走，还不如自己直接留用了！

于是有了故事开头高薪挖角的一幕。

有人说："态度决定高度。"

哈佛大学的一项研究表明，一个人的成功百分之八十五是由于自身的态度，而只有百分之十五是由于自身的专业技术。换句话说就是：态度决定事业的成功与否。

另一个小伙子小牛和大春几乎是同时进入同一家公司的。两个人的岗位也一样，同是销售，只是分在不同的销售区域里。

两人年纪相仿，小牛还是名校毕业，特别帅气的一个阳光大男孩。

在大春华丽跳槽之后的第二个月，小牛约我出来吃饭，他说：“姐，能不能让你姐姐帮我留意一下有没有好的机会？因为我觉得公司里现在人事好复杂，关系乱糟糟的，总感觉自己前途一片黑暗。”因为我大姐也是从事销售行业的，干了很多年，算是出了点成绩，在行业里也有点人脉。我笑了一下，没有答应，也没有拒绝。

我问他最近在忙什么。他告诉我，每天就是机械地到公司打卡报到，然后出门。反正在外干销售的也没有人跟着你，监督着你，报到之后可以找个地方打发时间，混过一天。所以他觉得眼下这个工作没什么意思，每天都是重复着前一天的事情，人过得像个复印机一样，不停地重复。

我又问他：“你这个月的销量完成了吗？”他苦笑一下，对我吐槽：“这变态的领导，整天除了压销量还是压销量，你看我这市场分得不好，而且现在天气热，货卖不动，我能怎么办？总不能拉着顾客不买不让走吧？反正没有人家好的市场完成得好，我现在过一天混一天呗。”末了，他还得意地告诉我，其实他也很上进的，没事的时候也报了个驾校，现在正在考驾照呢，多门技能，多条路嘛。

我听后摇了摇头，告诉他一句话：这世上就没有任何一个工作不辛苦，也没有任何一处人事不复杂。

米卢来执教中国足球，中国足球人也一度看到了希望，他的一个重要的理念就是“态度决定一切”。

你抱怨工作不如意，前途没希望，可是你想过没有，你可曾认真地去推过那扇叫作努力的大门？可曾把觉得无聊的时间用来认真地开发客户，钻研业务技能？你是否愿意主动去承担更多的工作，敢于面对更大的挑战？你对你负责的工作是否敢于承担责任？你对领导安排的工作，或者自己负责的工作是否能够及时完成，或者马上推进？

工作是一个人安身立命，实现自我价值之所在。你如果在工作中一遇到困难就躲，一碰见事情就推，躲得无影无踪，推得干干净净，事情到最后都是不了了之。

当你看到和你同时出发的人都已经把你甩出了一个新高度的时候，你又开始责怪命运不公，时运不济。

有多少个夜晚，我们下定决心早起努力工作，可是又有多少个早晨，我们魔力般地赖在床上不能动弹？

如果你曾觉得生命里的每扇门都关着，那请记住这句话：关上的门不一定上锁，至少应该过去推一推。

这个世界上，有才华的人很多，但是既有才华又有良好态度的人不多。能决定你人生高度的，不是你的才能，而是你的态度。不妨试着转变自己的态度，去赢来人生的转机。

一旦变强大，全世界都会对你和颜悦色

[1]

小森是我的一位忠实读者，她曾将自己的一段经历通过留言传递给我。那是一个灰姑娘逆袭的故事。故事发生在小森背井离乡在外留学的第一年，她一个人在南半球强撑着活过了一个寒冬。

小森在一个小小的咖啡馆里端盘子，她全靠这份工作来挣得下个学期的学费。经常熬夜写作业导致的睡眠不足和高强度的工作量，使得她不时精神恍惚。

有一次为客人点餐时，小森在点单纸上把“炒蛋”错写成了“煎蛋”，结果刚把食物端上去，就遭到顾客投诉。一直在背后紧盯小森的老板娘瞬间暴跳如雷，整个下午都在喋喋不休地责备：“你怎么这么不小心呢?!”“害我损失客人，你知道这会少赚多少钱吗?”“你拿什么赔给我?!”

老板娘的声音格外尖利，不带丝毫仁慈，小森不住地道歉，心里却抗议着：“我已经和客人道过歉了啊!”“我每天不是都早来十分钟吗?!”“因为去厨房帮忙我的手上还被割伤了呢!”

可这些委屈被理智紧紧地卡在喉咙里，任何不加思考就脱口而出的话，都能让她马上失去这份工作。老板娘给了她一个“赶快走开”的手势，于是小森钻进厨房里，背对着老板娘，装作在水池里洗碗，眼泪啪嗒啪嗒掉进满是泡沫的污水里。

小森因为工作在右手小指留下的刀伤还没有痊愈，那种隐隐的痛令她觉得，全世界都在以最恶劣的方式欺凌着她。

那一年，小森就这样被大大小小的歧视重压着，每走两步就会遇见别人的“瞧不起”，但小森从不后悔自己一个人出来闯荡的选择，她只觉得人心冷漠。

咖啡馆老板娘每一刻都能被触动的暴躁神经，自大的客人目中无人的模样，某个科目的老师说出“你期末成绩得 B 就不错”的预期，一起租房的男孩子看不惯小森很晚才回家，一副“没有钱就回家去啊”的傲慢态度，就连那个麦当劳的十七岁服务生，都皱着眉头递给她可乐，好像她不流利的英文，不配在这里寻一处落脚地。

当时的小森就像一条被巨浪推上岸的鱼，身后是在海里自由穿梭的同类们，可命运却偏偏把她丢在沙滩上搁浅着，这是一片多么灿烂的海岸啊，远处就有此生未见到过的美妙风景，可她却大张着嘴巴，虚弱地发不出半点声音。

小森自始至终没能找出可以安慰自己的理由，因为自从远离家乡她就明白，再艰难也要选择坚强，因为没有人会帮她擦眼泪。

她一无所有，穷得只剩下自尊心，那些敏感的情绪无时无刻不在身体里发作着，她曾很多次在心底暗暗地发誓：总有一天，她会用优秀于现在百倍的姿态，重新站在那些“瞧不起”自己的人面前，向所有人证明，她不是应该被瞧不起的那个人。

这样的心态，说来有点不健康，但是却让小森在很长的一段日子里充满了斗志，不管谁觉得“你从来不优秀”，或者“你以后也不会优秀”，这都成了小森人生中的刺激疗法。

那几年小森非常拼命，连朋友都觉得她努力到变态的程度。

她拼命地读书，让那个说她“期末成绩得B就不错”的老师的预测落了空；她拼命地赚钱，在男孩子的面前为自己那份饭买单；她拼命地学习，练习驾车、增强英文，证明给别人看，一个女孩子独立起来也可以做那么多的事；她拼命地成长，不管是看书、写字、做运动，让自己渐渐可以在那些觉得她此生注定平凡的人面前，挺起胸膛走路……

这些拼命，都让小森成了一个优秀版本的自己，也让她从别人开始转变的目光中知道，优秀就能赢来尊重，优秀就能给自己一个发言权。

[2]

看到身边突然间奋起的朋友，我发现，有些改变并不是自发的，而是来源于一种伤害。

我的一位女性朋友因为老板一直以来的性别歧视而感到愤

慨，提起老板就一副咬牙切齿的模样，于是一心扑在工作上，发誓自己有一天一定要翻身做老板。

身边也有因为肥胖或相貌平凡而被恋人抛弃的好女孩，看着前任仰着鼻孔看自己的模样，决心在失恋后的日子里用全部精力提升自己，发誓要修炼成一个秀外慧中的女人。

还有一些在城市中挣扎的年轻人，为黑心房东不停上涨的房租和居高临下的态度烦忧着，于是加班加点努力赚钱，发誓要在这个城市里挣得属于自己的一平方米，更多的一平方米……

走进残酷的社会才知道，天生为弱者的女孩子，不努力就不会变优秀，不优秀就不会被尊重。

如果你是一个女孩子，那么我相信你的人生中也可能遇到过这样的时刻：明明怀着一颗善良的心拼命努力着，却无时无刻不在被忽视；你在内心深处无比需要被认同，却偏偏遇到了嘲讽；你渴望被重视，却偏偏遭到了白眼；你期望以自己的才能可以去改变一些什么，却偏偏有人告诉你“你不会成为任何人”。

若你正在经历这份坎坷，那只有一个原因，说起来残酷也真实，你只是不够优秀而已。别去相信颜值可以掩盖自己的全部缺点，好看的脸蛋不能伴随你一生。

也许你会问我：“一个女孩子，怎样才算是优秀的呢?”

我很难对此下一个确切的定义，但是看看身边令你心生佩服的女孩子，不难得出结论，她们的优秀，源自多金、美丽、健康、有气质、有文化、有一技之长。她们保持着两位数的体重，赚着五位数的月薪，气质出众，谈吐睿智，生活向上，穿着高跟鞋，在这残酷的世界里，用理性的声音砸下一个个掷地有声的符号……

这些优秀，或许有点儿先天的优势，但什么都敌不过后天的努力，没有人可以天生完美，但努力能够让我们越来越优秀。

我不是命运的投机主义者，而是“脚踏实地过日子”的忠实拥护者，我深信女孩子趁着年轻时，多一点努力，就多一点收获，这世上再没有比这更划算的投资。

你坚持运动保持身材，就不用因为找不到适合自己尺码的衣服被人嘲笑；你会开车，就不用在下雨天麻烦别人送你回家；你会赚钱，就不用暗示男朋友给你买那条新款的手链；你工作出色，就不用被老板吆来喝去冒着失业的风险；你有房子，就不用忍受房东暴涨的房租和糟糕的态度……

我们要学会在“瞧不起”的眼神中，用一种沉默的态度闷声努力着，总有一天我们可以让优秀的自己挺直腰杆对那些曾经伤害过我们，看不起我们的人说：我行，我很优秀。

女人，不是柔弱的代名词，我们可以长得不漂亮，但我们的人生不能不漂亮。我们一定要努力使自己强大起来，做一个自强自立，集美丽、魅力、能力、智慧于一身的知性女人。到时，我们一定会人见人爱，花见花开，世界也会为我们喝彩。

你最大的问题就是想得太多做得太少

〔1〕

最近，我被读者问得最多的问题就是：

我不知道自己适合写什么类型的文章，怎么办？

我不知道哪种文风适合我，怎么办？

我想专职写作，又怕赚不到钱，怎么办？

我每次的答案都很简单，那就是“你要不停地写，写着写着，你所有的迷惑都会烟消云散”。

其实我当初写作时，也有类似的迷惑。

我不知道自己适合写什么，不知道要选择哪种文风，不知道自己能不能赚到钱，不知道自己在这条路上能走多远。

这些迷惑让我很不开心，也浪费了很多的时间。但我想不明白，所以始终感到迷茫。

思前想后，我决定给自己一个机会，于是脑子一热，我就把工作辞了，做起了全职撰稿人。那时候已经没有退路，因为我知道，我这一辈子可能就只有这一个做全职的机会，如果做不好，肯定乖乖地出去找工作。

那段时间我特别努力，每天早早起床，写文章、投稿、看别人的文章、看新闻、看书、找素材。就连出去逛街，都是一边看着琳琅满目的东西，一边在脑子里构思文章。

除了吃饭、睡觉，所有的时间都留给了写作。即使在睡梦中，还是会想写作的事儿，常常半夜爬起来把灵感记下来。

这样努力了几个月后，我开始铺天盖地地发表文章，看着一沓沓的稿费单，能不能靠写作赚钱的这个迷惑终于解开了。

那时候我是什么类型都写，只要我觉得自己能写的，基本上都写了一遍。在这个过程中，我慢慢摸索出一些经验，知道哪些文体是受欢迎的，哪些文体是冷门的，哪些文体是没有办法出书的，哪些文体是只能流行一时的。

根据这些经验，我开始做一些调整，写受欢迎的和可以流行的。那种过几天就会被淘汰的、千奇百怪的文章，我慢慢就不再写。于是，写什么类型这个问题也得到了解决。

我当然也试过很多种文风，唯美的、幽默的、朴实的，等等。我并不知道哪一种是适合自己的，只是怎么顺手怎么写。

后来有读者说："你的文章很幽默、很朴实、很接地气，我好喜欢。"于是我知道，朴实和幽默是适合我的。或者说，是我能够轻松驾驭的。于是，写什么文风这个问题也迎刃而解。

经历过这些，我很能理解大家对各种问题的迷惑。但是我要告诉你的是，当你感到迷惑的时候，你不用到处找答案，最正确的解决方式，就是好好地写，努力地写。

当你做得足够好，所有的迷惑都会拨开云雾见天日。

［2］

有位姑娘给我留言，她说刚刚找到工作，是一个很无趣的岗位。在这个岗位上，她看不到任何前途。

我问她："如果不做这份工作，你能做什么？"

她想了想，说："我也不知道自己能做什么，而且，我也不知道自己喜欢什么，适合去做什么。我是不是很糊涂，是不是没救了？"

当然不是，这是很多年轻人的困惑。很多人都是这样，不知道自己能做什么，也不知道自己喜欢什么。唯一可以确定的是，他们不喜欢目前的工作。

我对姑娘说："既然你什么都不知道，那么现在只有一条路可走，就是做好你眼前的工作，尽你最大的努力，把它做到极致。"

这话姑娘听进去了，她开始调整心态，积极主动地去工作。即使是一件无足轻重的小事，她也全心全意地去做，尽量做到不出一点儿差错，提高效率，让整件事情更完美。

以前工作时总想偷懒，有些麻烦的事情不愿意做，现在不管有多么麻烦，哪怕是顶着烈日出去做问卷，她都毫不迟疑。她不但去做了，还会在这个过程中不停地总结、反思。

她的努力大家当然看得到，她在办公室的存在感越来越强，与此同时，她自己也学到了很多东西，得到了很多经验。

后来领导把比较重要的事情交给她去做，她同样全心全意地做到最好，再后来，交给她做的重要事情越来越多，而那些不太重要的事情，都慢慢转移到了新员工的头上。

现在她已经做了小组长，有了自己的小团队。那些曾经让她迷惑的问题也都有了答案。

她说，她现在知道自己适合做什么了，也知道自己喜欢做什么了。

只要你用心去工作，在工作中不断磨炼自己，提升自己，慢慢你就会发现，所有的迷惑都被抛到了脑后，很多事情都变得越来越清晰明了。

[3]

昨天看稻盛和夫的《干法》，他在书里讲了自己年轻时的经历。

大学毕业后，他进入一家很糟糕的公司。所有人都表示同情，即使到小卖部里买东西，老板娘也会一脸同情地说：“你怎么进了那样的破公司?”

他对这家公司很失望，整天抱怨个不停。

跟他一起进来的小伙伴们一个个辞职离开，他也想辞职，但那时辞职比较麻烦，需要家里寄户口簿过来。哥哥不同意寄，怪他瞎折腾。

也就是说，他根本就没有别的路可以走，只能在这家公司继续待下去。

他为此抱怨了很久，也沮丧了很久，他不知道自己的未来在哪里，他不知道如何面对别人的嘲笑，他对所有的一切都感到迷茫。

但后来他意识到，一直这样下去根本于事无补，不如好好工作，说不定还有转机。

于是他真的好好工作了，每天都干劲十足，甚至抱着自己的产品睡觉。当然，有时间还会看专业书籍，不断地给自己充电。

这样的努力终于有了成效，他研发的产品得到了市场的认同，他在公司也变得越来越重要，甚至到后来，他以一人之力挽救了濒临破产的公司，为公司赢得了源源不断的订单。

后面的事情不再有悬念，他创立了自己的公司，他变得越来越优秀，一步步走上人生巅峰。

曾经的那些迷惑还在吗？

当然不在了，不然他也不会写书告诉大家，好好工作，好运就会降临。

[4]

我们都会有迷惑，这很正常。但是，当你迷惑的时候，请你不要仰头望天，而要低头看着手里的工作，专心把它做好。

当你积极主动地去工作，把全部的心思花在工作上，不断地去提升自己，不断地去总结经验，慢慢你就会发现，好运会悄然降临。那些迷惑，全都在这个过程中有了答案。

我们之所以迷惑，就是因为我们想得太多，做得太少。

很多问题，做着做着就没了。所以别想太多，做了再说。

不要让未来的你，讨厌现在的你

我以前有个室友 Lily，微胖，单身，做着一份不咸不淡的外企工作。有的时候，需要和外资客户接触，不过她的领导出去谈工作从来不会带她。因为她口语不好，也不会打扮。

她偶尔会抱怨生活，也会抱怨自己。她总是跟我说她现在的最大问题就是胖，英语不好。这两点拿下了，就没问题了。她渴望扩大交际圈，见一些大场面，找一个优质的男朋友。她常常做计划，可惜她太忙，只能说到时候再看，反正现在的生活还过得去。

但也有过不去的时候。

有一天晚上，Lily 垂头丧气地回到家，哭着跟我说完了一天的遭遇。

原来昨天 Lily 暗恋了很久的男同事约她吃饭，她从一大早就开始翻箱倒柜，结果却沮丧地发现，由于长期对自己放纵，衣柜里没有一件合身的衣服可穿；而自己微胖的身材，穿裙子怎么都不顺眼，想要好好搭配一身有品位的行头，脑子却一片空白。

试裙子时，Lily 看到腰上凸出来的肉，对自己的气愤和悔恨瞬间达到极点，恨不得拿刀割了去。怎么不早减肥呢？哪怕三个月之前开始，晚上少吃一些，也不至于像现在这样！

正怒视镜子里尴尬的自己，这时候领导突然打来电话，说秘书出差了，要她去接一个重要的客户到餐厅吃饭，而领导飞机晚点。如此重责大任，让 Lily 推掉了约会，同时也感谢领导让她找到了一个因为工作忙没时间打扮的理由。她到了客户住的酒店，打电话过去才发现对方是个法国人，基本不会中文，但是会说英语。

Lily 这时候算是彻底尴尬了。长期以来，她和英语的关系只限于看美剧，而且永远盯着字幕，曾经也想过好好背单词，好好跟着美剧练听力，但这也只是永远地停留在脑子里的一个想法罢了。

Lily 像个猴子一样，站在五星级酒店的大堂上，手脚并用地和客户“打电话”，然而对方根本看不到她的肢体语言，这使她完全无法控制住内心的焦急。

接到客户后，Lily 用仅会的英语单词和拼命挤出来的一些自控力，客气而有礼地把客户请到车上。酒店离餐厅不过十分钟的车程，这十分钟，Lily 觉得有一百年那么长。她想活跃气氛，但是话到嘴边，又不知道该怎么表达。于是两人就沉默地坐在车里看着窗外。司机尴尬得都打开了收音机。

终于，进入第二轮尴尬的尾声。到达了餐厅后，领导终于出现了，Lily 如同看到了救命稻草。领导在 Lily 心中从来没有像现在这般高大过，他和客户谈笑风生，然后轻松自然地引导着客户入座。

餐厅装修得美轮美奂，服务员的笑容到位而不肉麻，每一个动作都恰到好处地缓解着 Lily 的情绪，让她感到舒服而亲切。

Lily 想好好地去享受这顿高大上的晚餐：“只要他们能聊，

我只是个撑场面的，一切都好说。”

但是万万没想到，这才是最尴尬的时刻：服务员递来的菜单，一边是英文，一边是法文。

Lily 瞬间脸红到耳根，心里不停地想：“你们点慢点，再慢点，别问我，千万别问我。”那个亲切的服务员简直就成了高中时代课堂提问的班主任，而 Lily 就是那个平时不努力，什么都不会的学生。

最后她只好说：“我和领导吃一样的。”服务员还是很亲切地笑着说：“好的，小姐。”可是，Lily 希望他赶紧消失，因为她笃定那个服务员早就知道她根本看不明白那些字母的意思。

端上来的每一道菜都精致美好。清澈的餐前酒、充满香气的小面包、肥而不腻的鹅肝、鲜美的焗烤蜗牛、层次丰富的慕斯蛋糕……

可 Lily 完全没心思享用，她的关注点是到底该怎样用这些刀叉……

Lily 那天回来和我说完这些之后，居然没有抱怨，沉默了良久。我问她是不是心痛，她缓缓地回了我一句：“不是，是脸疼。”

我们每个人都以为，自己的每一天都会像前一天那样度过，哪怕有一些出入，也都在可控的范围里。我们出生以来学习的各种技巧，让我们觉得自己已经可以了，已经足够应付现在的生活了。你看，我不是把自己照顾得很好吗？

可是，我们可以照顾好自己，不代表我们不会碰到让自己无所适从的尴尬时刻。

你想找到一个优质的男朋友，以为男神会因为你有趣的灵魂从此对你爱得无法自拔。醒醒吧，这个世界就是看脸的。就算男神突然出现在你的面前，你也会因为沉重的肉身和满脸的痘痘自卑到想要马上逃离。

你想获得一份高薪的工作，以为自己在原本的岗位上兢兢业业不出错，就可以顺理成章地往上爬。醒醒吧，越往上的工作，要求的能力和技能越综合。就算心仪的公司和岗位发来职位邀请，你能最大保持自己尊严的举动，也只是对自己摇摇头，然后礼貌回绝。

你想见大场面，结识更高水平的人，以为凭自己丰富的人生阅历就可以和他们谈笑风生。醒醒吧，越大的场面，越高层次的人，需要的知识储备和技巧越多。而就算有机会能和重要人物同桌吃饭，你能做的事，也只是拼尽全力保持头脑清醒，默默地保持微笑。

是的，无论什么时候，别人都不会让我们难堪的。给我们难堪的，永远是我们自己。

因为我们总是觉得还有明天，时间还够。可是，生活是变幻莫测的。那些我们需要的机会，我们梦想中的场景，我们心仪的人，都可能在我们毫无准备的情况下，出现在我们的眼前，让我们猝不及防。

每个人都知道努力的重要性、读书的重要性、技不压身的道理。可是，大多数的时候，我们更愿意任性地窝在自己的舒适区，每天过着知道下一秒会发生什么的生活。

蔡康永曾经说过一句话：人不要太任性，因为你是活给未来的你。不要让未来的你讨厌现在的你。而每一个被打脸的尴尬时刻，都是最讨厌现在的自己的时刻。

我们任何的努力，目的都是拥有体面的人生，而体面的人生，不仅仅是吃高级餐厅、开豪车、住大房子、穿戴名牌奢侈品。

强势的人未必是强者。一个真正聪明的人，会客观地看待自己和别人。刚者易折，柔则长存。任性是你最大的敌人，我们应该学会完善自己的个性，控制自己的情绪，不要任性而为。虽然这有点儿痛苦，但如果想要成功，就要记住：成熟的人做该做的事，而非只做喜欢的事。

这年代，竞争太多、陷阱太多、机会太多、诱惑太多、选择太多，能真正把握的只有极少数。人的精力是有限的，与其每个地方挖一下看有没有金子，不如定下心，选好一个方向坚持到底。要想成功，必须要执着、专注，有恒心和毅力，拒绝诱惑，忍耐孤寂，辛苦付出！

亲爱的你，该醒醒了。你已经做了太多无谓的挣扎，太多荒唐的事情，太多盲目的决定，而错过了太多本有的幸福，太多安静的生活，太多理性的选择。从现在开始，请认真地把你痛苦的过往都忘记，再用心把你错过的都弥补回来。你要更精彩地活，精彩到让别人注视和羡慕，而不只是关注别人的幸福。

忙碌是一种幸福，让我们没有时间体会痛苦；奔波是一种快乐，让我们真实地感受生活；疲惫是一种享受，让我们无暇空虚；坎坷是一种经历，让我们真切地理解人生。岁月不经意地更替，世事沉浮万千，一世的荣华如尘烟，用微笑去面对现实，用心去感悟人生。

第三章

努力奔跑的你未必出类拔萃，但一定与众不同

别人的成功，不是用来羡慕的

最近，琪琪老是找我诉苦，说工作越来越难做，生活越来越不顺心，感叹日子越过越不如从前了。她说这些话的时候，我甚至比她还要头疼。在这偌大的朋友圈里，似乎除了我和她还在为生活发愁，计较柴米油盐外，其他人都能算得上“两耳不闻窗外事”吧？

当初涉世未深，以为什么问题都可以靠努力去解决，对此还深信不疑。可是走到现在才发现，怎么坚持走向成功的路就这么难？哪怕中途打个盹，起身时，都会在纵横交错的岔路口迷失方向。

那些与梦想息息相关的书籍资料，慢慢被一堆生活用品挤得只剩一点儿空间的时候，连我自己都忽略了它们曾经压在我心头的重量。梦想、坚持、努力一类的词，集中在一起向我砸来，我越发的心慌，有时候，甚至觉得快被焦躁打败了。我像走进了铁笼里，太多东西禁锢了我，越是读着别人的成功经历，就越觉得自己无能。

为什么别人可以不费吹灰之力就享受成功，而我却不能？

我有一个在南京认识的朋友李诗，前不久在朋友圈晒出国旅游的照片和购买的战利品，配字：公司福利。手指划过屏幕的时候，我居然有种被人扇了耳光的失落感，可能又是自尊心在作祟。

出国旅游是我一直以来想做的事情，虽说办个护照，拿着不多的钱也可以穷游了，但单从经济条件来说，我现在是没有能力去做这样一件事情的。为了表示对她小小的羡慕，我打开了对话框，然后我们就聊起来了。聊人生，聊工作，聊梦想和时装。

她家庭富裕，从小就学设计，在我眼里，她就像温室里的花朵，成长得一帆风顺。我是非常羡慕这类人的，或许用忌妒这个词也可以，他们不像我们先天条件不好，撞得头破血流也闯不出名堂。

就在我说她的梦想轻易就可以实现的时候，她不像往日那样态度温和，而是有点儿严肃地反驳了我。她说，所有人都觉得她的成功理所当然，可这其中的艰辛却无人知晓。为了找灵感，通宵熬夜是常事。无数汗水与泪水交织的那段奋斗期，回忆起来自己都会被自己感动。她从原来的胖妞暴瘦二十五斤后，别人还笑话她是一只泄气的皮球。看着别人的作品一个比一个优秀，自己只有拼命忍着浮躁埋头付出，争取拿出比任何人都好的成绩。毕业以后，工作不好找，吃喝还得靠父母。上班后，经常被领导骂得狗血淋头，为了让她能舒心点儿，父母低三下四地去送礼，自己那点儿自尊心时常被伤得支离破碎。她告诉自己，一定要证明自己，不依赖任何人。于是她付出更多心血，一门心思扑在工作上，等待破茧成蝶的那天。

她说，每个人的成功都来之不易，根本就没有轻易成功这回事。她也是在成功的道路上慢慢煎熬过来的，她不希望有人质疑她“血战沙场”换来的成果。说罢，她还发了一个微笑的表情，我明白她是生气了。这些都是她成功背后不为人知的秘密，果然别人只关心你飞得高不高，却很少有人问你付出了多少。光环下的她，的确被人羡慕忌妒，可我们看到的结果和她真实的经历完全是两码事。

就在这时，我突然想起，上学时琪琪为了向左邻右舍证明她比我聪明，期中考试的时候，她足足半个月都没睡好觉。结果还是屈居我之下，她气得鼓着腮帮子，发誓再也不努力了，说努力也是白费力气。其实她不知道，她在努力做的事情，我也一天不落地努力做着。

难道半个月的努力不能让成绩有所变化吗？她没发现，自己比以往前进了十几名。

妈妈曾对我说：“你现在努力还不晚。”直至今天，这句话依然回响在我耳边。

我是一个没有时间观念的人，时常会疑惑什么时候是晚，什么时候又是不晚？七老八十算不算晚呢？初中毕业，我没有成功；大学毕业，我还是没有成功。直到今天，我还是无名小卒，因为我没努力，只能卑微地活着。

琪琪曾经问过我，你到底想要怎样的成功？你所追求的成功到底是什么？那一瞬间，我哑口无言，竟然说不出这个我每天都在愁思的问题。大概是想比现在过得好，不用为生活烦恼，开一家别具一格的小店，有一辆自己的车，然后满足地活着。

她又继续问我，你究竟为这个目标付出了什么？我又哑口无言了，好像除了盲目地活着，我真的什么都没干，只是一味地发愁。她一针见血地说：“你难道是希望天上掉馅饼，坐等着成功的馅饼砸到你吗？别扯了，太可笑了。”

以前和大人们聊天，我说的未来总让他们觉得可笑，他们还会调侃说：“小孩子的思想就是简单，社会哪有你想的那么单纯。”大人们说，他们努力了大半辈子也就这样。我一直不信，我觉得我和他们不一样，我有文化，有独立的思想，我一定可以做得比他们好，但直到后来我才明白，原来真的是自己幼稚，哪里会有成功白白等着你这样的好事。

想起以前上过的一堂课，老师拿来一颗鸡蛋，当时我们都很诧异，这节说梦想的课，老师为什么拿一颗鸡蛋上讲台呢？老师让自认为力气大，能握碎鸡蛋的人举手。当时我觉得这是很简单的事，看着一个个同学都握不碎鸡蛋，还觉得挺可笑，结果自己试了一下，果然很难握碎。

然后，老师说：“不管是梦想，或者其他什么事情，永远都没有我们想得那么简单，也从来都不存在轻而易举的成功。”

是啊，轻而易举的成功从不存在。你想成功，就要付出比别人都要多的努力。你要加快脚步走在别人的前面，才有胜出的可能。被柴米油盐熏腻的人生，不能因为煎熬就放弃了曾经的梦想。你不倒下去，就有成功的可能。

人生的道路还那么长，如果不去付出，不去奋斗，你就只能永远活在别人的成功里。殊不知别人的成功也是经过努力奋斗得来的，成功的背后也流淌着他们的汗水和泪水。

古话说：“临渊羡鱼，不如退而结网。”意思是说，你在河边看着别人钓鱼，不如回家自己织网再出来钓鱼。

青春是追逐梦想，走向成功的最佳时光，此时你身体健康，精力充沛，思维敏捷。可是青春每人只有一次，浪费了就不会再来了。别躺在安逸的床上羡慕别人的成功了，想成功你自己奋斗，想钓鱼你自己织网，任何事你都亲力亲为了，羡慕别人的角色就该易主了，你的人生就精彩了。

不付出，生活就不会给你想要的

我认识阿和，是在一次讲座上。

当时我所在的公司请了一位营销学权威，准备在预订好的酒店会客厅里，举办一场讲座。

那天的讲座规定最晚入场的时间是上午九点钟，阿和是在九点半左右闯进来的。会客厅有两个门，本来他悄悄从后门进来也是没关系的，并不影响其他人，可是他没有，他选择了从正门光明正大地进来，一边对正前方讲 PPT 的教授打了个不好意思的手势，一边不慌不忙地找座位。

只有我们左手边的座位还空着，我让同事坐到那个空位上，我也跟着移动了一下，好方便他坐在外边的位置上，尽量把动静降到最低。

他道了声谢谢，然后挠挠头，似乎自言自语又像在和我们解释说："今天起床起晚了。"

我冲他微笑，示意他听教授的讲座。

讲座结束之后，我们结伴而出，我才知道他是分公司的同事。原谅我平时记人不清，以至于名字和脸总是对不上号。

我之所以对阿和印象深刻，是因为他太爱"说"。他告诉我们，他之所以来参加总部的培训和讲座，是想来看一看大城市的生活。他希望有领导看到他的优秀，从而有机会调入公司总部。

分公司所在的城市，属于三线城市。

阿和所住的房间与讲座的会客厅属同一家酒店，一个在十五层，一个在三层。

我问他，就住在楼上为什么还会迟到呢？

他说，他习惯了自然醒，没有定闹铃。

我很奇怪，自然醒的话，平日上班怎么办？生物钟再准，也可能会有因为疲惫睡过头的时候吧？

阿和告诉我，分公司的员工比较少，指纹打卡机就成了摆设。他们从来不会按照朝九晚五的时间去公司报到，经理也不介意，总体来说就是去不去公司全凭心情。

讲座之后是员工聚餐，阿和大概是与我们聊得熟悉了，便一直同我们坐在一起。整个吃饭期间，我和另外一个同事，一直在听阿和的辉煌历史。

内容无非是他能力高强，为公司拿下了几个大单子，结识了几个重量级的客户。用他的话来说，就是人脉在手，业绩无忧，其他都是浮云。

但是阿和也有他的忧虑，与他一同来公司的人，有好几个已经调到了公司总部，还有的跳槽到了更好的单位，只有他在这里空有一身抱负无法施展。他想要一个更加美好的前途，让他不再怀才不遇。

我想了想，问他："你平时不怎么去公司，都干吗呢？"

阿和说："就是打牌啊，玩游戏啊，与朋友喝酒啊。"

我不知道该怎么回复他，如果此时是微信聊天，我一定会回复一句：无言以对。

其实我很想告诉阿和，虽然销售是靠业绩说话的，但并不是说业绩就是全部。一个更为广阔的天地和优渥的条件，是要你拿很多东西去做等价交换的，综合实力里，包括业绩、人品、素质、涵养，你的一举一动无一不是你的名片。我偶然认识你，就看到你不遵守时间和全然不顾别人的感受，那么其他时候你又是怎么样的呢？

这个世界上并没有那么多的怀才不遇，一定是你某些方面做得不够好，所以你也得不到你想要的。

有一阵，网上很流行一个女教师的辞职报告，上面只有十个字：世界那么大，我想去看看。

其实在这句话还没流行之前，我就听 D 提起过。他说他努力，就是为了有一天有能力去外面的世界看看，外面的世界肯定很精彩。

D 是一个业内的前辈，从月薪三千做到月薪三万，用了两年的时间，然后到今年，开了自己的营销公司。

前辈是对他的尊称，实际上他还不到三十岁。我认识他比较早，在我与他打交道的那些时间里，我见过他工资不高的时候，下了班他还会去夜市摆摊，卖一些女生喜欢的小饰品，来挣点儿额外的收入。

与D合作过的甲方，无一不称赞他办事周到细致。D有个很好的习惯，无论与谁有约，从不迟到，不管是身价千万的老总，还是自己公司的员工，哪怕是他要帮人家的忙，他也从不会晚到。这大概就是所谓的：有任性的资本，却从不随便用。

D月薪三千的时候，租的是十几平方米的房子，卫生间公用，洗澡要去大众浴池。他当时所在的公司与阿和的分公司一样，人很少，也不按照上下班时间按指纹打卡，久而久之，大家都变得很懒散，D说有些坏习惯是不能放任自流的，所以，他成了公司里的例外。

他还是按照公司规定的时间上下班，寻找新客户，维系老客户，实在没有别的事情做，他就看新闻，研究挣钱的门路和新事物。

很久之后，他有些小积蓄了，也去过很多地方旅游。有一天，他跟我说，他想去苏黎世逛逛奥古斯丁巷。

我说："你现在有钱有时间了，完全可以随时提上日程。"

D说："不，还需要一两年的时间。"

他后来说的一段话，我至今都记得。他说："我喜欢量力而为的旅行，不要所谓的穷游，我必须在我的经济能力与我要去的旅行地消费情况所匹配的情况下才能去。当我去一个地方的时候，我要看它的文化、饮食、特色，我要住当地具有代表性的酒店，我要吃当地的特色菜，我要看到它最为美好的一面，而不是来去匆匆，更不是节衣缩食。”

要知道，住大通铺的青年旅社和住三十九层的五星级酒店，看到的风景是不一样的，遇见的人也是不一样的。

我有个姐妹搬了新家，她说，终于不必挤在与人合租的房子里，也终于不用面对斑驳的墙壁和脏乱的楼梯了。她的孩子将来可以在附近的重点小学上学，可以与同龄的孩子在小区里无忧无虑地玩耍，可以随时出入小区附近的大型商场，而不必和曾经的她一样，住在租来的房子里，与厨房里随时可能出现的蟑螂为伍。

她的新房子环境很好，小区里有宽阔的路和地下停车场，绿植随处可见，干净到每一个角落都可以拿来当照片背景。房间视野开阔，从阳台望去，可以看见不远处的海平面，就像当年我们所期待的那样：面朝大海，春暖花开。

她说这些话的时候，一副没心没肺的样子。只有我知道，她为了能过上这样的生活付出了多少努力。

她那会儿为了拿下一个客户，通宵做两种不同风格的方案，困得支撑不住了就喝咖啡，最后喝到对咖啡免疫了，她就站起来去办公室外边漆黑的楼道里走两圈，夜深人静，只有一个人的楼道让人害怕，很快她就清醒了。

她老公也很拼，出差是家常便饭。有一点我是很佩服他们的，那就是不论这条奋斗的路多难走，他们依然没有忘记初心。忙的时候很忘我，不忙的时候就好好经营他们的爱情小窝。她会化精致的淡妆，会用团购的票与爱人看一场电影，还养了几条金鱼和一些花，她老公的厨艺很好，我们去蹭饭夸他厨艺的时候，他会憨厚地说："媳妇儿太忙，导致胃口不好，我就琢磨着让她吃点儿有营养易消化的菜。"

现在，他们的生活条件好了很多，节奏也缓和了很多。我想，付出之后的所有的好都是他们应该得到的。

生活赋予了我们追求优质生活的权利，也要求我们去尽相应的义务。尽相应的义务就是让我们有相应的付出，如果你不努力付出，你想要的永远不会有人给你。

姑娘，这世上从没有不劳而获的美丽

认识W姑娘几年了，因为工作关系一年会见上几次面，尽管她不是漂亮能干的类型，但踌躇满志的样子还算正能量。时间长了，发现她的远大目标基本就停在嘴上，朋友圈里全是励志格言，深更半夜也刷各种职场成功学。虽然W姑娘没有成功也没有钱，但见面说的全是新梦想和大格局，如此下去，当然也会有情绪受挫的时候，也号称患上了“成功焦虑症”。她的朋友圈就像天气一样阴晴不定，一会儿斗志昂扬，一会儿沮丧焦虑，让人看着都觉得累。

W姑娘这几年没升过职也没跳过槽，嘴上努力手上却不勤快，脸上的正能量的笑容也逐渐被负能量的矫情所取代，身材越来越胖也不减肥，时间都用来构想未来，现在却一直没什么钱。很多女人都在说“拼”，结果看脸看身材就知道没什么可拼。五官不好看原本也没那么可怕，可怕的是有些姑娘明明知道自己不漂亮也没多少才华，还坚持着懒下去和胖下去。

另一位J姑娘倒是不缺钱，丈夫有家族企业，她结婚后就不再工作，结婚五年生了两个孩子。但她同样对自己的另一半有诸多不满，也因为婆媳关系差见面就嚷嚷离婚的事，连孕期都没闲着，天天生气，生下孩子后更是闹腾不断。其实女人真没那么多的“产后抑郁症”，完全是自己各种心理不平衡在作祟。如今两个孩子都上幼儿园了，偶尔见面还是听她诉说那一堆一点儿也不新鲜的抱怨。J姑娘容颜已显老态，身体也已发福，她说：“男人死不悔改不能指望，我今后的事业就是我的儿子了。”

如果孩子成了女人的事业，已经失去自我的妈妈根本带不出有出息的儿子。这是很多已婚女人的样子，不论有钱还是没钱，都是矫情、抱怨、发胖、偏执、颓废，一点儿都不美。

很多人在大都市奋斗，怀抱梦想而来却陷于平庸之中：他们在职场劳心劳力，有工作却没有生活，有期待却没有爱情；他们与疾病、坏情绪、高房价狭路相逢，时常找不到自己，想过的生活也一直遥遥无期。即便在逃离大城市的压力后，他们还是会迷失于小城市的平庸与固化里，因为他们对城市做出选择的另一面，是城市对他们的选择，而不论大城市还是小城市，都会拒绝那些心灵和情感总是处于无根状态的人。

有时候最闹心的烦躁是你根本不知道自己在烦些什么，负能量就爆棚了，所谓正能量也多是些鸡汤，毫无营养更谈不上价值。有多少人都在这样生活着，在喊口号般的努力里变丑变老，实际上却做不好应该做好的本职工作，担不起必须肩负的责任，爱不起值得珍惜的人。在“平平淡淡才是真”的颓败里变胖，死活都管不住自己的嘴，在“为孩子拼起跑线”的虚荣里变俗，甚至连洗衣做饭这样的事都做不好，还抱怨男人不够爱自己。

当我们缺失了自律，很多的人都会过度保护自己，斤斤计较，胆怯地逃避责任，虚伪地做人，而这些行为会让你变得更加俗不可耐。

人的一生总是在不停地转换着社会角色，心态上不做适当调整，总是在自负里欺骗自己、伤害别人，或在抱怨里虚度光阴，那命运不对你残酷才怪。没钱的时候，放纵贪婪和懒惰，于是你胖了丑了；有钱的时候，放纵虚荣和矫情，你还是胖了丑了。

说你丑不是因为你五官不如别人，更不是因为你穷，而是你不求上进还不自知。原地踏步却说自己很努力，混吃等死、发福肥胖却说自己很有福，如此的你还要去掌控男人和孩子的未来，真是可笑，你不如问问自己："你真的懂得好好爱自己吗？"

对女人来说，所谓见过世面，不是出几趟远门就看到了世界，或是到大城市待几天就是远方，而是在你一次次去经历、去付出之后，终于知道了什么才是真正的好，并且会为此继续自律和坚持下去，让现在的你又健康又优雅，经济又独立。这才是新时代美丽女人该有的样子。

在每个平凡的日子里，不平凡地努力

前几天表妹在跟我谈及自己的考研史时，提及了自己在考研期间结交的一位“传奇”人物，至于为什么称她为“传奇”人物，还要从表妹和她的初相识说起。

桑雨是她的网名，她和表妹相识于一个叫作“五道口落榜群”的QQ群。

五道口是原中国人民银行金融研究生部的别称，现为清华大学五道口金融学院，一度是众多学子考研的首选学府。考研成绩出来之后，表妹加入了这个群，表妹还说大家在群里热火朝天地聊天时，都暂时忘记了落榜的痛苦。

后来，她们一起去参加另一个学校的调剂复试，表妹才见到了现实中的她。她是典型的南方女孩，外表娇弱，声音很轻，但表妹一直记得她倔强的眼神和一针见血的谈吐，也记得自己问她为什么要考“五道口”时，她只回答了八个字：“犯其至难，图其至远。”

那时候，考上“五道口”的人里有很多是“二战”甚至“三战”。表妹是第一次考，但她已经是第二年考了，她们俩一样差四分到复试线。她也和表妹一样，听到的言论多是：“啊，只差一点，明年肯定就考上了！”

可就算“只差一点”，表妹也没有勇气再考一年。她也有些纠结，因为她如果再考一年就是“三战”了。在这场没有硝烟又孤军奋战的战役中，没人能为你担保“明年就能考上”，更没人帮你分担那些黑漆漆的夜里睁大着眼睛寻找希望的孤寂，以及因为孤注一掷、背水一战而承担的莫大的压力。何况女孩的青春原本就转瞬即逝，为一个学校赌上三年的时光，家人的担忧、朋友的劝阻，连同自己的怀疑都像是一条难以蹚过的冰河，步步艰难，无法逾越。

表妹听她轻描淡写地说完她“二战”时独自在校外租房复习的种种后，便对她心生赞佩，不说别的，就每天十四五个小时的复习强度，这已经超越了很多考研人。南方没有暖气的冬天，她独自一人在出租房里抱着热水袋看书做题，那么寂寞、冷僻的环境里，她心里全是温热的希望。

调剂复试之后，表妹被录取了。经过数番波折，百般纠结后，表妹终于放弃了为五道口“二战”的想法，而她，还是毅然回去准备“三战”。

后来表妹和她没再联系过。表妹开始了研究生生活，而她又翻开了那些数学复习全书、英语单词红宝书和不知看过多少遍的专业课笔记。整整一年里，她在 QQ 上的个性签名一直是阿兰·德波顿的那句话：“我们在黑暗中掘地洞之余，一定要努力化眼泪为知识。”

第二年的春天，表妹收到一位朋友发来的一个链接，是五道口的最终录取名单。打开之后，表妹一眼就看到她的名字赫然在列，顿时抑制不住内心的激动而热泪盈眶。表妹感慨于自己所放弃的路途而她步履维艰地走到了终点，再明艳的鲜花和再响亮的掌声都不够作为对她的嘉赏。表妹说至今自己都能想象到她一个人蹚过寒冷的冰河，尝遍孤独的滋味，在无人给予鼓励时用强大的内心力量源源不断地滋养着自己，终于走到了一个莺飞草长的春天。

三年的青春换一个梦想的入口，多少人问到底值不值，甚至有很多人称呼坚持数年考研的人为“考研病人”。可青春里的呼啸奔跑、颠沛流离，从没有对错和道理，“值得”二字可至轻也可至重，度量全在人心。

前段时间我整理新书的底稿，那些模糊的往事扑面而来，我差点儿都忘了，我也曾为它们写过那么多的字。我觉得，就算走到很远很远的以后，我也再难写出比它们更坦荡赤诚、饱含热泪的字迹。因为它们所代表的坦荡赤诚、饱含热泪的岁月正一步一步离我远去，在我依依不舍地远离校园之后。

毕业前夕，我沉默地写着它们时，我在豆瓣还只有一百多个关注，并没有多少人看到。而实习单位却有几百个客户等着我一一拜访，他们都要忍受我在任务压力下不厌其烦、口干舌燥的营销。我早已不记得他们的脸，不记得自己开口前的尴尬忐忑，以及那些少数热情多数冷漠的回应，只记得炙热暑气下发烫的公交车座椅，盛夏正午餐厅里的小憩，还有因为手里的汗水而变得皱皱巴巴的产品单页。

实习结束的那一天，我终于得以从西装裤换成西瓜红的小热裤，和小伙伴们笑着闹着走在路上，只看到天空由于秋意的初临而变得清朗高远，一大片又一大片软绵绵的云彩让人高兴地跳起来和它们打招呼。我们都晒黑了也累瘦了，可奔向未来的脚步却铿锵有声。

后来开始找工作，我经常把它们拿出来看看。在北京深秋晚高峰的熙熙攘攘的地铁站里一条条地刷新招聘通知时，在初冬穿着单薄的西装式大衣难以抵御突如其来的降温和大风时，在火车站候车大厅边等火车边看第二天要面试的企业简介时，那些字迹，在后来温暖无数个陌生人之前，首先无数次地温暖了我自己。在我不知何去何从时，它们提醒着我，过去的自己曾有过的勇敢和无畏，一路奔跑的身影和终于迎来的赤色艳阳。那些字迹，一个又一个，都是跳跃、滚烫的初心，让我在奋斗的路上砥砺前行。

记得一次暑假，第一次看到《异类》里的一万小时天才理论。我在愿望清单里写了好多愿望，其中一个是出版一本书。后来是马不停蹄地实习，和因为要考证在自习室里熬至深夜的场景。疲累又迷茫的日日夜夜里，反复叩问思索，期待着命运给我一次从容选择的机会。有一次独自在房间里写作，一推窗，白茫茫的雪地仿佛大梦初醒一般让人心中一动。旧事纷纷如飘零落雪，只有想到自己一路奔跑一路成长的旅途，才觉得凛凛寒风并不可畏，也只有自己才能将一个雨水轻柔、山川秀美的春天唤醒。

还记得有一次和上千人在一个闷热的大教室里听考研数学课。我从第一排转身向后看，他们的神情竟出乎意料地相似。那样的神情后来我在拥挤的企业宣讲会上看到过，在水泄不通的招聘现场看到过，在新公司入职培训的动员会上看到过，在校园里手挽着手热烈地谈天说地的学生中看到过。

那种神情显现出贫瘠年华里对未来最恳切的热望，属于年轻时的我们，属于被现实打败之前耀目荣光的无畏青春。

有段时间，网上盛传一篇叫作《为什么要努力》的帖子。也有人问我，为什么要努力？我想，是因为人生有太多就算你努力了也无法掌控的东西。比如你寤寐思服的那个人的心，比如父母渐渐老去的容颜，比如稍纵即逝的时间。所以，对于那些努力了便能扎扎实实握在掌心的东西，为什么不珍惜？为什么不争取呢？

说到底，年轻时所有的你追我赶、冲锋陷阵，不过是为了兑换一段酣畅淋漓、了无遗憾的时光而已。让无数个看似庸碌平凡实则丰饶激荡的灵魂，在陷入回忆时能露出一抹温柔的笑意。

你一定和我一样，明白除了在寒风中裹紧衣领往前走，没有什么能带我们走向一个温柔明媚的春天。

而我也知道，在被庸碌的现实俘虏之前，在被琐碎的生活招安之前，你终将闪耀，如日光投射辽阔原野，如流星划过无垠天际。

唯有脚踏实地的付出，才会换来好运

几个月前，远房的表姐要我帮她修改一下简历。看了简历，我倒吸了一口凉气。一张粗制滥造的 word 表格，寥寥几行且信息不详，不像简历，倒像是一份个人信息登记表。这分明是在向面试官暗示：本人无法胜任。很难想象，这出自一个有着十几年工作经验的人之手。

表姐的家乡是北方的二三线城市，她的收入远低于当地的工资平均线，在一家小公司任劳任怨工作了十余年，若不是因为领导的一次安排让她觉得遭遇了不公平对待，恐怕这辈子她也想不到要换工作。

可是这件事之后，她受了大委屈，原本以为自己是公司不可或缺的资深元老，没有功劳也有苦劳，却不想在老板眼中只是个连新来的临时工都不如的小角色，于是她感到愤愤不平，铁了心要换工作。家人都说，这是好事，毕竟当下这份工作实在是没有任何前途。

只是单看眼前这份简历，我是丝毫看不出她有多大的换工作的决心。我耐心地跟她讲简历应该怎么写才能吸引眼球，又找出几个范本，过了几天，她总算照着葫芦画瓢，做了一份勉强能看的简历，开始了换工作之路。

几个月后，工作还是那份工作，表姐还是那个表姐。我一问，一次面试也没成功。细聊之下，得知表姐只投了几家她认为所谓合适的公司，也是当地为数不多的几家大公司，但都石沉大海。

我说：“也罢，不着急换工作就慢慢等吧。”

表姐说：“谁说不急？我当然着急了，可总要有合适的才行吧。”

我对表姐说：“你一没学历，二没能力，你甚至都写不好一份简历，真给你一个大公司的工作机会，你又拿什么去胜任呢？为什么不现实一点儿，投个更符合要求的岗位，只要比你现在的收入高，也算是有突破啊。谁也不是一上来就有高起点。”

表姐想了想说：“嗯，我这个人在有些问题上不愿将就。反正能做的都做了，剩下的就是碰运气了。”

我说：“你显然没有把该做的都做了。首先，你随随便便弄了一份连你自己看了都不会聘你自己的简历，然后希望聘你的人是个傻瓜。其次，你没有穷尽所有的选择，找出一切适合你的岗位，而是随随便便地在一家招聘网站上选了几个大公司。第三，你也没有为接下来可能的面试做任何准备，而是悠闲地在办公室喝茶、浏览网页，把一切都交给所谓的‘运气’，指望某天从天而降一份offer。你这是典型的‘买彩票’心态。”

这些年，我见过太多人，怀着一种买彩票的心理去对待一切人生大事，不去付出，或者付出的远远不够，却指望以小搏大中头奖，把梦想寄托在永远都够不到的事情上：虽然我没复习功课，但是万一蒙的每道题都对了呢？虽然我不美，但万一就有高富帅喜欢我这一类型呢？虽然我工作经验不足，但万一就有企业看上我呢？

面对失败，他们永远有最好的理由为自己开脱：运气还不够，缘分还没到，欣赏我的人还没来……

这类人最不喜欢做的一件事就是“将就”，在现实面前无比“理智”的就是他们：枯燥乏味的工作不喜欢，不擅长的领域不适合，条件一般的不考虑。在期望面前失去理智的也是他们：找工作要事儿少钱多，找对象要貌美多金。他们的眼睛永远长在天上，双脚一直站在井里。不想“将就”却不肯付出，无比“理智”却从不励志。只想着拥有最好的，却做不到最好，眼高手低，好高骛远，最终只会落得两手空空的下场。

美国作家 Matthew Sweeney 写过一本《彩票的战争》：在购买彩票上花销最多的人往往受教育程度更低、收入更少。事实也的确如此，2008 年的一项国内调查显示，当年最喜欢购买彩票的人多集中在经济不发达地区。其中一个重要原因可能就是成本投入小，却能为自己吹一个无比巨大的肥皂泡。

无端地给自己设定了无数的可能性，陶醉于命运之神降临时的无限荣光，甚至连获奖感言都已经想好，万事俱备，只差天上掉馅饼。可惜的是，从天而降的并不是馅饼，更多的时候是“鸟屎”，越是心怀侥幸的人，接的“鸟屎”就越多。于是你更加信命，也更加恨命，觉得自己时运不济，命运总欠你一个说法。

一个人有梦想，不安于平凡，原本没错，否则和咸鱼还有什么区别？可是你有一万种方法去完成你的梦想，这其中偏偏就不包括空想和幻想。仙度瑞拉的故事鼓舞了一代又一代的灰姑娘们，使她们坚信丑小鸭也可以变成白天鹅，但是她们忘记了，在见到王子前，仙度瑞拉已经为自己换好了华服和水晶鞋，在那一刻，她并不是灰姑娘。

给你一个王子，你是否已经穿好了水晶鞋？这世上从来就没有无缘无故的缘分。命运是把锁，钥匙在自己手里，别把自己唯一的人生当作买彩票。

别在这辈子，活成了一个连自己都看不起的人。

第四章

可怕的不是失败，而是放弃努力

默默坚持的人，一定会优秀得光芒万丈

每天早上，在深圳的地铁站里都有这么一群人，他们早早地在那里等待，手里拿着报纸，将报纸派发给路过的每一位乘客。

走过的人，几乎都会手拿一份，一边看着报纸，一边等着地铁，有些人上了地铁之后，仍然会挤在狭小的空间里打开报纸浏览。

而在每个地铁站的出口处，也总是有这么一些人，他们等候着每位乘客的到来，然后收下已被浏览过的报纸。将这些回收的报纸，拿去当旧报纸进行售卖，赚点儿小零钱。

每天到公司附近的地铁站出口，我都会看到两位六十多岁的老婆婆，站在同一个出口，等待接收乘客手中的报纸。

其中一位婆婆长得微胖，皮肤白皙，脸上总是带着笑容，笑嘻嘻地接过别人手里的报纸，然后很礼貌地跟别人说："谢谢。"

而另一位婆婆，长得瘦瘦的，也比较黑，但是，她比较凶，总是会站在那位笑嘻嘻的婆婆的前面，先抢过别人手中的报纸。

在这场抢报纸之战中，黑瘦的婆婆占据了优势，但是，白皙的婆婆却从来不反击，依旧每天站在固定的位置，面带笑容，笑嘻嘻地等待着别人把报纸给她，每接过一份报纸，她都会微微弯下身，跟别人说“谢谢”。

看着两位婆婆的抢报纸之战，我挺心疼白皙婆婆的，她给人一种安静祥和。与世无争的感觉，每天却总是拿到很少的报纸。所以，每次我都把手里的报纸给她。每当她拿过我手中的报纸，脸上都会露出开心的笑容，微微鞠躬，跟我说“谢谢”。每天一大早，看到婆婆的笑容，心情都格外好。

每天，我风雨无阻地坐着地铁去上班，固定的时间点出发，固定的时间点到达公司附近的地铁口，而每天，两位婆婆也是一样，固定地出现在同一个位置，做着一样的事情。

日复一日，一个月接着一个月地过去。我看到两位婆婆都是拿着一个大大的购物袋，将报纸装进袋子里，然后，等到袋子装满了，就背着一袋报纸回家。

可是有一天，我走出地铁口，却没看见那位黑瘦的婆婆，我以为她是因为忙碌，所以休息几天再来。

但是，从那天之后，却再也没有看见黑瘦婆婆出现过。

有一天，我早早地从家里出发去公司，将报纸递给白皙的婆婆的时候，我顺便问了婆婆：“另一位婆婆怎么不来了呢？”

白皙婆婆跟我说：“她觉得每个月拿的报纸卖不了几个钱，又辛苦，就不来了。”

我笑嘻嘻地对婆婆说：“那现在没人跟你争报纸了。”

婆婆依旧是笑嘻嘻的，什么也没说。

我挺佩服这位白皙的婆婆的，不管风吹雨打，每天早上，固定的时间点，固定的位置，一直在默默地坚持着。

两位婆婆的抢报纸之战，两位婆婆的变化，其实就像在我们的生活中，不管做什么事情，总会遇到各种各样的对手，或许会遇到像黑瘦婆婆一样凶悍的对手。

可有时候，我们并不是被强悍的对手打败，而是被自己的轻易放弃打败。

有些人觉得自己跟别人做一样的事情，劳无所获，没有别人收获的多，所以便放弃了。

有些人因为收获达不到自己的预想，觉得辛苦劳累，所以也放弃了。

放弃很容易，因为容易，很多人也会渐渐趋向于去做简单的事情，渐渐地，只剩下一部分人在坚持，而正是这些坚持下来的人，会有更大的收获。

我想起了大学期间认识的两位朋友——小华跟林莉。

她们从高中开始便认识了，大学时又刚好在同一所学校里面读着一样的专业。两个人整天形影不离，关系非常好。

正值开学期间，很多社团都在招新，林莉看到舞蹈协会在招新，兴奋不已，一直想要学街舞的她，便拉了小华一起去报名参加街舞的课程。

每天下午下课后，她们都需要去舞蹈室排练。

前面一两个月的时间里，在舞蹈老师的带领下，一直在练习着各种最基础的动作。一个简简单单的甩头动作，她们需要练上两三节课。

小华觉得练了这么久，连一段基本舞蹈都没学会，感觉学街舞是一件很难的事，也觉得很没意思，所以，对这个舞蹈课也渐渐地失去了兴趣，基本动作也练得越来越不上心。最终，干脆选择放弃，不再去排练了。

林莉怎么拉扯，都拉不动她，只能自己一个人默默地坚持去练习。而小华，一下课就回宿舍追剧去了。

不管怎么忙碌，不管风吹雨打，林莉都坚持去排练，默默地坚持了半年后，终于学会了街舞的基本动作。她兴奋不已，更加信心满满地练习着。等到舞蹈协会的社团表演的时候，她甚至被派上场去参加表演。

曾经羡慕别人能够成为观众关注的焦点，能够站在舞台的中央表演的她，如今，也成了别人关注的焦点，站在人群中表演。此刻她的身上绽放着耀眼的光芒。是啊，默默坚持的人，真的在发光，而且总有一天可以光芒万丈。

她一点一滴地练习，一点一滴地坚持着，渐渐地靠近了自己的目标，自己想要的东西也慢慢得到了。别因为难，就放弃了坚持，就选择放弃。想要学有所成，想要收获，就必须努力地去坚持。

很多人一开始信誓旦旦地说要把某件事做好，可是，刚开始不久，便编出各种各样的理由，找出一大堆的借口证明自己是因为忙，或各种情况，最后选择了放弃，来给自己一点儿心理安慰。

其实，每个人都很忙，每个人的时间也都不够用，坚持挤时间去做一件事很难，但也正是因为难，所以你才要去做，你想要变得跟别人不一样，你就必须努力坚持到底。

想起之前在网上看到的一个视频：

一只母鸭子带着一群小鸭子外出。母鸭子先爬上了楼梯，在顶层的楼梯口等着身后一群小鸭子，而那群小鸭子却因为太矮小，一直没办法登上楼梯。

为了能够爬到顶层，跟随着母亲前行，它们一直不停地跳，可是却一次次地失败，失败后又继续一次次地向上跳。

虽然只有短短的三层楼梯，但是小鸭子每次跳上一个台阶，都要跳无数次，每跳一次，都需要使出全身的力气。

终于，经过无数次的尝试与失败，这群小鸭子跳到了最上面的第三层台阶，投入到了母亲的怀抱。

每当我自己做一件事，坚持不下去时，脑海中都会浮现出鸭子跳台阶的场景。小鸭子们为了能够去到自己想去的地方，一直不放弃，一直在努力坚持着，最终去到了自己想去的地方，那我们还有什么理由不坚持、不努力呢？

想要完成一件事情，需要不断地努力，而这个过程，需要不断地坚持；想要有所收获，需要不断地付出，而这个付出的过程，需要不断地坚持；想要弄清楚一件事，需要不断地摸索，而这个过程充满困难，需要不断地坚持……

没有坚持，一切皆是零。

坚持的过程，很累，很痛苦，也很难，而选择放弃，是非常轻而易举的一件事。只是选择放弃后，你想要到达的远方，也将会成为梦幻的泡影。

不要等到老了，需要某项技能了，才想着去学，到那个时候，为时已晚了。

年轻，是身体最好，精力最旺的时候，想要得到，此时不努力更待何时？不要怕苦怕难，坚持下去，一定会有所收获。

每个人心中，都有一个梦，艰也要面对，难也要坚持，因为执着；每个人心中，都有一条路，坎也要面对，坷也要坚持，因为选择；每个人心中，都有一份累，痛也要面对，苦也要坚持，因为坚强；每个人心中，都有一份苦，郁也要沉默，闷也要坚守，因为无人释解。

生活给了一个人多少磨难，日后必会还给他多少幸运，为梦想颠簸的人有很多，不差你一个，但如果坚持到最后，你就是唯一。在所有的困难面前，如果你能够在众人都放弃时再多坚持一秒，那么，你一定会优秀得光芒万丈。

坚持很难，但我不想放弃

姑妈家的大表哥，一直是父母眼中那种“别人家的孩子”。

从小到大，他都是“两耳不闻窗外事，一心只读教科书”，爱好学习，成绩优秀。家里面有整整一面墙壁的奖状，承载了他光荣的学习史。

每当逢年过节，大表哥都会被家族长辈们拉出来，当成学习楷模，然后对我们晚辈进行严厉的批评和深刻教育。

可以这么说，我们所有童年的阴影，很大一部分都与大表哥有关。

这种情况一直持续到大表哥高中毕业。

第一年应届高考，考试那几天他恰逢重感冒，因此发挥失常，分数刚好过一本线。这对于一直把 985 作为基本起点的大表哥来说，自然无法接受，他志愿都没填便扎进了复读的队伍。

那一年，他的体重由一百九降到一百四，所有人包括他自己都认为不说清华北大，排名靠前的名校至少没跑了。

可造化弄人，成绩出来后，连重本线都达不到。

家族的长辈们虽然都是和声安慰，但背后也都暗自嘀咕：这孩子应考能力不行啊，果然还是不能死读书……姑妈也不想让他承受太大的心理压力，不愿意让他继续复读。

我不知道那段时间大表哥是怎么熬过来的，他把自己关在房间里一整天，出来后便做出了不再复读的决定，让姑妈他们松了一大口气。

我问他为什么放弃了，大表哥说："没必要把时间和青春耗在这里，后面还有机会。"

其实我知道，主要原因是他不想让父母担心。

暑假过后，大表哥便拖着箱子毅然决然地去了吉首大学。

大学期间，尽管仍可以经常听见他获得各类奖学金的消息，但长辈们终究不再将他当作"别人家的孩子"。

大四那年参加考研，他把目标定向了本专业的顶级学校——上海财经大学。第一年败北，但得益于成绩优秀，毕业后有银行向他伸出了橄榄枝，姑妈他们自然是非常高兴，可无论他们怎么劝说，一向乖巧听话的大表哥都坚决地予以了拒绝。

后来家里因为这个事情越闹越大，很多亲戚也加入了劝说的阵营，大表哥干脆一个人提着箱子又回了吉首，在学校旁边租了房子，专心考研。

那年十一月份，我和同学去凤凰古城旅游，途经吉首，在车站旁边一家火锅店里，大表哥招待了我们。我询问他近况，他用一句还好便回答了所有。

其实我知道并不好，很明显他的眼神略显疲惫，而且相比以前又瘦了。现在的样子任谁都不会想到，他曾经是一个超过一百九的大胖子。

在去车站的路上，我几番欲言又止，最后他看出了端倪，笑了笑说："你是不是想问我为什么宁可过这样的日子，也不愿听你姑妈的，选择去银行工作？"

我委婉地说："我只是觉得如果当时就参加工作，几年的沉淀未必不好。"

他看了我几眼说："你说得对，未必不好。但我也没错，因为我想更好。"

我小心地问："万一又没有考上，你准备怎么办？"

他顿了顿，说："我知道你们都认为我偏执，但其实我没有，我只是在我还奋斗得起的年纪里，不容许自己选择妥协与放弃。"

上车后，我望着他瘦弱的身子套在红黑相间的羽绒服里，形单影只地踏往回去的路，最后一点一点地融汇在熙攘的人群中。

他对这座城市或许没有多少热爱，梦想成了唯一让他在此驻留的理由。那一瞬间，我突然觉得有些感动与难过。

同行的同学说："其实你表哥没有骗你，他是真的很好。"就和我们旅游一样，再累也觉得开心，只是我们体会不到他那种为了心中的信念不断奋斗的乐趣而已。

或许老天和他开玩笑上了瘾，大表哥二次考研再次败北，这时候父母以及家族里的长辈们都不再言语，只是暗地里为他当时拒绝银行的决定而摇头叹息。

虽然他再次选择了拒绝调剂，却也没有再说继续坚持的话，而是默默地在长沙找了份工作，和普通的上班族一样，工资三千，朝九晚五。唯一不同的便是，在这座号称娱乐之都的城市里，下班后他不向往其他人所热衷的夜生活，而是选择关在房间里埋头耕耘自己的梦想。

幸运之神终于在第三次考研后降临，他收到了上财的录取通知书。我祝贺他，说恭喜你再次成为“别人家的孩子”。

大表哥笑了笑，一脸神秘地打趣道：“这才中途而已，可不是终途。”

果然，几年后他又收到了斯坦福大学的 offer。

在家庭庆功宴上，大表哥梳着油背头，西装革履。此时满面春风、神采奕奕的他让我突然回忆起了那年在吉首汽车南站的那一幕，他的眼神写满疲惫，裹着红黑相间的羽绒服，在寒风中向我挥手告别。

如果不是那个记忆犹新的场景，我差点儿就忘记了他曾将自己置身在举目无亲的湘西边陲小城里，只为让自己远离流言蜚语，也忘记了他是怎样独自忍受着孤独，又是怎样一个人对抗着整个世界。

或许，世人皆是如此。

在别人登上巅峰的时刻，我们都习惯惊羡于他绽放出的万丈光芒，却不能尝试将目光移到他的身后，探寻他来时的方向，那里才真正隐藏着助他翱翔的秘诀与宝藏。

在寻梦的路上，初出茅庐的你满怀憧憬，意气风发。可慢慢地，你便动摇了最初的信仰，眸子亦逐渐失去了昔日的清亮，甚至某一天当你拿起别在腰间的鼓槌，却发现它早已腐蚀在现实的风雨里，最后你跌倒在摩肩接踵的人潮中，惊恐地看着自己鲜血淋漓的伤口。

你颓然地坐在原地，努力安慰自己，成功者只是得到上帝的垂青，梦想本就只能是梦想，它的幻灭正是自己成长的证明。

可你从没想过，任何一份自信从容的微笑背后，都洒满了汗水与泪水。而春天之所以如此温暖，正是因为历经了数九隆冬！

别再喊痛、喊累，责骂现实的残忍，痛斥上帝的不公。现实凭什么对你温柔以待，上帝更没有闲情对你施以不公。

谁的成功不是栉风沐雨，谁的人生不是斩棘前行？

半途而废才是最大的浪费

春天的时候，在公众号上看到一位读者的留言，大概的意思是：

“我是一个大学生，一直在追看你的文章。受了你的鼓励后，现在我也开了公众号，我都坚持四十三天了，可是写出来的文章，完全没有人关注。我觉得我的人生充满了失败，大学这几年，无论做什么都没有成绩。我觉得非常苦恼，原来我的人生根本就是个错误。”

谁没有过青春的迷茫？透过屏幕，我也读得到她的焦虑。

我们加了微信，我让她把公众号发给我看看。公众号上，一共就十几篇文章，字数最多的那篇是写自己的失恋，伤了心动了情，用了心思，有两百多的点击率。

我花了一个小时跟她开语音交流，给她讲我自己总结出来的公众号运营方式。

最后我说：“公众号文章的阅读量是要慢慢提高和积累的。任何事情，都要先有量再有质。当务之急，你要先累积内容，有了优质的内容，再考虑运营的事宜。”

她开心地说：“你说得太有道理了，我这就回去努力写。谢谢你。”

讲完之后，我眯着眼睛煮了一壶菊花茶，说了太多话，口太干。可是能帮到别人的感觉非常美，真不枉花了我一小时的时间。

过了两个星期，她又找我，有一篇文章要开白名单。我问她："你不写原创了吗？"

她说："我觉得我目前人生经验还很少，文笔也还需要锤炼。我先转载一些我喜欢的文章，再慢慢锤炼。"

人最难得的就是有自知之明。难得她这么年轻就明白得这么透彻。我给她开了白名单，并鼓励她说："优质的内容才是能让你最终区别于别人的特质，写下去，不要放弃。"

她给我发了一串很可爱的表情，说："每次和你聊天，我都收获甚多。我这就去努力。"

又过了一个月，她在微信上说："你接受付费推广吗？我想请你推广一下我的号。"

我去翻了一下她的号。除了转载，自己新写的文章不超过五篇，而且有两篇很明显虎头蛇尾，草草了结。

于是我说："按照你现在公众号的情况，就算别人加了关注，翻一翻也会取关啊。你出钱推广，钱不是白付了吗？"

她说："我研究了微博微信以及诸多新媒体的运行方式，发现最重要的是要有一批'原始粉丝'。这就像是滚雪球，只要有最初的那个小球，就会很容易滚成大球的。我现在需要的就只是这个小球。"

她又说，她马上就毕业了，她可不想用自己的剩余价值去养肥别人。今年是自媒体最火爆的一年，也是最后一班船，再跳不上去，就赶不上了。

“我的目标也不是很大，只要能有十万粉丝量就行。然后就可以发广告，做团购，开培训。天下有那么多有趣的事情可以赚钱，我不想被困在一个办公室里面，看老板的脸色。”

她说得情绪激昂，头头是道，连我都热血沸腾地在拼命地计算：“那么，我应该把我的号做到多少万粉丝量?”

可是我总觉得哪个地方有点儿不对劲儿，不过我也说不上来。

我们说了半天，最后我也没答应她付费推广的请求。道义让我自律，我不能昧着良心拿别人父母的血汗钱。

她不太高兴地退出了微信。过了几天，我在朋友圈里看到她分享了大号推荐她的链接。也许我错了，有志者事竟成吧，我本就没有资格评判。

中间有几个月，日子匆匆流走了，我忙得无法喘息。

上星期我突然收到了一条她的群发消息：“请给我朋友圈的第一条消息点赞并评论。”我去看了看，是一个化妆品的广告。

显然她做起了微商，一天发几条消息，每条九张图，全是没有辨识率的锥子网红脸在搔首弄姿地推销化妆品的照片。我想起了她的公众号，去翻了一下，发现从初秋开始，就没有再更新了。

在人情薄如水的今天，微商真的是个难以言喻的行业。我只能遥祝她：小姑娘，在你的人生道路上一切顺利，越走越远。

我们每个人都只有一次不可往返的人生，我们每个人都只有一次可以把握的机会。如何度过自己的人生，才是我们真正要考虑的重要问题。

每个人的人生道路无法复制，每个人的成功不能相比。与其花时间盲目地去学习别人、模仿别人，不如花一点时间给自己。

慢慢地把心安静下来，找到一件自己想做的事情，准备好之后再开始，一旦开始，就做下去，不要放弃。

要知道，在这个世界上最大的浪费就是半途而废。

持之以恒是举步维艰的，半途而废是轻而易举的。成功与失败也是如此。

人生最大的失败在于放弃努力

在成功者必备的品质中，“坚持不懈”是最重要的品质之一。每个人都会在生命过程中遇到挫折与失败、坎坷与波折，这些阻碍会严重打击人们的进取心，也会转化为人们严重的心理负担。当人们接二连三地遇到挫折时，能否还坚持自己最初的目标？对于一个真正坚韧的人来讲，无论经历多少坎坷，也无论自己的处境怎样艰难，他都会坚持自己的理想不会改变。

人生最大的失败在于放弃努力。所有的成功都不是一蹴而就的，每一次成功都要经历一次长途赛跑，只有坚持跑到终点的人，才能看到最美的风景。困难的是，在奔跑的路上，有着太多的诱惑与天生的惰性不时地困扰着你，这时就要看你是贪恋一时的鸟语花香，还是目光始终盯着前方的梦幻仙境。

荀子在《劝学》中写道：“故不积跬步，无以至千里；不积小流，无以成江海。骐骥一跃，不能十步；驽马十驾，功在不舍。锲而舍之，朽木不折；锲而不舍，金石可镂。”这是在告诫人们：确立目标后，一定要坚持到底，决不放弃。

如果我们仔细思考每一位成功者的人生历程，就会发现在这些成功者身上，存在着一个共同的品质：坚持不懈的毅力与恒心。实际上，“坚持到底决不放弃”的毅力和决心确实是一个人追求成功的必备品质，一些人在追求人生目标的道路上之所以失败，正是由于他们没有自始至终地坚持自己的人生目标，半途而废。

每个人都不是天生就掌握或具备了丰富的知识、能力和经验，而是在后天的不断成长与学习中，掌握了丰富的知识，具备了卓越的技能，积累了丰富的经验。实现人生目标的过程是漫长的，需要我们坚定决心，从一点一滴做起，正如老子所说："合抱之木，生于毫末；九层之台，起于累土；千里之行，始于足下。"

由于人的精力有限，一天的时间有限，而我们每天面对的事务又是庞杂而纷乱的，因此最好的办法就是每天在规定的时间内完成自己定下的任务，每天坚持，即使因意外情况有所耽搁，也要坚持在下一个时间段补回来。这样一来，日积月累，又有什么事情不能取得成功呢？其实，每个人都具有成功者的潜质，也都有成功者的远见，而唯一的差别就在于能否坚持到最后。

我认识一个从事科研工作的人。由于成绩卓著，这位科研工作者还同时担任着另外几个行政职务，并从事各种社会工作。在此之外，他还有撰写的任务。在每一项新工作开始之初，他都给自己制订严格的工作计划，每天按计划完成。一旦因意外事情有所耽搁，一定在另一时间加班完成，从不懈怠。在一次谈话中，他对我说："其实，我的资质平平，又没有经受过良好的教育，之所以取得今日的成就，就在于我的坚持。我经受过常人无法想象的困苦，就算在自己濒临绝望的时候，也不曾放弃过自己的梦想。”

他是我最为敬佩的人之一，当然他也并不是一个完美的人，但是他把坚持做得近乎完美，因此他成功了。他在近十五年的时间内，义无反顾地坚持做了一件事，我觉得他的坚持真的很美丽。

柏拉图说：“成功的唯一秘诀，就是坚持到最后一分钟。”在人生道路上，面对失败是不可避免的事。无论人们愿意与否，挫折与失败都注定要在某个时间、某个地点等待着。如果人们在失败时，能在最后一分钟都不放弃自己反击的机会，那么成功往往也会在此时降临。

有许多人，他们在树立目标之初，也能坚定不移地向着目标迈进，但是不久之后，他们就遇到了许多令自己无法抵御的诱惑，于是在不知不觉中转移了注意力。此时，他们生命的航道开始偏离原来的目标，而且越走越远。其实，成功并不是遥不可及的神话，在很多时候，许多看似强大的人却脆弱得不堪一击，而那些似乎注定要失败的人反而创造了奇迹，为什么？关键就在于，成功者坚持到了最后一分钟。

一位来自美国俄亥俄州名叫汤姆的拳击冠军在剑桥大学举行了一次演讲。面对着剑桥大学的师生们，他讲述了自己的经历。

十八岁那年，汤姆的身高只有一百五十九厘米。那一年，他参加了一场非常激烈的比赛，他的对手三十岁，身高一百七十九厘米，而且是三年蝉联俄亥俄州的拳击冠军。这一位身材魁梧的黑人拳击选手最擅长的是左勾拳，令无数对手闻风丧胆。当主持人宣布这位黑人选手入场时，全场观众为这位黑人选手献上了热烈的掌声。这的确是一个十分有实力的对手，当时在人们看来，这位身材高大的黑人选手必然会毫无悬念地赢得这场比赛。但是谁也没有想到，在这场看似实力悬殊的比赛中，那个看似注定失败的人，竟神奇般地打破了那位黑人拳击选手蝉联冠军的美梦。

其实，当比赛开始的时候，的确与人们预想的情况丝毫不差。老练的黑人选手一次又一次地击中了刚刚走上拳击赛场的汤姆。在对手强势的进攻下，年轻的汤姆浑身是血，牙齿被打掉了半颗，但他却丝毫没有找到能够战胜对手的办法。很快，中场休息的时间到了。

在休息的时候，年轻的汤姆跟自己的教练吉比说："这场比赛对我来说，无疑是鸡蛋碰石头，我想退出比赛。"可是，吉比教练却不赞成他这样做。吉比教练说："不，汤姆，你能行。你不要害怕受伤，也不要害怕失败，只要你能够坚持到最后，你就一定会是胜利者，我相信你的实力。"听到教练的鼓励，汤姆改变了自己放弃比赛的想法，重新回到赛场上。

在接下来的比赛中，魁梧的黑人对手的拳头不断地落在汤姆身上。在旁人看来，即使汤姆拥有可以还击的机会，他也无法赢得这场比赛。

此时的汤姆任由对方有力的拳头打在自己身上，发出空洞的响声。汤姆感觉到，他的灵魂似乎已经脱离了自己的身体。然而，汤姆仍然牢牢记住吉米教练的话："只要能够坚持到最后！"

不断的进攻使当时实力强大的黑人对手渐渐疲惫了，而汤姆的顽强坚持也使黑人对手产生了畏惧心理，此时汤姆迎来了决胜局。在决胜局中，被打得遍体鳞伤的汤姆开始反击。汤姆的汗水和血流满了全身，也模糊了他的双眼。凭借着坚强的意志，汤姆一拳又一拳地击向对手，同时汤姆眼前出现了许多模糊的身影。面对着令他眼花缭乱的模糊身影，汤姆告诉自己："一定要坚持到最后！"在最后的时刻，汤姆的眼前有无数个身影在晃动。汤姆告诉自己，中间那个不动的身影一定就是他的对手！于是，汤姆鼓足了劲儿，对准中间那个身影猛力一击……

随后，裁判举起了汤姆的手，吉比教练也跑过来抱着他又唱又跳。此时，汤姆才发现自己胜利了，而对手早已倒在了赛场上。

在现实生活中，很多人都会遇到与汤姆类似的情况。这些人看上去不具备成功的天资、机智和才能。除了毅力，几乎找不到任何能够帮助他们成功的条件。然而他们就是凭借着这股惊人的毅力，在其他人选择放弃的时候，选择了继续坚持，于是他们成功地将自己的愿望变成了现实。

在一步步接近成功的时候，任何情况下都不要对自己轻言放弃。一旦人们产生了放弃的想法，这个放弃的想法会以超乎想象的速度膨胀。放弃的想法会一点点撼动人们的决心，最终使人们放弃自己追寻已久的目标。

每一个渴求成功的人都应该做到：无论在何种情况下，都要让自己坚持到最后一分钟，永不轻言放弃。世界上没有任何东西可以代替毅力，拥有毅力的人，无疑是幸运的，因为它会让人具备无穷的智慧和克服困难的能力，让人拥有一股百折不挠的强大力量，并在这股力量的支撑下，找到通向成功的道路。很多成功人士都信奉这样一句格言：“一个人的思想决定他的命运。”正是这句名言，让许多人有了顽强的毅力。

其实，阻碍一个人成功的最大障碍并不是老谋深算的对手，也不是嫉贤妒能的昏庸领导，而正是自己！现实生活中有许多这样的人：他们才华卓著、能力出众，然而他们却有一个致命的弱点，那就是不能坚持自己的梦想。这些人畏惧生活和事业生涯中必然出现的曲折坎坷，缺乏寻求解决问题的勇气，选择逃避现实，甚至放弃努力。由于他们没有坚持的勇气，所以他们始终无法超越现有水平，最终让自己与成功之间隔着一道不可逾越的沟渠。

有一位穷困潦倒的年轻人，他有一个美好的愿望：成为一名优秀的演员。虽然这个梦想离他的现实生活是那样的遥远，就宛如那高高挂在天上的月亮，但是他依然全心全意地坚持自己的梦想。

他寻找出好莱坞五百余家电影公司，然后按照计划将这些电影公司精心排列好顺序，带着他为自己量身定做的剧本前往这些公司逐一拜访，不幸的是没有一家公司愿意接受他的剧本。这个遭遇了百分之百的失败的年轻人丝毫没有灰心。当他被最后一家电影公司拒绝时，他又来到自己计划表上的第一家电影公司，开始第二轮的自我推销。令人沮丧的是，五百多家电影公司依旧都拒绝了他。难能可贵的是，再次遭遇了百分之百的失败的年轻人仍然没有放弃，并紧接着开始了第三轮的自我推销。这个年轻人在第三轮自我推销中依然遭遇了百分之百的失败。不过，连续三次百分之百的失败并没有使年轻人对自己的梦想产生动摇，他依然坚持自己的电影梦想。

终于，这个年轻人在第四轮自我推销中迎来了人生的转折点。当他拜访完三百四十九家公司之后，第三百五十家公司向他敞开了大门。这家公司留下年轻人的剧本，并告诉他公司要先看一看剧本。几天之后，这个年轻人接到这家电影公司发来的通知，请他前去详细商谈。最终这家电影公司决定投资拍摄这部电影，并且热情地向年轻人发出邀请，希望他能在自己撰写的电影剧本中担任男一号。这部电影就是《洛奇》，这个年轻人就是西尔维斯特·史泰龙。这部名叫《洛奇》的电影已经成为电影史上永远抹不去的亮丽风景，而西尔维斯特·史泰龙也成了电影史上具有代表性的人物。

无论你正经历着什么，过得是否开心，世界都不会因为你的疲惫而停下它的脚步。那些你不能释怀的人与事，总有一天会被遗忘。无论黑夜多么漫长，黎明始终会如期而至。

所有的付出都会收获惊喜

你从别人那里获得的任何东西，都很可能是对你曾经付出的回报，也许只是形式有所不同。你在付出的时候越慷慨，那么得到的回报就越丰厚，而付出时越吝啬、越小气，得到的回报也就越微薄。付出，就像没有存折的储蓄一样。

一天下午，下着大雨，一位老妇人慢慢地走进了费城的一家百货公司，当时大多数的柜台人员都没有理她。这时一位年轻人走了过来，问道："我可以为您做些什么呢？"老妇人笑着回答："我只是来避雨的。"年轻人听后没有向她推销任何东西，而且还转身为老妇人拿了一把椅子。雨终于停了，老妇人向这位年轻人道了谢，还向他要了一张名片。

几个月之后，这家百货公司的总裁收到一封信，信中要求他派这位年轻人前往苏格兰，去收取一份装满一整座城堡的订单。这封信，就是那位躲雨的老妇人所写，她是美国钢铁大王卡耐基的母亲。当这位年轻人收拾行李准备去苏格兰的时候，他已经晋升为这家百货公司的合伙人了。

为什么这个年轻人会比别人获得更多的发展机会呢？原因就在于他比别人付出了更多的关心和礼貌。这样的例子有很多。荷兰的一个小渔村里，曾经有一位勇敢的少年以实际行动，让全世界的人们懂得了什么是无私奉献的回报。

那是一个漆黑的夜晚，波浪击翻了一艘渔船，船员们的性命危在旦夕，他们发出了求救信号，而救援队的队长此时就在崖边，听见了警报声，便紧急召集了救援人员，立即乘着救援艇冲入海浪中。当时，忧心忡忡的村民们全部聚集在海边祷告，每个人都捧着一盏提灯，以照亮救援队返家的路。一个小时之后，救援艇冲破了浓雾，向崖边驶来，村民们喜出望外，掌声雷动，当他们精疲力竭地跑到海滩时，却听见队长说："因为救援艇的空间有限，无法搭载所有遇难的人，无奈只得留下了其中的一个人。"原本欢欣鼓舞的人们，听见还有一个人危在旦夕，顿时都安静了下来，所有人的情绪再次陷入慌乱中。这时，来不及停下喘气的队长开始组织另一支自愿救助队，准备前去搭救那个最后留下来的人。

十六岁的汉斯立即上前报名，然而，他的母亲听到后，连忙抓住他的手，阻止说："汉斯，你不要去啊！十年前，你的父亲在海难中丧生，而三个星期前，你的哥哥保罗出海，到现在也音信全无啊！孩子，你现在是我唯一的依靠，千万不要去！"

看着母亲，汉斯心头一酸，却仍然强忍着心疼，坚强地对母亲说："妈妈，我必须去，如果每个人都说'我不能去，让别人去吧'，那情况将会怎么样呢？妈妈，你就让我去吧，这是我的责任，只要还有人需要帮助，我们就应当竭尽全力地救助他。"

汉斯紧紧地拥吻了一下母亲，然后义无反顾地登上了救援艇，和其他救援人员一起冲入无边无际的黑暗中。一小时过去了，虽然只有一个小时，但是对忧心忡忡的汉斯的母亲来说，却是无限漫长的煎熬。忽然，救援艇冲破了层层迷雾，出现在人们的视野中，大家还看见汉斯站在船头，朝着岸边眺望，岸边众人不禁向汉斯高喊："汉斯，你们找到留下的那个人没有?"远远望去，汉斯开心地朝人群挥着手，大声喊道："我们找到他了，他就是我的哥哥保罗啊!"

这是一个感动人心的小故事。它告诉我们一个简单的道理：无私奉献会让我们得到意想不到的回报。十六岁的汉斯秉持着一份对生命的热爱与激情，获得了回报和人们的敬仰。那份我为人人的奉献精神，让我们看见最耀眼的人性之光。特别是在母亲的哀求声中，他仍然坚持前往救援的决心，最后救回来的竟是他的哥哥，更让人倍感温馨。在现实生活中，人们对于有利于己的事，总是精打细算、锱铢必较，而对于有益于公众的事，唯恐避之不及，这和汉斯的英勇行为相对照，实在太过自私、渺小了!

可见在这个世界上，付出还是有回报的，而且回报远远超过你付出的。就像农民在春天播下种子，通过辛勤付出后，会获得更多的收成。事实上，你只有在付出了很多后，才会获得更多。你工作越努力，在与人交往中越慷慨大方，那么你获得的回报也就越多。想要得到多少，就必须先付出多少。

科学家爱因斯坦曾经劝告我们：人只有献身于社会，才能找出那短暂而充满风险的生命的意义。只要我们肯付出，终究会得到应有的回报，不必计较付出了多少，也不必计较等待了多久。人生不是算术习题，更何况很多时候，一加一的总和超过了二。

人生的付出就如播种，你付出多少，生活就会回报你多少。得失之间的转化通常是需要时间和过程的，很多时候它并不能马上被看到。人的一生，本来就是成败相随、好坏更替的。善用心智的人深谙“吃亏”与“得福”的奥妙，懂得用长远的目光看待“吃亏”，用“吃亏”将坏事变成好事。但只有掌握了主动权，才能让“吃亏”发挥出意想不到的效果，将坏事变为好事。

战国时期，齐国相国孟尝君以养士出名，由于他待人诚恳，感动了一个叫冯谖的落魄人。一次，孟尝君叫人到其封地薛邑讨债，冯谖自告奋勇，问孟尝君将催讨回来的钱买什么，孟尝君让他买一些家里没有的东西。冯谖来到了薛邑。百姓听说孟尝君的讨债使者来了，均有怨言，于是冯谖召集邑中居民，说：“君上知道大家生活困难，这次特意派我来告诉大家，以前的欠债一笔勾销，利息也不用偿还了。君上叫我把债券也带来了，今天当着大家的面把它们烧毁，从今以后再不催还。”

说着，冯谖果真点起一把火，把债券都烧了。孟尝君如此仁义是广大薛邑百姓没有料到的，于是，人人感激涕零。冯谖回来后，将实情告诉了孟尝君，孟尝君一听很不高兴：“我这不是吃大亏了吗？”冯谖说：“您不是叫我买家中没有的东西吗？我已经给您买回来了，这就是‘义’。焚券市义，这对您凝聚民心是大有好处的啊！”孟尝君虽然觉得自己吃了个“哑巴亏”，但事情既已做了，只有打发冯谖去一边休息了。

若干年后，孟尝君被人以谗言陷害，相位不保，三千门客也走了大半，他只好躲回封地薛邑。薛邑的百姓听说他回来了，倾城而出，夹道欢迎。孟尝君感动不已，终于体会到了冯谖“市义”的苦心，当年的那个所谓的“哑巴亏”确实没有白吃。

这个故事告诉我们，无论是得还是失，都要调整好自己的心态。付出与收获是相辅相成的，在一定条件下，还能互相转化，因亏得福。能够看到事物的两面性和变化的可能性，才是智者的哲学。

如果你想创造更大的事业，就要付出更多的艰辛；如果你希望得到晋升，就要付出更多的努力；如果你想得到别人的关爱，就要付出更多的爱……总之，这个道理适用于人生的任何阶段，也适用于任何事情。

付出是没有存折的储蓄，是因为它的回报是不定期的，是没有确定性的。或许是积德行善之举，或许会有出乎意料的回报，但无论怎样，你都要坚信：你的付出，岁月不会辜负。吃点亏不要紧，因为将来一定会有大回报等着你的。

第五章

比你强大的人都在努力，你凭什么不努力

别再给不努力的自己找“理由”了

前几日，朋友青青费心筹备了一年的咖啡厅正式开业了，邀请我们几个闺密过去坐坐。席间，闺密小凡满脸羡慕的表情说：“能开个自己的咖啡厅真好啊，那可是我儿时的梦想啊！”

一个朋友便说：“你也可以开啊，有梦想就要努力去实现。”然后小凡说：“我家可没有这么多资金，能拿来给我开咖啡厅。”青青一听，不太高兴：“我可没有用家里的钱，用的都是我这几年工作攒的钱。”

小凡又说：“那开咖啡厅得懂得市场营销与管理，还得懂得西餐和咖啡吧，我也不是相关专业出身的，现在也没有那么多时间学，我平时工作也挺忙的啊，总不能耽误工作吧。”另一个朋友便说：“我记得青青也不是学这些专业的吧，青青好像是利用自己的业余时间到处去上课吧。”

然后小凡又说：“我身体不好，要是业余时间都占满了，不能好好休息，生病了又花钱看病，岂不是得不偿失。”

“也不一定非得占满业余时间啊，有时间就学学，为以后开咖啡厅做准备啊！”

“开咖啡厅得有人脉资源吧，青青长得那么漂亮，应该很容易有很多朋友吧，我就不行了，人丑就是倒霉啊。”小凡说完这句话后，席间终于安静了。因为我们知道，不管说什么，她总是能找理由反驳。

她不是真的不能开这个咖啡厅，而是她根本就不想为梦想付出任何努力。因此她要为自己的不努力去找很多看似合理的理由，好让自己能欣然接受自己的不努力。其实，大多数人一事无成，大抵都是因为太会给自己找理由了。

你羡慕同事步步高升、薪资翻倍，但你却说："人还是要有自己的生活，把生活都献给工作，活着也没什么意思。"所以当同事拼命加班时，你毫无压力地选择下班看视频。

你羡慕闺密会五种乐器、六种语言，但你却说："这些事情也不是什么正经的事，还是先好好工作，何况人家都是小时候学的，我现在都老了，学也学不会，又何必浪费时间？"其实想学东西，什么时候都不晚，你只是想给自己一个不学习而去逛街的好借口。

你羡慕朋友走出小城市，在北上广开启了一片新天地，但你却说："大城市机会本来就多，我去我也行，但父母在不远游，我还是要在家照顾父母。"你没有看到别人在大城市也是需要努力的，因此你安心地在小城市过着平淡的生活。

甚至于你羡慕别人减肥成功，但你却说："先吃完这一顿再继续减，吃饱了才能有力气减肥嘛。"所以你吃了一顿又一顿，只是为了给予自己所谓的"力气"。

然后你说："我说的难道不对吗？本来大城市机会就是多，本来身体健康就是比工作更重要。"

没错，你说的都对。为你不想做的事情找理由，只要你想找，总能找出千百个来。就像是吸烟的人，如果不想戒烟，他可以为吸烟找出一百个好处来，但他就偏偏对“吸烟有害健康”这个不可以吸烟的理由熟视无睹。根据心理学认知失调理论来说，如果一个人的行为与态度是相反的，那么他自身就会感到非常不舒服。而你为了让自己感到舒服，就只能去寻找理由平衡你的态度与行为。

你不想去努力，不想去付出，做什么都嫌麻烦，所以你给了自己很多不做这件事情的理由，这样你就可以心安理得地待在自己的“舒适圈”中。你害怕看到自己的无能，所以你把自己的失败与别人的成功都归结于社会环境、运气、外貌甚至是天气等外在不可控因素，这样你就可以摆出一副无辜的姿态，摊摊手说：“我有什么办法呢？这又不是我的问题。”

你真的太会给自己找理由了，你总是能在众多理由中找到对自己“最有利”的那个。你巧舌如簧、能言善辩，你句句在理、无懈可击。但你赢了口舌，最终却输了自己。

你为自己找的每一个“不能做”的理由，都好似一块巨石，在你还没开始迈出第一步时，就否定了所有的机会与可能，堵住了所有前进的道路，最终让自己无路可走、作茧自缚，把自己困在了所谓的“舒适圈”中，一事无成；你为自己找的每一个“失败”的理由，都好似一块黑布，蒙蔽了你的双眼，让你看不清事情的真相，当你认为一切都不是你的问题时，你又怎么会做出任何改变？又怎么可能改变失败的命运？

不是别人打败了你，是你的慵懒和对失败的恐惧打败了你；不是困难阻碍了你的步伐，是你给自己找的理由阻碍了你的步伐。

所以，不要再去给自己找理由了。成功的第一步就是要直面自己的问题，而不是一味地逃避现实、欺骗自己。当你知道你的不作为不是因为别的，而是因为懒惰时，你才会去变得勤勉；当你知道你的失败不是因为运气不好，而是因为自己能力不足或不够努力时，你才会去改善自己。只有你全力以赴了，能力提高了，你距离成功也就不远了。

就怕你放弃努力，还觉得理所当然

大三暑假的时候，一个大二的学弟跟我说他的三门专业课挂科了，得等到九月份开学的时候进行补考。他特别郁闷，想找我聊一聊。

我问学弟："为什么会挂科呢？是因为课程太难学不懂，还是自己不够努力？"

学弟说，这次挂科，是因为他对现在所学的这个专业不感兴趣，觉得枯燥乏味，上课就跟听天书似的。考试之前一点儿内容都看不进去，根本就不想复习，所以干脆就放弃了这些课程。他说早知道这个专业是学这些东西，他宁愿回高中复读去。

其实，一个专业学什么、做什么，就算四年大学读完，我们也只是得到很肤浅的认识，更何况我们在高中填报志愿的时候呢？无非是从互联网查询到一些信息，再加上亲朋好友的只言片语相互叠加印证，拼凑成了我们对这个专业的初步印象。于是，我们怀着未来光明远大的美好愿望在打印出来的志愿清单上郑重地签上了自己的名字。来到学校的时候却发现，这个专业所学的东西跟自己所想的有差别甚至是大相径庭。于是，心里逐渐萌生退意，逃课、挂科。给自己贴上一个不感兴趣的标签作为借口，想要让自己全身而退，又不被推上懦夫的风口浪尖，受到舆论的谴责。

但是，不感兴趣真的不足以作为我们逃避而不敢面对的借口。对任何事情，如果你没有真正地努力过、拼搏过、付出过，浅尝辄止，就急于下结论，告诉自己这个做不了，那个做不了，告诉自己兴趣才是最好的导师，这只能说明你懦弱，你对自己不负责任。有些兴趣是与生俱来的，而有些兴趣则是随着认识的加深、了解的增多而逐渐产生的。就像大学所学的专业，有多少人是因为对这个专业喜欢、热爱、感兴趣才学的呢？我想所占比重不会很大。很多时候我们都是抱着好就业、挣钱多的心理学了某个专业，而在读大学的过程中慢慢对自己所学的专业产生了感情，这完全是日久生情，而不是一见钟情。

拿不感兴趣作为借口来抵挡周围的一切，无非是给自己留好了退路，安慰自己天无绝人之路，船到桥头自然直，进可攻退可守，永远也不会走投无路，大不了就固守大本营，只要留得青山在就不怕没柴烧。所以有恃无恐，所以缺乏坚毅，所以不敢勇敢地进击，所以不敢尝试置之死地而后生。就像学弟一样，没有拼尽全力去尝试学习、理解专业课程，就想开溜，想着反正最后也能大学毕业，大不了就是补考。总觉得人生不易，何苦自己为难自己，还没入世，就自以为出世。于是还未激发自己的潜能，还没到弹尽粮绝的境地，自己就灰心失意，就想着开城献关、缴械投降，到头来只能自乱阵脚、丢盔弃甲。

我们的一生不知道会遇到多少孤绝的境地，被围追堵截，悬崖高耸，无路可退，生死悬于一线。那时候我们总渴望自己还有后路，拿出一个锦囊，就会逢山开路、遇水架桥，然后一路安全抵达目的地，这听起来更像是童话而不是现实。在现实生活中，我们没有能力也不可能为自己准备那么多的后路，因为人生不是彩排，而是一次又一次的现场直播，容不得我们一次次修改校正，所以我们只能逼着自己变得勇敢。迎难而上，向前冲，奋力闯，才能涉险滩、爬高峰，才能在绝望中找到希望，才能看到胜利的曙光。就像《狼图腾》中的男主人公陈阵，一个人第一次在草原遇到蒙古狼，孤立无援、千钧一发之际敲打马镫、吓退狼群才冲出了狼群的包围圈，否则一味地退让躲避，只能成为狼群的腹中之物。

所以当我们无路可退的时候，总要逼着自己勇敢。

于是从未跟人吵过架、独自一人在异地租房子的女生遇到刁蛮霸道不讲理的房东，也会逼着自己去据理力争，因为她知道深夜流泪真的于事无补。

于是从未下厨房做过饭，不知道调味品摆在哪里的男生在女朋友生病卧床的时候，也会逼着自己看菜谱，笨手笨脚地去炖鸡汤，因为他知道爱情是两个人的，生活更是两个人的，彼此依靠才能温暖。

于是从未学过某种技能，却异常珍惜得来不易的工作机会的女生，在接到老板的工作安排的时候，也会逼着自己熬夜看书，自学赶进度，因为她知道工作机会都是靠自己的努力争取来的。

我们自己的人生总要自己来买单，不能幻想着一边自己破罐子破摔，另一边有人来给我们收拾残局。正如奥地利诗人里尔克在诗中所写的：“哪有什么胜利可言，挺住意味着一切。”

不努力，你永远不知道自己能走多远

读大二的时候，我曾和朋友去郑州游玩。

在郑州闲逛了一天后，朋友 D 提议去爬嵩山。

一开始我是拒绝的，所有旅游项目中最不讨我喜欢的便是爬山，因为我不是常运动的主儿。但是后来一想，都到河南地界了，如若不去中岳嵩山看看，岂不是枉来一趟，便改口答应。

D 嘱咐我，翌日六点起来，七点就出发。

我有些纳闷儿，为什么要那么早？毕竟从郑州到嵩山脚下差不多九十公里，乘巴士、走高速的话，无论如何也能在两个小时之内到达，没有必要非得摧毁清晨与被子缠绵的美好时光。

D 狡黠一笑，说道："谁跟你说乘巴士过去啊？我已经为你借了一辆单车，明天我们俩还有我的几个同学一起骑过去。"

我顿时傻眼。记得近二十年来，我骑自行车最远也是从家里骑到县城，十多公里，骑了一个小时，如此一想，近九十公里的路程那不得整天都在路上啊。

我立马说："我肯定骑不到。"

"我们又不是比赛，不需要骑得很快，一天的时间应该也差不多了。”

“你给我两天时间也没用，我会死在路上。”

“你又没试过，怎么知道自己一定不行？好了，不争了，你要是死在了路上，我替你收尸。明天七点见啊，一群朋友等着你呢。”

我发誓，那是我一辈子骑过的距离最长的一次单车。早上七点从郑州市区出发，直到傍晚五点才到嵩山脚下，在此期间，只是在午饭之时稍稍歇了一下脚。

薄暮逼近，我将单车停在金色的夕阳里，面对着那绵延的群山，说实在话，当时的我并没有征服了这近九十公里的荣耀感，我只是累，非常累，但我也很欣慰，我并没有用去两天时间，也没有死在路上。我花了一天的时间，来证明了自己并没开始时自我想象中的那么弱小、那么不行。

现在回想起来，疲累已经不是记忆的主旋律，路上所经历的一切才是。我们大部分的时间都穿梭在郊区和农村之中，没有我以为的处处长坡陡岭，相反，地势还较为平坦。我们穿过葱郁的小树林，越过水位不超过二十厘米的小溪，在村道边看恣意盛开的野花——说不上很美，但是丛丛簇簇，也别有一番味道。经过一个村子时，被两条中华田园犬执拗地追赶也是记忆中不可磨灭的一部分。

让我记忆最深的是一段长长的省道（路名就不说了），不是因为它的景色太美，实在是那条路上运煤的货车太多，车子飞驰而过，迎面而来的就是一阵“黑雾”，遮天盖地。可以想见，我们一行七人骑出那段公路后，个个都是包大人上身的样子。

有些事，没有试过，我们就不要给自己平白无故地画一条停止线，故步自封。行还是不行，不在于事前我们说得多么绝对，而需要你的双足踏在前进的路上去感受去体会。

一路上不见得都是美好的风景，或许也有遮天盖日的“煤粉”飞扬在路上，但是，经历过，你就多了一种体验，不管是好的景致还是坏的景致，都会不偏不倚地谱成你多姿多彩的人生。

不怕上路之后由于艰难险阻而到不了终点，只怕还没努力鼓起风帆，搏击海浪，就早早撤下桅杆，极目远眺遥远的彼岸，然后兀自摇头嗟叹。

朋友 N 是个身材比较丰满的女生，经常在朋友圈里发图抱怨自己太胖。她常喊减肥，却不是个行动派，一年下来，未见她瘦下来过，反而越长越胖。

有一次，跟她一起吃自助餐，她的食量“令人发指”。

我问她：“你不是要减肥吗？”

她摇了摇头，说：“试过了，那些减肥方法都不靠谱，看来我这辈子是没有瘦下来的命了。”

“你真的有很努力地减过肥？”

她想了想，放下手中的鸡腿问：“什么叫努力？”

是啊，什么叫努力呢？我想应该是，明明知道前面有千难万险，你也毫不回头地冲向前，即便荆棘会划伤你的皮肤，瘴气会侵蚀你的意志，你也不会铩羽而归，而是一步一步，爬也要爬到终点。

显然，N还远远达不到这个境界。

后来通过她的闺密才得知，她确实有尝试过减肥，只是每次都是浅尝辄止，稍有一点儿苦累，便偃旗息鼓。如果她每天拿出刷朋友圈十分之一的时间用来努力减肥，我想，现在的N也断然不会认命了吧。

我并不想说只要努力就一定能成功，人的意志也不能完全决定人一生的际遇。但是人的潜力真的是超出你的想象，如果不去尝试，不狠狠地逼自己一把，你真的很难知道自己有多大能耐。

我记得以前帮朋友写过一篇演讲稿，可他只给了我不到三个小时的时间来完成。我本不是一个写文章很快的人，加之主题以前也没怎么涉猎过，需要查找各种资料，耗费很多时间，所以压力很大。

但是一想到先前已经答应了朋友，他还在等着我的稿子来熬夜练习，我就只能硬着头皮上。写的过程很痛苦，但是完稿之后，我发现文稿的质量并不差，时间也不到三个小时。

要不是把自己逼到了那个份儿上，我永远无法知道自己也是能在重压之下完美地完成任务的。要不是最后还是决定努力一把，那么我就不可能知道我的人生中根本就没有那么多的不行。

工作中，时常碰到有人说："这个事情我搞不定。"可是一旦任务被委派下来，然后有上级加压，我们就会发现，那些我们以为不可能做到的事情到最后都在自己的努力之下变成了现实。

那时我们就会知道，并非我们没有这个能力，只是惰性让我们没有想过要拼了命地努力。

汪国真有一句诗："既然选择了远方，便只顾风雨兼程。"

但现实生活中的很多情况是，虽然选择了远方，但我断定自己不行，所以从未出发，或者稍遇挫折，便折戟沉沙。

努力过后，发现自己能力不足，无法顺利到达彼岸，那还情有可原。但是如果你从未尝试，就说自己不行，或者没有认真地为之拼搏，就断定这是自己的宿命，那绝对是天大的笑话。只要你的目标不是登陆太阳这种天方夜谭的事，那么所有美好的远方都值得你为之奋勇向前。

沿途不一定有漂亮的鲜花，也不一定平顺通达，但只有自己走过，才知道那些未知的世界有多精彩。也只有努力向前，才能知道自己要多久才能走到属于自己的海角天涯。

其实你只是看起来很努力

在上大学时，我的同学曾跟我吐槽说："明明我已经很努力了，可是结果出来的时候，还是没能考上我梦想中的学校。"

确实，她看起来真的很努力，每天早上我们还在睡梦中的时候，她就已经起床去自习室了；每天晚上我们准备熄灯睡觉了，她才拖着疲惫的身体回来；每个周末我们和朋友通宵达旦玩耍的时候，她却在自习室里和那些晦涩难懂的公式打交道。我想，就是高考，也不过如此努力吧。

这么尽心竭力地去做一件事，可还是以失败告终，听起来真叫人遗憾。

可是慢慢我发现，只要班级群里一有什么消息，她肯定会马上回应，接着有一搭没一搭地往下聊。好几次我去图书馆看书，都会看到她站在窗边一脸憨笑地看着手机，偶尔我翻看她的学习资料时，却发现都是大片大片的空白。

我在想，如果仅仅因为长时间地泡图书馆，把一整天的时间耗在那张固定的桌子面前，佯装自己多努力、多拼命的样子，就能让书本中的知识存储在自己的大脑之中，那我也愿意天天早出晚归。

更糟糕的是，当别人说考公务员比较有前途的时候，她便放下自己准备好久的考研资料去看《申论》；当知道考公务员的竞争比考研还要激烈的时候，又转战回了考研大军中；一开始决定要考 A 校的专业，突然听人说 B 校的专业很不错，转而又信誓旦旦地要考 B 校……在如此循环往复的纠结和变换当中，时间已经过去了一大半。

毕业的时候，其他同学都拿到了不同单位的录用通知，而她考研失败，工作也未曾有着落。

她愁眉苦脸地说："我这么努力，连自己都被自己感动了，可是到头来却什么都没得到。"

很多时候，人们都会花大量的时间去做一件事情，时间多得连自己都相信自己一直在为了这件事而努力奋斗。其实很多人是为了抵御自己内心的不安和极大的空虚感，或者是因为随大溜，才迫不得已倾注了大量的时间。其实在这个时间段里，是否所有的精力都倾注于此，自己也模棱两可。但是只要自己是坐在那里的，看起来是在为这个目标而踽踽独行的，心中就能得到极大的安慰，自己麻醉自己，也向他人宣告："其实我是为了这件事而倾尽全力的，你看我花费在这上面的时间就知道了。"

上大学的时候，因为很长一段时间的碌碌无为和虚度光阴，我也曾一度感到恐慌。觉得原本应该在大学里做些什么事的，可是现在大学时光已经过完大半了，除了玩和享受生活之外，仿佛根本就没学到什么，这让我感到沮丧和惴惴不安。

于是在接下来的日子里，我给自己列了一个清单，多达几十项目标。我想，如果在接下来的日子里，我能够把这些事情做完做好，也不枉费了这美好的四年大学生活。然后我就身体力行地去实行了。找兼职，做家教，买了一大堆书，给自己限定了多久要写完多少字的目标，努力找出时间去和老朋友联系，开始看实用的演讲，努力学习专业知识和英语，买了一大堆与自己专业有关的或无关的考证资料，甚至跟同学合伙开店做生意……

我看会儿书，写会儿东西，在网上发布一下兼职信息，然后再看一下考证资料，再做一下英语试卷……每天没有规划地做着这些事情，感觉自己精疲力竭。但还是如火如荼、热血沸腾地去做每件强加给自己的事。我想，如果我还不算努力的话，那么全世界的大学生就没几个是努力的了。

可是那些书到现在还被扔在某个角落里落满灰尘，而我可能不会去翻看了；限定要写完的字，才写了一半就搁置了；那些联系了一阵子的老朋友，还是在日渐淡漠中逐渐疏远了；那些励志的、实用的演讲，看完几集就再也没看过了；专业知识还是中等水平，不上不下；英语也是勉勉强强，说出来不算羞赧，但也不足引以为傲；那些所谓的证书除了几个专业必备的或者简单的，其他的就再也没拿下了；开的店面也是合伙失败，关门倒闭了……

其实这些不是我的空谈，我也很努力地在做啊，我也倾注了很多时间和心血在做啊，我也坚持了至少一年半载啊，但是这些目标最终还是被搁浅了。

真正的努力并不是毫无目的、好大喜功的，它必须有一个主要目标，在主要目标之下还需要有次要目标。所有努力的着力点其实是在那个主要目标上。如果那时候的我专注于看书写字，或许到现在已经至少积累上百万字了，看完上百本书了；如果那时候专注于考证，虽然不一定能拿下注册会计师证，但至少也能通过几门简单一点儿的课程；如果那时候把全部心血放在开店上，就不会因内部不团结而导致合伙失败了……

在那段时间里，虽然我看起来忙碌，但是每天晚上躺在床上的时候，我竟不知道自己都忙了些什么，到底于己何益。我甚至越忙越觉得心里空虚，越觉得坚持的这一切好像偏离了自己原本的方向。可是第二天起床的时候，又重复着前一天的事情。我觉得，只要自己在忙碌着，就意味着自己是在为了未来而努力着。

往往，我们在潜意识里给自己一个很努力的假象，告诉自己：其实我很努力了，即使将来失败，也怨不得自己，只怪天意如此、造化弄人。可是我们真如想象中的那么努力吗？真的不是为了给自己、给外界的审视找个安慰而刻意营造一个忙碌的假象吗？为什么你这么努力还是一无所获？因为你只是看起来很努力。

直到经历了那些失败，经历了生活中所受的挫折之后，我才后知后觉明白了什么是真正的努力。真正的努力是脚踏实地一步一步去实现目标，并且需要不完成这个目标绝不妥协的坚持和笃定。可能并不需要多么忙碌，但是要安稳踏实，并且坚持不懈。

努力是证明自己最好的方式

南风是我大学时同届不同系的校友。今年七月的一天，我们约在一家餐厅吃饭。点好菜以后，南风把手机递了过来："帮我看看这篇文章，有空帮我改改。"

"怎么，你也开始走文艺青年路线了，你不唱歌了？"南风是我们那届"校十佳歌手大赛"的冠军，一曲藏歌惊艳全场。

"歌当然还是要唱的。这篇文章我是打算投到公司期刊上的。"现在的他，在上海陆家嘴附近一家著名的外资银行上班。自从领导提拔他当了助理后，他明显感到自己周边的气场变了。公司里流言四起，很多人都在背后议论，他并非金融科班出身，毕业也才两三年时间，凭什么就坐上了副总裁助理的位置？南风说："我毕业后，为了适应职场环境，掩去了许多锋芒。这一次，我想将自己的锋芒一点点地展露出来，用实力证明给他们看，我不光能将助理的工作做得很好，还有许多他们看不见的闪光点和特质，比如唱歌、弹钢琴、运动、写作等。"

如果没有人看见你，那你就站到有人能看见你的地方，让别人看到你的光芒。努力的原因之一，就是为了证明自己。不仅是南风，其实，闺密小唐也做过这种事。

那是 2013 年的夏天，非广告科班出身的她，凭借良好的中文功底和英文水平进入上海一家小有名气的广告公司担任文案策划。刚进公司的前两个月，工作很清闲，小唐心想，大概是因为同事们也不知道她这个新人能做什么事情，不敢委以重任吧。

直到九月份的时候，事情出现转机，公司拿下了一个全球五百强品牌的亚洲峰会的案子，与小唐同期进公司的英语较好的几个实习生都被抽调到这个案子的项目组做支援。峰会前一天晚上，他们才陆续拿到该品牌全球各部门领导的演讲 PPT，需要用一晚上的时间把所有的演讲 PPT 进行英汉互译、整理汇总和调整排版。

在临时布置的会务办公室里，项目总监问了一句："你们今天谁把 PPT 整理出来？"他说完这句话的时候，原本有些嘈杂的酒店客房里忽然安静了下来。谁都想在关键时刻表现一下自己的能力，得到领导的赏识，但这毕竟不是练习，是实实在在的项目执行，如果搞砸了，岂不是自毁名声？

小唐默默地消化掉总监这句话，在大脑里快速地权衡了利弊，走了一步险棋，揽下了这个既苦又至关重要的活儿。当天晚上，小唐从六点多开始弄，先从头到尾过了一遍所有的演讲 PPT，按照会议流程做好了目录的页面，然后一边翻译，一边调整排版。到深夜两点多的时候，实在困得不行了，就站起来泡了杯咖啡，就这样强忍着睡意，一直到第二天早上，她终于整理好了主会场的所有演讲 PPT，中英文加起来一共四百多页。

峰会华丽落幕，小唐在公司同事眼中不再是初出茅庐、乳臭未干的职场小白，而是未来可期、不容小觑的职场新秀。她通过自己的勇敢和努力，让自己站在了一个醒目的位置，证明了自己。

在我们还很小的时候，我们都以为自己是盖世英雄，与众不同，好像随时会发光一样。可是长大以后，遇见的人多了，经历的事情多了，我们的世界反而变得狭窄了。我们很少再凝视宇宙、星辰和大海，很少再天马行空地思考稀奇古怪的问题，眼光慢慢聚焦在眼前的悲欢离合和生活的跌宕起伏上，也不再相信自己有什么特别之处。

但你有没有停下来思考过，现在的处境真的是不能改变的吗？也许你难过失意，不知道从何做起。也许你不止一次地问过自己：世界那么大，茫茫人海，芸芸众生，我要怎么样做才能被人看见？

我不知道你现在在这个世界上的哪个地方，在做些什么，又想要成为什么样的人：你可能还是一个学生，坐在教室的最后排，因学习差或不善言辞而总是被忽略；你可能是一个初入职场的新人，被各种各样的情境考验和人际关系弄得应接不暇；你也可能是一个艺术工作者，因为自己的作品遇不到伯乐而伤神叹息；又或是一个为爱所困的人，不知道如何表达自己的情感，让对方看到你的真心……但有一点是肯定的，即你并不那么喜欢自己现在的位置，你想要被人看见。既然如此，不如勇敢地走出来，审视自身的尴尬处境之后找到一个突破口，站到一个可以被人看见的地方，用自己的能力和才华证明自己。

我相信，终有一天，你会被人看见；终有一天，我们会在各自的平行时空里发光。很多时候，只要愿意努力，只要愿意做出一些改变和突破，那么结局就大不相同。

致精彩的青春

只/要/活/得/精/彩，随/时/都/是/青/春

余生很贵，请勿浪费

清光著

北方妇女儿童出版社
·长春·

前　言

回想年少时的我，并不能言善道，甚至是个沉默寡言的人。也许就是在那时，我喜欢上用文字来表达内心的情感和想法。

后来我慢慢长大，继续用文字记录我走过的岁月。文字是永恒的，是有迹可循的，一段文字可以将你带到一段回忆中，让你忆起来时的路。岁月易逝，时光匆匆，但我们可以用文字的形式将那些曾让你感动过、欣喜过的岁月留下来。

说一说这本书《余生很贵，请勿浪费》，这本书的意义在于，它能带你走进一个个贴近生活的故事当中，在感受着他人的喜怒哀乐的同时，体会其中蕴含的生活的真谛。这里有你的角色，有你的身影，有你的经历，不论生活还是工作，不论亲情还是爱情。既然我们无法亲身体验那么多不一样的人生，那就让我们在书中，感受不同角色的人生吧。

关于珍惜时间，似乎有些老生常谈了，但这个话题是永恒的。我们每个人都拥有一样东西，它是未知的，是捉摸不透的，对我们来说十分宝贵的，即“余生”二字。每度过一天，我们的余生就会短一些，即使世界上最富有的人，也无法打破此规律。因为余生是无价的，所以请别浪费。

比起经历无数挫折和坎坷时的汗水与泪水，回首人生时满怀遗憾和悔恨更令我们痛苦。将每一天当作最后一天度过，珍惜易逝的时光，在有限的人生中绽放无限的光芒。

人越成长，就会遇到越来越多的条条框框，它成为生活中的羁绊，限制我们的脚步，甚至令我们寸步难移，而重获自由的唯一方法就是变强大，去冲破障碍。记住真正能够打败你的，只能是你自己。那么羁绊来自哪儿呢？是我们本身产生的，还是外界强加的呢？答案就在书中。

我的人生信条就是：为自己喜欢的生活而活。长大后的我们，身上背负着责任和使命，我们注定要负重前行，但你千万不要因此而放弃梦想或者安于现状，你依然可以为自己喜欢的生活而活。

如果有缘你翻开了这本书，首先我要感谢你，愿意和我一起阅读百味人生，这会给我莫大的鼓励，会使得我在写作的路上越走越远。我也会继续将我生活的一点一滴、所见所闻、所感所悟，凝聚成启迪人生的一篇篇文章，献给独一无二的你，献给正在为未来披荆斩棘的你。

愿我们，不负余生，踏歌前行。

愿我们一直在路上，去实现人生的价值，享受生命的美好。

这世界有我，真好。

目　录

第一章

时光匆忙，没有那么多来日方长

铃声响起，你还在睡大觉吗

我的一个同事每天晚上十点半睡，六点起床，高效利用上班前的两个小时，坚持不到三个月，她拿下了含金量超高的全国翻译资格证书和司法考试资格证，使得身边人对她惊叹不已。

其实每个人都可以做到，只在于你去不去做。同事的事例足以证明职场小白和各方面精通的人才之间的差距就是在于如何利用每一个早晨。

上大学时，舍友小顾是一个典型的“晨型人”。

她每天五点钟准时起床，我们醒来时，她早已出门，唯一看到的是被她叠得整整齐齐的被子。她认为早晨是一天当中最佳的学习时间，在这段宝贵时光中，小顾去小公园晨跑，然后看书、读英语、吃早餐，最后去学校上课。小顾说，早起已经成为她的一种习惯，如果到了预定的早起时间，自己还在床上躺着或者睡大觉，就会有很深的负罪感。后来，小顾在雅思考试中拿下了七分的好成绩，还在省英语演讲比赛中获得了一等奖，而且学校奖学金的名单里年年都有她。这些成绩与她每天坚持早起的好习惯是分不开的，小顾利用比别人早起的两个小时真的收获了很多。

在小顾看来轻而易举的事，对于别人来说却是一大难事。

舍友晓慧因为熬夜玩手机，第二天总是起不来。被我们称为

“起床困难户”“睡神”和“觉主”，而且怎么叫都叫不醒，令大家头疼不已。

虽然睡懒觉能让晓慧获得短暂的满足，但她为此付出的代价却是无法估量的。

赖在床上睡大觉意味着一天的开始是手忙脚乱的，赖床的晓慧睡眼惺忪中扫了一眼时间，急忙从床上跳起来，然后匆匆穿衣洗漱，来不及吃早饭，拿起书包就冲出门，最后在离迟到还有两分钟的时候到达教室，浑浑噩噩地坐在座位上，一边恹恹欲睡，一边饥肠辘辘。除此之外，熬夜、睡懒觉也引发了一系列连锁反应，比如一整天无精打采，提不起精神，上课感觉像被催眠。可见，赖在床上睡大觉不仅会浪费早晨的宝贵时间，还会荒废一整天。

由于下学期各种资格考试接踵而至，压力促使晓慧必须要为此做出改变。既然下定决心要改头换面，那么到底如何逆袭呢？为此，我们纷纷伸出援助之手，帮她制定了三条对策：第一，早睡早起。晚上十一点之前必须入睡，起床时间每周提早十五分钟，逐渐调整自己的生物钟，让自己习惯早起。第二，远离手机。重要的事情提前做，不要因为玩手机而将事情推移到很晚。到了睡觉时间，将手机放在手够不到的地方。第三，设立明确的目标。有了目标才有动力，就不会赖床拖延时间。达成目标之后，记得奖励一下自己。

虽然实施的过程是痛苦不堪的，但每当晓慧想要放弃、懈怠和偷懒的时候，我们就一拥而上，告诉她今天的计划和目标，然后监督她起床……

在我们的监督下，晓慧的表现越来越好，慢慢不需要督促了。后来她说，下狠心不去满足早起时偷懒的念头之后，得到的是畅快和充实的一天。只要忍过当时的痛苦，接下来就是收获果实的甜蜜了。经过一段时间的坚持，早起成了晓慧生活中一件很快乐的事。再也没有手忙脚乱，没有庸庸碌碌。叫醒她的也不再是闹钟和我们，而是赢在起跑线上的动力。

高效利用早起的两个小时，让晓慧取得了之前从没有过的收获，她不仅顺利通过了一堆资格考试，还拥有了自律的生活，这是晓慧之前想都不敢想的。为此，她专门带我们大吃了一顿来庆祝她的转变。

坚持早起的人，利用早晨的两个小时与别人拉开了差距，实现了自己的梦想和价值。

蕾是我的一个好朋友，她是一家大公司的高管，这么多年来，她一直坚持一件事，那就是早起。

不过，以前的蕾可是名副其实的“贪睡神”。因为晚起，她经常迟到，有时遇上重要的会议，也是匆匆地赶到公司，随手抓起办公桌上的材料就冲进会议室，结果因为没有提前预演，状况频出。

更糟糕的是，因为晚起，所有的事情都不得不往后推。于是蕾只好每天晚上加班到深夜，然后拖着疲惫的身体回到家，第二天依旧晚起。

如此往复，恶性循环，工作和生活变得一团糟。她总觉得自己每天都在四处灭火，一件又一件的事情就这么扔到了她的面前，她疲于应对，一天下来累得不想说话。

后来，一次早会上她的领导说了一句话：“每天早起一小时，会让你一天都变得很从容。”蕾默默地把这句话记在心里，并开始尝试早起。

在这一个小时里，她会吃个早餐，看看书，给自己充充电，然后怀着轻松的心情前往公司，把当天最困难的工作先给拿下。在一年的时间里，蕾不但顺利升了职，而且还通过了英语专八的考试。

蕾说：“我很感谢自己坚持十年如一日的早起，这是我最骄傲的一件事，早起让我养成了坚持不懈的好习惯，也锻炼了我的意志力，只要我认定的事情，都会想办法做到最好。”

一天之中最美好的时光在早晨，怎样度过早晨，就怎样度过一天。所以千万不要躲在被子里睡大觉了，好好利用晨光，并一直坚持下去，你会发现自己可以完成更多有意义的事，拥有更精彩的人生。

余生很短，分秒都珍贵

有一次，我问朋友小媛：“你觉得世间最珍贵的是什么？”她不假思索地回答：“时间。”

小媛大概是我见过最珍惜时间的人了，她从不允许自己睡懒觉；她不刷微博，不玩抖音，不看影视剧，不追综艺节目；她也很少逛淘宝、晒美图……总之，她从不荒废时间。

记得有人曾忍不住问她：“你就不想偷会儿懒吗？”她说：“我想做时间的主人，让自己去操控时间，而不是被时间操控，我不想浪费每一分每一秒，我渴望将我生命里的每一刻，都花在有意义的事情上。余生很短，分秒都珍贵。”

是啊，真正有智慧的人，懂得将自己有限的时间，用在真正有意义的事情上。

工作日里，小媛每天六点半出门去锻炼，然后读英语、吃饭、去公司上班。她永远都是第一个到公司，接着冲杯咖啡，元气满满地开启一天的工作。为预防久坐办公室的危害，小媛每天下班去上瑜伽课，不间歇的锻炼令她拥有了健康的体魄和姣好的身材。睡前她还会深度阅读一小时。小媛就这样从不停止学习，不断充实自己，让自己每天都有收获。她还说，工作的时候就忙碌起来，闲暇的时候就放松下来，不管做什么，都要将每一分每一秒投注在美好而有意义的事情上。别人看起来忙碌的生活，对她来说其实就是一种享受。

工作中小媛总是最积极、最奋进的一个，高效率的她总能率先完成自己的工作，因为她工作从来都是高度集中，合理安排时间，将每一分每一秒都充分利用起来，因此她出色的表现经常受到上司的夸奖。没过多久，她就在上司的提拔下升职加薪。不仅如此，由于小媛长时间坚持学习英语，英语水平已经远超其他同事，后来总公司要在每个分公司挑选员工去美国的总部培训，毋庸置疑，她在入选之列。

工作上如此，生活中亦然。到了周末，小媛也闲不住，当别人窝在沙发上追剧、玩游戏的时候，小媛已经走出门，吹风、看云、爬山、踏浪。小媛非常爱好摄影，抓住空闲时间就去学习。放了小长假，她就会到各个地方旅行，欣赏最美的风景，换一种新的生活状态。她不仅将旅行中的点滴记录下来出了一本旅行杂记，还拿单反相机将遇到的美景拍下来做了一个摄影集。

聊到这里，我不禁想再讲讲我的另外一个朋友，她叫沐风，白天上班是总裁助理，拼命做到最好。晚上下班后和周六日休息的时候，就是她自己的时光。她会写书法，也会 PS 修图，还会做 PPT，更厉害的是还能做英语翻译。她用自己的这些技能，在空闲时间接各种活儿，拼命赚钱，一个月的收入比上班还要高。

她第一次月入五万块的时候，兴奋地跟我分享。我跟她说："把每笔钱都记下来，每年总结，你会发现自己的成长。"

我记得沐风每天晚上跟我聊天，记得她每次遇到困难时的难过和沮丧，记得她工作遇到问题时的低沉与消极。她跟我说：“五年前我特别鄙视这种拼命赚钱的生活态度，但现在我有两个孩子，我需要钱。”

小媛和沐风她们都是两个孩子的妈妈，她们都在午夜的时候还在拼命工作，她们在这个瞬息万变的时代里，调动着自己全部的潜能。

余生很短，每一段闲暇时光或工作时间都是弥足珍贵的。你珍惜时间，时间也会同样珍惜你。只要付诸行动，抓住一点一滴的时间充实自己，让自己慢慢朝目标靠近。早晨拒绝赖床，工作中拒绝偷懒，分配的任务拒绝拖延，晚上拒绝熬夜追剧、刷朋友圈，保持一种积极而饱满的生活状态，来增加人生的宽度。

时光匆忙，如白驹过隙般转瞬即逝，如果你想改变自己以往的生活状态，那就从现在开始，好好珍惜接下来的每一分每一秒。

下班后的时间里藏着你的未来

前些天到上海出差，抽空约了一下朋友小艾，见她身材匀称苗条，皮肤光滑紧致，整个人朝气蓬勃，焕发着迷人的光彩。我不禁暗自诧异，半年未见，原来那个身材圆润、皮肤粗糙，因为经常熬夜而精神低迷的女孩，竟然发生如此翻天覆地的变化，听说最近还升了职。

经过一番追问，她和我说，之前自己整天处于疲惫与焦躁当中，因为工作遇到瓶颈期，如同陷入了泥沼中，情绪低迷而精神颓废。下班后拖着沉重的身体回到家，然后掏出手机倒在沙发上，一边刷朋友圈或者打游戏，一边吃零食，以此作为工作之后的“犒赏”。由于在下班后的时间里，没有规律的生活，所以导致体重飙升，工作也毫无起色。

后来她的同事看到她消沉萎靡的样子就告诉她，想改变现在的生活就利用下班的时间改变自己吧，还把自己的经验告诉了小艾。

小艾下定决心要改变现在的生活。下班之后，她不再整晚抱着手机，而是定下心来理清头绪，将下班之后的时间进行合理分配。下午六点下班，回家简单收拾一下。六点半到七点半跑步。

八点到九点简单吃点儿东西，冲个澡，敷张面膜。九点到十一点，整理一下当天的工作，对于工作上出现的问题进行反思总结，找出相应对策，并制订好明天的工作计划。十一点半之前睡觉。

几个月坚持下来，小艾利用下班后的时间，让自己的精神面貌大有改善，工作状态也变得积极饱满。从之前无所事事地混日子，到现在有规律地生活，这样的转变潜移默化地影响着小艾。生活上，小艾利用下班后的时间锻炼身体，坚持了三个月之后，照镜子看到自己的变化时，她的自豪感和欣喜感难以言表。工作上，由于有了明确的工作计划，小艾做起工作有条不紊，慢慢克服了工作上的障碍，萦绕在心头的焦虑也消失了。没过多久，公司有一个外出培训的机会，主管向领导推荐了小艾。

焕然一新的小艾看清了自己的未来，找到了方向。小艾还总结了一句意味深长的话：下班之后，躺在床上打游戏、玩手机是一小时，学习或者跑步也是一小时，可时间长了就是两种不同的未来，为什么不选择更好的那一个呢？

我们要抓住下班后的时间，充实自己，让自己满血复活，去做更多有意义的事，这样未来才能把握在自己手中。记得，下班后的时间你是怎样利用的，这决定你的未来是什么样子的。

小杨和小易是最近来我们律所的两个实习生，两个人对待工作都兢兢业业、勤劳肯干。几个月后，小杨因为业务能力突出，工作成绩出色，深受上司青睐，于是得到了晋升机会，而小易则被分配到了一个无足轻重的岗位上。后来我了解到，小杨之所以能够在短时间内快速提升自己，让自己能够脱颖而出，正是因为他充分利用了下班后的时间。

下班回到家中，小杨没有像大多数人一样抱着手机刷朋友圈，也没有对着电脑打游戏，而是继续延伸自己的知识面。他报了网络课程，每天在线听课，做笔记，再将理论知识转化为实践能力，这使得他在工作中更得心应手。此外，他还专注于提升自己的英语口语能力和翻译能力，背英语单词，听听力一直到深夜。有了扎实的英语基础后，他经常帮助领导翻译英文资料。

前不久一家外资企业向我们律所聘请一个法律顾问，前提就是要英语口语能力强，领导便推荐了小杨，小杨因此得到了展现自己和锻炼自己的机会，迎来事业的开门红，前途一片光明。

小杨利用下班后的时间提升了自己的工作能力，磨炼出了一技之长，才能在机会到来时，牢牢把握住。

而小易每天下班，就是逛街、看电影，回到家便抱着手机倒在沙发上，津津有味地看着肥皂剧。却不知，自己的竞争者此时正勤学苦练，慢慢赶超自己。就是因为没有好好利用下班后的时间，所以只能眼睁睁地看着别人平步青云。

其实有太多人和小易一样不重视下班后的时间，认为下班后的时间是属于自己的，想怎么浪费就怎么浪费。然而，你所浪费的时间其实是在预支自己的未来，当你工作毫无起色，当你的梦想蒙上灰尘，你会发现自己已经失去了很多本可以抓住的机会，失去了本可以拥有的美好未来。

人生在世，最怕“蹉跎”二字

上周老同学小茹找我聊天，说看到同学们现在都有着高学历、好工作，个个过得风生水起，她心里羡慕不已，同时也悔不当初，因为她蹉跎了人生中最重要的一段时光。

小茹是我的高中同学，她的高中时光是张扬的、叛逆的。她经常逃课，和几个社会上的人混在一起；上课除了睡觉，就是和几个男生聊天；还因为早恋被叫家长。所以高考那年，小茹不出意外地落榜了。后来她嫁人生子，守着自己的小家，日子被鸡毛蒜皮的琐事充斥着。由于整日围着柴米油盐转，如今熬成了黄脸婆，无奈地过着黯然失色、索然无味的生活。小茹的青春写满了放荡不羁，却也在不知不觉中蹉跎了岁月，如今悔恨也无法挽回。

人生在世，最怕“蹉跎”二字。一旦蹉跎了时光，我们将无法实现人生的价值，无法追求自己想要的生活。

我的一个大学舍友，上学时经常旷课在宿舍睡觉，醒了就开始打游戏，饿了就叫份外卖，一到周末，就叫上几个小伙伴逛街、吃饭、看电影。每天混日子，导致期末考试亮了红灯，不得不重修。毕业以后，由于专业知识不扎实，又不想受苦受累，便回老家托人找了份文员的工作。然而现实并没有她想象中的那么美好，虽然免遭劳累之苦，但是薪水少得可怜。做事要看老板脸色，还时不时受老员工欺负，使得舍友精神上倍感压抑。然而她只能无可奈何地承受着一切，怀着不甘和怨愤过着枯燥乏味的日子。记得前几天，她在宿舍微信群里感慨，悔恨当初蹉跎了宝贵的大学时光，现在的自己就是在偿还曾经的虚度。当时有多“风光”，现在就有多狼狈。

生活是公平的，不愿吃奋斗的苦，就要吃人生的苦。因为蹉跎，舍友如今做着不喜欢的工作，过着不想要的生活。这足以证明，以前偷的懒都会变成最深的遗憾。试想如果当初舍友懂得珍惜大学里的那段岁月，为自己的未来努力奋斗，说不定她已经过上了与现在截然不同的人生。

大学时我们班上有个“学霸”。称她“学霸”，不是因为她有多聪明，而是她做到了别人做不到的一点，就是从来不会浪费时间。

我几乎每天都能看到她在朋友圈打卡背英语单词，而且打卡时间都在凌晨五点半左右；不管什么时候，在图书馆总能看到她奋笔疾书的身影；每当大家上完课匆匆背上书包，赶回宿舍补觉时，她却不慌不忙拿起书向老师请教问题。因为勤学好问，她的成绩一直名列前茅，是全班第一个拿到英语八级水平证书的人，并获得了全校唯一一个美国大学交换生的名额。

不仅她的学习成绩让人望尘莫及，她丰富多彩的业余生活也令人赞叹不已。学霸有很多的兴趣爱好，经常利用零碎时间练习吉他、画画、写作等，而且在这些领域还取得了不错的成绩，拿过不少奖项。她每天都保持着神采奕奕、斗志昂扬的状态，不断地突破自己，尝试新的领域。她曾说过这样一句话：因为我清楚自己想要什么，想过什么样的生活，所以不会将时间荒废在无意义的事情上。人生如此短暂，怎么能轻易蹉跎？

是啊，人生怎能轻易蹉跎？人生的美好与否其实就在于我们如何对待光阴。偷会儿懒，可以什么都不想，什么都不做，但那只能让我们获得短暂的安逸和舒适，而代价就是错过很多，失去很多。你怎么打发时间，时间就会怎么打发你。蹉跎的代价就是一无所获，找不到自己存在的价值。

我的堂弟大二暑假前，跟我说他假期不知道做什么。我给他的建议是：可以出去兼职，积累社会经验；可以留在学校，一边准备下半年的考证，一边预习下学期的课程；也可以去上个兴趣班，培养一项特长。总之千万不要虚度，可以劳逸结合，但是要有分寸，这样假期才会过得充实而精彩。

后来堂弟拒绝了和朋友一起去网吧打游戏、去 K 歌，拒绝了无聊的聚餐和 party，而是利用暑假时间专注于提升自己。因为没有选择蹉跎，所以堂弟不论在知识还是在能力上，都与其他人拉开了差距。

当你下定决心拒绝无意义的社交，拒绝消磨斗志的娱乐方式，拒绝没有价值的消遣手段，寻找到自己真正喜欢并有利于提升自己的事情，然后把每分每秒都投注其中，你就可以实现自己的价值和抱负。

有人觉得青春可以尽情挥霍，因为年轻，我们有大把的机会重来。那就大错特错了，我们犯了错有机会改正，但岁月绝不会给我们机会重来。既然我们回不到过去，那就把握好现在。把自己有限的时间，用在真正有意义的事情上。就怕我们蹉跎了岁月，后半生伴随着悔恨度日。

人生在世，最怕“蹉跎”二字。因为蹉跎，我们不能拥有太多惊喜，不能拥有太多精彩，只能庸碌无为地过完一生。毋庸置疑，“蹉跎”二字就是对人生的不负责任。不管你是什么职业，什么身份，休息日别再窝在被子里睡大觉，别再躺在沙发上捧着爆米花看电视，在有限的时间里创造更多的价值吧！

别总把“没时间”挂在嘴上，时间挤挤总是有的

1

同事阿玲向我抱怨，说她觉得时间越来越贫乏：没时间学习，没时间运动，没时间做自己喜欢的事。公司有做不完的工作，家里有做不完的家务。感觉生活总是慌慌张张、匆匆忙忙。

其实很多人都和她一样，总是把“没时间”挂在嘴上，根本就没有好好想一想自己是真的没时间，还是因为一些无意义的事情把时间挤掉了。比如：在上班时间上会儿网，拿起手机聊会QQ、微信，闲暇时间追剧、看电影，不然就是和其他同事闲聊、开玩笑。

大部分人的“没时间”，不是时间不够用而是没用好。时间就是金钱，花就要花在刀刃上，你不珍惜它，它凭什么给你想要的生活。

2

在这个忙碌的时代，很多人挂在嘴边的一句话就是“没时间”，让“没时间”成了最冠冕堂皇的借口。

远离家乡的你，是否会抽空回家陪陪父母，还是当父母打电话叫你回家看看时，忙碌的你想都没想，一句“没时间”搪塞过去。

和朋友关系逐渐冷淡的你，是否会抽时间和朋友联络感情，还是当朋友叫你出去吃饭、出游时，正为工作发愁的你不加考虑，一句“没时间”敷衍过去。

我们确实很忙碌，但时间挤挤总是有的。把玩手机的时间挤出来，问候一下家人，联络一下朋友。把睡懒觉的时间挤出来，收拾一下房间或做一顿美味的早餐。把时间挤一挤，我们的生活可以更美好、更充实。

3

上帝给我们每个人一天的时间都只有二十四个小时，不会偏袒任何人。而人与人的差距就在二十四小时的时间里被慢慢拉开。

想一想你有多久没看过书了；想一想你有多久没写过东西了；想一想有多久没为自己而活了。是不是通通被一句“没时间”草草打发了。

当你加班熬夜、身材发福时，你还会心安理得地浪费时间吗？每天挤一点儿时间做一些有意义的事，坚持下去，你会发现生活变得更精彩。而不是等到没时间的时候再后悔。

很有可能有一天朋友忍无可忍把你从被窝里拽出来，却发现你正抱着手机消遣。

有时间发朋友圈、刷微博，没时间运动、看书；有时间打游戏、追剧，没时间和家人、朋友聊聊天。

我们不是没时间，而是时间被一些不重要或者无意义的事情占用了，把它们从你的时间轴上挤掉，时间就有了。

朋友华子就是一个善于挤时间的人，虽然他的工作十分忙碌，但他依然可以将生活过得井井有条、有滋有味。这是由于他在工作上非常专注，从不会浪费时间。他还会将占用时间最长的事情简化，把一些无意义或者价值不大的事挤掉，这样挤出来的零碎时间可以做很多自己真正想做的事，比如看书、思考、工作总结。他还非常善于抓住缝隙时间，如上下班途中，坐地铁或等公交的时间，他都会用来听听电子书、背背单词。回到家里，他就好好享受生活、听听音乐、健健身、读读书，做更多有意义的事。

鲁迅说过，时间就像海绵里的水，只要愿挤，总还是有的。所以我们把时间挤一挤，争取让每一分每一秒都存在价值，不要从我们身边白白溜走。

所以，下次你还要说“没时间”吗？挤一挤，你的时间就有了，别再让“没时间”成为你的借口。

为什么你的努力看起来和不努力一个样儿

去年过年回家，破天荒地见到了表妹。

前些年春节表妹总是不回家，被问及此事时，一脸无奈的姑妈都是同样的说辞，她太忙了……

姑妈并不是敷衍，表妹确实很忙，这一点透过她的朋友圈就能看出来：熬夜加班中，最近很累；你见过凌晨四点钟的太阳吗？又是奋斗的一夜；就要开考了，拼啦；周末在图书馆度过……

每次打开微信，看到这些努力的象征，我都会为她点赞，并默默感慨她真的很努力，一个人在大城市打拼，实属不易。

去年过年见到表妹之后，才了解到她的工作并没有什么起色，升职加薪更是遥遥无期。准备很久的资格考试也没有通过，一下子对生活失去了希望。看她面容憔悴、愁眉不展的样子，整个人都瘦了一大圈。

表妹告诉我，她的顶头上司要求比天高，对她各种刁难，于是整日忙得焦头烂额。有一次改方案改了三遍还是被退了回来。这个案子还比较急，只能加班加点做。可当初为了这个方案她不眠不休三天三夜才做完，为此收集整理的资料更是堆积如山，没想到却功亏一篑。通宵准备考试，每天只睡三四个小时；周末就去图书馆看书，每天淹没在题海中，可是考试结果却不尽人意。

接着她话锋一转说，同事小王一下班就去和男朋友吃饭逛街、看电影，每天优哉游哉。自己这么努力，可是在工作上和她也没有什么差距，生活上还不如人家过得好。她苦巴巴地问我："为什么我的努力看起来和没努力一个样儿？"

我对她说："你对自己的未来有明确的规划吗？工作和学习之前有没有制订工作安排和学习计划？其实我身边也有很多人非常努力，但也只是看起来很努力。他们通宵熬夜复习，只是因为打游戏打得太晚，或者追剧追到太晚。他们休息日整天泡在图书馆里，但书还没看几分钟，刷微博、朋友圈就用去了一小时，最终毫无收获。你是不是和他们一样在假装很努力呢？"

听我说完，表妹低下了头，哑口无言。我大概已经推测出她的努力为什么最后一无所获了。然后，我给她讲了我上大学时班里的一个学霸的故事。

在我眼中她是一个不寻常的学霸。大学期间，从没见过她通宵达旦地学习，也从不整天泡在图书馆里。反而经常参加社团活动，做各种兼职，然而期末考试她总是名列前茅，每年都拿奖学金。不仅如此，她大学四年考的证，几乎是别人的三倍多。有同学开玩笑说："你的人生是不是开挂了？"她笑了笑然后一脸淡然地说："其实我只是比别人更合理地分配时间，并有一个明确清晰的学习计划。"

于是，在别人一边消遣，一边假装努力时，她一丝不苟地执行自己的学习计划，比别人更快、更好地完成了目标，剩下的时间可以做更多有意义的事。学霸大学毕业前就已经找到了一份不错的工作，并提前了一半的时间得到了转正，这都归功于她比别人更早地进入了工作状态。她在进入新公司之前就做足了功课：了解岗位职责以及所需要的能力素质，并翻阅了大量的专业书籍。这些都只是为了更快地适应新工作。进入公司后，她一门心思向前辈学习，随身携带的工作安排记录表被记得密密麻麻并且每一项都严格执行，这使得她的工作效率非常高，成长也更快。这样的努力才是真正的努力，她从未向他人诉过苦，从未发朋友圈晒过自己付出的努力。毕竟，所有的努力，并不是给别人看的。重要的是，这些努力，是否成就了你，变成了你的能力。

为了不让努力看起来和不努力一个样儿，为了不辜负那份努力的时光，从现在开始，朝着你的目标，脚踏实地去行动，最终一步步去完成它。

第二章

活在锋芒之巅，绝不随遇而安

困守安逸，其实是在做减法人生

来到北京后，得知同窗好友宁宁也在这里工作，我便挑了个周末约她出来见了一面。

这是毕业之后我们第一次相见。简单寒暄之后，我们便回到了大学时期的热络，聊起各自的近况来。

宁宁说她目前在一家上市公司做出纳。收入不高，除去房租以及五险一金，所剩只能维持基本生活。虽然生活拮据了些，但是这份工作倒令她满意：工作内容简单，只要细心，就很容易胜任；上班时间悠闲自在，只是在月初和月底时会忙碌一些；工作闲暇时，就听同事道道家长里短，抱怨今天遇到的倒霉事儿；累了就吃个下午茶，偶尔还可以在沙发上躺一会儿。她还向我感叹，现在的生活和大学时代所梦想的生活并无落差，这也算是过上了理想中的生活吧。

我对她说，没有一点儿挑战、无法让自己提高的工作，难道不觉得单调枯燥吗？她说，其实她也不是没想过跳槽，但是她害怕再也找不到像现在这样满意的工作。再说她家里人也肯定不同意她换工作，毕竟现在的这份工作也算是“万里挑一”的了。

宁宁每天按部就班，朝九晚五，沉浸在安逸的环境中，享受着闲适舒服的生活。却不知自己已经停止了进步，放弃了追求。

我问她，现在有目标或者规划吗？她似乎答非所问，只说她会好好珍惜这份工作，安安稳稳地干下去。言下之意就是，她没有一个明确的目标，习惯了安逸的生活。

安逸的生活就像裹了蜜糖的慢性毒药，会一步步地腐蚀人的思想，消磨人的意志，让人变得不思进取。所以说，原地踏步就是在退步，因为别人一直在前进。所以困守安逸，实则是在做减法人生。

不需要你提高自己的技能，不需要你学习新知识，不需要你接受任何挑战，这种工作状态是岌岌可危的。一个人只有时刻保持适当的危机感，时刻想让自己变强大，才能让自己处于不败之地。

前一阵子公司来了一位女同事。她之前就职于一家国有企业，工作清闲，时间自由支配，有空就旅旅游、聚聚会，每天睡到自然醒，享受着安逸带来的舒适和放松。

但凡事都有两面性，安逸的生活会在无形中慢慢拖垮你。再说世上根本不存在真正的安逸。果不其然，她三年后赶上了公司的两拨裁员潮，被裁掉的大多是四十来岁的老员工，其他的“幸存者”只得在计划离职的同时去市场上检验自己的价值。想一想在四十多岁的时候丢掉工作，手里却没有一点儿跟得上时代的技术，这是件多么可怕的事。适应着原先准时上下班、有双休的生活，很难想象马上要过焦头烂额、熬夜加班的日子。

面对突如其来的波动，同事心生强烈的危机感，她觉得自己不能再坐以待毙了。经过深思熟虑后，她打算在被下岗之前掌握一技之长，这样才有资本去寻觅更好的工作。同事大学时学的法学，所以，她决定“重操旧业”，穷尽一切可利用的时间，去备考律师执业证，就连休息日也安排了紧密的学习计划。就这样过了大半年，她最终顺利考取了律师执业证，然后离开原来的公司，跨入了人生的新阶段。

同事的亲身经历告诉我，铁饭碗也会出现危机，在你沉迷于舒适区无法自拔时，可能企业在想要不要裁掉你。

困守安逸只会让你的能力停滞不前，会让你在面临危机时手足无措。所以，趁年轻赶紧奋斗吧，让自己多积蓄一些力量，为自己多争取一份机会。

随遇而安是害你的“坑”

丽丽一毕业就进了杭州的一家上市公司工作。说是上市公司，其实规模也没多大，发展前景也不太光明。我劝她另谋高就，她说：“好不容易安定下来，走一步看一步吧。”

丽丽每天兢兢业业、任劳任怨，重复着无足轻重的工作。几个月后，她和我说：“每天庸庸碌碌，感觉自己就像在原地踏步，工作也没有任何技术含量，太容易被取代了。”

我说：“你打算换工作了?”

她说：“还是算了，我刚刚习惯现在的工作，没有压力，没有紧迫感。如果换了新工作，怕还不如这个干得顺心呢。”

就这样，丽丽在抱怨和庸碌中消磨着自己的青春。

几年后，丽丽告诉我，他们公司进行了一次大规模调职降薪，她从办公室调到了基层。我以为她这次终于想好要换工作了。没想到的是，她居然说不想再去折腾了，虽然薪水低了些，但其他条件还可以。再者，她也怕自己胜任不了其他工作，毕竟在这家公司待久了，已经习惯了这里的安稳生活。

丽丽满足于仅能够勉强养活自己的工作，不敢承担辞职后的风险，不敢做出改变，眼界也越变越窄。长此以往，她终会被社会所抛弃。

困于安逸的泥潭和不敢变动的牢笼中，得过且过，表示什么都无所谓，这样的随遇而安就是人生中最大的陷阱。世界是进步的世界，是残酷的世界，你不思进取、安于现状，早晚会被踢出局。

所以，不要再随遇而安，也不要再得过且过。

朋友小叶属于那种不肯随遇而安的人。她刚毕业就在一家贸易公司入了职，虽说工资不高，但她热情不减。她抱着积累经验、从头学起的态度，认真对待每一项工作。没过多久，她就熟悉并掌握了大部分工作内容。随着时间的推移，她发现工作越来越单调而乏味，日子也开始变得苍白无趣。小叶不满足于原地踏步的环境，于是她申请换岗位。领导见她工作上进，接受能力强，就把她调到了技术部。小叶踏实肯干，继续学习和积累知识，技能不断提高，在不到一年的时间调了三次岗位。小叶不断进取，积极接受各种挑战，这使得她在事业上节节攀升，两年后她在公司当上了主管。小叶把事业干得风风火火，在业内属于实打实的劳模。由于出色的业绩，她很快被一家猎头公司看中。没多长时间，小叶就被另一家兼具名气和实力的公司挖走，去接受高薪且更具挑战性的工作了。

不肯随遇而安的人，内心里总有一股力量在不断涌动，促使其往前冲，不畏风险、不惧尝试，从而找到想走的那条路和想要的生活，一步步爬到人生巅峰。而小叶的人生信条就是：活在锋芒之巅，绝不随遇而安。一旦随遇而安，就只能眼睁睁地看着别人占据好的资源和机会，而你只能固守在狭小的空间里，无法迈出一步。

生活给予你的不需要照单全收，擦亮眼睛看清这些是否是你真正想要的，如果不是，我们就要默默争取机遇，尽自己最大的努力找到自己应有的位置。

如果你现在正处于随遇而安的“坑”里，那么就请你勇敢地跳出来，从此刻起，朝你想要的生活前进吧。

只有不断提升自己、突破自己，我们才有选择权，而不是被社会所淘汰，被生活所选择。

别把二十岁的生活过成五十岁的样子

刘颖是我大学时的朋友，过去的刘颖是一个对待生活粗糙，凡事觉得够用就好，没有太大追求的“差不多”小姐。她总觉得平平淡淡才是生活，但她的生活更像是凑合着过的：饭不按时吃，时而暴饮暴食，时而饥肠辘辘；晚上不休息，熬夜打游戏，导致皮肤和精神状态极差；生活粗糙得像个汉子，没有任何修饰的房间，素颜朝天的自己；工作时浑浑噩噩，没有动力和目标。二十几岁的刘颖生生地将自己活成了五十岁的样子。

当然，当刘颖看到那些丰富美味的大餐、奢华精美的化妆品、属于别人的精致有格调的房子以及一场不顾一切奔赴的远行时，心里也会羡慕不已，只是羡慕过后，她依旧过着自己的凑合人生。直到小北的到来……

小北是刘颖的死党，与刘颖是截然相反的存在，她有着二十几岁的年轻人该有的模样。她总以精致的妆容和活力充沛的状态示人，衣着光鲜、气场强大。她的家虽然很小，但很温馨，格局设计得也非常巧妙，东西虽多却井井有条。

看小北现在的生活方式，没有人能够想象得到她也曾有过一贫如洗、狼狈不堪的二十岁。

大学期间，小北兼职做导游和家教，但很快她发现这些赚钱的方法并不高明，因为这些是大家都能做而且都在做的事。另外，这些对提高自己的专业能力没有任何帮助。为了能够更有价值和有意义地赚钱，她决定重新开辟一条道路。经过一番冥思苦想之后，她制订了两条自认为无往而不利的计划：一是联系同专业的前辈，为自己争取工作内推机会；二是联系导师，为自己争得做科研的机会。这样不但能增长专业知识，还能赚钱补贴生活。随后她展开了一系列的行动，在社交圈与学校之间两头跑，一边要与师兄师姐的关系熟络起来，请吃饭、多慰问，面面俱到。另一边要在导师面前毛遂自荐，对于导师交代的任务精益求精。但双管齐下，使得小北入不敷出。好在功夫不负有心人，在师兄师姐的帮助下，她成功应聘到一家知名外企的实习生工作。

虽然实习生每月的薪水能够满足基本的生活需要，但小北想要追求更高品质的生活。她之前做过导游，有很强的英文口语能力，于是又找了一份翻译的工作。身边人看她整天到处奔波，忙得不可开交，便对她说：“这么辛苦，只为几千块钱，值得吗？”

她语气坚定地说：“想得到最好的，首先自己就要做到最好，青春不就是用来奋斗的吗？难道要甘于贫穷，碌碌无为地过完一生吗？”在小北的眼中那样的人生没有一丁点儿的价值。她觉得只有现在去付出、去奋斗，才能成就未来的自己。

比起小北，有太多年轻人早已丢失了这个年纪本该有的风华正茂、斗志昂扬、朝气蓬勃的状态。每天过着百无聊赖的生活，没有目标，没有干劲儿，得过且过。

二十岁的我们，可以一无所有，但是不能没有一颗朝气蓬勃的心和对美好生活的渴望。

其实检验一个人是否老了，不是看他的脸上有没有皱纹，头发白没白，皮肤松不松，而是看他是否还怀有一颗勇于尝试和愿意付出的心。

就像之前的刘颖确确实实是现在很多年轻人的缩影，而现在的她在小北的鼓励和熏陶下，深深懂得了想要更好地生活，就必须全力以赴。于是刘颖尝试去改变自己的“凑合”人生，她报了瑜伽班，改变由于饮食不规律而臃肿的身材；不再熬夜，皮肤和精神状态慢慢好起来；学习打扮自己，化精致的妆容；开始学着合理规划工作，总结工作中的得失。不到半年，刘颖的生活状态焕然一新，每天都很充实，工作也变得非常顺利，职位和薪金都有了很大的提升。

前路漫漫，正值青春的我们没有理由不为自己想要的生活搏一把，有梦想有追求，就去行动！

不要怕吃苦、怕尝试、怕困难，保持一颗积极进取的心，否则二十岁的我们就活成了五十岁的模样。

培训班上，有你吗

朋友小美最近苗条了不少，每天都神采奕奕的，和之前简直判若两人。身边的人八卦她是不是恋爱了，小美笑着澄清说："才没呢，我只是报了一个肚皮舞班而已。一个月不到就瘦了将近十斤。"大家听了目瞪口呆，不敢相信一向好吃懒做的小美居然会报培训班，而且还有这么大收获。

其实小美早就想改变自己了，每当身材窈窕、气质非凡的女生从她面前走过，她都羡慕不已，渴望自己也成为那样的人，只是她一直下不了决心做出改变。后来在一位朋友多番推荐和劝说下，她报了培训班学肚皮舞。

其实小美不仅在外表上发生了巨大变化，工作中的她也变得更自信了，生活中的她也变得更有魅力了。以前的她总是羞于开口，尤其在公众场合，她是最内敛腼腆的一个，现在的她变得开朗活泼了。工作中，更是充满了热情和朝气，表现更加积极，还入选了公司年度优秀员工。

上个培训班真的可以让人改变这么大？公司很多人都在窃窃私语，眼神里充满了羡慕。

小美说，她在学习肚皮舞的过程中，遇到了很多不同的人，这些人有着不同的阅历和爱好，大家都希望通过发展一项兴趣爱好来丰富自己的生活，改善自己的身心。在相处的过程中，他们的热情感染到了小美，使她慢慢打开心扉，改变了她糟糕的状态，让她的生活变得多姿多彩。

枯燥烦琐的工作难免会使我们的生活失去色彩，所以在工作之外寻找一件能带给自己乐趣的事是非常有必要的。报个培训班培养一项爱好，还能让自己拥有一技之长，丰富自己的人生，让今后的生活更精彩。

我有一个好朋友，叫燕子。记得她刚失恋的那段时间，整日以泪洗面，萎靡不振，生活仿佛失去了意义。我实在看不下去她不断沉沦的样子，就建议她去报个培训班，通过接触一样新的东西，从失恋的痛苦中走出来。后来她选择了摄影班，没想到的是，她居然迷上了摄影，节节课都不落。学会了摄影之后，她抽空就拿着相机去旅行。去美丽的海边拍激起的浪花，去原始森林拍飘在空中的落叶，去山顶拍初升的太阳，在这个过程中，她不但忘掉了失恋的痛苦，还打开了心扉。

燕子用相机记录生活的点点滴滴，捕捉转瞬即逝的美好瞬间。她说，摄影改变了她的人生轨迹，让她找到了生活的意义。之后，燕子做起了兼职摄影师，摄影成了她生命中不可或缺的一部分。

都说好看的皮囊千篇一律，有趣的灵魂万里挑一。小单就属于后者，她爱好广泛，利用业余时间在培训班报了好几门课程，她在演讲、钢琴、书法等领域都有涉猎。起初有人质疑她，学这么多有什么用，既浪费时间又浪费金钱。但小单认为这些爱好不仅提升了自己的见识，还让她在工作中锋芒毕露、大展身手。

有一次公司举办年会，大家都推荐小单担任主持人。她出色的控场主持能力让领导都刮目相看。小单还在年会中演奏了一首动听的钢琴曲，并在现场挥毫泼墨，写了一手漂亮的毛笔字。自此小单在公司大受欢迎，不管有任何活动，各部门都抢着请小单帮忙。领导委派她另外担任公司活动的策划，让她在新的领域发挥自己的特长。

小单的兴趣爱好为她打开了一扇大门，迎来人生转机。她有更多机会展现自己，得到上司的认可，让自己发光发亮。

然而有很多人也尝试报过培训班，只是通常有始无终。练书法觉得太枯燥，于是放弃了；学钢琴觉得自己乐感不好，不是这块料就不学了；学画画、学烹饪也都是因为各种原因半途而废。如果不能有始有终，那么不如不做。更不要盲目地跟风报班，浪费时间、精力、财力，得不偿失。

想改变自己那就趁现在，培训班上，有你吗？

你的一生绝不应该只会做一件事

玲姐在一家公司做了十几年会计，日复一日重复着相同的工作，活得消沉颓废。眼看公司的发展越来越不景气，自己也没有升职的可能，玲姐感觉自己不能再混吃等死下去了。她琢磨了很久，想起了自己年轻时的梦想——当一名对外导游，于是决定考取英语导游证。

但是，自从工作之后，玲姐几乎与英语绝缘，因此不得不挤出所有时间狂补英语。在每天下班后、哄完孩子睡觉后、早晨起床后等所有的碎片时间被玲姐压榨到了极限。她一边练习口语，一边对照听力，反复纠正自己，直到读得流利清晰为止。她经常背导游词到深夜，还买了很多辅导书，知识点密密麻麻记满了厚厚的笔记本。接着就是做题背题，不断查漏补缺，反复回顾熟记，还参加了导游培训班，为考试做足了准备。

就这样勤奋努力了大半年，她终于通过了考试，拿到了英语导游证。从此，她挣脱了被禁锢十几年的牢笼，和碌碌无为的过去彻底说了再见，进入一家旅行社做了对外导游。虽然导游之路荆棘载途，经常遇到各种艰难险阻，还遭到家人的反对，但是玲姐坚决不屈服、不动摇。玲姐觉得现在的自己是在享受人生而不是被命运推着走。她还说，人的一生不应该只会做一件事，如果有更好的选择可以实现自己的价值，为什么不去做呢？

玲姐坚持过想要的生活，充实并快乐着。没过几年，她从导游转做管理，仍旧激情满满，仿佛重新开启了人生。

试想，如果玲姐没有选择做第二件甚至第三件事，而是依然在原来的岗位上混日子，一旦公司倒闭，那么她失去的不仅仅是激情，还有工作。所以及时给自己充充电，多掌握一项擅长的技能，你便多一项选择权，也让自己的生活多一点可能性。

曾经认识一个人，他喜欢玩音乐，是一名独立音乐人，但却一直默默无闻，也没有稳定的收入，时常面临忍饥挨饿的困境，而且还经常受到身边人的冷嘲热讽，其中最打击他的言辞就是：没能力，只会写歌，连自己都养不起。就连家人也劝他选择一份“正经”的工作。后来他在心里问自己：“我这辈子就只能靠音乐活着吗？不！我要在其他领域干出点儿成绩，让那些瞧不起我，挖苦我只会写歌的人知道，我不只会做一件事。”

因为他爱好摄影，便毅然进入了一家影楼做摄影助理。音乐梦想也没有放弃，他利用晚上的时间写歌，做自己喜欢的音乐。

在影楼的工作特别辛苦，出外景的时候，替别人拉裙摆、打反光板，拍内景的时候，放背景、打灯光。除此之外，还要收拾道具、相机等琐碎的事情。

但他工作起来没有一丝懈怠，带着一腔热血和不服输的执着，在这条路上不断跋涉。为了让自己快速掌握摄影技巧，工作之余，他经常向摄影师请教专业方面的知识，然后私下里练习。协助摄影师工作的过程中，他边看边琢磨，边问边记录，积累了不少经验，专业技能不断提高。

后来，一次偶然的机会让他脱颖而出。

一天下午，突然来了一位客户需要临时拍几组室内照片，可是当时的摄影师都有任务，出去拍外景了。正当主管向客户解释的时候，他抄起相机就说："我可以拍。"

经过两个小时的拍摄，客户对拍摄的照片非常满意，而他也借此机遇成了影楼里的一名真正的摄影师。

从室内拍摄到外景拍摄，他将情感融入自己的每一张照片中，将每一张图像都赋予了想要传播的思想和传承的文化。在不断探索改进之后，他终于在摄影圈崭露头角。他的个人摄影作品集在摄影网站举办的比赛中获得了一等奖，创作的作品多次登上刊物。

几年后，他成立了自己的工作室，用心地完成每一次拍摄。在工作之余，他又开始了音乐创作，现在的他已经有能力坚持音乐梦想。

你的人生绝不应该只会做一件事，人生本就存在无限可能，不去尝试怎么知道呢？找到对的方向，找到你真正热爱的事业，去奋斗、去拼搏，去开始新的征程。

一成不变的从来不是工作和生活，而是那个不愿意进步、不敢越过障碍的你。请记得，就算你的一生只做一件事，也绝不应该只会做一件事。

你的羡慕嫉妒恨，真让人受不了

这个社会里总有一群人，心里充满了对别人的羡慕与嫉妒，甚至是恨意。他们有一个共同点，就是从不去寻找自己的不足，而是敌视别人的出类拔萃。

同事琳琳，凡事抢在最前面，工作上进，深受老板器重。同事们聚在一起扯闲篇、开玩笑，她从不参与，而是默默地看书学习。几个看她不顺眼的同事总是在她背后指指点点，说她假积极、爱抢风头、不合群。其实就是赤裸裸的羡慕嫉妒恨。

前一阵子朋友默默对我发泄自己烦闷的情绪，起因是她的一位同事小王刚来不久就得到了提拔，还“抢”了她的职位。默默说，明明她在公司最有资历，周围同事也都说组长应该由她来当，没想到半路杀出个程咬金，被小王抢了过去。她还揣测小王八成和老板有什么裙带关系。小王给她分配工作，她便拐着弯拒绝。因为她觉得小王什么都不懂，便不服从小王的安排。

看到小王被领导表扬，被同事夸奖，默默的内心逐渐被羡慕嫉妒恨填满。于是对小王爱答不理、冷言冷语、充满敌意。还在背地里对她讽刺挖苦，处处与之作对。总之，默默的言行举止中透露着强烈的不满和不服气。

我对她说：“你的羡慕嫉妒恨毫无价值。小王之所以能够得到这些，无非是因为工作表现积极，工作成绩突出，从而抓住了机遇。既然不服气，你就应该用实际行动去证明自己。与其将时间浪费在议论人家的是非上，将精力放在对她的羡慕嫉妒恨上，倒不如把时间和精力放在提升自己、争取机会，吸取他人成功的经验上。”

人一旦被自己的羡慕嫉妒恨冲昏了头脑，往往就会忽略别人所付出的努力。

当你羡慕嫉妒恨别人可以轻松拿高分，进名校时，你没想过他们曾为此苦背了多少知识点，挑灯夜读了多少个夜晚。

当你羡慕嫉妒恨别人得到老板器重，步步高升时，你有没有想过他们曾兢兢业业，为工作付出了多少辛劳。

那些光鲜亮丽的背后，都有你看不到的心酸。都说台上一分钟，台下十年功。那些在别人面前发光发亮的人物，是因为他们曾付出了难以想象的代价。所以不要再羡慕嫉妒恨别人了，努力向他们靠近不是更好的选择吗？

更何况，任何人都没有权利对他人说三道四，更没有权利用言语肆意中伤他人。要知道你的肆意非议，不仅会让自己陷入羡慕嫉妒恨的旋涡中不思进取，还会给别人造成伤害。

所以请收起你的羡慕嫉妒恨，还自己和他人一份宁静，收拾好心情，鼓足信心，向前进发。

记得有一次旅行，在机场候机的时候，旁边有几个人一直在聊天，看着他们一群人开心聊天的样子，我不禁将注意力悄悄聚集在了他们身上。他们一共五个人，两位男生，三位女生。我隐约听到三个女生说“她怎么还不来”“见到她，你们就知道她是什么样的人了”，她们在向两位男士介绍还没有赶到的同伴，但说的却不是什么好事，一会儿模仿她说话的样子，一会儿嘲笑她化的妆不好看，穿衣服没有品位，还认为自己很漂亮，一副高人一等的样子。最后，她们信誓旦旦地说：“等她来了，你们就知道了。”

没过一会儿，我看见一个女孩子慢慢走了过来。

她上身白色紧身衣，外搭一个粉红色外套，下身蓝色牛仔裤，肩上背着一个天蓝色的包包，脚上穿着当下流行的小白鞋，梳着马尾辫，充满了青春的气息。

她径直走过来，向他们点头、微笑、打招呼。先前那几个议论她的女生都识相地闭了嘴，开始上下打量她，其中一位女生忍不住问她身上的衣服多少钱，语气艳羡。她诚实作答，连打了几折都如实告知。

两位男生接包、递水、擦座位，表现得非常绅士。剩下的三个女生挤眉弄眼，互相交换着眼色。

趁着女生低头查看机票的时候，两个男生迅速而认真地对着手机整理了一下头发和衣领，并悄悄地拿出了湿纸巾擦了擦脸。另外三个女生表情不忿，但只能颓然地坐在一起，默默地看着手机，像霜打了的茄子似的。

看到这里，我突然非常想和刚刚到来的女生聊一聊，想必她除了外表出色外，一定还有什么过人之处，才能引发他人的羡慕嫉妒恨吧。

其实，每个人都会有嫉妒，只不过是嫉妒心的强弱存在差别。嫉妒是源于羡慕，而恨则是源于嫉妒。轻微的嫉妒可以激发人的进取心和竞争意识。但是一旦深陷其中，便会无法自拔。

临渊羡鱼，不如退而结网。与其吃不到葡萄说葡萄酸，不如靠自己去摘取葡萄，然后大大方方地说这葡萄还挺甜的。

把羡慕化为进取心，把嫉妒化为平常心，把恨转化为爱心。取长补短，见贤思齐，让自己得到长进。别让你的生活充满了羡慕嫉妒恨，否则这会变成你进取的绊脚石。

你想过的生活，为什么一直是别人在过

上周五深夜刚加完班，我拿起手机想看一眼时间，这才发现有十几个未接来电，全部是姗姗打来的。我还以为出了什么急事，连忙给她打过去。她说阿凡来北京了，明天要和我们聚一聚。

阿凡是我们的大学同学，毕业前我们几个经常在一起玩儿，可谓形影不离，只是毕业后就很少见面了。不过，听说阿凡如今在上海最大的一家广告公司担任市场部总监，精明强干，被领导看作精英骨干。

见面之后，更是让我们眼前一亮，工作繁忙的她依然有着姣好的容貌和苗条的身材，气质出众。她的另一半是相恋了七年的男友，最终修成正果，家庭幸福美满。不仅如此，她还非常热爱生活。她喜欢研究各种各样的美食，饭桌上的饭菜从未重样；她喜欢手工制作，家里摆着很多自己亲手制作的精致的工艺品；她还喜欢旅行和摄影，一有假期，就和老公一起去旅行，将旅途中拍下的照片做成摄影集，记录爱情中美好的时刻。

聚会结束，我们各自回家，路上姗姗拉着我的胳膊，略带伤感地说："你看阿凡现在光彩照人、事业有成，婚姻幸福美满，生活丰富多彩。这就是我想过的生活啊，可终究是别人的。”我知道，她是羡慕阿凡的生活了。然后我平静地对她说：“这确实是理想中的人生。不过你知道在这之前，她经历了什么？付出了多少吗？”姗姗摇了摇头，沉默不语。

其实阿凡原本是个小胖妞，但她仅用了半年时间就减掉了三十斤，仿佛脱胎换骨了一般。

我回想起大学时期，阿凡嗜肉如命，对甜品爱不释手，薯条、汉堡、可乐、炸鸡更是不在话下。对美食毫无抵抗能力的她来说，没有什么是吃顿大餐解决不了的，如果不是，那就两顿。她常挂在嘴边的一句话是：生命因美食而美好。

如今她发生了如此翻天覆地的变化，当然付出了很多惨痛的代价。她坚持每天早晨喝一杯蜂蜜水，中午晚上只吃清水煮菜，实在扛不住也只吃点儿水果。然后每天抽时间去健身房，执行教练为她制订的瘦身计划。晚上练瑜伽、有氧操、肚皮舞，半年内从未间断。阿凡一边抑制食欲，忍受着食物的诱惑，一边集中地训练。每当想要放弃的时候，她都告诉自己，只有对自己狠一点儿，才能成为自己喜欢的样子。

在付出汗水和痛苦之后，阿凡终于实现了自己的目标。这段减肥历程不仅让她有了纤纤细腰和优雅的气质，收获了完美的外在，还磨炼出了强大的意志力，让她在工作和学习中变得更自律。

瘦身成功后，阿凡的逆袭旅程刚进行到一半。为了过上更好的生活，她打定主意要在工作上突破自己。有了明确的目标，工作中的她就像一个女超人，整天像打了鸡血一样，充满激情和干劲儿，还主动承担额外的工作，成了名副其实的工作狂。

但她的作息依然像钟表一样规律，早晨六点钟准时起床，锻炼、看书、思考方案、写策划，并提前到公司，做好当天的工作计划。阿凡在工作中一丝不苟，不断突破自己。她主动组织研讨会议，集思广益，提出优质的策略，高质量地完成任务；不断钻研营销技巧，从制定市场战略、市场推广、公关、市场活动等方面入手，研究并实施计划和策略；还向同行请教学习，不断增进自己的业务能力。

晚上回家后阿凡继续奋战，给同事发会议安排邮件，为重要的项目调查资料，接重要的公务电话等，然后做工作总结。并且每晚睡前坚持深度阅读一小时，拓宽自己的专业知识。

后来由于阿凡工作效率高，工作完成得非常出色，从而不断被领导提拔。三年后，她成功转型成了市场部总监。事业稳定发展，工资翻了几倍。她便利用闲暇时间，丰富自己的生活，报了手工课和摄影班，抽空就来一场说走就走的旅行，最终过上了自己想要的生活。

你想要的生活，为什么一直是别人在过？答案无非就是别人付出了你不曾付出过的努力和汗水。其实姗姗也为想要的生活付出过，但总是因缺乏毅力而有始无终。

说好要减肥，可是在健身房没坚持几天就没下文了。还拿工作太累、加班没时间等各种理由安慰自己。同事聚餐又忍不住胡吃海喝，体重继续飙升……

打算学习一门新技能，于是报了钢琴班，学了发现没有自己想象的那么简单，也没太大兴趣，于是“三天打鱼，两天晒网”，久而久之就荒废了，最终一无所获……

想要提升自己的专业能力，争取升职加薪。于是报了许多线上课程，另外买了很多专业书籍。结果看了不到三十分钟，便感到身心俱疲，于是拿起手机玩两局游戏慰劳一下自己，最后一无所获……

姗姗的每一次尝试，都是因为对自己太宽容，所以一次次回到原点。要知道，想要的生活就像山顶的美景，既然你想得到就不要在爬到半山腰时，因为劳累困乏，而停下来。你要知道在你身后还有很多人在努力往山顶进发，如果你停下来或者放弃，就只能被挤下去，眼睁睁地看着别人登顶，看着别人过上你想要的生活。只要不满足于现状就试着努力改变，努力争取，但现实中却有太多人习惯去等待，等一个好的时机升职加薪，等一个对的人带来爱情。然而等待只会让你错过，只能看着别人成功。

生活本身就是一场博弈，在年轻的时候，不逼自己一把，永远不知道自己的潜能有多大。要知道，赢者才可以得到更好的生活。

第三章

前路漫漫，报之以歌

即使前路泥泞，也要踏歌而行

一个月前，我家对面搬来了一对母子。妈妈的性格与她的名字“阿冰”恰好相反，阿冰热情而亲切，她的儿子叫小晨，是一个非常优秀的孩子。由于经常碰面、唠家常，一来二去我们成了不错的朋友。

一天晚上，阿冰来我家里串门，聊天中谈起了她的过往。那是一本痛苦与喜悦相交织的漫长回忆录，也是一部且行且歌的血泪奋斗史。

若干年前，阿冰以优异的高考成绩荣登学校榜首，成为他们村里唯一一个考上大学的人，但因为家贫如洗，又恰好赶上母亲病重，阿冰便选择在家照料母亲，放弃了上大学的机会。母亲病情好转之后，过了一年，她嫁到了同乡的一户人家里，然而好景不长，婚后她与丈夫的矛盾日益加深，关系逐渐破裂，阿冰的心伤痕累累，于是在五年前双方协议离婚。在阿冰的一再争取下，她得到了小晨的抚养权。当时的阿冰捉襟见肘，为了生存，也为了弥补当初没有上大学的遗憾，她决定背井离乡外出打工，虽然她心里并不确定大城市里是否有自己的一席容身之地，但她不怕输，更不愿服从命运的安排，下定决心要去外面的世界闯荡一番。于是她忍痛把小晨暂时留在老家，并计划每月定时给家里打生活费。

阿冰孑然一身踏上未知的旅途，来到陌生的城市，终于看到外面的世界是多么的美好，想当初自己因为经济条件放弃了梦寐以求的大学生活，她决不能再让小晨重蹈覆辙。她心里想："为了父母，为了小晨，也为了自己，我一定要在这里开辟一条通往成功的道路。"但是此时的她所有的家当就只有六百块钱，如何生存下去成了最紧迫的问题。阿冰打算先找个地方落脚，便租了一个相当简陋且不足十平方米的单间出租屋，接着在同乡朋友的介绍下她从底层开始，去市场学习卖肉。

刚开始还有些内向的她努力学着如何叫卖，卖力地拿起重重的大刀砍着坚硬的骨头。日复一日，辛勤劳作。在无数个深夜里，她焦虑着自己的困境，思念着年龄尚小的儿子，忍受着被刀震得隐隐作痛的双臂。但是精神与肉体的双重打击并没有使她退缩过、抱怨过，她坚信自己能够守得云开见月明。

熟悉了市场工作后，阿冰开启了她的致富之旅。她一边向同行学习营销策略，一边在销售的过程中考察顾客的真实需求，晚上回到出租屋里继续琢磨如何提高销量，占据市场优势。她还找了相关的书籍借来看，从中总结经验，尝试不同的方法，开辟新道路。

就这样在反复尝试与不断学习的过程中，阿冰逐渐摸索出了技巧，骨头切得又快又精确。在她乐观积极的心态下，生意也越来越好。经过几个月的锻炼，阿冰的销售量节节高升，稳居第一，终于在众多员工中脱颖而出，领导认可她的能力并提拔她为店长。接下来的日子里，她也不敢有半点儿松懈，依然以积极向上的心态处理各种难题和意外，渐渐锻炼成生活中的强者。面对挫折，阿冰不屈不挠的精神，使她一路踏歌前行，最终生活回馈她丰厚的报酬。不久后阿冰又被提拔为区域经理，面对身边人的钦羡，她仅仅说了一句话，前面的路还远。

逆风生长，继续前行。心中充满阳光，苦尽自会甘来。终于阿冰在这座城市有了自己的家，儿子也很争气并以第一名的成绩考进了重点中学。她还一脸自豪地对我说："小晨的聪明一定是遗传了我的基因！"在这条泥泞的路上，乐观地坚持走下去，是阿冰成功的原因。

阿冰说她庆幸自己当初的选择，走出了小山村，没有让小晨重蹈覆辙。她还把父母接到了城里，一家人开启了全新的生活。看着眼前的一切，她认为之前受过的一切苦难与伤痛，都是值得的。

人的一生，不可能一帆风顺，艰难险阻注定是成功路上不可避免的一段经历。无论是职场还是生活，我们都会遭受很多挫折。不同的是，失败者总把挫折当作阻拦自己前进的绊脚石，心里一直在打退堂鼓。成功者则把挫折看作成功路上的垫脚石，内心从未退缩过，因为她坚信在这条路的尽头满是鲜花和赞许。

我们应以一种坦然乐观的心态去接纳那些不可预知的挑战，你每经过一道坎就离胜利更近一些，一路披荆斩棘过后，你将变得更加强大。

你要相信，你所受过的伤都会成为你肩上的勋章，你所吃过的苦终会照亮你前进的路。

只要你不放弃，那就没人可以说你是 Loser

死党悠然说，考研是她这辈子做得最拼命的一件事。那段刻骨铭心的考研史，成了她人生中不可磨灭的一段时光。

记得大三寒假前夕，我和她一起吃饭，她突然开口说："祝福我吧，我将成为茫茫考研大军中的一员。"当时的我大吃一惊，她从没提起过这个想法。

她说："我之前做事通常都是半途而废，但这次我心里有一股莫名的自信，让我决定试一试。因为现在学的专业并非我的志向所在，所以我希望通过读研去学习真正喜欢的专业，然后将自己的兴趣爱好在未来的职业生涯中发扬光大。即使家里人强烈反对，我也不会动摇。我一定要坚持自己的梦想和目标。"

考过研的人都知道考研苦，跨专业考研更苦。为了考研，悠然每天学习近十五个小时，分秒必争，不敢有丁点儿松懈。承载着精神上的压力，面对着做不完的题和背不完的单词，她的内心无数次处于崩溃的边缘，常常独自一人在深夜偷偷流泪，试图将内心的压抑随着眼泪释放出来。

有时候她会陷入迷茫中，问自己："我能考上吗？这样折磨自己值得吗？"考试的日子一天天临近，悠然来不及思考答案和结果，她继续马不停蹄地看书学习，抱着必胜的信心走进了考场。但最终考试结果却让她失望透顶，差了三分。她认为整个世界仿佛一下子被黑暗笼罩，充满了阴暗面。她认为自己就是个loser，辜负了时光和内心的希冀。

悠然心灰意冷，窝在屋里不出门。父母给她打电话，希望她回老家，安安稳稳地找份工作，亲朋好友也劝她回老家。身边人的劝慰，自己心中的梦想，使悠然陷入两难的困境。她面临内心深处的无数次拷问，是重新来过还是放弃？她找不到答案。后来她找我倾诉：我的人生就这样了吗？我真的应该放弃吗？

我没有回答她的问题，而是对她说："熬过了这么多苦，只有你有资格决定自己的未来。"

坚持很难，放弃更加不容易。她告诉自己，比失败更可怕的是放弃。于是打定主意二战，把压力转为动力。

她分析了一下自己失利的原因，她的专业课成绩很高，拖后腿的是英语，所以她要做的就是拯救英语。她找出英语的薄弱部分，并制订了严密的学习计划。

第一，每天坚持背单词，单词分两组，一是已背的，一是生词，每天坚持复习背过的单词，还要坚持学习新的单词。第二，每天坚持听听力，听录音带或者在网上找录音来听，并在重复听过几遍后，自己模仿练习。第三，每天坚持做真题，做完之后整理错题，寻找错因。第四，每天坚持写作，不断练笔，锻炼笔感。第五，报一个考研补习班，得到名师的指导。

她每天严格执行学习计划，逐渐攻克听力和写作这两道难关。当时正处于寒冬腊月，太阳还没升起，悠然就起床，打着手电筒在楼道里小声背单词。吃饭走路的时候，满脑子都是各种固定搭配和英文单词。每天泡在图书馆，从开馆坐到闭馆。既然选择了这条漫漫长路，便不能回头看。她说，在她的字典里不能有“放弃”两个字。

当备受孤独落寞的煎熬时，她会去学校的后街走一走，那里的热闹会给她一丝温馨，老板的热情会给她一丝慰藉。坐下来吃一碗热气腾腾的馄饨，温暖了胃，温暖了心。她看着为了生计，为了向往的生活而起早贪黑不断奋斗的人，觉得自己不是孤军奋战，世界上每个角落都有像她这样为未来不懈努力的人。走在热闹喧哗的街上，空气中弥漫着诱人的香味，她的心情瞬间放松了，然后回去继续埋头苦学。

也许当一个人孤注一掷的时候，希望的曙光就会悄然而至，最终她以高出分数线三十分的好成绩考进了向往的大学。

悠然将这个好消息告诉我的时候，声音有些哽咽，她说，当时的辛酸历历在目，感谢自己的咬牙死撑，才有现在的成功。

生活就像一座大山，当你爬到一半遇到一个最陡峭的山坡时，疲惫和危险会让你犹豫是否继续前行，但如果你不退缩、不放弃，努力克服那些阻力，那就没人说你是 loser。

如果现在的你正遇到困难和挫折而踯躅前行，请告诉自己，不要放弃。

生活指不定什么时候就给你下套，挺住才行

小易是一家外资企业的财务主管，与我在一场商务谈判中相识，后来我们成了不错的朋友。她在工作上认真负责，十分敬业，是领导的得力助手。然而就是这样一个优秀又努力的她，在事业蒸蒸日上的时候，遭遇了生活的一次捉弄。

一年前，小易在上班的途中不小心出了车祸，左腿中部粉碎性骨折，需要住院做手术。小易的妈妈得知消息后千里迢迢赶到她身边，到了医院看到躺在病床上的女儿被吓坏了，眼泪止不住地往外流。小易对妈妈说："妈，别伤心，我这不是好好的吗？"随即忍着疼痛，艰难地扯了一个大笑脸。突如其来的意外很容易使人丧失生活的希望，但小易从没有怨天尤人，更没有一蹶不振。她对我说："我还这么年轻，还没遇到喜欢的人，还没兑现对父母的承诺，还有梦想没有实现，我当然要坚强地挺住了。"

她还说："我车祸昏迷的时候，其实内心是很清醒的。我害怕自己会截肢，害怕后半生只能在床上度过，害怕……现在的我感觉自己又重生了一次。正因为这样，才要好好珍惜现在。虽然现在我的腿不能动，但医生说只要积极配合治疗，康复的机会很大。"

虽然手术很成功，但小易的腿伤依然需要一段时间的康复治疗，这就意味着小易需要长时间待在病床上。然而身体上的束缚并没有限制住小易精神上的自由。她每天看书学习，从未间断，还说在住院期间也不能与社会脱节，为康复之后进入工作状态做好准备。业余爱好也没落下，唱歌、画画、写作，每一天都过得相当充实。

命运是不公的，但生活是公平的。小易挺住了从天而降的灾祸，用心制造着生活中的精彩。因为心态乐观且积极做康复训练，一年后小易出院并回家休养。不久，她就回到了工作岗位上。由于住院期间不断学习，她很快跟上了步伐，东山再起指日可待。

生活本来就充满了未知，我们永远都不知道明天和意外哪个先到，所以更需要我们拿出勇气和决心从容面对命运的捉弄和人生的无常。如果面对生活中的磨难和挫折时，我们选择束手就擒，那么就等同于服从了命运的安排，也就失去了生活的意义。因此，在面对生活给我们下的套时，挺下去才有机会反败为胜。记住，磨难和挫折打不败我们，只能让我们变得更强大！

几年前，朋友悉心经营的一家花店不幸遭遇火灾。当初为了开这家花店，朋友花光了所有的积蓄，还专门学习了花艺设计。可还没等到盈利，一场突如其来的火灾就将梦想化为了灰烬。

听说这件事之后，我替她深感痛心。因为我知道这家花店是她小时候的梦想，才刚刚实现，还沉浸在喜悦的心情中，却像被命运捉弄了一般。我打电话安慰她，她却对我说："没关系，花店没了，我还有双手双脚，至少不会饿死。生活还要继续，我得挺住才行。”我没说话，默默心疼她。我主动提出借钱给她，朋友谢绝了。

后来，她搬离了原来的房子，租了一间只有十平方米的单间，并打了两份工。虽然日子十分艰难，但朋友都坚强地挺下来了。

几个月后，朋友进入了一家花艺公司工作，由于勤劳努力，工作能力突出，深受老板赏识。老板偶然得知朋友曾经营过花店，并学习过花艺设计，便提出让她担任即将成立的分公司的花艺设计师，月薪直接翻了几倍。朋友把这个好消息告诉我的时候，我能感觉到她满满的幸福感溢于言表。

几年后，朋友事业发展得越来越好，攒足积蓄后，她重新开了一家花店，再次完成了梦想。

由于她的坚强、勇敢、乐观，最终成就了自己，实现了梦想。如果当初的她选择的是郁郁寡欢、丢盔弃甲，那么梦想自然会离她越来越远。

有时候生活就是喜欢恶作剧，指不定什么时候就给你下套，但你得挺住才行。掉进圈套不可怕，可怕的是你一蹶不振，轻易放弃自己。所以千万不要缴械投降，低头认输。拾起你的坚强和勇气，抬起头颅，披上战袍和铠甲，去完成一场华丽的蜕变吧！

一条路走到黑，这勇气可不是人人都有

一年前，我为上海一家知名外资企业处理一个商业诉讼案件，此案件在商业圈掀起了轩然大波，并引得很多媒体记者竞相采访，就是在这期间我在机缘巧合之下结识了记者小金。她说，我们都有着特殊的职业，都被受欺凌的弱者视如最后的救命稻草。小金对我倾诉了她的种种过往，我被她追求正义的一腔热血深深打动。也许是惺惺相惜，我们一见如故，成了无话不谈的朋友。

小金的记者生涯是一段特别让人热血沸腾的励志奋斗史。

大学毕业后小金带着记者梦，背起行囊，只身一人坐上向北的列车，远赴千里之外的大城市。小金第一次认识记者时正值年少，她通过电视知道了在摄像机前将最新的新闻消息和最受关注的事件播报给广大群众的人叫作记者，当社会中邪恶肆意猖狂时，同样是记者深入实际、深入群众，以笔为戎，为正义而战。记者这个职业令她神往而着迷，就是从那个时候，当记者的梦想在小金的心中萌芽。小金还向我回忆了她临别母亲时的场景，妈妈语重心长地对她说，做记者这行比她想象得还要艰难，疲惫苦累、工作压力如影随形。小金知道妈妈担心的原因，小金的舅舅曾是一名新闻记者，在一次地震中跟随救援队翻山越岭搜寻遇难者时，现场突遇坍塌，舅舅不慎摔伤，为此在医院躺了大半年，医生建议这几年要好好休养身体。在家人的劝阻下，舅舅只好放弃了曾走过十年的记者生涯。但小金不怕，她认为没有什么比实现不了自己的人生价值更可怕的了。她想，必须让母亲看到自己的决心。于是斩钉截铁地说，就算撞了南墙又怎样，她就是要一条路走到黑。

小金出门的时候，母亲站在门口恋恋不舍地望着她，而她则转过身，头也不回地渐渐消失在母亲的视线里。小金用自己倔强的身影向母亲传达她的勇气和信念。而身边的人对她的选择持不同看法，有的认为她一意孤行，不到黄河不死心。有的认为小金的这份孤勇不是人人都有的，她的义无反顾值得钦佩。总之没人看好她，然而她并不在意，她相信总有一天自己会让所有人刮目相看。

下了火车，小金进入一家报社面试。主编边翻看简历边问她：“你没有任何阅历和工作经验，凭什么认为你能胜任这份工作？”小金目光坚定地说：“因为热爱，我可以吃别人吃不了的苦。我想用手中的笔，记录真实的声音，做出有温度的新闻。”

后来小金如愿以偿进入了报社，开始了实习生的生涯，同时也开启了奔波劳累的生活。她一整天马不停蹄地奔赴各个现场，早起晚睡，废寝忘食，加班对她来说更是家常便饭。因为工作，小金好几次大半夜赶回住处，有次顶着瓢泼大雨回家，半夜发起了高烧。直到第二天依然高烧不退，她来不及去医院，只是吃了药，又紧接着跑去现场，因为每一次的采访对她来说都至关重要。和母亲通电话时，为了不让母亲担心，她故作轻松地说自己过得很舒适，工作上也受到了很多照顾。

小金白天跑现场，晚上回到住处苦练采访时的说话技巧。从社会新闻、社区新闻开始，用心观察，深入探索，小金锻炼出了很强的新闻敏感度。扑面而来的是写不完的新闻，熬不完的夜，但她乐在其中，一想到自己写的文字马上就要刊登到报纸上，就像打了鸡血一样兴奋。

小金一天能跑好几条新闻，工作的紧张和压力，让小金心中时刻绷着一根弦。由于长期蹲点和赶场采访，这种超负荷的工作压力使她的脸上失去了以往的光泽，时刻挂着浓重的黑眼圈。在一次采访回程途中，小金突然胃疼并伴随着恶心呕吐，去医院检查才得知自己已经患上肠胃病。同事劝她请假休息几天，但小金不肯，因为她想快速成长起来，而且心中高度的责任感使得她不想错过重要的新闻和采访。

付出总会有收获，她写的稿子、拍的新闻帮助消费者成功维权，帮助农民工讨回了血汗钱，帮助灾区小朋友实现了愿望……心里的那份成就感就是支撑她继续从事这份职业的动力之一。然而欣喜之余，一场无妄之灾却悄然降临。

小金也听说过记者在从事新闻活动中可能发生的种种意外，

例如被围殴、绑架威胁，但她没想到这一天会这么快降临在自己身上。那天小金奔赴现场，为当地某小区业主在向地产公司维权，就在暗访调查过程中，她遭到几名不明男子阻拦威胁，并强迫她将手机里的视频和图片全部删除。小金为保护资料而惨遭殴打，导致头部和背部多处受伤。还好警察及时赶到，场面才得以控制。当时的小金泣不成声、伤心欲绝，但理智告诉她必须将真相追查到底。于是伤口处理好后她再次回到了工作岗位上，继续到现场采访，客观记录事实，最终为业主和自己讨回公道，平反冤屈。

接下来的日子里，小金继续迎接不一样的挑战，抢到最新消息时，心里是藏不住的喜悦。后来她为农民工讨薪的新闻登上了头条，她兴奋地将这个好消息告诉母亲，母亲嘴上只说一定要照顾好身体。小金后来才知道当母亲看到报纸上的头条新闻下边注着的分明是女儿的名字时，眼眶瞬间湿润了，然后拿着报纸给街坊邻居看……

小金在新闻调查方面做得相当出色，追根溯源写深度报道，后来幸运地进入了一家知名媒体，并荣幸蝉联“十佳记者”的称号。在记者这条路上，她从未想过回头。

小金对未来有明确的目标，并时刻准备着承受未知的风险，所以她身上那股一条路走到黑的勇气，让她在自己热爱的岗位上风雨兼程，虽然历经坎坷苦难，但最终实现了自己的梦想和价值。

这份勇气可不是人人都有的，但却是值得人人拥有的。

此刻我想说，如果你心里也有这样一份执着和热爱，那么希望你也有一条路走到黑的勇气。坚持下去，让当时的那份执着，成就未来的自己。

拉黑那些在朋友圈“长吁短叹”的人

前两天和一个老同学唠家常，她跟我抱怨，说朋友圈简直成了垃圾桶，总有一些人在里面倾倒情绪垃圾，今天抱怨遇到的倒霉事，明天吐槽老板和同事，后天又埋怨天气的忽好忽坏，好像全世界都欠他们似的。负能量爆棚，让人看了恨不得马上远离这样的能量场。

老同学无奈地表示，为了不被这些“长吁短叹”的人制造的负能量传染，她只好把他们拉黑。

我相信每个人的手机里都会有那么几个喜欢在朋友圈“长吁短叹”的年轻人，整日沉浸在消极的情绪里，埋怨他人，憎恶自己。他们把所有的关注点都放在使自己抱怨的事情上，自然就很难发现生活的美。

其实，不仅是老同学，我也曾对一个微信好友设置了“不看她的朋友圈”，因为她每天发的朋友圈里，都是类似这样的内容：

休息日一个人在加班，抱怨老板；上班马上迟到又遇上路上堵车，吐槽路况；微薄的收入又遭到房东催租，散发焦虑……

当你偶尔心情不好的时候，可以找人倾诉，但将自己的消极情绪公布在朋友圈散发给所有人，不仅不能缓解自己的情绪，还会影响别人的情绪。

一个人发的朋友圈里，往往体现了他最真实的生活态度。一个人总是发充满牢骚埋怨的朋友圈，那么他的生活肯定充满阴暗面。相反总是发积极向上的朋友圈的人，一定拥有豁达的心态，心里充满了阳光，同时还照耀着他人。

前一阵子在朋友圈里看到一张照片，是一对夫妇发生了车祸，原因是晚上妻子开摩托车时不小心撞上了路边凸出的障碍物，车倒人伤。依照常理来猜测，此时发生意外事故的两个人会很沮丧，或者埋怨路灯不亮，导致视线受阻，又或者抱怨道路修理不善。但出乎意料的是，两个人在确认对方伤势并无大碍之后，竟然倚着翻倒在地的车子，开怀大笑地拍下了照片。这份对待生活的豁达实属难得，丈夫还将照片发布在朋友圈并配文：和妻子经历的每一件事，都值得留念。

坏事发生之后，不一味地埋怨生活，而是把它当成生命中一次难忘的经历，这种积极向上的生活态度，在丈夫发布的朋友圈中体现得淋漓尽致。

其实，通过一个人发的朋友圈，我们就可以清楚地了解到，哪些人的心里藏着深渊，哪些人的心里住着太阳。

虾饺是我的好朋友，也曾是在朋友圈中抱怨不休的众多青年之一。他出身于农村，生活十分拮据。但他相信知识可以改变命运，于是十年寒窗苦读，终于考上了理想的大学。可毕业之后，他发现过上向往的生活远远没有想象的那么容易。焦头烂额找工作的他，不仅方向迷茫而且竞争压力巨大，好不容易选定了一份销售员的工作，底薪两千，再加百分之二的销售提成，去掉房租和五险一金以及每月向家里寄的钱，所剩无几。最艰难的时候，虾饺一顿只吃一个馒头和一袋咸菜。

每当虾饺在公司看到某个富二代开着跑车上班时，他就开始恶狠狠地抱怨，抱怨贫富差距的悬殊，抱怨命运的不公，抱怨自己为什么没有出生在富贵家庭。还将这些抱怨发在朋友圈里，以此泄愤。他将自己陷入抱怨的泥沼当中，无法自拔。然而他的工作毫无起色，销售业绩依然不见起色，甚至面临着失业的风险。

我看到他颓废不堪的样子，便对他说："抱怨不仅对现状无所改变，反而会阻挡你前进的脚步。无论面临的情况多么糟糕，我们都有自己可以把握的部分。更何况，我们的生命仅有一次，我们需要在有限的时间，脚踏实地，尽全力做好每件事。比如说，你现在应该努力保住这份工作。"

听我说完之后，他沉默不语，不知道他是充耳不闻还是有所感悟。不过接下来的日子里，虾饺的朋友圈里不仅没有了无休止的抱怨，而且越来越充满正能量。一个人发的朋友圈发生变化，说明他的生活状态在发生变化。后来我才知道，他反复思考我说的那段话后，重新规划了自己的未来。

过了不久，虾饺在职场中找到了清晰的定位，工作也充满激情，开始散发正能量并影响着周边人，升职加薪也随之而来。

其实，偶尔的抱怨也是情绪的一个出口，但是千万别只剩下抱怨。有的人天天在朋友圈唉声叹气，一天到晚怨天尤人，将自己的生活搞成一团糟。还不如化抱怨为动力，努力为自己想要的生活付出行动。抱怨只能让自己的生活圈、朋友圈越来越小，毕竟没人愿意每天生活在消极的环境当中。

我们都应该向前面提到的那对夫妇学习，时刻保持“世界以痛吻我，我却报之以歌”的乐观豁达的心态。即使天空乌云密布，只要内心晴空万里，生活就充满了幸福和朝气。更应该以虾饺的故事作为他山之石，时刻提醒自己，保持“与其抱怨，不如改变”的积极向上的心态，即使满目荆棘，身处逆境，只要内心乐天坦然，生活就充满了希望和激情。

生活就如一面明镜，你对它愁眉苦脸，充满失望时，它也会对你紧锁眉头，十分不满。反之，当你对它坦然微笑时，它也会对你温柔以待。愿你我能做不抱怨的自己，你要知道，可以管理自身情绪和心态的人，是人生最大的赢家。

事业若亮起红灯，就等一等再走

听说大江又辞职了，我算了算，这是大江第五次换工作了。其实他的身上有很多优点，也曾一度在工作岗位上立下不少功劳，但他的性格太过于急躁，这使得他时常陷入困境。一旦工作项目上出现差错，或者遇到艰难挫折，他就急躁起来，甚至对直属领导都横眉竖眼、出言不逊。试想哪个公司能容得下他这样的人物？他的急躁无非因为承受不了事业上的受挫或者不顺。在事业亮起红灯时，从不静下心来思考，不去找出症结所在，而是始终行走在一条错误的道路上，最终的结果只能导致自己离目标越来越远。

我觉得需要给他一些警示，便打电话跟他说：“你频频换工作，无非就是逃避！你要知道没有过不去的坎儿，出了错就停下来，等一等。在等的过程中，反思自己，找到出错的原因，吸取教训，使自己变得更加强大。否则只会一错再错，以致一事无成。”

后来的很长一段时间，大江再也没有联系过我。我从朋友那里得知，大江就像变了个人，工作变得沉稳，遇到瓶颈时也不再慌张，而是冷静思考，从容应对。大江学会了等待，并在等待的过程中，不断总结教训，充实自己，内心越来越强大。优秀的业务能力和临危不乱的处事态度使他得到了领导的提拔。

又过了一段时间，大江给我发了一条消息：我以前一直以为等待就意味着会被别人落下，就代表着认输，万万没想到正是因为不懂得等待才使我的事业连连受到打击，我忙着成功，到头来却是忙着失败，我现在终于明白了等待的意义。

当事业亮起红灯，就如同跌入一个低谷，我们要做的不是急于爬出去，而是积蓄力量，在等待的过程中去提高自己。鞋带松了就停下来系紧了再走，否则很容易把自己绊倒。一味忙着赶路，是走不长远的。

两年前，小陈成立了一家公司。为了让公司早日步入正轨，他每天忙得焦头烂额，一整天脚不沾地。经常熬夜加班到凌晨，甚至直接在公司过夜。没想到的是，年终结算，账面上却是亏损的。接下来的几个月，公司的订单每况愈下，员工也走得所剩无几。此时的小陈心急如焚，如坐针毡。他担心，再这样下去，公司迟早要倒闭。

眼看竞争对手势如破竹，蒸蒸日上。小陈疑惑不解：为什么自己一门心思求发展，苦心经营的公司，如今却落得如此下场？

小陈为此茶饭不思，夜不能寐，一直沉浸在焦虑当中，像一只无头苍蝇一样继续忙碌着，可还是于事无补。后来他的一个老同学和他聊了公司的经营状况，终于找出了问题所在。原来是小陈每天只顾带着团队埋头苦干，没有空闲去做一下市场调查，更没有停下来考虑一下消费者的需求，渐渐偏离了原来的轨道。

小陈吸取了这次的教训，停下来，弥补漏洞，并且重新规划公司未来的发展方向，调整企业内部结构，完善企业制度。没过多久，公司的状况得到了好转，小陈找到了公司的发展方向和重心。

出现了漏洞，不停下来弥补，只会让缺口越来越大。所以事业若亮起红灯就停下来，等一等，调整心态，理清思路，及时止损，让自己重新上路。

梦想需要实现，但从来没有一蹴而就的成功，如果遇到困难，就等一等，然后再整装待发，迎接成功。

事业若亮起红灯，等一等再走，不失为一种更好的选择。就像鞋里进了沙子，停下来将那粒沙子倒出来你可以走得更快。

第四章

宁可我行我素，也不微如尘埃

没有 Low 的大妈，只有 Low 的心态

有一次逛街，碰巧遇见了丽娜和她的婆婆。不过她们看起来与其说是一对婆媳，不如说是一对姐妹。丽娜的婆婆涂着淡淡的口红，画着修长的眉毛，穿着时髦，举止得体又优雅。脸上也看不出太多岁月的痕迹。而且丽娜告诉我，她婆婆已经年近花甲，我当时惊讶得下巴快掉下来，于是迫不及待地问："你婆婆是怎么越活越年轻的？"朋友说，大概是心态吧……听她说完，我深深感悟到，心态决定人生，年龄只不过是一串数字。

丽娜的婆婆活得比她还精致，出门买个菜都要精心打扮一下，脸上总是笑意盈盈。对于年轻人的观念想法还非常开明，经常参与其中讨论着新鲜话题。

丽娜的婆婆把每一天都过得充满仪式感，早晨按时早起，用做早餐的时间敷面膜，用完早餐后，哼着小曲，春风满面地出门工作。休息的时候听听音乐、跳跳舞，研究美食烹饪，柴米油盐的平淡日子也被她过得开出花来。婆婆每天充满朝气，使一家人都深受感染，一大早就能看到婆婆灿烂的笑脸，瞬间心情也好起来。

听丽娜说，她婆婆年轻的时候，也经历了不少艰难困苦，但阳光豁达的心态让她都挺了过来。其中最严重的打击是十年前，

公公去世那段时期，婆婆陷入了低谷期，子女们都非常担心她想不开。没想到她提出了一个令全家都惊诧万分的决定，婆婆要重新回到工作岗位上，打拼一番事业，追求独立的生活。年轻时的婆婆经营着一家超市，但婚后就放下工作，成了家庭主妇，一直是公公在外打拼。子女们认为，婆婆可以在工作中忘掉悲痛，重塑自我，便纷纷表示支持。

于是婆婆重操旧业，开了一家小超市。因为婆婆精明能干、经验丰富、管理得当，所以超市的生意兴隆，顾客应接不暇。有了自己的事业，婆婆整日喜笑颜开，越活越年轻。经济上获得了独立，婆婆的生活品质也日渐提高，越活越精彩。

后来一天早晨，婆婆突然不见了，电话也打不通，全家火急火燎地到处寻找，差点儿报了警，好在终于联系上了。原来婆婆将公公的照片挂在脖子上，出去旅游了。这一去就是半个月，婆婆说："老伴没看过的世界，我得带他去看看。"

岁月改变的只是表象，真正能将美貌与青春夺去的，是悲观消极的心态。不管你是否年轻，请不要因为把握不好心态，而失去了生活本有的色彩，世界上没有 low 的大妈，只有 low 的心态。

前一阵子回老家，遇到了时隔好几年没见的三姐。我们从小是一个院长大的，小时候常常在一起玩，无话不说。她排行老三，我便称她为三姐。三姐和她老公常年在外打拼，这次回来是看望年迈的父母。我意外地发现才三十岁出头的三姐，沧桑了很多。我看她面容憔悴、心事重重的样子，便问她最近是不是遇到了什么难题，这一问一下打开了她的话匣子。

她说，近两年她老公的生意非常不景气，甚至面临破产的危险。可是他们身上还背着车贷和房贷，而且孩子也马上要升学了，三姐一想到这些就郁闷发愁，精神压力倍增。她老公总说她整天愁眉苦脸、长吁短叹，闲来无事瞎操心。我明白三姐老公的意思，因为心态是会传染的，每天说些丧气话，唉声叹气、怨天尤人，使得整个家都变得死气沉沉，被阴霾笼罩着。

看着现在三姐憔悴不堪形容枯槁的样子，我回想起三姐未嫁的时候，花枝招展、风采照人，她活泼开朗，每天笑意盈盈的。而且她那时还有一份收入可观的工作，过得相当独立洒脱。但自从婚后做起贤妻良母，三姐便同时失去了经济独立和精神独立。所以，老公生意的萧条使她恐慌不安。又因为心态消极，所以一下老了好几岁，俨然一个邋遢的大妈。

试想，如果三姐保持经济独立，不仅会有积极向上的心态，还能坦然面对危机，帮助老公度过低谷期。如今她将自己的全部希望倾注在老公身上，便产生了依赖的心态，让生活变成了一潭死水。

其实生活是一面镜子，当你用消极的、倦怠的、依赖的心态对待它，它就会还你荒如沙漠的日子。反之，你用阳光的、积极的、独立的心态对待它，就会收获花草丛生的时刻。你是什么样的心态，就会产生什么样的生活状态。

没有哪个人的人生一直顺风顺水，关键在于用怎样的心态去面对。人和人之间本无太大差别，但因心态的不同，就有了差别。

我就是我，是不一样的烟火

曾经有一位读者给我讲述了关于她的一段中学时光。

她长相不够漂亮，成绩不够优秀，家境不够优越，平凡的她觉得自己一无是处。

高二时，学校要分快慢班。她决定为自己搏一把，一定要进入快班，然后再努力学习考上一流的大学。于是她开始更努力地学习，比所有人都勤奋。下课之后，除了跑去办公室向老师请教问题，几乎不离开座位。

所有的老师都看到了她的变化，时不时地表扬她，让同学们向她看齐。经过一段时间的努力，她终于如愿以偿地被分到了快班。

然而班里总有那么几个心理阴暗的人，他们在班里谣传她进入快班是家人给班主任送礼。还说她心机重，利用准备分班的时机假装努力，还在班主任面前说他们坏话。流言蜚语让她的内心一下子受到了打击。班里很多同学都相信了传言，开始疏离她。

有一次她终于忍受不住了，泪水肆意横流，她用尽全部的力量和勇气向他们大喊：“我什么都没有做，什么都没有做！”后来班里一位小女生偷偷塞给她一张纸条，纸条上只写了四个字：我相信你。这句话给予了她莫大的力量，从此她继续像往常一样拼命学习，继续跑到办公室向老师请教问题。

经过日复一日的坚持，她的成绩越来越好，名次一次比一次靠前。虽然还是有一些人议论纷纷，但她已经不在乎了。她想：“我就是我，我的思想，我的品行，不会因任何人、任何事所左右。”

她变得比以前更加努力，熬过了所有艰难的日子，终于考入了理想的大学。

人生苦短，我们要为自己而活。保持初心，坚持自我，便能守得云开见月明。如果你过于在乎别人对你的评价，就会很容易迷失自己。

还记得升高三那年的暑期，我和妈妈去舅舅家做客。一起吃饭时，舅妈拿年龄相仿的表妹和我比较，她一副恨铁不成钢的样子，对表妹说：“你什么时候能比得上你表姐的一半，我就心满意足了。你看看人家学习成绩名列前茅，年年拿奖学金，参加比赛次次拿奖。你呢？成绩怎么就上不去？”表妹听了，眼圈瞬间红了，委屈的眼泪扑簌簌地往下掉，而当时的我既尴尬又难受。

舅妈总喜欢拿“别人家的孩子”和表妹比较，这使得表妹也总是妄自菲薄。表妹曾对我说：“我太不争气了，做什么都做不好。”我安慰她说：“你成绩也不差啊，而且学习刻苦，有上进心，付出肯定有回报的。”

由于思维定式，表妹也习惯拿自己与别人比较，结果差点儿因此令一段浪漫的恋情无疾而终。

大学毕业后，表妹顺利地找到了一份合适的工作，一次在乘坐地铁去上班的路上，邂逅了一场美好的恋爱。

前段时间，她不小心摔了腿。表妹的男友看到受了腿伤的、外表柔弱的表妹起身给一位老奶奶让座，便主动过去扶住表妹，以免她摔倒。他认为表妹是个非常善良可爱的女孩子，表妹也对他一见倾心，两人便彼此留了联系方式，渐渐地相恋了。但后来表妹慢慢了解到，她的男友不仅是名牌大学毕业，还是个富二代，家境优越。她还了解到男友的前女友是个各方面都非常优秀的女孩子，便时不时拿她和自己比较。表妹内心感到极度自卑，愈加觉得自己配不上男友，最终提出了分手。

后来她的男友找到她，对她说："每个人都值得被爱，但不需要所有人都爱，人本就没有高低贵贱之分。我喜欢你爱笑的眼睛，喜欢你的天真善良，你是独一无二的。"

男友的一番真挚告白令表妹豁然开朗。她终于认识到，男友喜欢的就是真实的自己，她不需要和任何人攀比。在以后的生活中，表妹都忠于自己的内心，活出独一无二的自己。

一定要相信，总有人喜欢这个平凡的你。你只需要抛开成见，挣开枷锁。追寻内心真实的想法，因为真实的你就是独一无二的，是最美的。

其实我也有过类似的经历，曾在一段时期看轻自己，怀疑自己。

大学毕业进入律所之后，看到前辈们潇洒自如地处理各种错综复杂的案件，个个才学兼优、天赋异禀，有着犀利的谈判能力。与他们相比，我实在才疏学浅。看着他们闪闪发光，于是心里非常急躁，甚至有些好高骛远。我开始学着前辈们翻阅各种法律资料，硬着头皮看一些深奥的法律文件，即使这完全超出自己的能力范围。因为走朝圣别人的路，我渐渐迷失了自己。欲速则不达，我开始怀疑自己的能力。后来和几个律师朋友聊天，原来他们也有这样的想法。看到别人的优越，便拿来和自己比较，心里对自己一番嘲弄："我明明比他还努力啊，为什么和人家差这么多？"

当人被这种不甘的情绪所左右，就会陷入一个恶性循环的怪圈，思绪混乱，压力越来越大。精神紧张、压抑，最后使自己故步自封。

后来妈妈的一句话点醒了我，她说："人无完人，尽力放大自身的长处，掩盖自身的短处，你便成功了。"

我知道我要做的就是放下包袱，做回真实的自己，走好自己脚下的路。别人有别人的风光，我有我的风景，只要我尽力发挥自己的才能就好。不能因为羡慕别人路上的风光而让自己处于逆境之中。

是啊，我就是我，是不一样的烟火。为什么非要与别人攀比呢？我要遵循自己的内心，过好自己的人生，为自己喜欢的生活而活。

"你想成为什么人？"

"难道我不能成为我自己吗？"

去他的偏见，去他的攀比，我就是我，是不一样的烟火，就是要活得灿烂而洒脱。

干吗总迁就别人

前两天，我和李欣约好周五晚上一起去一家新开的餐厅吃饭，结果被她放了鸽子，我气势汹汹地给她打了电话，本想好好批评她一顿，还没开口，她倒先哭诉了起来，说自己要连上半个月的夜班，搞得自己要累趴下了。

我很纳闷儿地问她："你们不是轮流值夜班吗？怎么会连续上半个月？"她情绪激动地把事情的来龙去脉给我说了一遍，原来是她的同事找她换班，她不好意思拒绝便同意了。其他同事见她好说话，也经常找她换班，口里说着，大家都是朋友嘛！她便无奈地接受了。于是从不会拒绝别人，从不主动说"不"的李欣，生活变得一团糟。早出晚归，熬夜失眠，工作也无精打采。

回想起李欣之前帮老同学写文案，哪怕熬夜也要写完；熟人隔三岔五找她借钱，即使上次借的钱还没还，也还是会借。我忍不住吼她："你干吗总迁就别人？"李欣无奈地说："我怕对方不高兴，关系破裂，朋友也没得做了。"总觉得拒绝别人就好像自己犯了错，于是李欣就这样迁就着别人，为难着自己。

这个永远不会说"不"的傻妞啊，我明知道不会改变，但还是忍不住对她说："你再一味迁就下去，吃苦受累的是自己，对方还觉得是理所应当的。你的忍让和迁就并不会被他人感激在心，反而可能换来他人的变本加厉。所以，你要做的就是听从自己的内心，捍卫自己的权益。”

为了让她明白事情的严重性，我就给她讲了发生在我身边的例子。

前段时间，我的隔壁搬来了一个小姑娘，叫夏夏。由于都是一个时间点上班，几乎天天早上都能遇到，慢慢地就熟悉了，后来我叫上她一起吃饭，吃饭的时候她给我讲了一个她的故事。

夏夏说，她刚进公司的时候，希望能够与同事间建立良好的关系，于是她每天都提前到公司，帮大家搞卫生，整理办公桌。刚开始大家还会感激道谢，时间一长，大家便习以为常，开始主动请她帮忙，夏夏也都照单全收。

接下来，同事们便经常以让夏夏熟悉工作、积累经验为由，丢给她越来越繁重的工作。而夏夏怕影响同事关系，便勉为其难地答应了。于是，一到下班时间，同事们就全部逃之夭夭了，只剩下她自己熬夜加班。

然而日常聚餐或假期出去游玩，同事们却从不叫夏夏。夏夏心里委屈，可是她宁愿迁就也不想得罪同事。

后来有一次，一位同事工作出了麻烦，被领导叫去问话，不一会儿夏夏也被领导叫过去，领导对夏夏劈头盖脸批评了一通。原来是同事对领导说是夏夏主动帮助她做了这份工作，没想到出了这么大纰漏，就把所有过错都推到了夏夏身上。而事实是，夏夏只帮同事做了一部分，出错的是同事自己做的部分。夏夏张口想为自己辩解，却被领导打断，并让夏夏承担整件事的后果，补偿这次的错误。

通过这件事，夏夏彻底醒悟了，对不懂得感恩的人付出根本不值得。从此以后，夏夏下定决心，不再一味迁就别人而委屈自己，不再特意搞卫生、擦桌子，替同事做他们自己分内的事，而是专注于自己的本职工作，想办法把自己的工作做得更出色。她利用零碎时间看资料，自学专业知识。当同事真正遇到困难，她也会主动伸出援手，只是不再像以前那样任人支配，而是对事待人不卑不亢。改变后的夏夏不仅慢慢得到领导的认可，还拥有了几位交心的同事。

做一个善良、好相处的人，不等于无原则地迁就别人、委屈自己。其实真心把你当朋友的人，不会一再让你为难，一再为难你的人也不值得当朋友。多关注一下自己的内心，活出自我。对于生活和职场的不公，我们要提出反对；对于能力之外的事，我们不勉强自己；对于不合理的请求，我们要勇敢说“不”。慢慢你就会发现，麻烦你的人对你变客气了，你不仅受到了尊重，心情都舒畅了。

君瑞是我的大学同学，经营着一家新技术开发公司。几年来，市场瞄得准，技术开发战略决策恰当，科技人员力量雄厚，经营管理科学，使得企业产值和利润大幅度上升，经济效益也很好。

一天，他的一位亲戚给他打电话，想让他帮忙安排一个小伙子到公司工作。他的这位亲戚是位退居二线的高官。君瑞碍于面子，就让亲戚带着求职者来面试。面试结果不理想。让此人进入公司，就等于养了个庸才，而且会破坏公司的聘用制度，影响公司长远发展；不接收，怕影响亲戚之间的感情。

后来，君瑞请他的亲戚和那位求职者参观了解了一下公司环境和工作内容，以及公司的规章制度。接着对那位亲戚说："在过去的几年里，公司发展速度飞快，但这都是在规章制度指导下发展的结果，今年的形势比较严峻。您也是刚退下来的，了解岗位用人制度，希望您能理解。这个小伙子的专业与我们不对口，公司研究后没有通过。不过，我可以推荐他去一家游戏开发的公司试试，毕竟他学的是动漫制作，不能浪费了。您看这样好吗？"

君瑞这番真诚的话说完，他的亲戚表示理解，而应聘者也非常感谢君瑞推荐他去游戏开发的公司面试，三方都达到了目的，皆大欢喜。

正是君瑞发自内心的关怀，让他们感觉到君瑞并不是敷衍了事，而是真心想帮助他们。因此，只要你是真心地说"不"，不是故意推诿，就不用害怕会伤害到彼此的关系，因为对方一定会体谅你的苦衷。

总之，不管对待任何事，我们都要坚守自己的原则和底线，遵从自己的内心。即使我行我素，也不微如尘埃。

嘴欠的人，你理他们做什么

前几天去咖啡馆遇到了师妹，便和她坐下来叙叙旧，她马上就要进入本地一家知名的外企实习。争取到这么难得的机会，多亏了她在几个月前考取的BEC高级证书。提到师妹的BEC高级证书，我联想起了师妹的嘴欠舍友。

大三上学期，师妹报了新东方的班，买了很多辅导书，全力备考BEC，最后考试结果却不尽人意，差了五分。正沉浸在失落、挫败中的师妹这时却遭到嘴欠舍友的炮轰："你别怪我说话直，早就跟你说高级特别难考，以你的水平怎么可能考过，你偏不信，这下死心了吧。"

师妹没理会舍友，而是重振信心，开始为下一次考试做准备。就在她紧锣密鼓地备战时，那个嘴欠的舍友又开始了冷嘲热讽："别太自不量力了，不如考个初级或中级，上次你运气好差了五分，这次再发挥不好，考得还不如上次，那就太丢人了，还是省省力气吧。"师妹丝毫不为所动，她觉得只知道泼冷水的人不值得交往，更不值得去与她争辩，于是渐渐疏离她。下学期，经过一番刻苦努力，师妹如愿拿到了BEC高级证书。

师妹没有因为别人泼冷水就放弃，而是坚持走自己的路，最终证明了自己，而那些嘴欠的人只有羡慕的份儿了。

嘴欠的人是把无形的箭，你不去理会，箭头便伤不到你。怕就怕你过于认真或在意，让箭头瞄准自己，而受到伤害。

几个月前，我发现同事小王的精神状态很不好，整日魂不守舍的，就把她叫到了办公室，经过了解，原来小王和丈夫因争吵不断而关系破裂，马上要离婚了。我说："如果是你不对，你就要勇敢承认，和你的老公好好沟通，争取他的谅解。如果是他的不对，你要了解实际情况，心平气和地和他沟通。如果真的无法在一起生活下去，就给彼此自由。总之，不幸福的婚姻没必要伤心留恋，不如收拾好心情，开始新的生活。"她抬头看了我一下，终于开口，给我讲了前不久发生的一件事。

小王和几个关系不错的朋友聚在一起吃饭，朋友们都已经知道了小王要离婚这件事情，一位朋友拍了拍她的肩膀安慰道："这年头，离婚没什么大不了的，你肯定能找到更好的。"

话音刚落另一位朋友嘴欠来了句："她已经不值钱了，再找能找到多好的？我看你还是别离了，将就将就一辈子就过去了……"看到朋友们给她使眼色，才讪讪地闭上了嘴。事后这位嘴欠的朋友解释说，自己也是为她着想，就当是开玩笑，让小王别放在心上。

当天回到家里，小王在被子里号啕大哭，朋友的话像一个魔咒在脑海中挥之不去，她整个人像是被掏空了，连带着失败的婚姻带来的委屈和痛苦一起翻涌上来，让她一下子到了崩溃的边缘。那几天，小王食不下咽，悲痛欲绝。

有很多人觉得自己只是有口无心，一句话能造成多大的伤害，不过是对方太玻璃心而已。但对于那些身处逆境的人来说，在本就处于敏感脆弱的神经下，这句话很有可能成为压垮她的最后一根稻草。

听小王讲完之后，我对她说：“你现在还年轻，未来掌控在自己手中，你是选择继续消沉下去，过着惨淡的生活？还是不去理会嘴欠的人，振作起来，去争取更好的生活？生活的艰辛尚不足以让我们退缩，怎能让别人一句话轻易地打败。”

最后小王还是离婚了，不过，如今的小王已经走出迷障，并重拾大胆追求自己的幸福的勇气。

引用汪国真的一句诗：我不去想身后会不会袭来寒风冷雨，既然目标是地平线，留给世界的只能是背影。

嘴欠的人，我们堵不住他们的嘴巴，但可以坚固自己的心房。我们无法改变别人，至少别让自己被别人改变。

初中的时候，班里有个身材圆润的女孩，脸上长了许多小黑斑。班里有几个嘴欠的男生，调侃她是“麻子脸”，还说，怎么有这么胖的人，连脖子都没有。

女孩却一脸不在乎的样子，不反驳也不生气，好像没听见一样。那些男生见她没反应，便不再自讨没趣。不理会，旁人的闲言碎语便没有杀伤力。

不要太在意别人说了什么，我们管不住别人的嘴，别人也挡不住我们的路。

有些人总喜欢顶着“开玩笑”“真性情”的帽子对人口出恶言，其实，伤害到别人的言语根本不是开玩笑，伤感情的话语更不能叫作真性情。

同事小曾就是这么一个嘴欠的人，说话从不考虑别人的感受。

梅姐穿了一件新裙子，同事们都说好看、显气质，他却来了一句：“这衣服款式太显胖，您这游泳圈都遮不住了。”

老刘给儿子买了新房，同事们纷纷祝贺，他却摇了摇头，叹了口气说：“这房子地理位置可不好，一没升值空间，二不是学区房，你这钱花得真是冤呀。”

公司大龄未婚的姑娘，更是被他数落了个遍，整天吐槽人家“年纪越大越难嫁”。

……

如果你因这些事生气，他反倒会嘲讽你小心眼儿，一点儿玩笑都开不起。久而久之，大家都不再理会小曾。后来小曾见自己受到了疏远，只好赔礼道歉，不再出言不逊，开始管好自己的嘴。

说话能够体现一个人的教养和品行，所以当遇到那些嘴欠的人，我们要趁早远离，要知道他们根本不值得你去理会。

真正值得深交的朋友，应当是互相理解、互相温暖的。不要把时间浪费在那些嘴欠的人身上。毕竟人生苦短，我们还得忙着热爱生命，创造生活。

越是没人爱，越不要自怜

我朋友曾给我讲过一个关于她同学的故事。

朋友的同学小果来自农村，自幼父母双亡，被别人收养。小果经常受到爱酗酒的养父的毒打，养母惧怕养父，自保都来不及，根本顾不上她。街坊邻居虽然可怜她，却唯恐避之不及。

同村的孩子们都管她叫“野孩子”，经常欺负她。小果的童年没有天真烂漫，只有冰冷和伤痛。虽然小小年纪就历经磨难，从没有得到过一丝关爱，但她从未退缩自怜过。

小果极力想要脱离这个给她无尽伤痛的家乡，所以她拼命读书，终于考上了梦寐以求的大学，离开了那里。

对她来说，离开意味着和过去说再见。在大学里，她度过了一段平静的时光，而就在大学毕业前夕，养父突然离世，没过多久她的养母身患急症，每天需要用药物维持生命。于是小果就挑起抚养养母的担子，她一边上学，一边打工赚钱。为了节省开销，她每天吃两顿饭，只有馒头和咸菜，更没有买过新衣服。

毕业后小果留在一线城市找了一份工作，实习阶段收入甚微。为了筹钱给母亲买药，她借了一笔贷款，这使她肩上的担子不断加重。

小果公司的一些女同事听说了她的境遇，经常在背后议论她。

“小果真可怜呀，刚毕业挣不上什么钱，还背了一屁股债。”

“我们可得离她远点儿，省得惹上霉运。”

“你说就她这样的家境，哪个男人敢要呀?”

每当这时候小果就若无其事地从她们面前经过，默默回到自己的座位上继续工作。她从不自怨自艾，从不向别人哭诉。因为她知道自怜是没有任何意义的，只能让别人更瞧不起自己。

由于小果的出色表现，老板对她刮目相看，她提前通过了试用期成为正式员工。虽然工资多了一些，但对于她的债务来说，仅仅是九牛一毛。不过，这也让小果看到了希望。心怀感恩的小果在工作岗位上继续拼搏着，看着薪水一次比一次高，她也有了更大的动力。

优秀的她终于获得了上司的认可，成了公司骨干，她堵上了曾经挖苦她的人的嘴，不再被瞧不起，终于从窘迫不堪的泥沼里挣脱出来。

这么多年来，小果从没向任何人诉过苦，也没抱怨过。因为她知道，自强自立才能赢得别人的尊重。而自怜自艾，就会沉浸在伤痛中永无出头之日。

所以越没人爱，就越不能自怜。自怜就是放弃自己，甘愿接受命运的安排。

前几天表弟小齐发了几条朋友圈，分别写着：“终于知道没人爱是一种什么体验，再也不相信爱情了。”“你离我而去，谁来抚平我心中的伤口。”“为了爱，我已伤痕累累。”我早就听说表弟谈了一场轰轰烈烈的恋爱，他不顾家人的反对为了女孩离家出走，跑去女孩的城市工作，致使他和父母的关系闹得很僵。之前经常能看到表弟在朋友圈秀恩爱，还以为两个人马上谈婚论嫁了。所以当我看到这些文字时，内心有些不解，一经询问，才知道他女友为了一个富二代劈腿了。

我的慰问似乎拉开了他情绪的闸门，他开始滔滔不绝地向我控诉女友的背叛，说自己多么可怜，多么没人爱，甚至开始仇视这个世界，埋怨命运的不公。隔着屏幕我都能够深切地感受到他的怨气。

表弟曾有过几段失败的恋情，这一次似乎对他打击特别大，他自暴自弃，被源源不断的负能量包围，窝在家里什么都不做，苟且度日。

知道了他的境况，我并没有可怜他，而是对他说："你说你没人爱，首先你觉得自己值得被爱吗？失恋了就把自己所有的负面情绪公之于众，非但得不到安慰，还会被别人笑话。你的自怜，就是用既成的事实惩罚自己的未来。女友抛弃了你，而你却抛弃了以后的人生，这代价太惨重了。与其自怜自艾，不如去提升自己。"

越没人爱，越自怜；越自怜，越没人爱。一直恶性循环下去，害的是自己。干吗把自己弄得狼狈不堪，让别人看轻自己？我们要活得有骨气、有尊严。当你把自己变得更好的时候，就会发现有越来越多人爱你，因为你值得被爱。所以说啊，先让自己变得值得被爱，再等别人来爱你。要知道，能改变你的处境的只有你自己。

因此，当你得不到别人的爱时，不要自暴自弃、自怜自艾。你要做的就是充实自己、完善自己。自怜的情绪只会使你的世界蒙上阴云，变得更加黯淡无光。只有向上的信念和积极的心态能为你的世界照进一缕阳光。所以越是没人爱，越不能自怜。

勇敢面对生活的打击，努力把自己变得更好，然后开始新的人生。这才是对那些打击、抛弃我们的人最好的反击。

爱自己，别让自己太卑微

上大学时，静静是个平凡单纯的姑娘，她默默喜欢着邻班的一个男孩子。

男生很优秀，学习优异，还是校篮球队的队长。静静总是故意从篮球场路过，希望能看到他的身影。篮球场上的他潇洒自如，每一次投篮总能引起一众女生的尖叫。在静静心目中，他是遥不可及的存在。男生每次打比赛，静静总是第一个到观众席，还会托人给男生送水。男生生病了，静静就偷偷送药送饭。后来男生终于发现了静静的喜欢，两个人走到了一起。静静开心得找不到北，她两眼放光，非常诚恳地对男生说："我一定会非常努力做好你的女朋友的！"

他喜欢长发，她便把短发留长；他喜欢女生穿裙子，她便把满衣柜的运动服都拿出来，换成了各种款式的裙子；她省吃俭用攒钱在男生生日的时候送给他最喜欢的球鞋；男生忙着考试的时候，她每天给他送"爱心"早餐，即使自己还饿着肚子；在他受伤落寞的时候，她总第一时间陪在他身边，给他温暖和安慰。

虽然男生对她关心很少，但她并不在意，还总觉得是自己不够优秀。她希望自己不断付出，有朝一日会换来他的深情以待。

然而，后来发生了一件事让她决定放手离开。

有一次静静发高烧，身边没有人，于是她给男生打电话让他送自己去诊所，然而男生只是冷漠地回了一句话：“忙着呢，没空儿。”随即挂掉了电话，可静静明明听到了电话那头传来的打球的声音。她再打过去，男生已经关机了。

经过这件事她终于明白男生喜欢的只是她一厢情愿的卑微，在这段感情中她没有任何价值，甚至迷失了自己。

如果需要不断用委屈自己换取一段感情，那这样的感情宁可不要。

其实有很多这样的例子发生在我们身边，邻居小丁深爱她的丈夫，自己省吃俭用，给丈夫买贵的衣服，饭菜都做丈夫喜欢吃的。迁就他的生活习惯，照顾他的生活起居，就连拿拖鞋、洗袜子、擦鞋准备换洗的衣物等琐事也都是她一个人承担。然而活得如此卑微的她，并没有换来丈夫的珍惜与忠诚。丈夫经常在外拈花惹草，回来也不给她好脸色。

越是卑微讨好，就越是不被当回事。你全心全意为家庭付出，投入所有，他却嫌弃你是个黄脸婆。

爱情中的你，把自己活成了一个失去独立个性的女人。你是老婆，是妈妈，是保姆，唯独不是自己了。你爱他，于是包揽所有的家务，无怨无悔地在家带孩子；你爱他，于是对他言听计从，无条件包容和迁就。可是凡事都要有个度，一个完整的家仅靠一个人的力量支撑，终究会破裂。你可以能干，可以付出，但前提是他值得你这么做。当你学会爱自己，不再卑微讨好，就会发现整个世界都会来爱你。

我的姐姐从小就很有主见，长大后对待什么事都有自己的底线，从不让自己受一点儿委屈。她说，女人一定先要学会爱自己，这样才会有人爱。

姐姐和姐夫的性格属于互补型，她活泼好动，姐夫沉稳冷静，两人的婚姻一直很幸福。

姐姐喜欢旅行，姐夫工作忙，也会每月至少开车带姐姐出游一次。

姐姐喜欢逛街，姐夫就跟在她后面给她拎包。当然，买衣服的时候她也会惦记着姐夫和公婆。

姐姐爱睡懒觉，姐夫就把早餐做好再叫她起床。

家务活儿都是小两口分工干，当然，脏活儿累活儿都是姐夫全包。

每逢姐姐的生日或者结婚纪念日，姐夫总会浪漫地准备礼物和各种小惊喜。

而姐姐对姐夫提出的要求能接受的就答应，不能接受的就直截了当说出自己的想法，和平解决，绝不逆来顺受。

姐姐不想这么早生孩子，但公婆看着别人含饴弄孙羡慕不已，便对她好言相劝。姐夫也希望有自己的孩子。于是姐姐就对全家人说："现在我们刚结婚没多久，我想好好工作几年，做出一些成绩后，再考虑要孩子。"可是这并不能说服公婆，为了家庭和睦，姐姐松口说："生也可以，但是这不能影响到我的事业和生活质量。所以怀孕分娩的过程中，家务老公全包。生下孩子之后，照顾孩子的任务，老公要承担大部分。公婆和我承担小部分。”虽然是“不平等条约”，全家也一致通过了。

后来全家人履行了承诺，坐完月子的姐姐立马回到了工作岗位上，生活也回到原来的状态。姐姐回到家逗逗孩子、喂喂奶，其他的事概不参与。而姐夫半夜还要起来给孩子喂奶，孩子哭了还要哄睡着，第二天姐姐看到姐夫的一双熊猫眼，笑着说：“这下知道照顾孩子有多累了吧，辛苦老公啦!”姐夫抱着姐姐说：“我的辛苦不及你分娩时的千分之一啊，现在我终于体会到你的不容易，为你分担是应该的。”

不卑微的爱，才能赢得对方的尊重。两个人都能为对方心甘情愿地付出，爱情才会长久。相反，在爱情中过于放低姿态，通常得不到应得的珍惜和尊重。对于你的付出，对方往往会觉得理所当然。这是由于人们通常对自己投入多的事物更在乎，就像廉价的低档品和昂贵的奢侈品，你会更爱惜哪一样？既然你自己都不看重自己，那么别人怎么会珍惜你呢？因此，爱一个人，不需要低到尘埃里，否则他都看不见你，自然眼里没有你。女人要记得爱自己，别让自己太卑微。

即使孤独，也不错爱

小诺在大学时喜欢上了王轩，喜欢的起因是她在那年夏天中暑晕倒，王轩伸出援手，把她送到了医务室。醒来后她看到王轩时心跳加速，那大概就是青春的悸动吧。

后来小诺用自己的方式表达着对王轩的喜欢。陪王轩上他喜欢的选修课，哪怕自己觉得很枯燥；陪他去操场跑步，虽然自己总是被王轩远远地落在后面；陪他去食堂吃饭，虽然每次都是小诺提前几分钟跑出来给他占座。即使只是和王轩肩并着肩走路，小诺心里也非常开心，开心到忘记那个男孩从未表达对自己的情感。

王轩喜欢吃水煮面，有一次，小诺拿着亲手做的水煮面到王轩宿舍楼下等他，王轩看着这个傻姑娘，深受感动，两个人终于走到了一起。即使王轩并不曾表白，小诺也丝毫不介意。因为她觉得和王轩在一起的时候至少有个肩膀可以依靠，至少不孤独。

大学毕业之后，小诺在工作之余无微不至地照顾着王轩的生活起居。但似乎小诺越关心王轩，王轩对她就越冷淡。王轩时常早出晚归，两人好几天说不上几句话。虽然王轩几乎没有给过她一丝甜蜜，但是她喜欢王轩，已经喜欢了四年。王轩已经填满了她的生活，小诺觉得如果王轩离开自己，就好像失去了所有。

她本希望自己的付出能够等来他的一句承诺，没想到最终等来的却是分手。王轩走得决绝，他搬离了原来的住处，只剩下小诺一人在空荡荡的房间哭得撕心裂肺、伤心欲绝，小诺再联系王轩时，发现他已经换了手机号。

当一段感情里只有你一个人在付出时，只能说明这是一场错爱。只要你放手，其实早就结束了，只是你一直在硬撑。为了等一个不爱你的人，耗费青春，多么不值得。错爱，只会让你遍体鳞伤。所以即使孤独，也不要错爱。

好朋友乐乐曾经历过几段无疾而终的恋爱和多次离奇的相亲经历，可至今依然孑然一身。在尝到过恋爱的甜蜜，承受过被伤害、被欺骗的痛苦后，她终于明白爱情中最怕的就是错爱。所以当身边的朋友都接连走入婚姻的殿堂，父母旁敲侧击地唠叨她赶紧找个对象时，她依然我行我素，不慌不忙，她一定要等那个对的人出现。即使一个人难免会无助、会失落、会迷茫，但她告诉自己：即使孤独，也不错爱。

爸妈给她安排的相亲，她也会赴约，只是绝不将就。乐乐相信自己总会遇到那个愿与自己携手一生的人。既然那个人还没出现，就先努力让自己变得更好。

最考验一个人的，不是义无反顾地向前，而是尝受过很多苦楚，经受过很多伤痛后，还能淡然一笑，安静地在下一个转角处等待只属于她的那份爱。如果仅仅是想寻找一个肩膀依靠，寻找一个怀抱来化解孤独，就去盲目地付出自己的感情，那么最终只会给自己徒增伤痕。

乐乐清楚地知道自己想要的是什么，她不怕孤独，只怕在一段没有结果的感情中迷失自己。她不会再糊里糊涂、一厢情愿地坠入情网。而是等一个可以与她互相扶持、互相关心的伴侣。

命运终归没有辜负乐乐的等待与执着。终于，在三十岁生日之前，乐乐遇到了那个对的人。他们因为工作关系相识，男生对她一见钟情，每天提前到她家门口和公司楼下接送她上下班，笑呵呵地包容乐乐的所有小脾气，带她去吃很多很多美食，偶尔还会给她一些小惊喜。他们之间没有惊天动地的誓言，只有举手投足的关爱。乐乐第一次感觉到她还可以被一个人这样珍视与疼爱。男生对她的爱让她懂得了什么叫作细水长流。她庆幸，在青春的尾巴里遇到了可以托付终身的人。

当一个人形单影只、忍受孤独的时候，会很渴望有人陪伴，会很容易盲目地去爱一个人。但你要知道，爱上一个不爱你的人，或一个并不是你真正爱的人，会让你更加痛苦。所以不要在错的人身上浪费时间，孤独是短暂的，等你遇到对的那个人，你还有余生和他白首与共。所以不要因为孤独而错爱，更不要因错爱而放弃对爱的等待。未来总会有一人会时刻陪伴你左右，带你体会生活的美好。等你遇到他，记得对他说：“为你忍受的孤独，要你用余生的陪伴来补偿我。”

没有“我必须”，只有“我愿意”

记得大学毕业前最后一个晚上，我们几个好朋友围着一张桌子吃散伙饭，热气腾腾的火锅依然掩盖不住略带凄凉的气氛。

我问大家：“毕业之后准备去干什么？”大毛抢先说：“我要回老家！我爸在他们单位给我安排了一个职位。”说完之后饮了一杯酒，眼圈越发红了。思思垂头丧气地说：“爸妈要我考公务员。”小月舒了一口长气说：“先相亲，然后结婚生子。你们可别笑话我啊，其实我也不想这么早就嫁出去。我爸妈说，我必须回去相亲，还说对方经济条件好，工作也不赖，千万不能错过。”

其实大家当然不会去笑话小月，因为几乎所有人都难免会被迫选择自己的未来。就拿大毛和思思来说，大毛是我们当中最有抱负的，听她说回老家安安分分地工作我着实吃了一惊。后来才知道大毛的老爸在一个事业单位当科长，家里人要求她必须听从安排，并认为这份稳定又体面的工作，对于一个女孩子来说是最好的选择。大毛不愿意，父母便从一开始的劝说到后来的威胁，一步步将大毛逼到绝境，直到她乖乖就范。思思说过自己的梦想是当一名作家，她喜欢写文章，但是她父母认为当作家太辛苦，收入也不稳定。亲朋好友都对此持反对票，思思无可奈何。

后来，大毛问我：“你呢？”我笑了笑说：“进律所实习……我也喜欢写作，未来不可知。”

后来的我们，分道扬镳，各奔东西。几年过去，我们相约再次聚到一起，大毛已经成为所在事业单位的老员工，她坦白地说，她真的不喜欢现在的生活，每天按部就班地工作，没有一点点自由，对生活没有一丝激情。思思当上了公务员，她也附和大毛的说法，无奈地表示，真后悔当初听从父母的安排，现在的日子过得枯燥无聊，没有了奋斗的目标，失去了生活的意义。整天围着老公孩子转，生活只有柴米油盐酱醋茶，她感觉自己提前进入了中年妇女的状态。大家都兑现了当初父母为自己计划的未来，过上了“我必须”的生活，但内心的不甘、悔恨是无法抹去的。

我们都会面临这样的束缚，被迫按照父母所设定的人生轨道去行走。

“你必须考这个最热门的专业，毕业好找工作。”

“大学毕业后，你必须考公务员，找一份稳定的工作。”

“你必须找一个各方面条件都不错的人结婚，这样你的后半生才有保障。”

“你必须在三十岁之前有自己的孩子，这样趁爸妈年轻还能帮你带带。”

于是在“我必须”的捆绑下，你面对着不适合自己的专业，忍受着不喜欢的工作，过着不想要的人生。他们却口口声声地说：“这是为你好。”美其名曰为“爱”，于是被“爱”绑架的你必须心甘情愿地过着他们想要你过的生活。

为什么只有“我必须”，没有“我愿意”？我们活给别人看，却忘记为自己而活。也许就是因为缺少了一份勇气和坚持。

小时候，我们受到的教育是：你必须要乖乖听话，这样才能赢得别人的夸奖和喜爱；你必须好好学习，考出好成绩，才能得到老师和同学的认可。于是我拿着零花钱去商店，虽然我的目光被一个漂亮的芭比娃娃所吸引，但是我最终还是走向了书架，拿起一本少儿读物。于是受了委屈，我从不哭诉告状。于是我做任何事，都会提前征求父母的同意。由于我一直在做乖乖女、好孩子，一直隐藏自己真实的情感和想法，渐渐变得没有了主见，失去了独立的人格。后来我长大了，不再压抑自己的思想，我懂得了做真实的自己，懂得了没有“我必须”，只有“我愿意”。考大学那年，我义无反顾地选择了自己喜欢的法学专业，一意孤行去往离家几千里远的大学。在那以后，父母也开始在乎我的感受，开始体谅我的想法。现在的我感谢当初敢于做自己的我，因为我过上了“我愿意”的生活，有热爱的工作，为想要的未来不断奋斗着，每天充满生机与活力，这样的人生自在而精彩。

人生中会面临无数道选择题，如果你是带着“我必须”去选择，那就失去了人生本来的意义。想一想，你是否挣扎过，却被迫一次又一次妥协？你是否后悔过，却不得不将梦想束之高阁？不要再将内心的想法深深藏在心底，跟随自己的心，去追求“我愿意”的生活吧。

“我必须”会捆绑你的人生和梦想；“我愿意”会令你主宰人生，放飞梦想。因此，我们不要在“我必须”的生活里，活得压抑苦闷；而是去“我愿意”的生活里，活得恣意快活。

你的人生就像一只风筝，如果手握那根风筝线来控制风筝的人不是你自己，那就挣脱那根线，找回自己吧。

第五章

余生，愿有你，共赴一生

陪伴是最长情的告白

朋友田姐有一个人人羡慕的好丈夫，他们之间没有甜言蜜语，因为陪伴就是他们之间最深情的告白。正因为如此，他们从没有过七年之痒，而是越过越甜蜜。田姐说自己很幸运，遇到一个肯花时间陪自己的人。

记得当时田姐丈夫的事业正处于上升期，面临了一个非常难得的机遇，但是需要去外地工作，并且不知何时才能调回。田姐丈夫考虑到两人正值新婚宴尔，田姐又是一个依赖性很强的人，于是打算放弃机会。但田姐不忍心阻碍丈夫的发展，虽然不舍分离，但她还是鼓励丈夫去追求事业，最后恋恋不舍地送走了丈夫。

田姐与丈夫分离后，一个人守着空荡荡的房子，忍受着孤独落寞以及在生活中遭遇的困难与委屈。但是她从未抱怨过，因为田姐丈夫去外地工作之后，就算再忙，也会挤时间陪伴田姐。每天一次视频聊天，每晚睡前互道晚安。一有闲暇时间，田姐丈夫就和她在网上聊天，关心她的生活起居，对她嘘寒问暖。一有休息时间，她丈夫便不顾舟车劳顿，马不停蹄地赶回家，哪怕只能短暂停留。

一年后，田姐丈夫终于被调回来了，事业发展稳定之后，他将工作之外所有的时间都用来陪伴田姐。后来在田姐怀孕期间，田姐丈夫对于应酬、开会能不参加就不参加。下班就回来为她做一顿可口的饭菜，和她在一起聊聊生活琐事，说说心里话，陪她出去散散步、逛逛街。他们的爱情因为陪伴而历久弥新，因为陪伴而矢志不渝。

陪伴是治愈和供养爱情的一剂良药。有了陪伴，再大的委屈和隔阂也会烟消云散；有了陪伴，再大的坎坷和挫折也会化为乌有。因为爱你，所以愿意和你长相厮守，陪你看细水长流。

反之，如果一段爱情中缺失了陪伴，那便很容易遭遇滑铁卢。

闺蜜小兰就曾有过一个“形同虚设”的男友，在小兰最需要呵护的时候，对方总是缺席，男友经常用一句听起来更像是敷衍的话来“安慰”她：“亲爱的，我没办法陪你，你要照顾好自己。”并不断以工作繁忙为借口，忽略对小兰的陪伴。虽然小兰屡次三番地谅解，但却未换来男友的将心比心，反而是被冷落。长此以往，小兰患得患失，两个人感情也越来越淡。她终于明白，男友的无数借口，其实就是不在乎。而他的走不开，其实就是不想走开。于是小兰最终决定分手。

后来过了很长一段时间，小兰有了新恋情。她认识了一个男生，长相平平，家庭普通。我问她：“那个男生身上哪一点最吸引你?”她表情认真，一字一顿地说，男生是个肯花时间陪伴她的人。

小兰发现和他在一起的时候，她从不会孤单寂寞，从不会失落无助。男生总会在她需要的时候陪伴在她身旁，给她温暖，给她力量，给她勇气。

有一次小兰意外出了一场小车祸，需要住院，男生便放下工作，守在病床前陪伴她，给她讲有趣的笑话逗她开心，给她做美味健康的骨头汤补充营养，陪她做康复训练。病房里的护士不知道他们只是恋爱关系，在小兰出院前羡慕地说："你真有福气，有这样一个好老公，因为他，你的康复期提前结束了。"

生病意味着一个人的身心进入低潮期，最需要的就是依靠和陪伴。小兰非常感动男生对自己所做的一切，她知道这是无言的爱。后来两人顺理成章地结了婚。在接下来的婚姻生活中，两人依旧非常珍惜陪伴彼此的时光。"执子之手，与子偕老"完美诠释了这对夫妻之间的爱情。

每个人都期待穿过茫茫人海，能遇一人陪伴自己，一起感受世间温暖的美好。想送你回家，所以东西南北都顺路；想陪你吃饭，所以酸甜苦辣都爱吃；想要见到你，就算跨越千山万水都会来；想时刻陪伴你，就算琐事缠身也只对你有空。因为爱你，所以肯花时间陪你。

老爸曾对我说过一句耐人寻味的话：一定要找一个陪你吃饭的人，只有陪你好好吃饭，才会好好爱你。老爸就算再忙都会回来陪妈妈吃饭，老爸就算回家再晚，妈妈都会等他吃饭。因为爸爸觉得和妈妈在一起吃饭的时候，才是家庭中最温馨的时刻，那是温暖，是陪伴。一房二人三餐四季，都萦绕着充满温馨与和睦的氛围，两个人的感情在这样的氛围中才能保温。

陪伴，就是爱的另一种表达方式。其实每个人都很忙，但哪怕是一点点时间，我们要把它留给陪伴最爱的人。

余生，找一个肯花时间陪你的人，因为跟你在一起，比什么都重要。

爱你，让我成为更好的自己

王小姐和张先生相遇时，张先生只是刚刚从普通高校毕业的大学生，除了一份平凡的工作和一份只能满足温饱的薪水，一无所有。而王小姐是出身985名校的高才生，不仅是大学老师，还是一名专栏作家。两个人无论在工作、思想还是眼界等方面都大相径庭。

然而就是有一种莫名却异常强大的磁场，吸引着两个人走进了彼此的生命。爱情是一种让人捉摸不透的东西，但他们清楚地知道这里没有配不配，只有合不合适。

不过王小姐在与张先生朝夕相处的过程中，也发生了一些令她啼笑皆非的事。

一次，王小姐过生日，张先生为她准备了一条项链作为生日礼物，项链上还刻着王小姐名字的缩写字母。这是张先生花了很大的心思，然后在网上精心挑选的。但就在张先生为王小姐展示它时，那条项链却如孱弱的女子般弱不禁风，毫无征兆地断成了两节。刹那间，张先生的脸变得通红，尴尬得不知所措。此时王小姐苦笑着说：“你不是想和我‘一刀两断’吧？”张先生面带愧色地连忙道歉，并保证礼物下次一定补上。

即便如此，王小姐不但没有嫌弃张先生，反而非常感谢他为自己的生活增添了一丝色彩和温馨。一次，张先生请王小姐到家里做客，其实就是他的出租屋。王小姐到了他家，意外地发现王先生把房间收拾得非常干净整洁。虽然简朴，但看起来很温馨，就像他的人一样。张先生还给她做了自己的拿手菜，虽然只是一盘简单的西红柿炒鸡蛋，但王小姐觉得他的手艺不逊于高级餐厅的名厨。

面对如此落落大方、通情达理的王小姐，张先生心里感到十分愧疚。虽然王小姐嘴上不说，但张先生心知肚明，王小姐经常出入的是高级餐厅、奢侈品专卖店，身上背的是名牌包包，穿的是高档服装。张先生非常希望自己给予王小姐的不仅仅是精神上的陪伴，还有物质上的体贴，他不希望王小姐因为和他在一起而降低自己的生活品质。于是张先生下定决心要努力改变现在的生活水平。

接下来，张先生对待自己更加苛刻，在工作和学习上，都比旁人付出了更多努力。他还利用业余时间提升学历。张先生想把自己变得更好，而王小姐就是他努力的原动力。功夫不负有心人，他的事业有了起色，薪水也翻了一番。王小姐知道后替他感到高兴，她深知张先生为此付出了很多心血和汗水，是牺牲所有休息时间和无数个不眠不休的夜晚努力换来的。这份执着，不禁让王小姐动容。

后来，张先生请王小姐吃饭，王小姐主动提议去附近一家价格比较实惠的火锅店。没想到，张先生却认真地说："还是换一家吧，我听朋友说有一家法国餐厅很不错，味道好而且环境优美。”

之后的生活中，张先生不再像以前那样为几块钱斤斤计较，也不再为买礼物而头疼苦恼，而是有底气大胆追求生活品质。张先生深知是因为王小姐的出现，他才得以华丽转身。正是因为爱，才让他成了更好的自己。

因为想和对方站在同样的高度，所以愿意为对方做出改变。因为对方的包容与陪伴，所以才不想让对方失望，最终成为更好的自己。

我的小姑妈，年轻时身材微胖，长相不突出，举止粗俗，毫无气质可言。还经常不务正业，和朋友去网吧打游戏，或去酒吧喝个烂醉。家里人对她的管教和劝说，她也从不理会。父母觉得小姑妈再这样下去，非得孤独终老不可。就在全家人都在为她的亲事发愁时，小姑妈居然恋爱了。他们是在朋友聚会时相识的，当时小姑妈对男友的描述是这样的：那个人温文尔雅，风度翩翩，在一家不错的国企担任主管。而在父母看来，他们并不般配，于是对两个人的发展也没抱任何希望。

然而小姑妈的恋情发展得相当顺利，更令所有人出乎意料的是，那个人的出现彻底改变了小姑妈的世界。她不再暴饮暴食，也不再睡觉睡到日上三竿，而是一边克制饮食，一边坚持健身。对待工作也不再三天打鱼两天晒网，而是认真负责、勤奋努力。小姑妈自己都没想到，她居然会为了一个人改变自己。其实对方并没有要求小姑妈为之改变什么，但小姑妈希望给她爱的人看到自己最好的一面，希望自己穿上婚纱时能成为全世界最美的新娘。在之后的很长一段时间里，小姑妈一直践行着自己的“变形记”。终于在他们举行婚礼时，小姑妈已经拥有了纤细的身材，穿上洁白梦幻的婚纱的她，璀璨夺目、笑靥如花。

不仅如此，在之后的婚姻生活中，小姑妈也没有停止蜕变。小姑父在工作之余，喜欢写毛笔字、看书。小姑妈便放下了自己的娱乐方式，在一旁陪伴，时而看书，时而与小姑父分享在书中得到的体会。两人一起享受静谧的时光。岁月静好，单纯快乐。在和小姑父的相处中，小姑妈渐渐变得温柔端庄、知书达理。

小姑父看到小姑妈的这番改变，百感交集。反观自身，他觉得自己也应改变一下平时过于严谨刻板的生活，给小姑妈带来一些精彩。在一次假期里，小姑父开车带着小姑妈去了云南旅游，他们携手游历了古朴如画的丽江古城、神秘美丽的香格里拉，还有美不胜收的大理，并拍下了很多唯美的照片。每张照片中都能看到小姑妈甜蜜的笑容、曼妙的身姿。让人不禁感叹，她真的越来越美了，这是爱情馈赠给她最好的礼物。

因为小姑父的出现，小姑妈仿佛重生了一般，化茧成蝶。她为了爱的人，愿意做出改变，尝试做从未做过的事。最终看到了不一样的自己、不一样的世界。

也许两个人一开始并不那么相配合拍，但是只要双方都抱着一颗愿意为对方改变的心，愿意为对方成长，就可以成就更美的爱情。

你要相信，你一定会邂逅那个让你变得更好的人，在唯美甜蜜的爱情中，完成人生华丽的蜕变，成为最好的自己。

如果爱，那就好好聊天

前几天，同事晓红满脸通红地对我说：“我喜欢上一个男生，但不知道他喜不喜欢我。”

我说：“一个人喜不喜欢你，看他怎么和你聊天就知道了。”

晓红一脸疑惑地问：“聊天这样的小事怎么能衡量是否喜欢一个人？”

为了化解晓红的困惑，我给她讲了朋友阿琳的故事。

阿琳是个活泼开朗、大方漂亮的女孩子，大学期间有不少男生追求，后来她恋爱了，大家八卦她说：“这个男生是何方神圣，到底用了什么魔法把追求完美的你给降服了？”

阿琳害羞地笑了笑说：“没有啦，经过这么长时间的交往，我发现他是真的非常用心地和我相处。”大家笑着起哄说：“一听就是打发我们，肯定没有这么简单！”

其实我知道阿琳为什么这样说，她曾经谈了两年的前男友，在与她相处的过程中，完全把她视为可有可无的人。前男友和她打电话聊天，永远都是先挂掉电话的那个。每次想挂就挂，完全不顾及阿凡的感受，一句“我还有事”或者“我在忙”，就成为他挂电话的借口。一开始，阿琳没有太在意，后来慢慢从男友不耐烦的语气中察觉，他只是不想再和自己聊下去了。

每次阿琳和前男友在微信上聊天，阿琳都对他嘘寒问暖，关怀备至。可对方却是寥寥几字，敷衍回应。还有几次阿琳给他发消息，前男友好久才回复，或者干脆不回，第二天才解释说昨天睡得太早。可阿琳明明看到他晚上发的一条微博，内容大概就是玩游戏玩到深夜。后来又借口说当时因为太忙所以没有回，阿琳追问他为什么忙完不回，前男友便不耐烦地说忘了。此刻的阿琳再也不想逆来顺受了，于是对前男友说："那你把我是你女朋友这件事也忘了吧！"

这段失败的恋情让阿琳很长一段时间沉浸在忧伤之中，直到遇到了现在的男友。现男友时时刻刻把阿琳放在心上，事事为她着想。而且男友和阿琳打电话，总是最后挂电话的那个。男友说，他不想让她听到电话那头传来的"嘟嘟"的忙音。阿琳和男友微信聊天时总是有聊不完的话，男友会了解她的兴趣爱好，会聊她关心的话题，会说一些笑话，会发一些搞笑的表情包逗她开心。于是她时常对着手机屏幕合不拢嘴，身边人见了都一脸嫌弃地说："请不要在单身狗面前秀恩爱、撒狗粮，好吗?!"

两个人经常聊到很晚，阿琳不说晚安，男友就一直陪着。如果实在太晚，男友就会温柔地督促她睡觉。

讲完阿琳的故事，我对晓红说："爱你的人，一定会和你好好聊天。因为对方爱你，在乎你的感受，希望你能够安心、放心，所以愿意自己是那个垫底的人。即便聊天结束了，他也会担心你最后的情绪。相反，一旦他不考虑你的感受，不想聊下去，就直接退出了聊天框，让另一头的你苦苦等待，那你就要好好考虑一下他是否真的爱你。”

我的一个同事小九和男友马上就要结婚了，我问小九：“男友最打动你的是哪一点？”小九脸上随即露出甜蜜的微笑，然后很认真地说：“其实他打动我的地方有很多，其中我最感动的一点就是他和我聊天时的认真和专注。”

小九说，前一段时间她妈妈生病住院，男友三天两头跑来问候，帮她照顾母亲。陪母亲聊天，为母亲按摩。事事都想得非常周到，处处为自己着想，不管大小事都要问过小九的意见再去做。小九心中觉得他真的就是自己的依靠。

其实小九和他相处没多久时，就觉得他就是对的那个人。

小九说：“每次和他聊天，如果他正在忙，一定会回一句‘我正在忙，等一下找你’。”

每次给男友发消息，对方几乎是秒回，有时候很久没回，他也会细心解释一下，为什么没回。

每次聊天结束，结尾的一条消息一定是她男友发的，哪怕是一个表情包。

可能有人认为这样的小事不足以判断一个人是否爱对方，大事才更有说服力。但大多数人的生活中没有那么多波澜壮阔的大事，而是由一点一滴的平凡小事组成的。其实，越小的细节就越能反映出一个人对你最真实的感情。

表达爱的方式有很多种，而聊天就是最好的方式。聊天不仅能够让对方更了解彼此，还能体现你在对方心中的分量。

因为爱你，所以对方会和你好好聊天，不会让你处于被动的地位，给你足够的安全感，让你在爱情中感到放心、安心。

在这里，给正在恋爱中的你提醒一句：如果爱，就好好聊天。

包容是最好的相处之道

上个月，邻居小宋和丈夫陷入了冷战。事情是这样的：

一天小宋拖着疲惫的身体下班，一进家门就发现门口被横七竖八的鞋以及各种杂物堵得水泄不通，两人就此争执起来，都认为是对方的责任。双方固执己见，互不相让，一下子使感情陷入了胶着状态。

小宋问我："当初我和老公如胶似漆的感情为什么会变成现在这样？"

我对小宋说："是你们的相处模式出了问题，你们习惯去挑对方的毛病，然后一味地责备，却忘了两个人相处最需要的是包容和体谅。想一想为一件微不足道的小事伤害感情，值得吗？为什么不能相互包容体谅一下对方，然后一起把家收拾得整洁温馨呢？包容就是化解矛盾、促进感情的一剂良药。"

朋友小茜是个粗枝大叶的姑娘。她经常丢三落四，遇事就手忙脚乱，也经常因此而制造一系列的麻烦。比如，因为记错时间，在火车上坐过站。和朋友出去玩，不是丢伞就是丢帽子。公交卡平均两三个月丢一张，家人劝她买个卡套挂脖子上，她照做了，结果连卡套也一起丢了。家人经常叮嘱她，可她点头答应后，还是和往常一样，丝毫没有改善。后来家人也对她失去了耐心，从劝说转为责备，身边人都说谁如果把她娶进门，那日子肯定过得鸡飞狗跳、一塌糊涂。

可如今小茜婚后，家里从未因此起过争端。她老公从没有因为她的坏毛病而对她横加指责，反而是以包容的心态潜移默化地影响她，帮助她改正。

有一次小茜下班回家，发现钥匙不在包里，这才意识到落在了公司。但是那天她老公加班，很晚才能回来。于是她打算先去找她老公要钥匙。小茜拿到钥匙之后就放进了钱包。可回到家后，小茜惊慌地发现钱包落在了快车上，当时小茜又着急又沮丧，于是急忙给老公打电话，并做好了老公会对她大发脾气、斥责一番的心理准备。没想到的是，老公得知情况后反而先安慰她，让她不要着急，然后让她把手机软件上司机的联系方式发给他，最后说安心等他回来。过了一会儿，开锁公司的人过来帮小茜开了门，一个小时之后，她老公回到了家，并告诉小茜钱包找回来了。原来她老公挂完电话后就立即叫了开锁公司，然后又联系了司机，并通过沟通协调，拿回了钱包。

知道了整件事的来龙去脉后，小茜低着头，不知如何开口表达自己的愧疚之情，这时她老公开玩笑地说："好了，没把自己丢了就好。"小茜听了一下子破涕为笑。接着她老公又对她说："以后遇事一定要冷静，你可以试着在每离开一个地方前，检查一遍自己的物品是否整理好了，这样一来就不会那么容易丢东西了。"小茜老公的言语中透露着关爱和体谅。

在老公的包容及影响下，小茜认真地反省了自己，并采取老公提出的建议，她尽量让自己头脑保持清晰，遇事冷静分析，做事专注些。后来，小茜丢东西的次数越来越少，做事也沉稳了许多。在以后的生活中，小茜也学着尽可能地包容老公，夫妻之间的感情也越来越好。

小茜的老公总说，谁也不想犯迷糊，但谁没有犯迷糊的时候呢？一味地责备、埋怨是解决不了问题的，反而会雪上加霜。只有包容才能春风化雨，包容才是两个人最好的相处之道。

很多时候，当我们的爱人犯了一点儿小错，我们习惯于去责备，去大发脾气，甚至言语攻击。但如果你去包容、体谅，那么你们的关系就会更牢固，你们的爱情才能持续保鲜。不要让鸡毛蒜皮的小事成为破坏感情的导火索。

朋友南湘与男友相处得十分融洽，感情一直很稳定，经常花式秀恩爱，羡煞旁人。有一次和她聊天，我问她爱情保鲜的秘诀是什么，她只说了两个字“包容”。南湘还说，自从第一次去男友家做客，就被这个家庭“包容”的相处模式深深感染了。

晚饭的时候，男友的妈妈做了她自己最爱的剁椒鱼，正津津有味地吃着，而男友的爸爸则有些惨不忍睹了，被辣得一把鼻涕一把泪。男友的妈妈看此情景，连忙道歉：“老公，对不起啊，今天突然想吃剁椒鱼，忘记你不能吃辣了，下次不用剁椒做了。”男友的爸爸一边擦眼泪，一边说：“你爱吃就好，我也觉得挺过瘾呢。”

南湘的脑海里迅速浮现出另一种画面，如果换作是她的爸爸，直接就摔筷子了；如果换作是她，早就上纲上线，大吵大闹："你也太自私了，明明知道我不吃辣还做这个！"

如果没有包容，估计一盘剁椒鱼就能吵得天翻地覆了；如果没有包容，你发脾气，我还想大吵大闹呢；如果没有包容，再完美的爱情也有难以维系的一天。

所有的包容归纳起来就是爱，因为爱，所以才包容。打那以后，南湘和男友就形成了相互包容的相处模式，两个人得以恩爱如初地走下去。所以，你知道了，找个包容你的人有多重要。

老同学小溪是一个运动达人，每天在健身房挥汗如雨，从未中断过。周末喜欢出去爬山、攀岩、蹦极，是个敢于追求、勇于突破的女生。

李智是一个名副其实的宅男，有些懒散，周末喜欢在家打游戏、看谍战片，是个对一切新鲜事物都不感兴趣的人。

也许你很难相信，就这样性格截然相反的两个人不仅携手走进了婚姻的殿堂，还一直和和睦睦地生活着。

不过他们刚谈恋爱的时候，也经常出现摩擦和碰撞。小溪每次提出去户外运动，李智要么拒绝，要么推脱，如果实在扛不住，去了之后就各种抱怨和吐槽，嫌弃小溪浪费自己的时间和精力，最后两个人不欢而散；小溪认为李智总是因为打游戏忽略冷落她，所以要求李智在游戏和她之间做出选择。但李智不肯，因为他觉得游戏可以让他得到放松，可以化解焦虑，是他生活中不可或缺的一部分；小溪吐槽谍战片很雷人，毫无意义，但李智却认为谍战片非常惊险刺激，自己也看得津津有味，还说小溪的看法太偏激。两人经常就这些观点上的不和针锋相对，最后闹得一发不可收拾。

后来还是李智的父母从中调解，才使得两人重归于好。李智妈妈对李智说："爱一个人就需要你去包容她，理解她，从她的角度思考问题。爸妈年轻的时候就因为不够包容对方而经常闹矛盾，后来我们决定求同存异，尊重并接纳对方，才使得我们的家充满了温馨与和睦。"李智听了母亲的话，终于懂得了包容的重要性。

之后有一次，李智主动邀小溪去爬山。途中，他好几次累得满头大汗，上气不接下气，但仍然强撑着继续往上爬，还一路陪小溪说笑。本来有些恐高的李智平生第一次尝试了蹦极，虽然对于李智来说，蹦极是个巨大且艰难的挑战，但他还是咬了咬牙做了。过后，还处于眩晕状态的李智笑着对小溪说："我总算体验到身处生与死边界上的感觉了，这可比游戏和谍战片惊险刺激多了！"小溪看着满脸涨红的李智，内心感动不已的同时，还隐隐夹杂着自责和内疚。

从那以后，小溪不再干涉李智打游戏、看谍战片，李智也积极参与小溪的业余爱好。因为互相包容，并彼此珍惜对方的包容，两人的关系也越来越融洽，两颗心也越靠越近。

在爱情中，有一种感动叫理解，有一种幸福叫包容。你能包容对方的小脾气，而对方能回报你的这份包容，这便是最好的相处之道。

要知道，只为争一时的长短，即使成了言语上的赢者，但同时也成了摧毁感情的杀手。

朋友的表哥凡哥做销售工作，上个周末全体员工加班，凡哥要培训，还要见客户，忙得团团转，连中午饭都顾不上吃。刚好这天，凡哥女朋友找他有急事，给他打电话不接，发短信也没回。凡哥直到手上的工作全部完成，才发现手机里几十个未接来电和十几条短信。正要给女朋友回电话解释时，女朋友已经怒气冲冲地杀进了公司。她不顾在场的众人及凡哥的感受，泪眼婆娑地大声质问凡哥："为什么不回信息也不接电话？你当初是怎么对我承诺的？不是说我在你心中排第一位吗？不是说好第一时间回信息回电话吗？你为什么出尔反尔？你是不是不在乎我？"

面对女友咄咄逼人的质问以及同事们的各种眼光，凡哥并没有露出恼怒的神色，也没有用激烈的语言为自己辩驳，而是始终耐心地听女友哭诉完，然后给了女友一个大大的拥抱，让她先坐下来。接着一边笑呵呵地端茶倒水，一边真诚地向女朋友解释。没过一会儿，女友就冷静了下来，并主动吐露事情的缘由，两个人马上言归于好了。

事后，同事笑着调侃他："原来工作上雷厉风行的凡哥也是个'妻管严'。"凡哥笑了笑，十分认真地解释说："我平时工作忙，本来就对她疏于照顾。而她其实一直都很包容我，遇到难事，几乎都是自己扛下来。这次是因为情况紧急，才忍不住发火。其实只要两个人相互包容，小吵小闹也能变成促进双方关系的方式。我乐意接纳她偶尔的任性和小脾气，并把它当成生活的调味剂，这样两个人才能相处得更舒服。"

这个小故事让我想起了一段很应景的歌词：你在我心中是最

美，每个微笑都让我沉醉。你的坏，你的好，你发脾气时噘起的嘴。你在我心中是最美，只有相爱的人最能体会……因为能够包容你的不完美，所以你在我心中是最美。

愿你我的爱情都不会有“人生若只如初见，何事秋风悲画扇”的遗憾。在经历了纷纷扰扰的岁月之后，两个人依然互相包容，一起成长，依然拥有最初相识时的美好感觉。

找一个懂得欣赏你的人，共赴一生

前几天堂妹和男友分手了，她也说不上分手理由是什么。她说男友总是动不动就嫌弃自己，挑自己的毛病。每次吵完架还说忍她很久了，而表妹其实很在意男友的感受，于是在男友面前越来越自卑，越来越小心翼翼。久而久之，两个人都很累，所以还不如放手。

我问表妹："他欣赏你吗？他称赞过你吗？"

"几乎没有，在他心目中，我有很多不足的地方，不擅长做饭，不会照顾人，为人处世不够精明圆滑……"

"你欣赏他吗？"

"我倒是挺欣赏他的，他为人大方稳重，做事专注细心，即使分开，我依然觉得他真的不错。"表妹略带自豪地说。

"他比我成熟，阅历也比我丰富，我也在努力学习，积极进取，恋爱不是可以让人成长，变得更好吗？"表妹紧接着疑惑地问道。

我说："可前提是，对方认可你的成长，并用欣赏的目光看待你。"

表妹摇了摇头说道："我觉得自己没有什么令人欣赏的地方，

这点自知之明我还是有的。”

“你看你现在自卑到什么地步了，每个人都有优缺点，而你欣赏他的优点，他却只看到了你的缺点。这就是这段感情无法继续下去的原因。”我苦口婆心地说。

“我明白了，他说一直在忍耐我，就是因为我们的关系不是建立在互相欣赏的基础上。”表妹瞪大眼睛说。

“我不能确定怎样才算真正爱一个人，但如果一个人从不称赞你、认可你，反而一味指责你、埋怨你，从不体谅你的感受，那他一定不爱你。”我一字一顿地说。

在一段恋爱关系中，互相欣赏尤为重要，因为欣赏是更深层次的爱。

无论你是男生还是女生，一个真正欣赏你的人，一定会发现你身上的闪光点，然后毫不吝惜自己的赞美之词去表扬你。因为对方想让你开心，让你更自信。

一个真正欣赏你的人，绝不会嫌弃你，随意对你说风凉话，而是鼓励你、支持你。因为在乎你，所以不想让你灰心、失望。

一个真正欣赏你的人，在看到你的缺点和不足的同时，也会由衷地称赞你的优点。然后共同进步，共同成长。

只有两个人相互欣赏，才能相互吸引，才能久处不厌。

朋友小 K 带我见她的新男友，见面之前她就对我猛夸新男友，说他高大帅气、礼貌绅士，满足了她对爱情的一切幻想。还说他让自己找回了自信，说自己在他眼里是最好的，是独一无二的。

我对她的前男友也有所了解，她的前男友总是嫌弃她胖、矮、幼稚。前男友眼中的小K似乎一无是处。

而现男友则恰恰相反，从小K那里得知，现男友认为，小K不是胖而是baby fat，肉乎乎的很可爱。说自己喜欢小K的身高，和自己刚好是最萌身高差，满足了自己的大男子主义。现男友还说非常欣赏小K的生活态度，和她在一起的时候，自己过得特别轻松愉快。小K就像太阳，再糟糕低落的心情，看到小K后都会烟消云散。现男友总是像宠小孩子一样宠她，因为现男友是个健身达人，所以小K也有了去健身房的习惯，身材也在慢慢变好。

其实见过她的现男友之后，我自认为并没有她说得那么完美，但我替小K感到高兴，因为她找到了一个与自己互相欣赏的人。在爱你的人面前，你会散发着光，就像彼此的粉丝般，给对方最大的支持与鼓励、最真挚的注视与赞美。

互相欣赏是最好的恋爱关系，两个互相欣赏的人在一起，可以走到更高、更远的地方，看到想象中的世界。

她身上要有你十分倾心的美好，你才会珍惜庇护她一生；他身上要有你十分崇拜的闪光点，你才能和他相伴到老。成为彼此无可替代的人，然后从对方的这份爱里，安然地、自信地成长。

你的意中人在你心目中就是个盖世英雄，他可能没有七色云彩，但他会穿过汹涌的人潮找到你，因为你在他眼中散发着独一无二的光芒。

但在遇到他之前，请你努力生长。因为你若盛开，蝴蝶自来。

每个人身上都有属于自己的美好，愿你我都能找到那个与自己互相欣赏的人，共赴一生。